알기쉬운 정보통신기기

이호웅 · 방승철 공저

KIHANJAE 도서출판 기한재

PREFACE

현대사회는 통신 및 컴퓨터 기술의 비약적인 발전과 통신사업의 자유화, 개방화 추세에 따라 세계 정보통신 시장은 국경을 초월한 무한 경쟁시대로 급변하고 있다. 정보통신에 대한 수요의 증가로 인해 오늘날 우리 사회는 정보화의 물결로 종래에는 전혀 경험해 보지 못했던 새로운 세계가 다가오고 있다. 이 정보화의 물결로 인해 정보통신혁명은 세계의 흐름을 바꾸어 나가고 있으며, 정보통신 기술의 발달과 그 영향으로 사회 각 방면에는 거대한 변화가 일어나고 있는 것이다.

정보화 사회는 산업사회의 자본, 물자, 에너지 등의 유형의 재화를 지식, 정보, 정보통신 등의 무형의 재화로 대체하는 사회이며, 우리는 이미 여러 분야에서 이런 정보화 사회를 경험하고 있다. 21세기의 생존전략 및 보다 나은 삶을 영위하기 위한 수단으로 모든 나라들은 정보화 사회에서 세계 경제의 주도권 확보를 위해 노력하고 있으며, 이러한 정보화의 기반이 되는 초고속 정보 통신기반의 구축을 위해 새로운 시장의 증대 및 고용 창출로써 지속적인 국가 발전을 추구하고 있다.

이 교재는 이러한 정보화 시대에 미력하나마 작은 도움이 되었으면 하는 마음에서 가능하면 쉽게 기술하고자 노력하였다. 이 책의 구성은 정보통신의 개요, 정보전송기술, 정보단말기기, 정보전송기기, 유·무선통신기기, 무선이동통신기기 및 위성통신기기, 화상통신기기, 뉴미디어기기의 순으로 기술되어 있다. 여러 가지 면에서 미비한 점이 많지만 부족한 사항은 계속 수정·보완할 것을 약속한다.

끝으로 본 교재는 집필하면서 국내외 많은 서적을 참고하였으므로 원저자분들에게 감사드리며, 이 책의 출판에 도움을 주신 기한재 직원 여러분께 깊은 감사를 드린다.

저자

C O/N/T/E/N/T/S

CONTENTS

CONTENTS

제 1 장

정보통신의 개요

1.1 정보통신의 정의

정보통신이란 멀리 떨어져 있는 정보원 상호간에 통신 수단을 사용하여 정보를 전송하고 처리하여 결과를 전송하고 공유하는 것을 말한다. 즉, 전기통신회선 또는 망으로 전송된 문자, 부호, 영상, 음성 등의 정보를 컴퓨터로 저장처리하고, 다수의 사용자들이 입출력기기로 접속하여 필요한 정보를 송·수신할 수 있도록 하는 것을 말한다.

1 1.1 정보와 데이터(Information and Data)

정보는 통신의 궁극적인 대상이며 수집한 데이터를 처리, 가공하여 그 목적을 달성하기 위한 의사 결정의 도구로 사용될 수 있도록 하는 어떤 의미 있는 것을 뜻하며, 사람들에 의해 평가된 것으로 문제해결에 유용한 데이터를 말한다. 여기서, 데이터란 사실, 명령 등을 형식화하여 표현한 것으로서 인간 또는 기계가 감지할 수 있도록 숫자, 문자, 기호 등을 이용하여 형식화한 것이다. 정보처리란 수집된 데이터를 선택, 분석, 평가하는 일련의 과정을 말한다. 그리고 정보는 "데이터 → 정보 → 지식 → 지능(지혜)"의 진화 과정을 거치고 있다.

정보(Information) = 데이터(Data) + 해석(interpretation)

1.2 통신(Communication)

통신(Communication)은 사람과 사람 사이의 의사소통이나 정보를 교환하는 것으로 통신의 통(通)은 "도달한다" 또는 "연결한다"는 의미이고, 신(信)이란 신호를 말하므로 통신은 "신호를 연결한다"는 뜻이지만 개념상으로는 의사와 정보의 전달이라 할 수 있다. 통신이란 "정보원이라고 하는 시간과 공간상의 한 점에서 목적지 혹은 사용자라 하는 다른 점으로 정보가 전달되는 과정"이다. 즉, 정보원이 생성한 메시지(정보)를 송신기가 신호에 실어서 전송로로 전송하고, 수신기가 이를 받아서 수신자에게 메시지(정보)를 전달하는 일련의 과정들을 말한다.

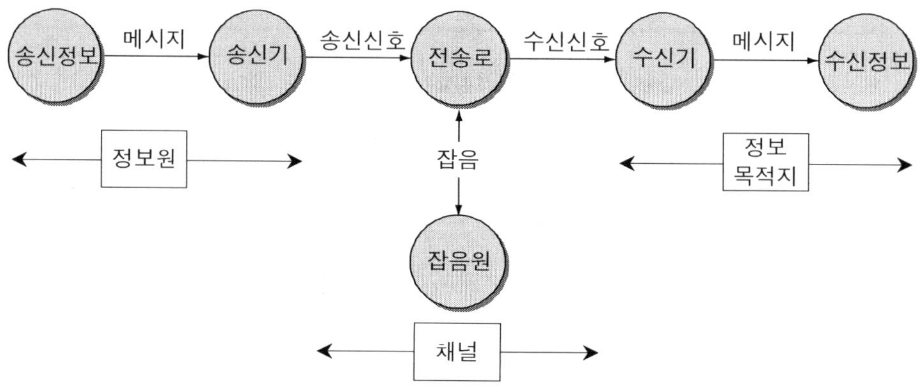

그림 1-1 샤논의 통신모형

1.3 정보통신의 개념

넓은 의미로는 정보원에서 목적지로 정보를 전달하는 과정을 말하고, 협의의 의미로는 거리와 장소에 관계없이 다수의 기기들이 서로 연결되어 저장·처리된 필요한 정보를 교환하는 과정을 말한다.

또한 정보통신은 멀리 떨어져 있는 상대방과의 의사소통을 원활하게 하며, 생활에 필요한 정보를 신속하고 빠르게 제공, 대용량 파일의 공유 및 시간과 거리의 제약을 극복하게 하는 역할을 한다.

1.2 정보통신의 역사

미국의 Morse가 유선으로 연결된 두 지점 사이의 전기적인 펄스 형태로 데이터를 전송하는 방법을 고안한 것이 전기통신의 효시인 전신이 되었다(1844년). 알렉산더 그레함 벨(A. G. Bell)의 전화기 발명(1876년), 수동식 교환기(1878년), 스트로져 교환기(1889년), 크로스바 교환기(1894년)가 개발되었으며, 이탈리아의 마르코니에 의해 무선 송수신 시스템이 개발되었다(1896년). 텔레타이프 회선에 의한 데이터 송신 등으로 전신 전화에 의한 통신시대(1940년)가 열렸고, 최초의 전자계산기 ENIAC의 출현(1946년)과 UNIVAC-I의 상품화(1951년)등에 의해 전기통신과 컴퓨터기술에 의한 정보통신의 발전이 가속화되었다.

그 후 비약적인 발전으로 컴퓨터의 대형화, 입출력의 광역화로 컴퓨터와 단말을 신호회선으로 접속하는 온라인 시스템이 개발되었다. 그 시초는 세계 최초의 데이터통신 시스템(1958년)으로 미국의 국방용 목적을 위해 개발된 반 자동 반공 시스템인 SAGE(Semi-Automation Ground Environment)로서 이 시스템은 지상 센터의 컴퓨터와 미국전역의 대공 레이더망을 통신회선으로 연결해서 항공기로부터 전달되는 정보를 컴퓨터로 분석처리하여 임무 수행 중인 전투기에 지령을 내려주는 데이터통신 시스템이다.

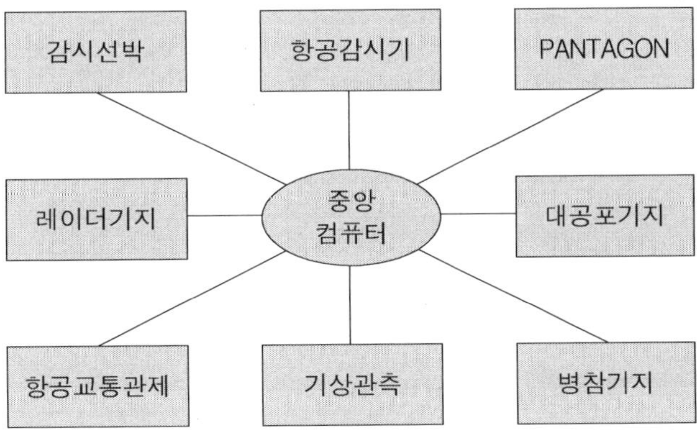

그림 1-2 SAGE 시스템

SAGE 시스템의 개발로 축적된 기술은 경영분야에 활용되어 SABRE(Semi-Automatic Business Research Environment)의 개발에 공헌하였다. 세계 최초의 상업용 데이터통신 시스템인 SABRE는 아메리카 항공사의 좌석 예약 시스템으로 온라인에 의한 좌석 예약업무를 신속, 정확하게 할 수 있도록 하였다. 현재 세계 선진국들은 초고속 정보통신 시스템 구축을 국가의 최우선 과제로 추진 중이며 음성, 영상 데이터 등 다양한 대량의 정보를 수십에서 수백 [Gbps]급의 초고속 정보통신 시스템을 구축하고 있다.

1971년 최초의 패킷 통신망인 군용 ARPANET이 개발되었고, 1975년 실용화 연구 등을 통하여 패킷교환 서비스용인 TELENET, TYMNET 등 상업용 서비스 시스템으로 발전하게 되었다.

1977년 ISO(International Organization for Standardization : 국제표준화 기구)는 각 제작사별로 다른 네트워크 구조에 대한 표준화를 시작하여 1983년에 완성하고 1984년 CCITT에서 승인된 OSI 7계층 참조 모델을 발표하게 되었다. 이를 계기로 1980년대 이후 ISDN, LAN, B-ISDN, VAN 등의 다양한 형태의 통신망이 등장하였다. 또한 1980년대에는 ARPANET 상의 모든 네트워크들이 TCP/IP 프로토콜을 사용하게 되고, 네트워크 상호간을 연결하는 방식이 TCP/IP 프로토콜로 확대되어 인터넷의 태동이 시작되고 상업성에 눈을 뜬 기업들에 의해 1990년대부터는 상업적인 네트워크로 발전하였다.

표 1-1 정보통신의 역사(국외)

년 도	발전 사항	비 고
1826	Ohm의 법칙	
1844	모르스 부호에 의한 전신 통신	전기통신의 시초
1876	벨의 전화 발명	음성통신의 시초
1946	전자계산기(컴퓨터) 발명(ENIAC)	세계 최초의 컴퓨터
1951	상업용 컴퓨터의 출현(UNIVAC)	세계 최초의 상업용 컴퓨터
1958	반 자동 방공시스템 출현(SAGE)	세계 최초의 데이터 통신 시스템
1963	상업용 데이터 통신 시스템(SABRE)	세계 최초의 상업용 데이터 통신 시스템
1964	시분할 시스템 등장(CTSS)	대학내 최초의 데이터 통신 시스템
1968	무선패킷통신망 등장(ALOHA)	민간 레벨의 패킷 통신망
1975	패킷교환방식, 데이터 통신 서비스 개시	공중 패킷교환 서비스 시작
1984	OSI 7계층 참조 모델을 발표	네트워크 상호 접속을 통한 정보 교환
1980년대	ISDN, LAN, B-ISDN, VAN	다양한 형태의 정보통신망 등장
1980년대	TCP/IP 프로토콜 사용 확대	인터넷의 태동
1990년대	인터넷의 발전	상업적인 네트워크 등장

한편, 우리나라에서는 1973년에 외환은행이 온라인 서비스를 위한 특정 회선을 서울-부산 간 설치 운용한 것이 효시이며, 1982년에는 서울대학교와 한국과학 기술원(KIET)의 전산망을 TCP/IP로 연결한 SDN(System Development Network)이 등장하였다. 1983년에는 UCCP(Unix to Unix Copy Protocol)를 사용하여 미국과 연결하였고, 1984년에는 해외 공중 데이터 통신망 및 국내의 공중 데이터 통신망인 DACOM-NET이 개통되었다.

이 망을 통해 천리안(1986년), MAIL-400, EDI 등의 서비스를 제공하며, 1991년 한국통신의 공중 데이터 통신망 HINET-P가 개통되어 포스서브(1991년), 하이텔(1992년), 나우누리(1994년), 유니텔(1996년) 등 여러 회사에서 PC 통신 서비스가 운용되었다.

표 1-2 정보통신의 역사(국내)

년 도	발전 사항	비 고
1973	외환은행과 부산지점간 온라인 시스템	국내 데이터 통신의 효시
1984	공중 데이터 통신망 등장(데이콤)	DACOM-Net
1991	공중 데이터 통신망 등장(한국통신)	HINET-P

1.3 정보통신 시스템

1 3.1 정보통신 시스템의 구성

정보통신 시스템은 멀리 떨어져 있는 상대방과의 정보 전송을 원활하게 하고, 원하는 정보를 처리하기 위해 여러 종류의 기기들을 유기적으로 결합한 것을 말하며, 이를 위해 이용되는 기기들을 정보통신기기라 부른다.

정보통신 시스템의 기본적인 구성은 컴퓨터와 원격지점에서의 단말장치 또는 컴퓨터 상호간을 통신회선으로 접속하여 처리하는 시스템과 같으며, 종단 장치 상호 간에 정보 전송을 위한 정보전송 시스템과 정보의 가공, 처리, 저장 등을 수행하는 정보처리 시스템으로 구성된다.

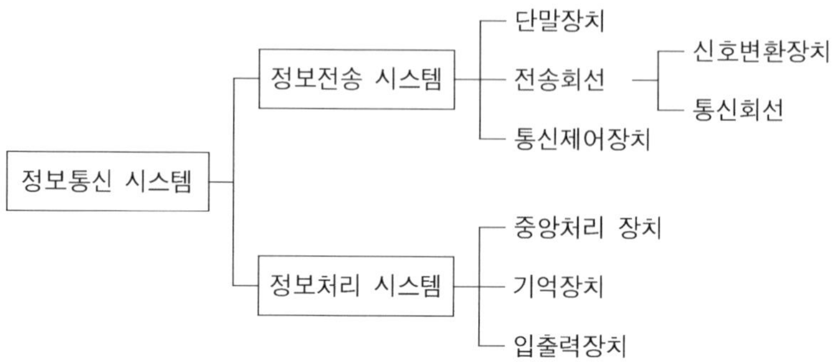

그림 1-3 정보통신 시스템

1 3.2 정보통신 시스템의 기능

최근 정보통신 시스템은 시간, 거리에 구애받지 않고 고품질의 통신을 할 수 있으며, 경제성이 높고, 대형 컴퓨터와 대용량 파일의 공유에 의한 정보 제공 서비스의 이용이 가능하다. 뿐만 아니라 데이터의 신뢰성 있는 전송과 광대역 전송을 보장할 수 있다. 아울러 정보통신 시스템의 고도화, 다양화에 수반하여 단말장치의 다양한 요구 등에 대한 유연한 대처, 호스트 컴퓨터와의 적정한 기능 배분 등의 요구를 배경으로 하여 통신제어장치의 프로세서화, 지능화가 진행되어 왔다.

정보통신 시스템의 기본적인 기능

① 통신회선의 효율적인 사용
② 정보처리시스템과 통신회선간의 용이한 접속 기능
③ 통신회선의 접속 및 차단, 그리고 링크의 확립, 개방 및 , 상태 감시
④ 전송오류의 검출과 정정
⑤ 최적의 회선을 찾기 위한 기능
⑥ 도청방지를 위한 암호화 기능
⑦ 운영 및 관리 기능
⑧ 보안 기능

1 3.3 정보전송 시스템

정보전송 시스템은 정보의 입출력을 위한 단말장치, 종단 간을 연결하는 접속하기 위한 전송회선, 그리고 정보 전송에 필요한 제어 기능을 수행하는 통신제어장치로 구성된다. 정보처리 시스템은 정보처리 소프트웨어에 의한 정보를 처리하는 중앙처리장치, 각종 자료, 데이터 및 정보를 저장하는 기억장치, 그리고 정보의 입력과 출력을 위한 입출력 장치로 구성된다.

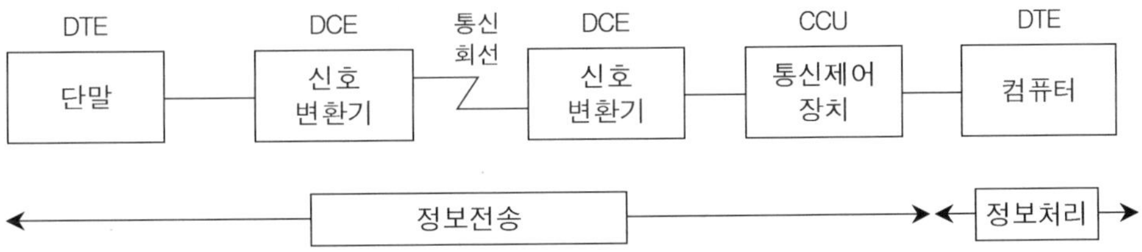

그림 1-4 정보전송 시스템의 기본 구성

[1] 단말장치(DTE : Data Terminal Equipment)

사람이나 각종 측정 장비로부터 발생되는 정보를 송신하기 위하여 통신회선에 적합하도록 변환하는 기능 및 통신회선을 통해 수신된 정보를 각종 제어기기에 적합한 형태로 변환하는 기능을 갖게 된다. 이러한 기능을 갖는 장치를 각각 터미널 입출력장치 또는 터미널이라 부른다. 단말장치는 정보처리를 담당하는 컴퓨터 또는 단말장치(terminal)를 의미하며 데이터단말장치(DTE : Data Terminal Equipment)라 부른다.

단말장치에는 통신회선과의 정보전송을 위한 통신제어 기능을 내장하고 있으며 이를 전송제어장치(TCU : Transmission Control Unit)라고 부른다.

전송제어장치의 구성

① 입·출력 제어부 : 입출력장치의 직접적인 제어 및 상태 감시
② 회선 접속부 : 단말장치 내부의 전기적 신호 레벨 변환을 수행
③ 직·병렬 변환기 : 단말로 부터 전송되는 직렬 데이터를 병렬로 변환하고, 전송회선으로부터 수신되는 병렬 데이터를 직렬로 변환
④ 회선 제어부 : 전송제어 절차에 의한 송·수신 제어 절차 및 문자의 조립과 분

해, 정보의 축적기능을 수행

[2] 신호변환장치(DCE : Data Communication Equipment)

터미널과 통신회선 사이에 설치되어 있는 장치로서 전송하고자 하는 데이터(정보)를 전송에 적합한 전기신호로 변환하기 위하여 통신회선의 종단에 위치하여 단말장치로부터 발생된 데이터(정보)를 규정된 통신회선의 신호로 변환하거나, 반대로 통신회선으로부터 수신된 전기신호를 터미널을 동작시키는데 적합한 데이터로 변환하는 기능을 가지게 된다. 일반적으로 이러한 기기를 신호변환장치(DCE)라 한다.

- 아날로그 통신회선 : 모뎀(MODEM : Modulator & Demodulator)
- 디지털 통신회선 : 디지털 서비스 유닛(DSU : Digital Service Unit)

일반적으로 신호변환장치는 전송신호의 동기제어, 송수신 확인, 전송 제어절차의 제어, 전송 에러의 검출과 정정 등의 기능이 있다.

[3] 통신회선

교환기와 교환기 또는 터미널과 터미널 사이에 설치한 것으로 송·수신 간을 물리적으로 연결하여 실제로 정보 전송이 이루어지도록 하는 것이며, 통신회선을 분류하는 방식은 여러 가지로 구분할 수 있다.

전화선의 경우, 동축케이블을 사용하며 전송속도는 500[Mbps], 대역폭은 350[Mbps] 정도이다. 무선의 경우 주로 마이크로웨이브 대역이 사용되며, 광대역 전송선로는 광섬유(optical fiber) 등이 사용된다.

- 신호의 특성 : 디지털 전송회선, 아날로그 전송회선
- 전송매체 : 유선 전송로와 무선 전송로

[4] 통신제어장치(CCU : Communication Control Unit)

통신제어장치는 통신회선과 중앙처리장치를 결합하는 기능을 수행하는 장치로써 중앙처리장치와 데이터의 송·수신 기능, 제어신호의 송·수신, 통신회선의 감시

및 접속, 전송오류 검출과 다중 전송 제어기능을 수행한다. 데이터 전송회선과 컴퓨터와의 전기적 결합과 전송문자를 조립·분해하는 것으로, 정보전송 시스템과 정보처리 시스템의 사이에 위치하여 양자를 결합하고 있는 장치이다.

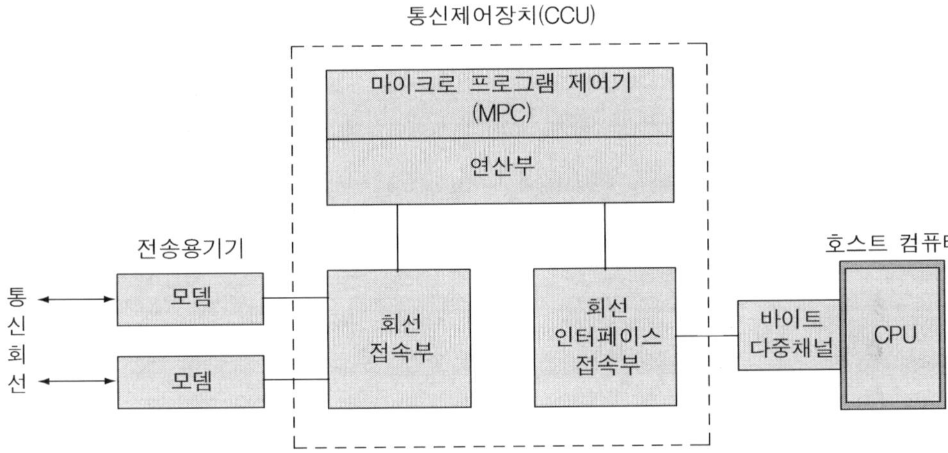

그림 1-5 통신제어장치의 구성

이러한 통신제어장치는 주로 대형 컴퓨터 앞에 설치되어 컴퓨터의 일부 기능을 분담하며 컴퓨터의 효율을 높이기 위해 통신만을 전문으로 취급하는 장치이다.

통신제어장치와 같은 역할을 하는 기기들에는 전송제어장치(TCU : Transmission Control Unit) 및 프로그램 제어가 가능한 통신제어처리장치(CCP : Communication Control Processor), RP(Remote Processor), TIP(Terminal Interface Processor) 및 전단처리기(FEP : Front End Processor)가 있다.

기능 \ 장치	TCU (단말 내장)	CCU	CCP	FEP	컴퓨터
문자의 조립	○	○	○	○	○
블록의 조립		○	○	○	○
메시지의 조립			○	○	○
메시지 처리				○	○
정보 처리					○

1 3.4 정보처리 시스템

정보처리 시스템은 필요한 정보를 수집, 체계적으로 정리하여 그 결과를 지정된 단말장치에 보내는 시스템을 말한다. 정보처리 시스템에서는 원격지에서 발생하는 정보를 데이터 단말장치 및 데이터통신회선을 통해서 수집하고, 이것을 목적에 따라 처리 축적하고, 그 처리 결과를 데이터 단말에 출력하는 역할을 담당하고 있다.

정보통신 시스템에서 데이터가 생성되는 곳으로부터 직접 입력을 받아들이고, 또한 출력이나 계산된 결과를 원하는 곳으로 직접 보내 줄 수 있는 경우를 온라인(on-line)처리 방식이라 하며, 통신회선으로 연결이 안 되고 전송이 이루어지는 방식을 오프라인(off-line)처리 방식이라 한다.

[1] 온라인처리(On-line processing) 방식

데이터 전송회선을 통하여 단말장치(터미널)에서 보내져온 데이터를 직접 컴퓨터로 처리하는 방식으로 전송과정에서 사람이 개입하지 않고 데이터의 전송이 이루어지는 방법으로 좌석예약, 수치제어, 은행업무 등이 대표적인 예이다.

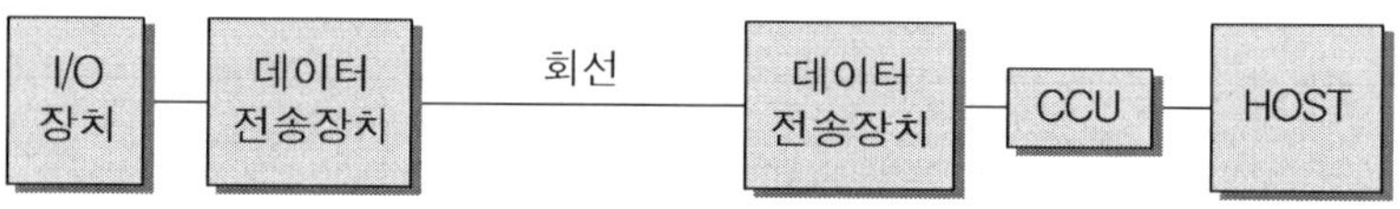

그림 1-6 온라인 시스템

[2] 오프라인처리(Off-Line processing) 방식

컴퓨터 단말장치가 통신회선을 통해서 직접 데이터를 주고받지 않고 전송이 이루어지는 방식으로 단말기와 컴퓨터 사이에 정보의 직접 연결된 통신회선이 없다.

단말장치와 컴퓨터 시스템이 통신회선을 이용하여 연결되어 있더라도 통신회선을 이용하지 않고 직접 사람의 손이 개입되어 데이터를 인간이 운반하여 처리하는 방식을 말한다.

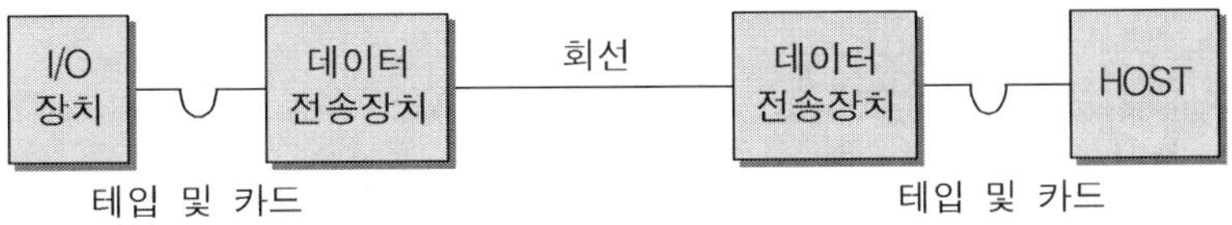

그림 1-7 오프라인 시스템

[3] 실시간처리(Real-time processing) 방식

복수 개의 단말장치와 컴퓨터를 연결하여 데이터의 발생과 동일시간 내에 처리하여 결과를 출력하기 위한 처리 방식이다. 이것은 데이터처리 요구가 발생할 때마다 즉시 필요한 처리를 하고 그 처리 결과를 원하는 시간 내에 받아 볼 수 있는 방식으로 즉시처리 방식이라고도 한다. 기차의 좌석 예약, 발권 업무, 예탁금의 창구 업무 등과 같이 이용자에게 편의를 제공하기 위한 것이다.

[4] 일괄처리(Batch processing) 방식

일괄처리 시스템은 일정 기간(시간) 동안 발생된 데이터를 한 지점에서 수집 및 데이터처리 요구를 정리하여 하나의 묶음 단위로 처리하는 방식이며, 컴퓨터의 이용 효율을 상승시키기 위한 방식이다. 원거리의 터미널이 컴퓨터를 이용하는 경우 유휴시간으로 효율의 극대화를 위한 일종의 오프라인(Off-line) 방식이다.

[5] 분산처리(Distributed processing) 방식

중앙 컴퓨터에 업무처리가 집중되는 것을 막기 위해 개인용 컴퓨터 혹은 워크스테이션 등과 같은 컴퓨터들을 망으로 연결하여 다른 컴퓨터에서도 업무처리가 가능하도록 하는 시스템이다. 이것은 데이터가 발생한 지역에서 독립적으로 처리하는 동시에 다른 지역에서 데이터처리가 요구되면 실시간 온라인 통신회선을 통해 즉시 데이터를 처리하는 방식이다.

1 3.5 정보통신의 이용형태

[1] 원격 일괄처리

원격지에 배치된 다수의 단말기로부터 데이터를 수집해서 기억장치에 저장하고, 이것을 일괄처리(batch processing)하여 각 단말에 데이터를 분배하는 시스템이다.

일반 전화회선을 이용하여 원격지에서 가정이나 공장의 전기, 수도, 가스 등의 도수(미터)를 자동적으로 판독하여 컴퓨터로 집계하고 매달의 요금 청구 계산을 일괄해서 처리하는 시스템으로 원거리에 있는 이용자가 쉽게 데이터를 처리할 수 있다. 이 방식은 처리되어진 프로그램 또는 데이터가 통신회선을 통하여 호스트 컴퓨터에 전송하여 일괄처리한 후 다시 통신회선을 경유하여 단말장치에 전송처리하는 방식을 말한다.

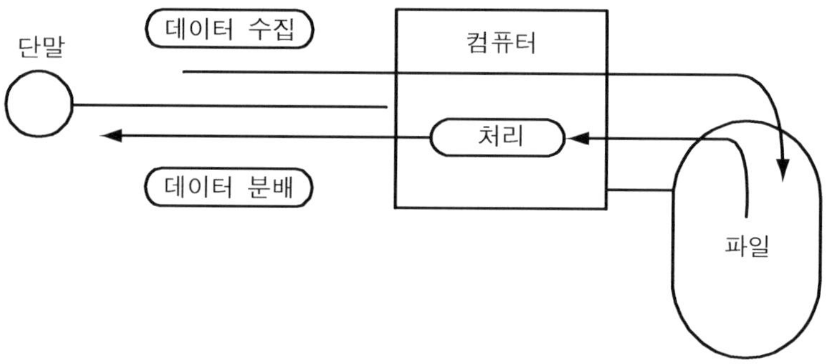

그림 1-8 데이터 수집 · 분배 시스템

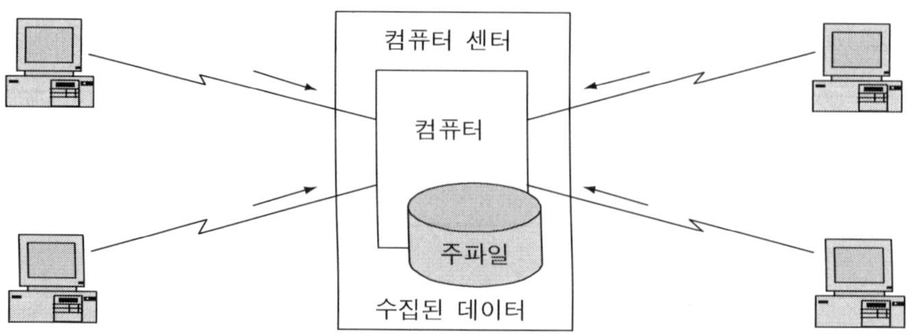

그림 1-9 원격지 데이터 수집 시스템

[2] 원격 작업 입력(Remote Job Entry)

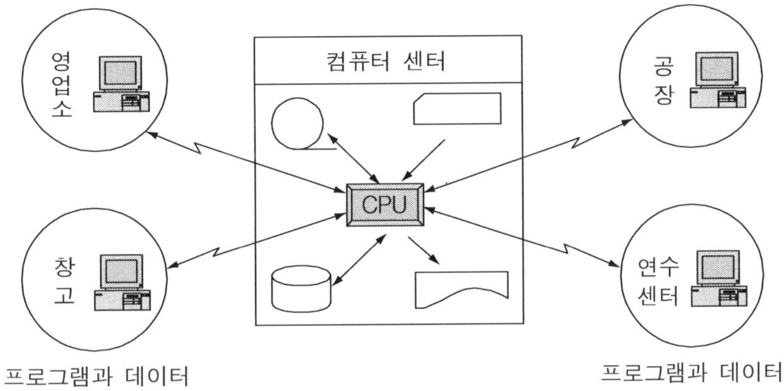

그림 1-10 원격 작업 시스템

[3] 시분할 시스템(Time Sharing System)

컴퓨터의 처리시간을 일정한 간격으로 분할 및 공용함으로써 다수의 이용자가 동시에 마치 자기 전용의 컴퓨터인 것처럼 각각 별도의 프로그램을 할당하여 실행하는 방식을 시분할처리(time sharing processing)이라 하고 시분할 시스템으로 이용된다.

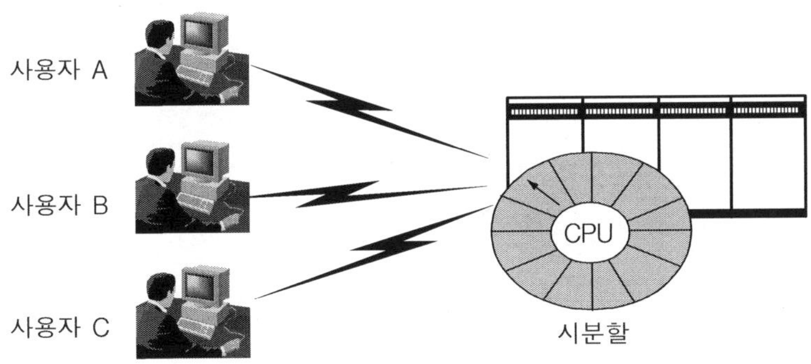

그림 1-11 시분할 시스템

[4] 질의응답(Inquiry and Response)

중앙의 데이터베이스에 대량의 정보를 저장해 두고 단말기에서 필요한 사항을

질의하면 즉시 처리하여 결과를 단말장치로 알려주는 방식을 말한다.

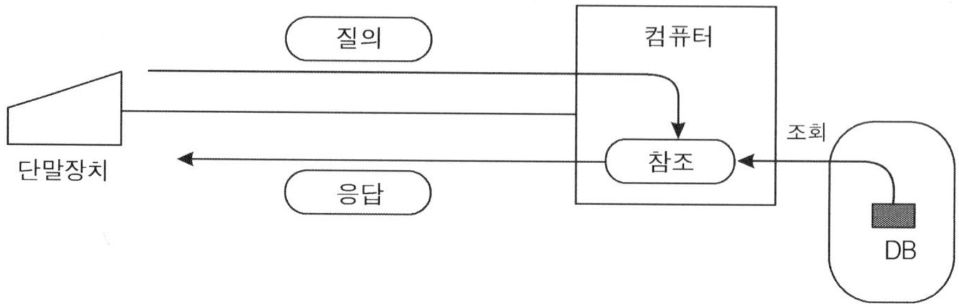

그림 1-12 조회 · 응답 시스템

[5] 메시지 교환(Message Switching) 시스템

단말장치로부터 입력된 메시지를 목적지 단말장치로 출력하는 방식으로 컴퓨터의 축적 및 처리 기능을 이용하여 전자우편 등에 이용하는 시스템이다.

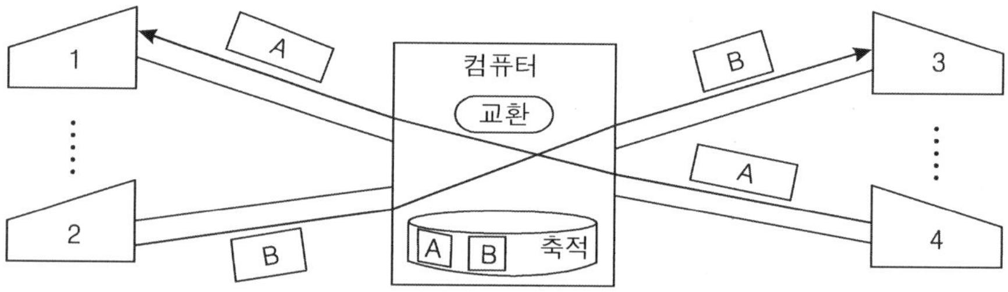

그림 1-13 메시지 교환 시스템

[6] 컴퓨터 네트워크(Computer Network)

컴퓨터를 고속회선으로 연결하여 광대역화 하고 여러 사용자들이 동시에 이용할 수 있도록 하는 시스템으로 정보처리 시스템 자원을 공유하고 정보를 실시간 온라인으로 원활하게 교환하기 위한 시스템이다. 응용 사례에는 좌석예약서비스가 있고, 대표적인 네트워크에는 미국 국방부의 고등연구계획국(Advanced Research Project Agency)의 주도 하에 만들어진 세계 최초의 패킷스위칭 네트워크인 ARPNET이 있으며, 이 네트워크를 원형으로 탄생된 것이 현재의 인터넷이다.

3.6 통신 시스템의 회선구성 방식

[1] 포인트-투-포인트(Point to Point) 방식

중앙 컴퓨터와 터미널이 일대 일로 독립적으로 연결되는 가장 단순한 방식으로 여러 대의 터미널인 경우도 일대 일로 연결하므로 컴퓨터나 터미널은 언제든지 데이터를 전송할 수 있다. 이 방식은 데이터통신뿐만 아니라 일반 전화회선 및 텔레타이프나 전신에 의한 정보 전송시에도 이용되는 방식으로 장점으로는 전송되는 정보량이 대단히 많을 때 유리하며 고장 발생시의 유지 보수가 유리하다.

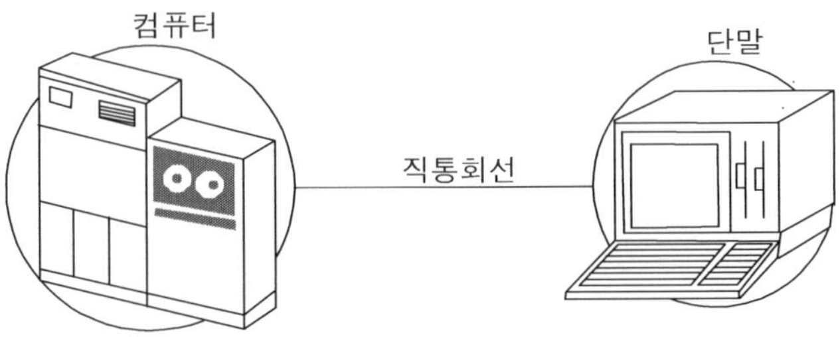

그림 1-14 포인트 투 포인트형

[2] 멀티포인트(Multi-point) 방식

다수개의 터미널이 하나의 통신회선에 연결되어 정보의 송·수신을 수행하는 방식으로 멀티드롭(multidrop) 방식이라고도 한다. 이때 사용되는 통신회선은 대부분 전용회선을 사용하며, 제어용 컴퓨터가 주국(1차국)이 되고 터미널이 종국(2차국)이 된다. 데이터 전송은 폴링, 셀렉팅에 의해 전송이 행해진다. 이 방식은 비교적 소량의 데이터가 분산되어 있을 때에는 효과적이며, 통신회선의 사용료 경감은 좋으나 단점으로는 동일지역에 데이터가 집중되면 효율이 나빠지고, 고장시에는 유지보수가 힘들다.

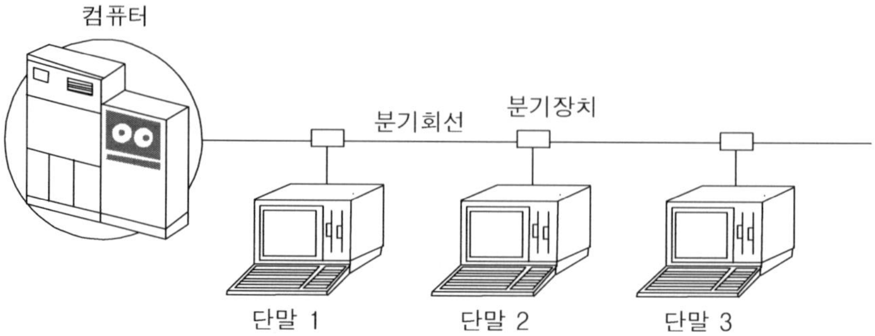

그림 1-15 멀티드롭형(버스형, 분기형) 네트워크

[3] 회선집선 방식(Line Concentration)

일정지역 내에 다수의 터미널이 설치되어 있는 경우 지역중심에 집선장치를 설치하여 여러 대의 터미널로부터 비교적 저속으로 전송되는 데이터를 센터의 집선장치에 축적한 후 모여진 정보를 고속으로 컴퓨터에 보내는 방식이다.

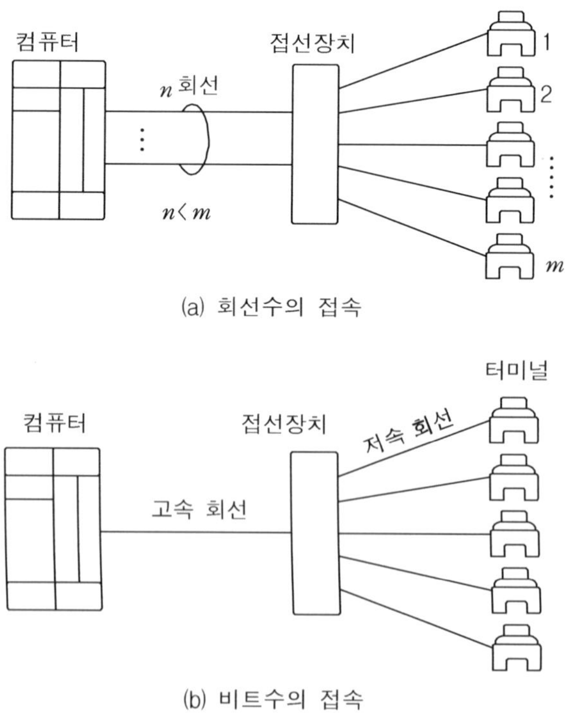

(a) 회선수의 접속

(b) 비트수의 접속

그림 1-16 회선집선 방식

컴퓨터와 집선장치 사이의 통신회선을 효율적으로 사용할 수 있다. 멀티포인트 방식과 같이 회선이용률이 낮은 터미널에 유리한다.

[4] 회선다중 방식(Line Multiplexing)

일정지역 내의 중심에 다중화장치를 설치하고 다중화장치와 컴퓨터 간을 대용량 회선으로 연결한 것이다. 다중화 방식에는 시분할 다중화 방식과 주파수분할 다중화 방식이 있으며, 분할된 각각의 통신회선은 여러 대의 터미널이 공유하지 않으므로 회선 사용률이 높은 터미널에도 사용할 수 있다.

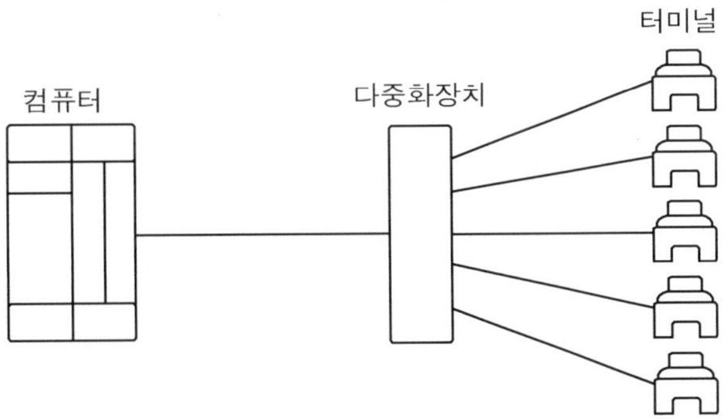

그림 1-17 회선다중 방식

연 / 습 / 문 / 제

1. 정보와 데이터를 비교 설명하라.

2. 정보통신을 정의하고, 그 기능에 대해 설명하라.

3. 샤논이 정의한 정보통신 구성요소에 대해 논하라.

4. 정보통신 시스템에서 온라인처리 방식에 대해 설명하라.

5. 정보통신 시스템에서 오프라인처리 방식에 대해 설명하라.

6. 정보통신 시스템에서 실시간처리 시스템에 대해 설명하라.

7. 정보통신 시스템에서 일괄처리 시스템에 대해 설명하라.

8. 정보통신 시스템에서 원격일괄처리 시스템에 대해 설명하라.

9. 정보통신 시스템에서 원격작업입력 시스템에 대해 설명하라.

10. 정보통신 시스템에서 분산처리 시스템에 대해 설명하라.

11. 통신 시스템의 통신 방식에서 멀티포인트 방식에 대해 설명하라.

12. 통신 시스템의 통신 방식에서 회선집선 방식에 대해 설명하라.

13. 통신 시스템의 통신 방식에서 회선다중 방식에 대해 설명하라.

제 2 장 정보전송기술

2.1 전송기술의 기초

2 1.1 전송부호

문자, 숫자 및 특수기호 등 전송될 정보의 유형은 통신회선으로 직접 전달할 수 없으므로 상호간에 규정된 데이터의 형태를 약속하여 각각의 문자, 숫자 및 특수기호 대신에 전송해야 한다. 0과1의 조합으로 컴퓨터가 취급하기 용이한 2진 데이터로 표기되어 전송되는 것을 전송부호(transmission code)라 한다.

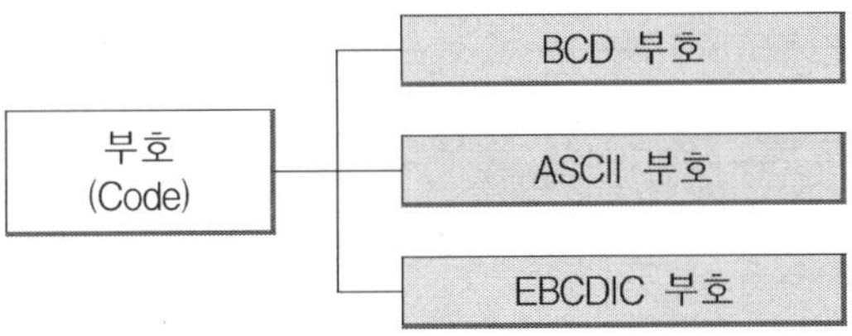

그림 2-1 전송 부호

[1] 2진 부호(Binary code)

전송부호는 2진수인 1과 0의 신호를 몇 개씩 조합하여 미리 정의된 기호, 문사로 할당하여 전송하는 2진 비트의 조합을 말한다. 2진 부호로 전송하는 시스템은 정보 단위가 두 개의 상태로 표현되며, 그 표현 상태를 비트(bit)라 한다.

한쪽은 마크(mark), 다른 한쪽은 스페이스(space)라 한다. 전류의 흐름으로 표현할 때 전류가 흐르는 것은 마크이고, 흐르지 않는 상태는 스페이스를 의미한다. 전압으로 표현하면 양(positive)의 전압은 마크가 되고, 음(negative)의 전압은 스페이스로 사용된다. 한 개의 비트는 두 가지 상태를 표현할 수 있으며 N개의 비트로 된 부호는 2^N개의 상태에 해당되는 문자를 나타낼 수 있으며, 만약 8비트 부호가 있다면 2^8이 되어 256개의 문자나 비트 패턴으로 나타낼 수 있다. 다음은 2진 부호의 여러 가지 표현법을 나타낸 것이다.

표 2-1 2진 부호

활동성 조건	비활동성 조건
마크(mark)	스페이스(space)
전류흐름	전류가 흐르지 않음
+ 전압	– 전압
2진수 "1"	2진수 "0"
낮은 주파수	높은 주파수
기준위상	기준 위상의 반대 위상
구멍이 뚫림(천공카드)	구멍이 안 뚫림(천공카드)

[2] 아스키 부호(ASCII code)

ASCII(American Standard Code for information interchange)코드는 미국의 국립 표준국인 ANSI(American National Standards Institute)에서 컴퓨터 및 정보통신 장치 사이의 원활한 정보 교환을 위해 정한 표준 부호로 7개의 정보 비트와 1개의 패리티(Parity) 비트로 구성되어 한 부호를 표현하는데 총 길이 8비트 부호로서 가장 널리 사용되는 전송부호이다. 7개의 정보 비트로 128개(2^7)의 조합이 가능하며 숫자와 영문자를 모두 수용하고 128개의 문자의 전송이 가능하며 우수 패리티(even parity)와 기수 패리티(odd parity)에 의해 에러의 발생 여부를 알 수 있다.

표 2-2 ASCII 부호

	000	001	010	011	100	101	110	111
0000	NUL	DLE	SP	0	@	P	‘	p
0001	SOH	DC1	!	1	A	Q	a	q

0010	STX	DC2	"	2	B	R	b	r
0011	ETX	DC3	#	3	C	S	c	s
0100	EOT	DC4	$	4	D	T	d	t
0101	ENQ	NAK	%	5	E	U	e	u
0110	ACK	SYN	&	6	F	V	f	v
0111	BEL	ETB	'	7	G	W	g	w
1000	BS	CAN	(	8	H	X	h	x
1001	HT	EM	)	9	I	Y	i	y
1010	LF	SUB	*	:	J	Z	j	z
1011	VT	ESC	+	;	K	[	k	{
1100	FF	FS	,	<	L	\	l	|
1101	CR	GS	–	=	M	]	m	}
1110	SO	RS	.	>	N	^	n	~
1111	SI	US	/	?	O	_	o	DEL

[3] EBCDIC 부호

확장 이진화 십진 코드(EBCDIC : Extended Binary Coded Decimal Interchange Code)는 ASCII부호보다 더 많고 다양한 문자, 숫자, 기호를 전송하기 위하여 정보 비트수가 8비트로 문자 코드를 지원한다. 여기서 확장의 의미는 기존의 6비트 코드인 BCD 코드를 확장하였기 때문이며, 256(2^8)개의 비트 패턴이나 문자로 표현할 수 있다. EBCDIC 코드는 대형 IBM기종의 컴퓨터와 터미널 등에서 찾아볼 수 있으며, 데이터 전송을 위한 내부 기계어 코드로 사용된다.

표 2-3 EBCDIC 부호

	00				01				10				11			
	00	01	10	11	00	01	10	11	00	01	10	11	00	01	10	11
0000	NUL	DLE	DS		SP	&	–						{	}	\	0
0001	SOH	DC1	SOS				/		a	j	~		A	J		1
0010	STX	DC2	FS	SYN					b	k	s		B	K	S	2
0011	ETX	TM							c	l	t		C	L	T	3
0100	PF	RES	BYP	PN					d	m	u		D	M	U	4
0101	HT	NL	LF	RS					e	n	v		E	N	V	5

0110	LC	BS	ETB	UC					f	o	w		F	O	W	6
0111	DEL	IL	ESC	EOT					g	p	x		G	P	X	7
1000	GE	CAN							h	q	y		H	Q	Y	8
1001	RLF	EM							i	r	z		I	R	Z	9
1010	SMM	CC	SM		C	!		:							LVM	
1011	VT	CU1	CU2	CU3	.	$	,	#								
1100	FF	IFS		DC4	<	*	%	@								
1101	CR	IGS	ENQ	NAK	(	)	_	'								
1110	SO	IRS	ACK		+	;	>	=								
1111	SI	IUS	BEL	SUB	|	¬	?	"								

2 1.2 데이터 전송 방식

[1] 아날로그 전송과 디지털 전송

(1) 아날로그 전송

아날로그 전송은 아날로그 데이터나 디지털 데이터에 관계없이 모두 전송이 가능하며, 즉, 음성과 같은 아날로그 데이터를 아날로그 신호로 전송하고자 하는 경우 전화라는 신호변환장치에 의해 음성을 전기적인 신호로 변환하여 전송하며, 디지털 데이터를 아날로그 신호로 전송하고자 할 경우에는 신호변환장치인 모뎀(modem)이 필요하다.

디지털 신호를 아날로그 신호로의 변환 과정을 변조(modulation), 아날로그 신호로부터 디지털 데이터로의 변환을 복조(demodulation)라 한다. 장거리 전송에서는 약해진 전송신호를 크게 하기 위해서 증폭기(Amplifier)를 사용한다.

그림 2-2 아날로그 전송

(2) 디지털 전송

디지털 전송은 아날로그 전송보다 잡음에 대한 면역성이 높아 전송에러를 감소시킬 수 있고 고속 전송도 가능하다. 아날로그 데이터는 코덱(CODEC)을 통하여 디지털 신호로 변환하여 전송한다. 여기에서 코덱은 부호화기(coder)와 복호기(decoder)의 합성어로써 아날로그 정보를 전기적인 펄스 신호로 부호화하여 전송하는 기기를 부호화기라 하고, 역 과정을 수행하는 기기를 복호기라고 한다. 그리고 0과 1의 조합으로 주어지는 디지털 정보는 디지털 서비스 유닛(DSU : Digital Service Unit)을 사용하여 디지털 신호로 변환하여 전송한다. 디지털 신호를 장거리로 전송할 때에는 신호의 세기 감소에 의한 에러 가능성이 높아지기 때문에 적당한 간격으로 리피터(repeater)를 설치하여 신호를 재생 중계한다.

그림 2-3 디지털 전송

[2] 통신 방식

떨어져 있는 두 장치 간에 통신을 행하기 위해서는 송신자와 수신자가 명확히 구분되고, 이들 사이에 정보를 주고받는 통신방식이 정해져야 한다. 이러한 통신방식에는 일반적으로 세 가지 방식이 있다.

(1) 단방향(Simplex) 통신

정보의 흐름이 접속된 두 장치 간에 한쪽 방향으로만 전송될 때 사용되며 송·수신 간에 송신만 일방적으로 이루어지는 방식으로 수신측에서는 응답할 수 없는 경우이다. TV나 라디오 방송 등이 이에 속하며 데이터통신에서는 에러 제어용 신호 선으로 사용된다.

특 징

① 복수국이 일정한 정보를 공유할 수 있다.

② 문제 발생 시 송신측의 장치에는 별다른 영향을 주지 않기 때문에 장비의 보호에도 효율적이다.
③ 수신측에 정보전달이 정확하게 되었는지 확인이 어렵다.

그림 2-4 단방향통신

(2) 반이중(Half Duplex)통신

반이중통신은 송신측과 수신측을 연결하는 통신선로가 하나의 전송로로 연결되어 송신과 수신이 이루어지는 방식이다. 이 방식은 어느 한 시점에서는 한 방향으로만 데이터가 전송되며 동시에 양방향 전송은 할 수 없다. 생활무전기, 공유매체(shared media) LAN에서 사용하는 방식으로 양방향 통신은 가능하지만 동시에 전송하는 것을 불가능하다.

특 징

① 정보 전달을 교대로 하면서 양방향 전송을 한다.
② 양측이 모두 동시에 데이터를 전송할 수가 없기 때문에 한 방향으로 전송하는 동안 다른 방향으로의 전송은 대기를 하여야 하는 단점이 있다.
③ 전체 대역폭을 나누어서 사용하게 된다.

그림 2-5 반이중통신

(3) 전이중(Full Duplex)통신

전이중통신은 양쪽이 두개의 전송로로 연결되어 있어서 동시에 송수신이 가능한 통신 방식이다. 그림 2-6은 전이중통신 방식을 나타내고 있다.

즉, 양쪽 방향으로 동시에 정보의 전달을 가능하게 하는 전송 방식으로서 정해진 시간에 많은 양의 정보량을 송수신하는 경우에 이용된다. 전이중통신을 하기 위해서는 통신회선을 2중화해서 양방향 신호가 충돌되지 않도록 해야 한다. 이렇게 하기 위한 방법으로는 2개의 회선이나 2개의 무선 채널로 양방향의 신호를 각각 다른 경로로 보내는 방법이 있다.

특 징

① 양방향의 동시성을 가지므로 시간 효율이 높다.
② 동시전송이 발생할 경우 제어가 곤란하다.
③ 정보 전달에 대한 의미가 혼동되는 경우도 발생한다.
④ 대용량 고속 전송이 가능하다.

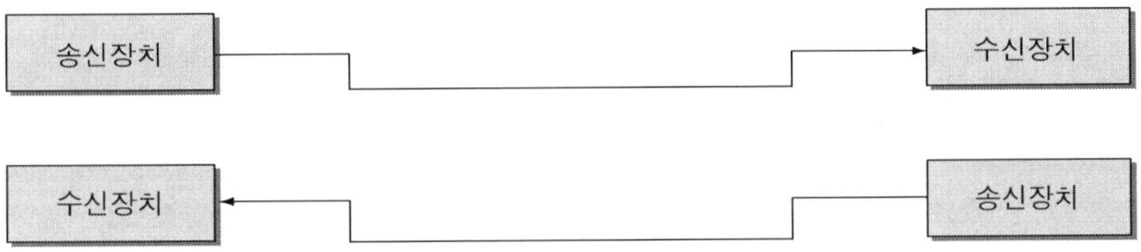

그림 2-6 전이중통신

[3] 직렬 전송과 병렬 전송

단말장치로부터 데이터의 최소 요소인 비트(bit) 단위로 전송되는데 이 단위의 정보를 전송로 상에 전달하는 방식으로 정보의 전송을 하나의 회선을 사용하는 직렬 전송과 복수의 회선을 사용하여 전송하는 병렬 전송 등 2가지 방법이 있다.

(1) 직렬 전송

문자를 구성하는 각 데이터 비트를 직렬로 나열한 후 하나의 통신회선을 사용하여 1비트씩 순차적으로 전송하고 수신측에서 병렬의 문자 비트로 재편성하여 수신하는 방식이다. 부호를 구성하는 블록의 비트를 시간적으로 직렬로 1비트씩 순차적으로 전송하므로 원거리 전송 시스템에 널리 이용되고 있으며, 단위 비트를 차례대로 전송하기 때문에 하나의 문자를 만들기 위해서는 버퍼가 필요하다. 컴퓨터는 모든 데이터를 병렬처리하므로 송신측에서는 병렬신호를 직렬로 변환하는 장치와 수신측에서는 직렬신호를 병렬신호로 변환하는 장치가 각각 필요하게 된다.

특 징

① 원거리 전송에 적합하다.
② 하나의 회선을 이용하여 전송할 수 있으므로 경제적이다.
③ 저속 통신 방식에 사용된다.
④ 대부분의 데이터통신 시스템에서 사용하고 있다.

그림 2-7 직렬 전송

(2) 병렬 전송

송신하고자 하는 데이터를 구성하는 비트별로 통신회선을 따로 두어 한꺼번에 전송하는 방식이다. 전송거리가 길어지면 데이터가 도착하는 시간이 다를 수 있어, 원래의 비트 블록을 정확히 복원하기 어려워진다.

특 징

① 근거리 데이터 전송에 이용된다.
② 고속 데이터 전송에 사용된다.
③ 단위 시간에 다량의 데이터를 전송할 수 있다.
④ 회선 수만큼 여러 비트를 동시에 전송할 수 있다.
⑤ 별도의 부가 회선이 필요하다.
⑥ 컴퓨터의 중앙처리장치(CPU)와 주변장치 간의 전송에 사용된다.

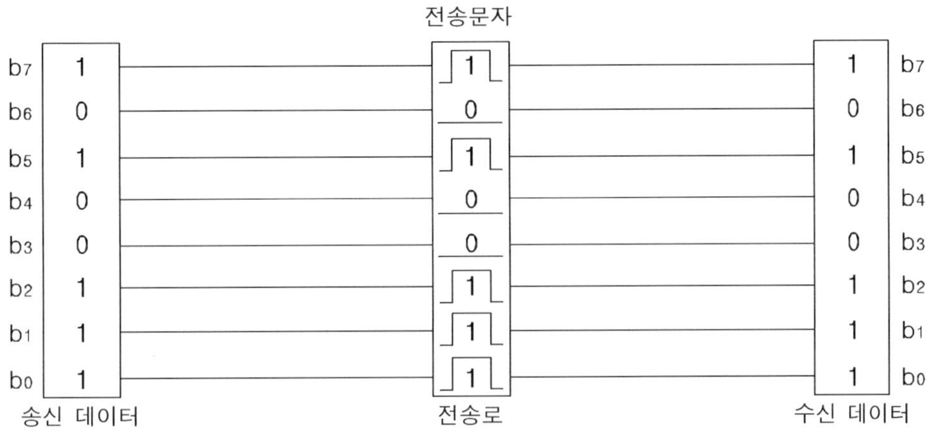

그림 2-8 병렬 전송

[4] 동기 방식

정보 전송을 하는데 데이터 신호를 정확하게 전송하기 위해서는 송신과 수신 사이에 정보의 시작과 끝을 알리는 동기화(synchronization)가 이루어져야 한다. 즉, 송신측에서 정보와 정보 사이를 식별하기 위하여 일정한 간격을 두어 시간적으로 분해하여 데이터를 전송하고, 수신측은 일련의 입력 신호로부터 비트 값을 식별함과 동시에, 일정한 길이의 비트 블록을 묶어 정보를 복원해야 한다. 동기화 방법은 비동기식 전송과 동기식 전송으로 구별된다.

동기화에 대한 정의

송신측과 수신측 사이에 정보를 보내는 송신시점과 이를 받는 수신시점을 합의하는 절차를 말한다.

(1) 비동기식 전송(Asynchronous transmission)

비동기식 전송은 송신측과 수신측 사이의 클럭(clock)을 일치시키는 별다른 절차 없이, 고정된 크기의 비트 묶음을 기본 단위로 하여, 전송하려는 문자 앞과 뒤에 시작 비트(start bit)와 정지 비트(stop bit)를 첨가하여 전송하는 방식으로써 조보식 전송 방식 혹은 start-stop 방식이라고도 한다.

특 징

① 한 번에 한 문자(character)씩 비트열로 전송되는 방식이다.
② 전송하고자 하는 문자와 문자를 구분한다.
③ 수신측에서 시작시점을 검출한 다음에 자체 클록으로 비트열을 수신한다.
④ 동기는 문자 단위로 이루어진다.
⑤ 300~2400[bps] 정도의 저속용 데이터 전송에 이용된다.

비동기식 전송은 시작 비트 1비트, 데이터 비트 7~8비트, 정지 비트는 사용되는 코드에 따라 1비트, 1.5비트, 2비트의 길이가 되므로 전체 한 문자 데이터의 길이는 10~11bit가 된다. 통신이 없는 휴지(idle) 상태는 항상 1의 상태를 유지하므로 수신측은 처음 0의 상태가 되는 시작 비트(start bit)를 감시함으로써 송신 개시를 판단하여 데이터를 수신할 수 있다. 비동기식 전송은 정확한 수신을 위해 데이터 비트의 중간부분을 표본화하여 비트 상태를 결정하므로 2~3비트의 추가적인 오버헤드 비트가 소요되므로 비효율적이다.

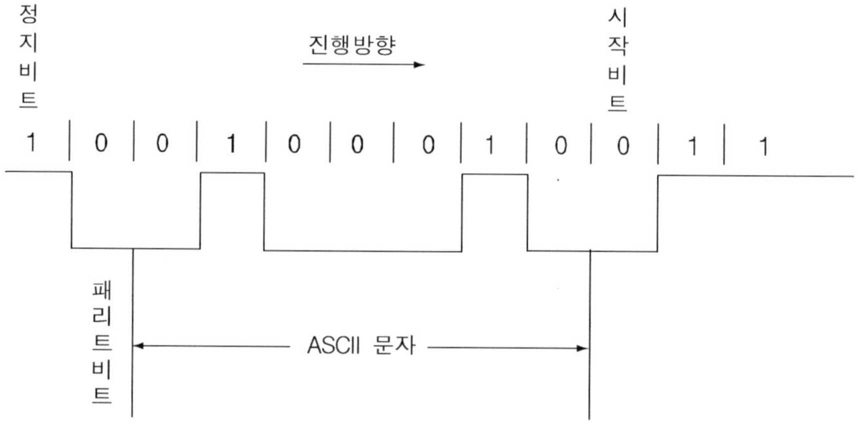

그림 2-9 비동기식 전송

그림 2-9는 아스키 코드를 사용한 경우의 비동기식 전송을 보여주고 있다. 그림에서 보듯이 송신측에서는 데이터의 전송이 없을 때 맨 앞에 1의 상태의 비트를 전송하다가 전송할 문자가 생기면 시작을 알리는 시작 비트(start bit)부터 전송이 시작된다. 시작 비트에 이어 전송할 문자 데이터인 아스키 코드의 데이터가 전송되고, 이어서 에러 검출 시 필요한 패리티 비트를 전송 한 다음 전송 완료임을 나

타내는 정지 비트(stop bit)를 전송하면서 휴지상태(idle)로 들어가게 된다.

(2) 동기식 전송(Synchronous transmission)

동기식 전송은 데이터를 전송하는데 송·수신측 사이에 미리 정해진 숫자만큼의 문자열을 한 묶음(block 또는 frame)으로 만들어 일시에 전송하는 방식으로 수신측이 동기 확립하기 위해 필요한 동기 부호를 송신하는 방식이다. 동기 부호를 송신한 후에는 데이터 비트열을 일정 주기로 연속적으로 송신한다.

특 징

① 한 묶음(frame 또는 block)의 문자열을 전송한다.
② 송·수신측간에 정확한 동기가 이루어진다.
③ 비트마다 동기를 취하므로 긴 데이터를 송수신할 수 있다.
④ 전송효율 및 전송속도가 높다.

동기식 전송방식은 프레임을 구성하는 비트 블록의 형태에 따라서 비트 위주의 링크(bit-oriented link)와 문자 위주의 링크(character-oriented link)가 있다.

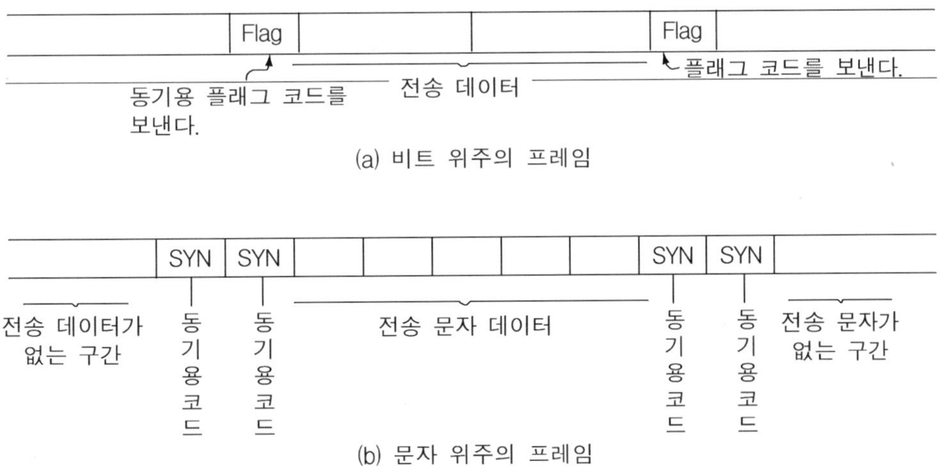

그림 2-10 동기식 전송

(가) 비트 위주의 링크(bit-oriented link)

전송단위를 일련의 비트들의 묶음으로 보고, 비트 블록의 처음과 끝을 나타내는 특별한 비트 패턴을 덧붙여 전송하는 방식이다. 즉, 데이터와 제어 정보는 8비트 문자 단위로 해석되어질 필요는 없으며, 8비트의 길이를 가진 플래그(flag) 패턴을 사용한다.

(나) 문자 위주의 링크(character-oriented link)

데이터 블록을 일련의 문자(8bit)들로 취급하며, 특정의 문자를 블록의 선두에 붙여 동기를 취하는 방식으로 모든 제어 정보도 문자 형태로 나타난다. 프레임은 한 개 이상의 동기화 문자로 시작되고, 동기문자는 통상 전송하고 있는 문자의 비트 형식과는 될 수 있는 한 관련이 없는 비트 형식을 취해야 한다. 동기문자로 'SYN'(00010110)을 데이터 블록 선두에 붙여 문자동기를 취한다. SYN문자에 연속된 데이터를 본문(text)이라 하는데, 수신측에서는 본문의 시작을 표시하는 STX와 끝마침 ETX 사이의 데이터를 취하게 된다.

표 2-4 비동기식과 동기식 전송 방식의 비교

	비동기식 전송 방식	동기식 전송 방식
전송단위	문자	비트블록 또는 문자블록
에러검출 방식	패리티 비트	CRC(cycle Redundancy Code)
오버헤드	문자당 고정식	블록당 고정식
전송효율	비효율적	효율적
장비가격	싸다	비싸다

(다) 프레임 동기 방식

문자동기 방식의 전송속도와 전송효율을 개선하기 위해 사용되는 것으로, 데이터의 시작과 끝을 표시하는 특별한 형태의 비트패턴을 사용한다. 이 플래그의 비트패턴은 '01111110'의 값을 가지며 시작과 종료시 사용된다.

플래그	주 소	제 어	정 보	FCS	플래그
F	A	C	I	FCS	F
01111110	8비트	8비트	n비트	16비트	01111110

그림 2-11 프레임 동기 방식

[5] 신호 전송 방식

원래의 정보들이 있는 주파수 대역으로 신호를 전송하는 방식을 베이스밴드(baseband) 또는 기저대역 전송이라 하고, 반송파를 사용해서 전송 신호를 높은 주파수 대역으로 이동시켜 전송하는 방식을 통과대역(passband) 또는 대역전송이라고 한다.

(1) Baseband 전송 방식

베이스밴드 전송은 단말장치나 컴퓨터 등에서 출력되는 디지털 정보들을 부호화하여 변조과정을 거치지 않고 원형에 가까운 파형으로 그대로 전송하는 방식이다. 아날로그 정보는 A/D 변환기에 의해서 디지털 신호화되며 0, 1에 대응하는 펄스 파형을 그대로 변조 없이 전송한다. 이 방식은 전송로에서 신호의 고주파 영역이 차단되어 파형이 왜곡되거나 부호 상호간 간섭을 일으키므로 전송로에 적합한 형태로 변환해서 보내야 한다.

(가) 단극(unipolar) 또는 단류 방식

"1"을 양(+)의 전압(전류)이거나 혹은 음(−)의 전압(전류)으로 표현하는 경우를 말한다. 가장 단순한 방식으로 잡음에 약하기 때문에 근거리 데이터 전송에 사용된다.

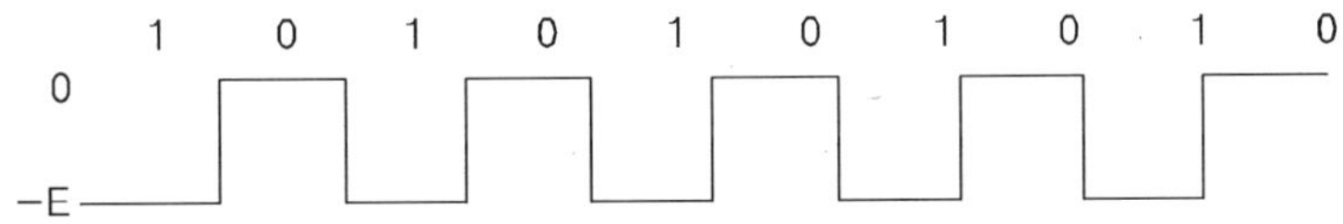

그림 2-12 단극 방식

(나) 복극(bipolar) 또는 복류 방식

"1"을 부(-)전압으로 "0"을 정(+)의 전압에 대응시킨 방식이다. 단류 방식에 비하여 파형 왜곡의 영향을 받지 않으므로 저속도 전송의 표준적인 전송 방식으로 이용된다.

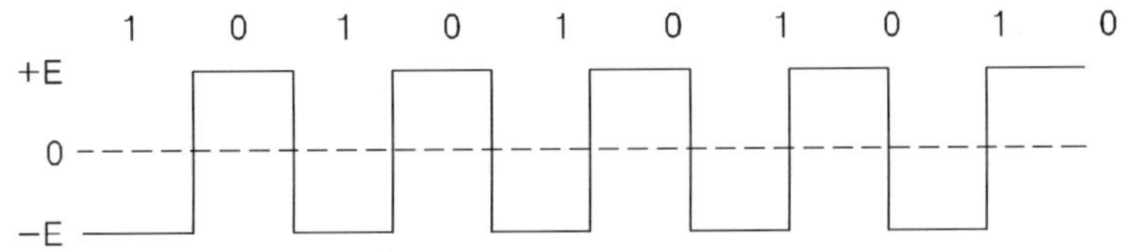

그림 2-13 복류 방식

(다) 단류 RZ 방식(single current return-to-zero system)

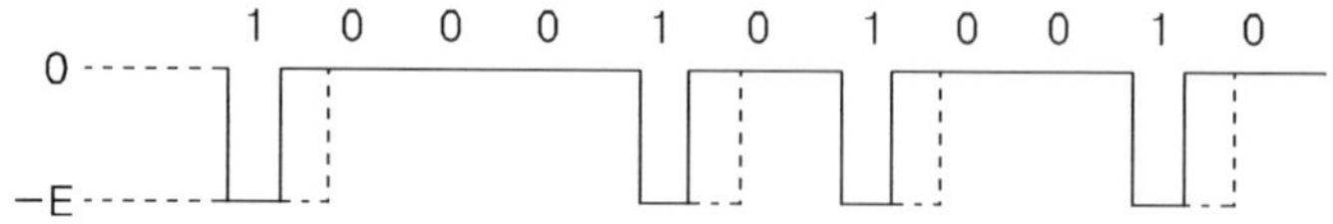

그림 2-14 단류 RZ 방식

"0"은 0전위, "1"은 부(-)전압으로 하되 펄스폭의 절반만 부(-)전압에 존재하고 곧바로 0전위로 복귀한다. 각 심벌(symbol)간에 어느 정도의 간격이 있을 때, 각각의 위치를 명확하게 하여 이용할 수 있다. 펄스의 폭이 심볼의 간격보다 짧고 반드시 0전위로 복귀한다.

(라) 복류 RZ 방식(double current return-to-zero system)

"0"을 부(-)전압으로 "1"은 정(+)의 전압으로 하되 1, 0 모두 펄스의 반만 존재하고 곧바로 0전위로 복귀한다. 심볼마다 펄스가 발생하는 것으로 정보의 위치가 항상 알려진다.

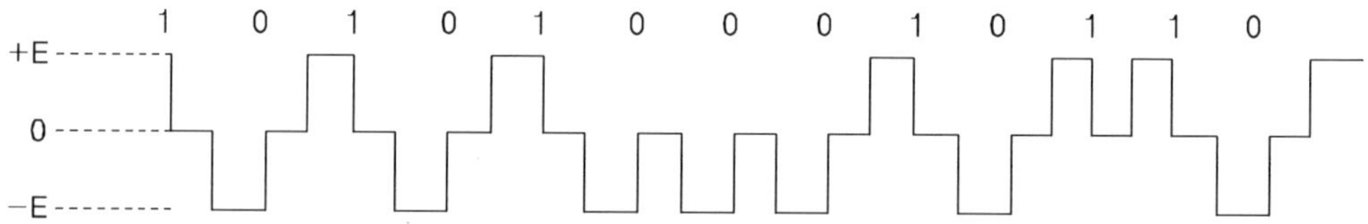

그림 2-15 복류 RZ 방식

(마) NRZ

데이터의 한 비트 간격동안 전압이 항상 일정 값을 유지하는 것을 특징으로 한다. 입력신호 0에 대해서는 음의 전압 값을 유지하고, 1에 대해서는 양의 전압 값으로 변화한다.

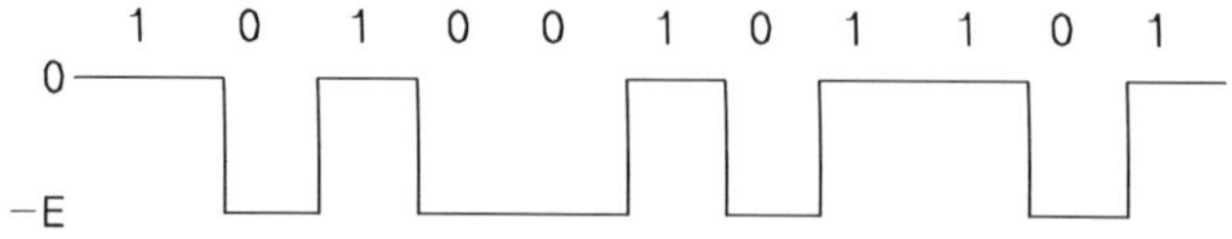

그림 2-16 단류 NRZ 방식

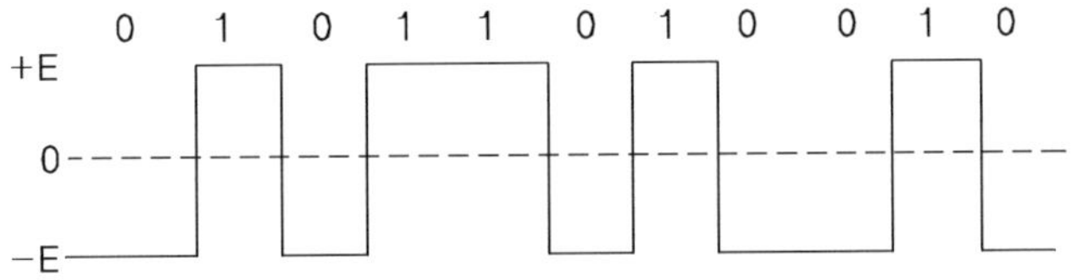

그림 2-17 복류 NRZ 방식

즉, 0의 전압으로 복귀하지 않으며 비트 신호의 변화에 따라 전압의 레벨이 바뀐다. 또한 각 baud(신호변환)는 하나의 비트를 나타내기 때문에 인코딩이 쉽고, 대역폭을 효율적으로 사용할 수 있으나, 비트 하나하나의 시작과 끝을 구분하기 어렵다는 단점을 가지고 있다(비트 화 동기문제).

(바) 바이폴라 방식(bipolar system)

양(+)과 음(-)의 펄스를 교대로 발생시키기 위해서 세 개의 상태로 신호가 변하게 된다. 즉, 입력 신호가 0이면 0의 레벨, 1일때 마다 양(+)과 음(−)의 펄스를 교대로 전송하는 방식이다. 0이나 1의 신호가 연속되어도 직류 성분이 포함되지 않으므로 직류 차단 특성의 선로에 우수하며, 부호 에러의 검출이 가능하다. 이 부호는 베이스밴드 전송에 일반적으로 많이 쓰이는 방식이며 RZ-AMI (Return-to-Zero Alternate Mark Inversion)라고도 부른다.

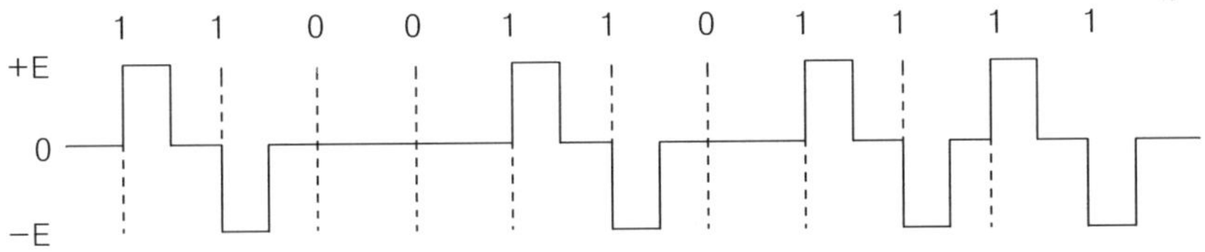

그림 2-18 바이폴라 방식

(사) 맨체스터 방식

비트 주기의 시작점을 데이터 값의 레벨과 같게 하고 중간점은 시작점과 반대 극성으로 변화를 가해 주는 것으로, 자동적으로 동기화 기능을 수행하면서 비트 값(0 또는 1)도 나타낸다. 이렇게 하면 0 또는 1의 값이 계속된다 하더라도 신호의 평균 전위가 올라가거나 내려감으로써, 비트 값을 정확히 식별하지 못하는 문제는 더 이상 발생하지 않는다.

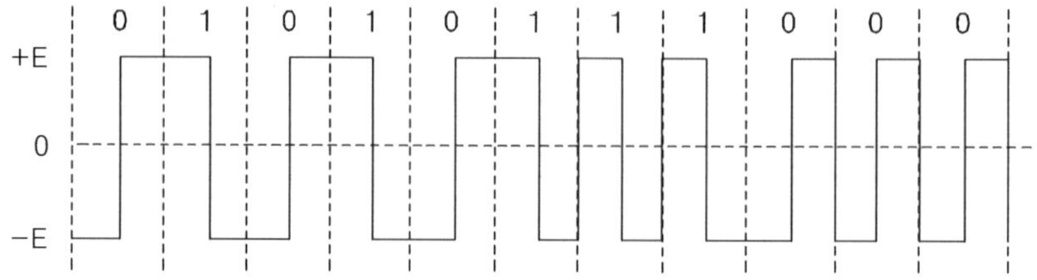

그림 2-19 맨체스터 방식

(자) 차분적 맨체스터 방식(differential manchester)

비트의 시작 시점에서 데이터가 0일 때는 전압을 반전시키고, 1일 때는 이전의 레벨을 유지하며 비트 주기의 중간은 향상 레벨을 반전시킨다. 전압이 E에서 -E, 또는 -E에서 E에서의 교환 점을 데이터 "0"에 대응시키고, 변화하지 않는 것을 "1"에 대응시켜 전송하는 방식이다. 이 방식의 특징은 수신 파형의 극성이 모두 반전되어도 정확히 복조된다.

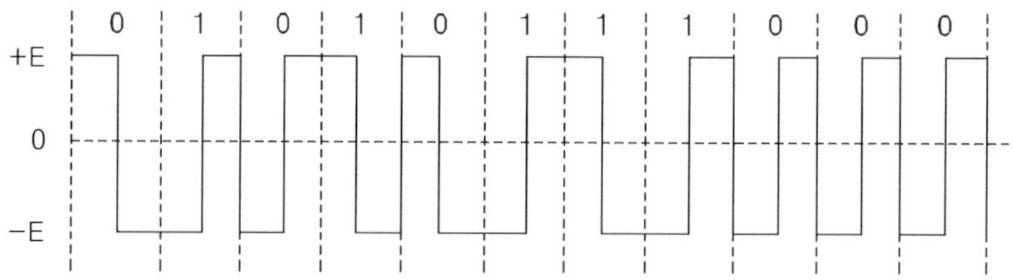

그림 2-20 차분적 맨체스터 방식

(차) 다이코드(dicode) 방식

비트의 시작 시점에서 데이터가 0일 때는 (+)에서 (-)로 반전, 1이면 이전 레벨을 유지시키고 데이터가 연속적으로 1이면, 비트의 시작 시점에서의 레벨을 반전시켜 펄스를 전송한다.

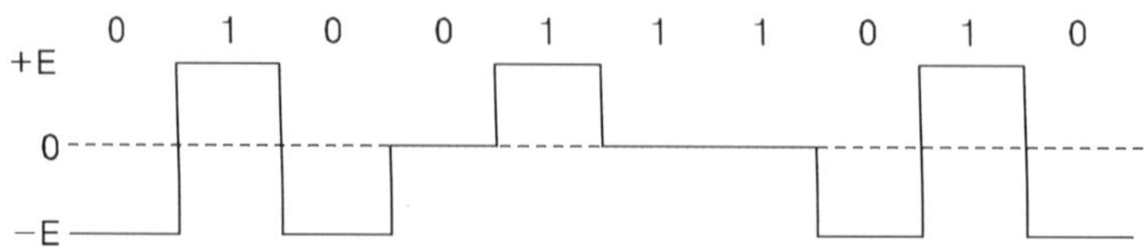

그림 2-21 다이코드 방식

(카) CMI(Coded Mark Inversion)

비트의 시작 시점에서 데이터가 0일 때는 (+)에서 (-)로 반전, 1이면 이전 레벨을 유지시키고 데이터가 연속적으로 1이면, 비트의 시작 시점에서의 레벨을 반전시켜 펄스를 전송한다.

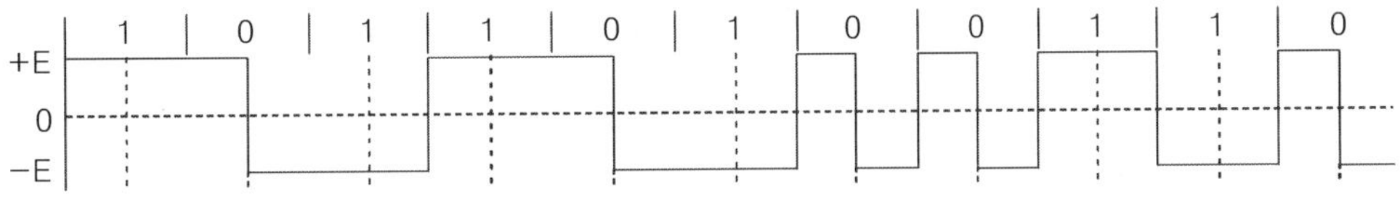

그림 2-22 CMI 방식

수신측에서는 (-)에서 (+)로 극성이 변화하면 0으로, 극성이 (+) 또는 (-)로 변화하지 않으면 1로 검출하는 방식이다.

(2) 대역전송 방식

단말기로부터 출력된 디지털 신호가 통신회선에서 왜곡 없이 전달될 수 있도록 반송파를 이용하여 아날로그 신호로 변환하여 전송하는 방식이다. 정보신호보다 충분히 높은 주파수를 가지는 반송파의 진폭, 주파수 또는 위상을 정보신호로 변화시켜 전송하는 방식이다. 대표적인 방법으로는 아날로그 정보에 대한 AM 및 FM과 디지털 정보에 사용되는 ASK, FSK 및 PSK 등이 있다.

2.2 전송속도

정보원에서 목적지로 단위 시간당 전달되는 정보량을 나타내기 위하여 일반적으로 데이터 전송(신호)속도, 변조속도, 베어러(bearer)속도를 사용한다. 사용되는 단위로는 매초 당 전송비트 수(bps : bit per second)와 매초 당 신호변환 또는 상태변환 횟수를 나타내는 보오(baud)가 있다.

2 2.1 데이터 전송(신호)속도

데이터 전송속도는 단위 시간당 전송되는 정보량을 말하며, 데이터 회선을 통하여 보내지는 문자 수 또는 블록 수 등의 속도이다. 단위는 비트, 문자, 블록 등으로 나타낸다. 데이터 신호 속도는 매 초당 전송되는 비트 수로 부호를 구성하고 있는 비트가 1초간에 얼마나 전송되는가를 나타낸다. 기본 단위는 2진수로서 0과 1의 비트 수를 척도로 한 전송속도를 뜻하며, 단위는 bps(bit per second)이다. 직렬 전송인 경우 전송단위가 2진수로 표시되지만, 병렬 전송인 경우 하나의 변화 점으로 복수의 비트를 전달하므로 전송속도의 정확성을 표시할 수 없다. 그러므로 1초 동안에 전송되는 2진수의 비트로써 다음과 같은 수식으로 표현한다.

$$S = \sum_{i=1}^{m} 1/T_i \log_2 n_i [\text{bps}]$$

m : 병렬전송 통신회선 개수
T_i : i번째 통신회선 단위펄스주기
n_i : i번째 통신회선 단위펄스의 상태 수

단위펄스의 상태수 n_i 와 비트 수와의 관계에 대하여 예를 들면,

$n_i = 4$이면 $\log_2 4 = 2$ $2bit$가 되고,

$n_i = 8$이면 $\log_2 8 = 3$ $3bit$가 되고,

$n_i = 16$이면 $\log_2 16 = 4$ $4bit$

가 된다. 직렬 전송의 경우 $m = 1$, $n_i = 2$이므로

$$S = 1/T_i \log_2 2 = 1/T$$

가 되고, 비트 주기의 역수는 초당 전송되는 펄스 수를 나타낸다.

2.2 변조속도

변조속도는 신호의 변조 과정에서 1 초간에 몇 번의 변조가 일어났는가를 표시하는 것으로, 매초 전달할 수 있는 부호 단위의 수를 말하며 디지털을 아날로그로 변환하는 속도이다. 단위는 baud가 사용되는데, 보오(baud)라는 용어는 신호 내의 정보 내용물과는 관계없이 채널에서의 신호변환 속도를 말한다.

변조되는 순간의 지속시간(변조 주기)를 T라고 하면 보오[baud]=1/T이 되고,

변조속도와 데이터 전송속도의 관계는 다음과 같다.

$$\text{baud 속도} = \frac{\text{bps}}{\text{단위펄스당 bit수}}$$

그림 2-23은 단위 펄스당 3bit 변조를 나타낸 것이다.

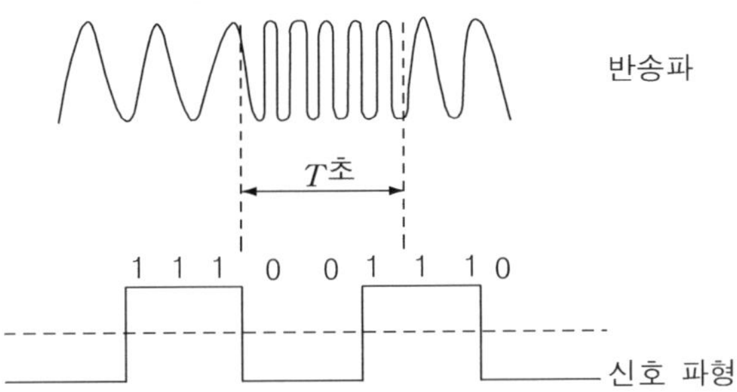

그림 2-23 변조속도의 표시

2 2.3 bearer 속도

베이스밴드 전송에서 유저속도(원속도)와 같게 또는 빠른 속도로 샘플링하여 동기신호(F)와 상태신호(S)을 부가하여 전송하는 속도를 말하며, 단위로는 bps가 사용된다. ITU-T X.50 6+2 엔벨로프(envelope)에서 규정하고 있는 베어러(bearer) 전송은 데이터신호 6 샘플마다 동기신호 1비트와 상태신호 1비트를 부가하여 전체 8비트를 구성하여 전송한다.

$$\text{Bearer 속도} = \text{데이터신호속도} \times \text{샘플수} \times 8/6$$

샘플수 1, 데이터신호속도 9,600[bps]인 경우 베어러(bearer)속도는 12,800[bps]이며, 샘플수 8이고 데이터신호속도 1,200[bps]에 대해서는 12,800[bps] 베어러속도로 전송된다. 그림 2-24는 샘플수 1에 대한 예이다.

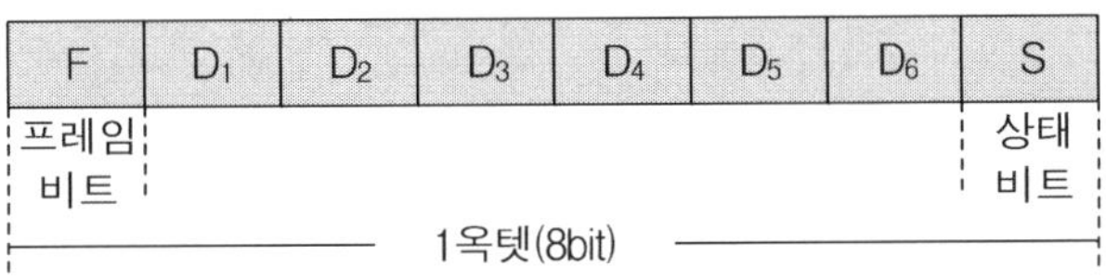

그림 2-24 6+2 Envelope 형식의 Bearer 프레임 구성

2.4 비트와 보오

변조속도의 데이터를 전송하는 기본 단위는 비트이며, 비트는 정보를 표현하는 최소단위이다. 비트는 매 초당 몇 개의 비트가 전송되었나를 나타내는 bps(bit per second)로 나타낸다. 보오(baud)는 매 초당 전송할 수 있는 부호단위수를 의미하는 것으로, 1초에 몇 번의 상태 변화를 가질 수 있는 가를 나타내는 변조속도의 단위이다. 전송선로 상에서 하나의 비트가 하나의 신호단위로 사용될 경우 보오 속도와 bps는 동일하다.

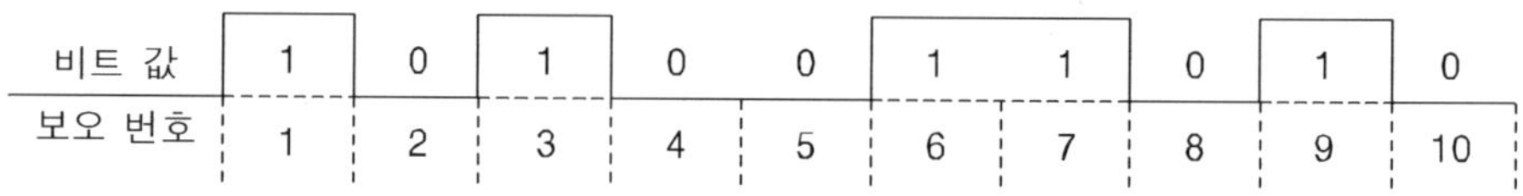

그림 2-25 비트와 보오

2.3 변조 방식

변조(Modulation)란 전달하려는 전송매체에 일정한 주파수를 가지는 정보신호를 고주파인 반송파(carrier)에 실려 전송에 유리한 형태로 변환시켜주는 과정으로, 변조된 반송파를 피변조파라 한다. 즉, 반송파(carrier)를 사용하여 전송하려는 신호를 다른 신호와 합성한 후, 신호에 담겨 있는 정보의 내용은 그대로 유지하면서 주파수 대역을 이동시키는 과정을 말한다. 반대로 변조된 신호파를 본래의 신호파로 변환하는 것을 복조(Demodulation)라고 하며 이와 같은 변조 및 복조를 행할 때에는 단말기와 전송로 간에 변·복조 장치(Modem)를 설치해야 된다.

3.1 아날로그 변조 방식

[1] 진폭변조 방식(AM : Amplitude Modulation)

진폭변조는 일정한 주파수를 갖는 아날로그 신호의 진폭을 변화시켜 정보를 전달하는 방법이다. 진폭변조 신호는 기저대역 신호에 반송신호를 곱하여 얻어지는데, 여기서 두 신호의 곱은 각 신호의 순간 진폭을 곱해준다는 의미이다. 즉, 아날로그 데이터를 반송파의 진폭에 실어서 전송하는 방식이다. 수식으로 표현하면

$$s(t) = [1 + n_a x(t)] \cos 2\pi f_c t$$

로 표현 가능하다. 여기서 $\cos 2\pi f_c t$는 반송신호이고, n_a는 변조지수이며 $x(t)$는 변조될 입력신호이다.

[2] 주파수변조와 위상변조

주파수변조 방식(Frequency Modulation)은 FM방송 등에서 사용되고 있으며, 변조된 반송파의 진폭이 변조신호의 크기와 관계없이 항상 일정하다는 것이다.

위상변조 방식(Phase Modulation)은 주파수가 일정한 교류신호를 입력신호에 따라 위상을 겹치지 않게 하고, 그 위상의 차이로 정보를 전달하는 방법이다. 주파수변조(FM)와 위상변조(PM)는 각 변조의 특수한 형태이다. 이 경우에, 변조된 신호는

$$s(t) = A_c \cos [2\pi f_c t + \Phi(t)]$$

의 형태를 갖는다. 주파수변조에서는 위상 변화의 도함수가 변조되는 신호 $m(t)$에 비례한다.

$$\Phi'(t) = n_f \, m(t)$$

이고, 여기서, n_f는 주파수변조함수이다. 위상변조에서는 위상이 변조되는 신호 $m(t)$에 비례한다. 즉,

$$\Phi(t) = n_p \, m(t)$$

이고, 여기서, n_p는 위상변조지수이다.

특 징

① 진폭변조에 비해서 많은 대역폭이 필요하다.
② 잡음에 강하다.
③ 레벨변동에 의한 영향도 적다.
④ 회로가 간단하다.

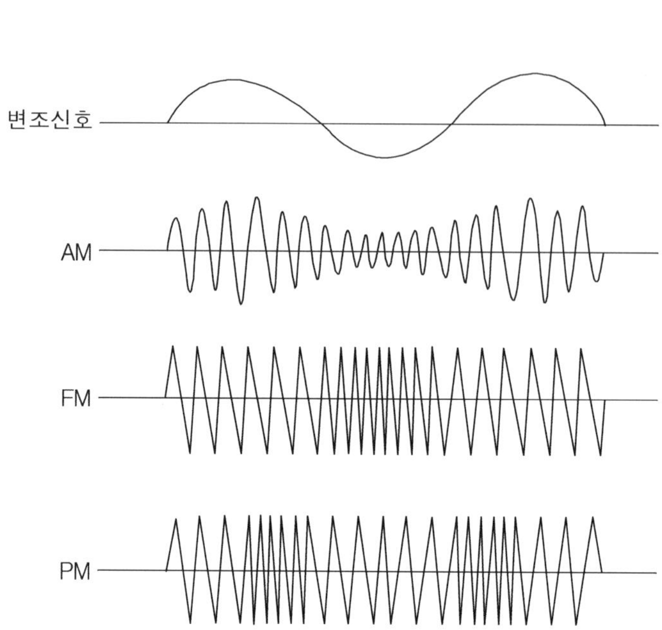

그림 2-26 AM, FM 및 PM의 변조 파형

[3] 주파수변조와 위상변조와의 관계

위상변조 방식은 기저대역신호의 기울기에 비례하여 변조된 신호의 순간주파수가 높아지며, 주파수변조 방식은 기저대역신호의 크기에 비례하여 순간주파수가 높아지는 관계가 있다. 즉, 기저대역신호를 미분한 값으로 주파수 변조하면 기저대역신호를 바로 위상 변조한 것과 동일한 신호를 얻을 수 있다. 진폭변조에서 변조지수는 진폭의 비율로 나타나는 것처럼 주파수변조에서의 변조지수는 주파수의 비율로 나타난다. 기저대역신호의 크기가 최대에 이르면 변조된 신호의 순간주파수가 최대가 된다.

2 3.2 디지털 변조 방식

대역 전송로를 사용하여 데이터를 전송하기 위해서는 직류신호를 아날로그 신호로 변환하여 전송하고, 수신측에서는 아날로그 신호를 디지털 신호로 변환할 필요가 있다. 컴퓨터를 이용한 데이터 전송의 경우 변조해야 할 신호는 1과 0의 두 가지이므로 디지털 신호를 변조할 때는 진폭편이 변조 방식(amplitude shift keying), 주파수편이 변조 방식(frequency shift keying), 위상편이 변조 방식(phase shift keying)이라고 표현한다.

[1] 진폭편이 변조 방식(ASK : Amplitude Shift Keying)

진폭편이 변조 방식은 디지털 데이터의 두 비트 값에 각기 다른 진폭을 대응시키는 변조 방식을 일컫는다. 이 방식은 두 개의 2진 값은 각각 다른 진폭을 가진 반송파로 표현될 수 있다.

$$s(t) = \begin{cases} A\cos(2\pi f_c t + \theta c) & \text{2진수 1} \\ 0 & \text{2진수 0} \end{cases}$$

여기서, 반송신호(carrier signal)는 $A\cos(2\pi f_c t + \Theta_c)$이다.

다시 말해서, 비트 1을 나타내는 기간 중에는 반송파가 흐르게 하고, 0을 나타내는 기간 중에는 반송파가 흐르지 않게 하는 방법이다.

장 점

① 변조 방식이 반송파로 불리는 아날로그 신호를 on-off하는 방식으로 매우 값싼 회로로 실현될 수 있다.
② 전송대역을 유용하게 이용할 수 있다.
③ 음성급 회선의 경우 1,200[bps]의 속도 이하로 전송할 경우에 사용된다.

단 점

① 전송로에서 발생한 잡음이나 레벨변동에 약하다.
② 갑작스러운 이득(gain)의 변화에 민감하게 반응한다.
③ 다소 비효율적인 변조 방식이다.

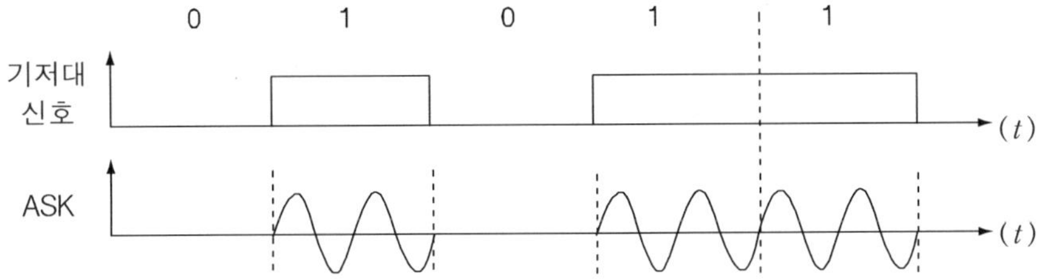

그림 2-27 ASK

[2] 주파수편이 변조 방식(FSK : Frequency Shift Keying)

주파수편이 변조 방식은 진폭은 항상 일정하게 두고 반송파로 사용되는 정현파의 주파수에 정보를 싣는 변조 방식으로, 수신된 데이터 신호의 0은 높은 주파수 f_1, 1은 낮은 주파수 f_2를 할당해서 데이터를 전송한다. 수신측에서는 전송 중에 왜곡된 파형을 레벨 정형한 후 주파수 변별 회로를 사용해서 주파수 변화를 진폭의 변화로 바꾸면 원래의 데이터 신호가 되며, 이것이 복조기의 출력이다. 그러나 복조시 반송파가 필요하며, 주파수 대역폭이 진폭편이 변조의 양측대파 방식과 비슷하게 넓은 대역폭을 차지해야 하는 단점이 있다.

$$s(t) = \begin{cases} A\cos(2\pi f_1 t + \theta c) & \text{2진수 1} \\ A\cos(2\pi f_2 t + \theta_c) & \text{2진수 0} \end{cases}$$

여기서, f_1과 f_2는 반송신호의 주파수 f_c와 동일한 차이를 갖는 것이 일반적이다.

특 징

① 진폭편이변조 방식에 비해 잡음 등의 레벨 변동에 영향을 받지 않는다.
② 주파수편이 폭이 어느 정도 큰 주파수 변동에 대하여도 강하다.
③ 신호 속도에 동기가 필요하지 않으므로 회로도 비교적 단순하게 구성할 수 있다.
④ 고주파(3~30[MHz])의 라디오에서도 흔히 사용되어진다.
⑤ 동축케이블을 사용하는 LAN에서는 보다 높은 주파수로 사용될 수 있다.

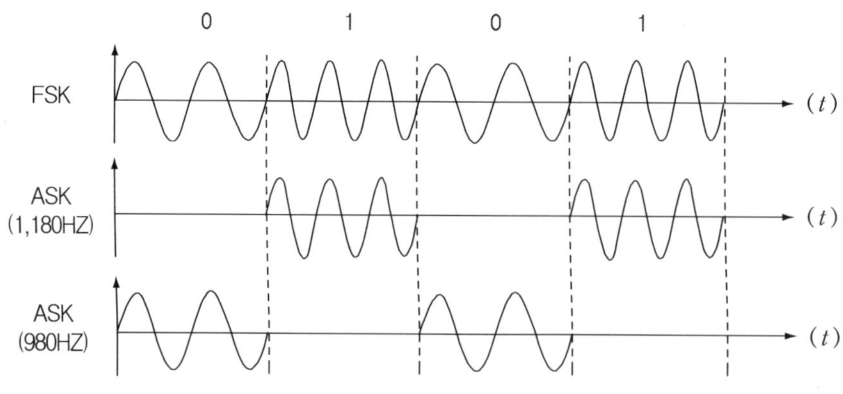

그림 2-28 FSK

초기의 주파수편이 변조 방식을 사용한 Bell 시스템 103/113 모뎀은 디지털 데이터에 할당되는 주파수에 따라서 송신자와 수신자의 두 가지 모드에서 동작하므로 반이중회선을 주파수에 따라 분리하여 전이중회선으로 사용할 수 있다.

[3] 위상편이 변조 방식(PSK : Phase Shift Keying)

위상편이 변조 방식은 반송파로 사용되는 정현파의 위상에 정보를 싣는 변조 방식으로 디지털 데이터를 반송파의 위상으로 표현하는 방법이다. 이 방식은 일정주파수의 진폭을 갖는 정현파의 위상을 2등분, 4등분, 8등분 등으로 나누어 각각 다른 위상에 0 또는 1을 할당하거나, 2비트 또는 3비트를 한꺼번에 할당하여 상대방에 보내고 수신측에서는 이를 약속된 원래의 데이터 신호의 상태로 만들어 주는 방식이다.

변조속도는 1초간에 파형 상태가 변화하는 횟수이지만, 변조속도가 같아도 다상이 되는 만큼 1초간에 전송 가능한 비트의 수는 증가한다. 이 방식은 2진수 0이 이전의 위상과 같은 위상을 가진 신호를 보내고, 2진수 1은 이전의 위상과 반대 위상을 가진 신호를 보냄으로써, 각각 표시한다.

$$s(t) = \begin{cases} A\cos(2\pi f_c t + \pi) & \text{2진수 1} \\ A\cos(2\pi f_c t) & \text{2진수 0} \end{cases}$$

즉, 위상편이 변조 방식은 일정한 간격의 위상편이에 대하여 데이터를 전송하는 방법이므로 이를 복조하기 위해서는 기준위상이 필요하게 된다. 이 기준 위상은 주로 바로 앞에 전송되는 데이터의 위상을 기준으로 위상 편이를 주어 데이터를 전송하고, 수신된 신호는 고정된 기준위상을 이용하여 비교함으로써 원래의 신호를 복조하는 방식을 사용한다.

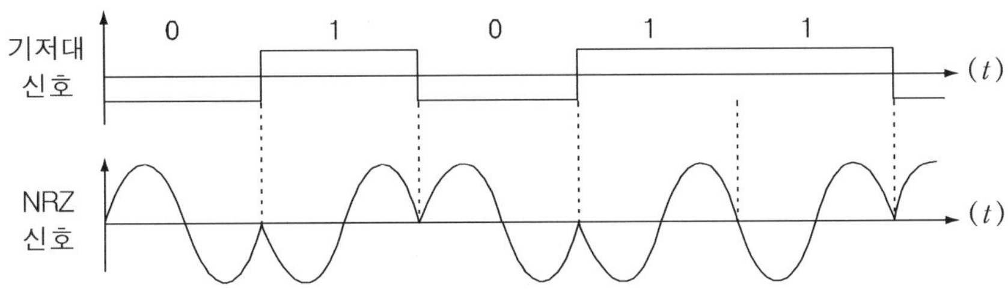

그림 2-29 PSK

[4] 직교진폭편이 변조(QAM) 방식

직교진폭편이 변조(QAM : Quadrature Amplitude Modulation)는 진폭편이변조(ASK)와 위상편이 변조(PSK)의 조합인 진폭위상 변조(APSK)의 한 종류이다. 직교하는 두 개의 반송파를 사용하여 각각을 다른 데이터로 진폭편이 변환하여 피변조 신호를 얻는 방식으로서, QASK(Quadrature Amplitude Shift Keying) 변조라고도 한다.

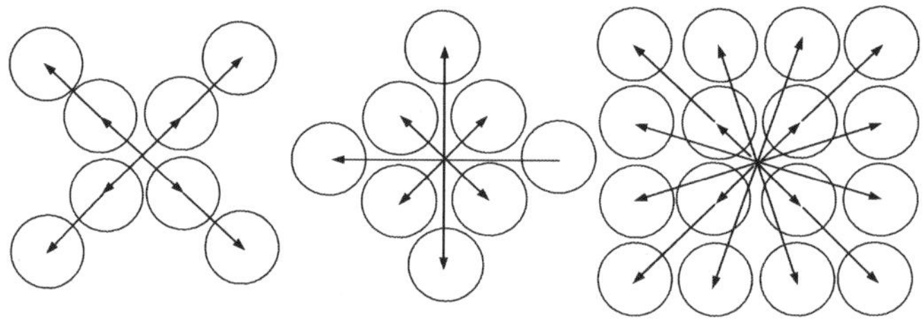

(a) 4위상 2진폭　(b) 8위상 1진폭　(c) 12위상 1 또는 2진폭

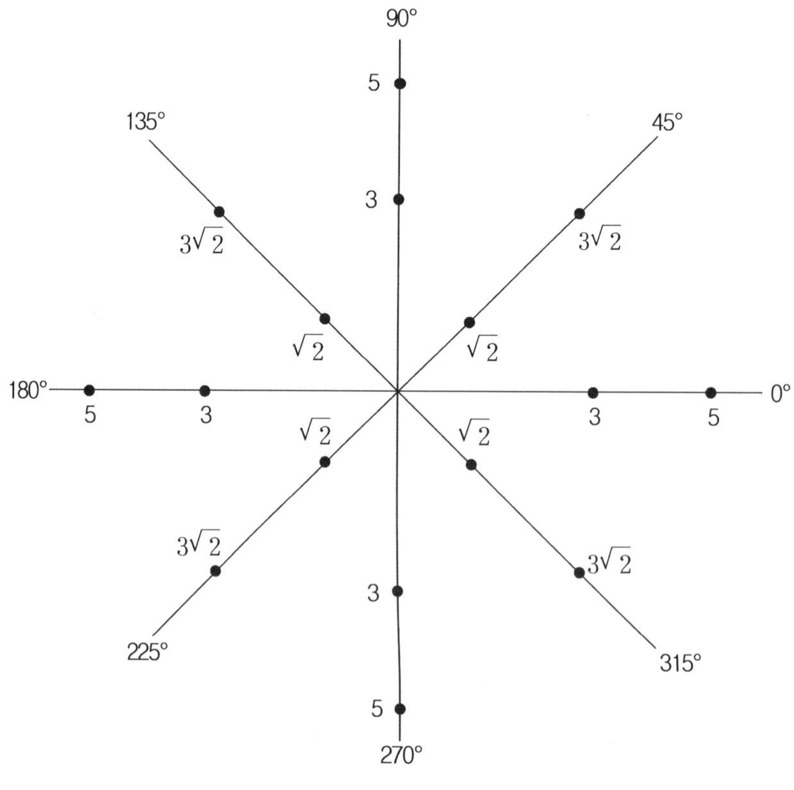

위상 편이각	Q1	상대 진폭
0°	0	3
90° 180° 270°	1	6
45°	0	2
135° 225° 315°	1	32

Q2	Q3	Q4	위상 변화
0	0	1	0°
0	0	0	45°
0	1	0	90°
0	1	1	135°
1	1	1	180°
1	1	0	225°
1	0	0	270°
1	0	1	315°

그림 2-30 진폭위상편이 변조 방식

4위상과 2진폭으로 한 번에 3비트씩, 8위상과 1진폭으로 3비트씩 또는 12위상과 1 또는 2진폭으로 3비트씩 전송할 수 있다. 즉, 진폭의 대소와 위상차에 의해 데이터 신호를 구별하므로 지금까지의 변조 방식을 비교해서 제한된 전송대역 내에서 고속의 데이터 전송이 가능하나 회로는 복잡하다. 이 방식은 위상변화의 단위를 π/6으로 하여 1주기를 전부 12개로 나누고, 이들 중 4개의 각에는 진폭을 2개의 값으로 각각 갖게 되는 위상과 진폭이 혼합된 상태이며 모두 16개의 서로 다른 상태를 만들어 한 번에 실어 보낼 수 있게 한다. 한 번에 실리는 4비트 중 첫 번째 비트 Q_1은 2진폭을 결정하는데 쓰이고, 그 다음의 비트 Q_2, Q_3, Q_4에 의해 위상 편이각이 결정된다.

2 3.3 펄스 변조 방식

정보통신에서 사용되는 아날로그 신호화하는 것을 코덱(Codec : Coder-Decoder)이라 한다. 펄스 변조 방식은 연속된 구형 펄스를 신호파에 의해 진폭, 펄스폭, 위상, 주파수 등을 변경시키는 것을 연속 펄스 변조라 하고 신호를 양자화, 표본화, 부호화하여 펄스 변조하는 것을 불연속 펄스 변조라 하며 대표적인 것으로 펄스 코드 변조(PCM : Pulse Code Modulation)가 있다.

아날로그 신호를 디지털 신호로 변환하는 것을 디지털화(Digitization) 과정이라 하고, 아날로그 데이터를 디지털 데이터로 변환시키는 대표적인 방법은 펄스 변조(Pulse Modulation)라고 한다. 아날로그 데이터를 디지털 형태로 변환시키고, 이 디지털 형태를 아날로그 데이터로 복구시키는 기구를 코덱이라 한다. 여기서는 펄스 코드(pulse code) 변조와 델타(delta) 변조가 있다.

[1] 펄스 진폭 변조(PAM : Pulse Amplitude Modulation)

펄스 진폭 변조는 시간 폭, 반복주기가 일정한 펄스의 진폭을 신호파에 대응하여 변화시키는 변조 방식으로 신호파에 의해 펄스파의 진폭이 변화된 것을 적당한 레벨에서 절단하면 PAM파를 얻을 수 있다.

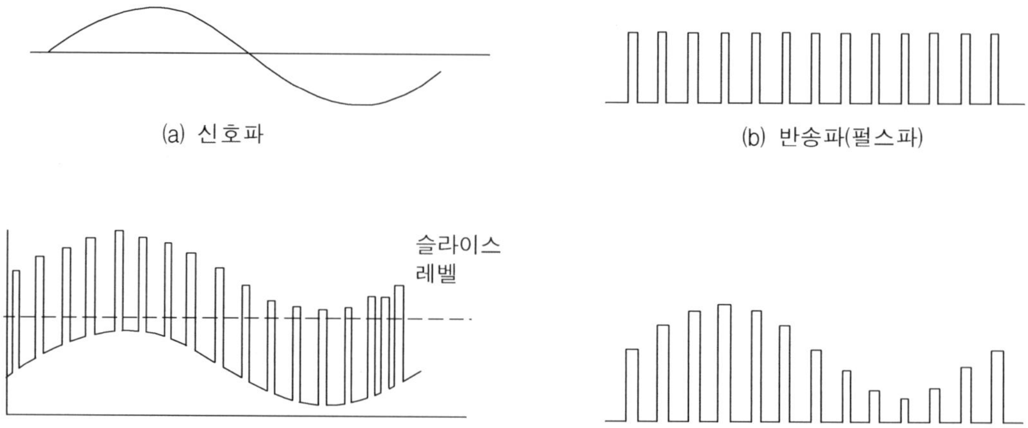

(a) 신호파 (b) 반송파(펄스파)

(c) PAM파의 절단 (d) PAM파

그림 2-31 PAM파의 발생방법과 그 파형

특 징

① 변조 및 검파 회로가 간단하다.
② 레벨 변동이나 신호 대 잡음 비(S/N)가 떨어진다.
③ 펄스 변조 방식으로의 중계 또는 다른 펄스 변조에서 신호파를 꺼내기 위한 중계로서 사용되고 있다.

[2] 펄스 폭 변조(PWM : Pulse Width Modulation)

펄스 폭 변조는 진폭과 반복주기가 일정한 펄스의 시간 폭을 신호파의 파형에 대응하여 변화시키는 펄스 변조 방식이다. 즉, 2개의 펄스 폭 변조는 톱니파와 신호파를 합성한 후 어떤 기준 이하의 이상에서 절단하면 PWM파가 얻어진다.

특 징

① 수신측에서 리미터를 사용할 수 있으므로, 레벨변동을 제거할 수 있다.
② 펄스의 상승과 하강을 급격하게 하여 신호 대 잡음비(S/N)의 개선이 가능하다.

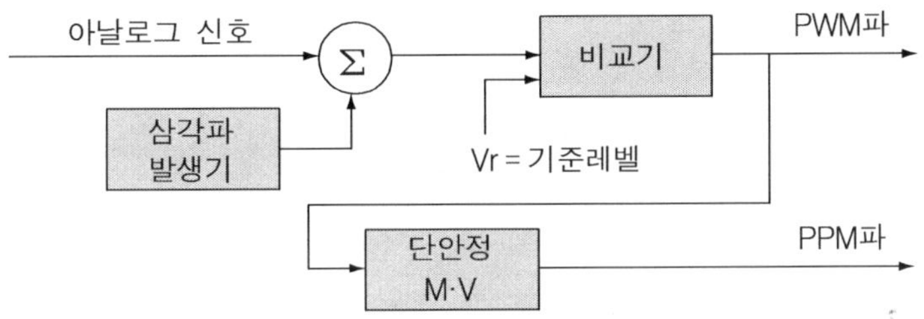

그림 2-32 PWM파의 구성

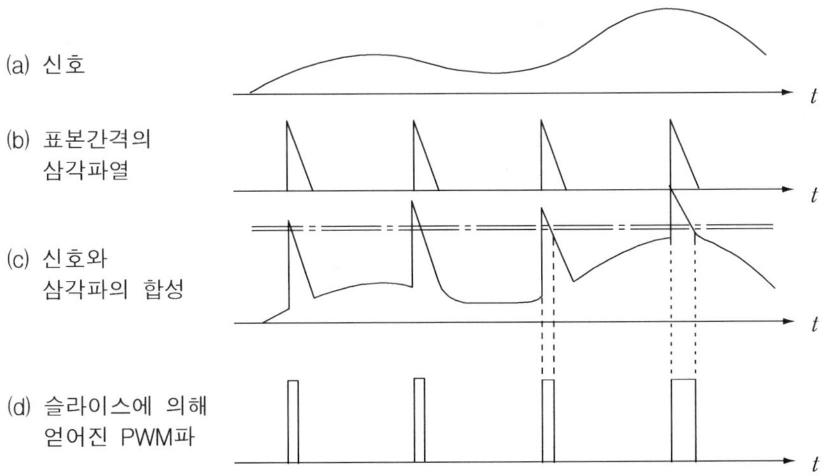

그림 2-33 PWM파의 발생방법과 그 파형

[3] 펄스 위상 변조(PPM : Pulse Phase Modulation)

펄스 위상 변조는 진폭과 시간 폭이 일정한 펄스의 시간적 위치를 신호파의 파형에 비례하여 변화시키는 변조 방식이다. 또한, 시간적 위치의 변화는 위상의 변화이므로 펄스위치변조를 펄스 위상 변조라고도 한다. 2개의 PWM파를 대칭으로 일정간격으로 지연회로를 통해 합성한 후 한쪽만 통과시키면 PPM파가 된다. 수신측에서는 리미터를 사용할 수 있으므로 S/N비가 개선되며, PWM 방식보다 전력소모가 적은 장점이 있다.

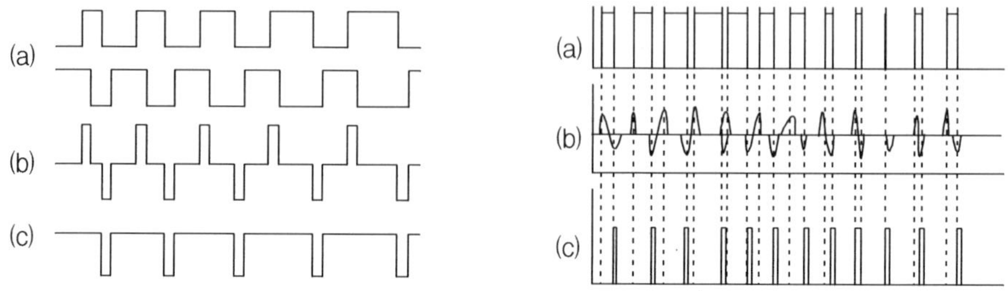

그림 2-34 PPM파의 발생방법과 그 파형

[4] 펄스 수 변조(PNM : Pulse Number Modulation)

펄스 수 변조는 진폭과 시간 폭이 일정한 펄스와의 단위 시간당 펄스의 수를 신호파의 파형에 대응하여 변화시키는 변조 방식이다.

[5] 펄스 코드 변조(PCM : Pulse Code Modulation)

연속적으로 변화하는 아날로그 정보를 단순히 디지털 신호인 펄스의 부호로 전송하고, 수신측에서 다시 원래의 아날로그 정보를 환원하는 방식이다. 이러한 아날로그 신호의 진폭을 이산 형으로 계량화하고 이를 2진 부호화하여 표현하는 대표적인 펄스 변조를 펄스 코드 변조(PCM : Pulse Code Modulation)라 하며, 이것은 나이퀴스트의 표본 추출정리를 근거로 한 것이다. 이 방식은 국간 중계 회선 및 근거리 시외전화 회선으로 많이 사용하며 국제적으로 PCM-24 채널 방식이나 PCM-32 채널 방식이 널리 이용된다. PCM과정은 기본적으로 표본화, 양자화, 부호화의 3단계 과정을 거친다.

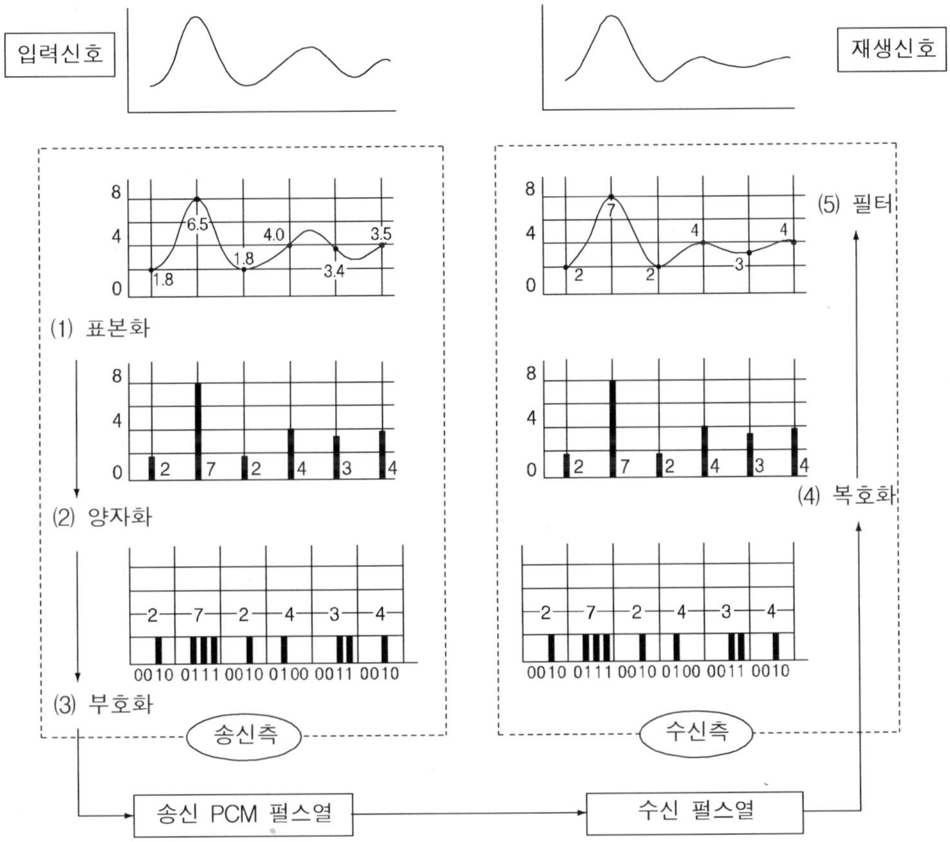

그림 2-35 PCM을 통한 디지털송수신 과정

(1) 표본화(Sampling)

연속적인 아날로그 신호를 일정한 간격으로 추출하고 각 표본의 진폭을 폭이 매우 좁은 펄스인 PAM(Pulse Amplitude Modulation)신호로 변환하는 과정이다.

여기서 원래의 아날로그 신호가 가지는 최대의 주파수 f의 2배 이상으로 표본화를 하면 원래의 신호를 재생할 수 있으며 이것은 Nyquist의 표본화 이론(sampling theorem)을 근거로 한 것이다. 즉, 표본화하려는 입력신호의 최대주파수를 f_m이라 하고, 이 신호를 변환하거나 역 변환할 때 표본화펄스의 반복 주파수를 f_s라 하면 다음의 관계가 성립한다. 즉,

$$f_s \geq 2f_m$$

전화의 경우 음성주파수는 300~3,400[Hz]의 대역이므로 한 주기는 T=1/6,800이지만 실제는 1/8,000초 즉, 125[μs]마다 음성신호를 검출하게 된다.

(2) 양자화(Quantization)

표본화를 거친 PAM 신호를 크기에 해당하는 2진 코드로 부여하는 과정을 양자화라 한다. 표본화 과정을 거친 PAM 펄스는 일정한 수(n개)의 비트 단위로 계량화될 수 있는데, 예를 들어 $n=3$이라면 8개의 값만으로 PAM펄스의 크기를 근사화시켜 나타낼 수 있다. PCM 펄스를 만들기 위해서는 PAM 펄스들을 n이 클수록 펄스의 실제 값과의 차이가 작아져 원래의 아날로그 신호를 충실히 반영할 수 있다. 그러나 아날로그 신호를 불연속적인 계량화된 값으로 양자화하면 계단 내의 모든 값은 대표 값으로 나타나므로 이 값은 원 아날로그 신호 진폭의 근사치일 뿐, 전송된 디지털 신호를 통하여 원래의 아날로그 신호를 정확히 복구하지는 못한다.

그래서 원래의 신호와 양자화 파형간의 차이를 양자화 잡음(quantization noise)이라 하고 이로 인해 전체 시스템의 성능이 저하되는 원인이 된다. 이러한 오차를 줄이기 위한 양자화 잡음 감소 방법으로는 비선형 양자화와 압축(compress) 기능 및 신장(expansion)기능을 갖는 압신기를 부착하는 방법이 있다.

(3) 부호화와 복호화

양자화 된 PAM 펄스의 진폭 크기에 따라 2진 부호로 변환시키는 과정이 부호화(encoding)이며, PCM 2진 부호를 본래의 아날로그 신호로 변환하는 과정을 복호화(decoding)라고 한다. 펄스를 부호화하면 통신회선에는 펄스의 유·무에만 관계되고 진폭의 크기에는 무관하므로 통신회선의 잡음에는 별 영향을 받지 않는다. PCM 2진 부호를 PAM 펄스로 변환한 후, 음성신호의 경우 8,000개의 PAM 펄스를 저역통과 여파기를 거쳐 아날로그 음성신호를 재생한다.

[6] DPCM(Differential PCM)

고 품질의 PCM신호를 얻기 위해 기존의 선형 PCM의 구조를 개선한 것이 DPCM(차분 PCM)이다. DPCM은 표본화 펄스열을 나이퀴스트율 보다 높은 반복율이 되도록 하거나, 양자화 레벨을 보다 적게 하든지 또는 이 두 가지의 조합으로 실현하는 방법 등이 있다. 즉, 하나의 표본화펄스의 값으로부터 다음 표본화 펄스 값으로의 변화가 매우 적기 때문에 그 차이만을 주목하면 그 변화는 신호자신의 변화보다 훨씬 적은 값이 된다는 것을 알아낼 수(예측) 있다. 이와 같은 상태는 과거의 하나의 펄스 값으로부터 현재의 펄스 값을 예측할 수 있다는 것을 의미하며, 이와 같은 과정을 일반적으로 예측(prediction)이라 한다. 즉, 예측한 현재치의 값을 $z(n)$, 실제로 입력된 음성의 현재 값을 $y(n)$이라고 하면 예측오차 신호 $e(n)$은 다음과 같다.

$$e(n) = y(n) - z(n) << y(n)$$

위 식에서 예측 오차 신호 $e(n)$의 변화범위는 실제 음성 값 $y(n)$의 변화 범위보다 매우 적게 되므로 이를 양자화하기 위한 양자화기의 비트 수를 줄일 수 있게 된다.

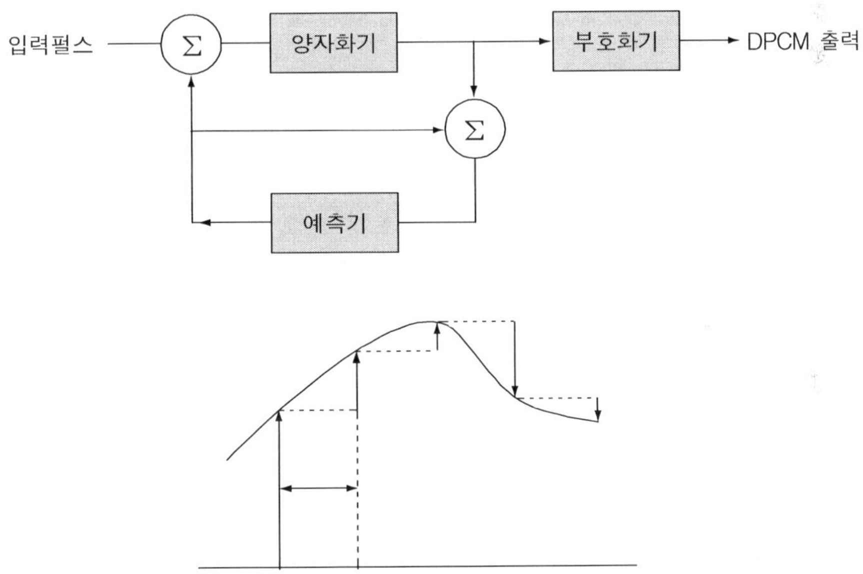

그림 2-36 DPCM의 구조

[7] 적응적 차등펄스코드변조(Adaptive Differential PCM, ADPCM)

이 방식은 각 표본의 추정치를 바로 이전의 표본으로 설정하고 추정치와 실제 값과의 차이를 전송하는 것으로 코드화 할 신호가 음성일 때 주로 사용된다. 차등적 펄스변조의 경사과부하 문제를 해결하는데 사용되는 예측장치(predictor)는 신호의 변화정도를 예측하고, 변화가 심한 경우 표본간의 차이를 1보다 큰 값으로 나눈 몫을 전송한다. 나눌 때 사용되어진 값도 전송하여 수신측에서 올바르게 해석할 수 있도록 한다. 따라서 코드화 된 표본간의 차이는 작아지게 되고, 보다 적은 수의 비트로서도 음성신호를 디지털화 할 수 있다.

[8] 델타 변조(DM : Delta Modulation)

DPCM 방식을 더욱 간단하게 개선하여 전송률을 약 1/2 정도 줄일 수 있도록 고안된 방식이며, PCM에 대한 대안으로 사용되는 방법이다. 델타 변조에서 아날로그 데이터는 각 샘플을 취하는 시간마다 단 하나의 정량화 레벨(quantization level)을 오르내리는 계단형의 함수에 의해서 근사치가 구해진다. 각 샘플이 취하는 시간 간격마다 이 함수를 일정량만큼 오르내리기 때문에 출력은 각 샘플에 대한 2진수의 값이 된다. 이때 생성되는 비트 스트림(bit stream)은 아날로그 데이터의 진폭 자체가 아니고, 진폭의 변화치에 대한 근사 값을 갖게 된다.

델타 변조는 신호의 변화 부분만을 일정시간마다 검출하여 과거의 정보를 이용한 부호화 방법을 위한 것으로 이때 그 부호는 2진수의 1비트이다. 이 방식은 PCM 방식에 비해 구현이 간단하며, 샘플링 속도를 증가시킴으로써 신뢰도를 향상시킬 수 있다. 그러나 이는 출력신호에는 보다 높은 데이터 전송률을 요구하게 된다.

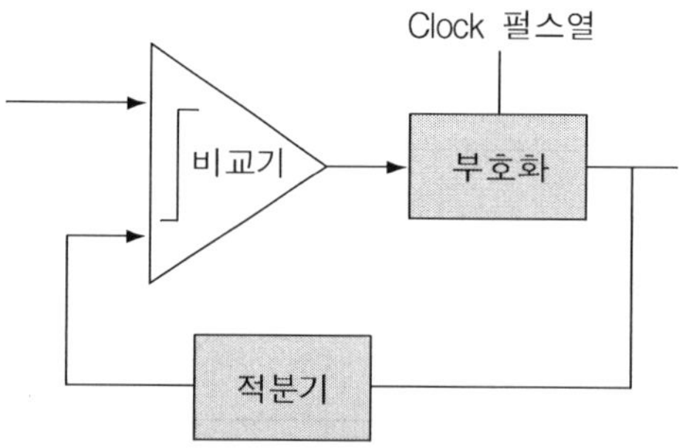

(a) 델타 변조의 변조 방식

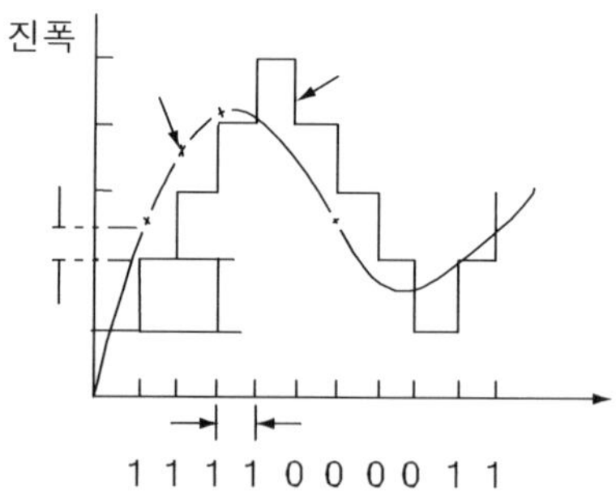

(b) 델타 변조의 양자화 파형

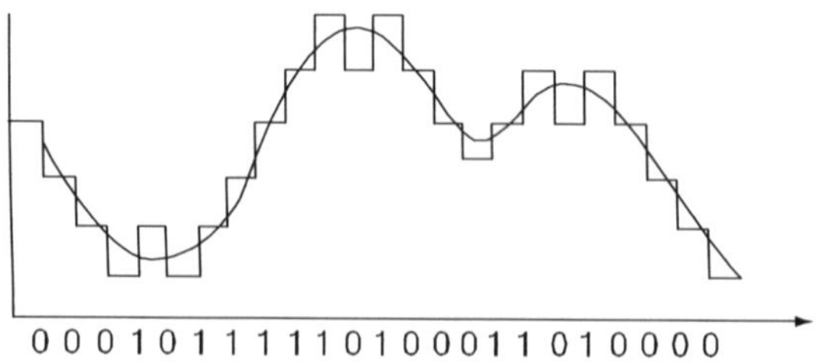

(c) 델타 변조의 변조 예

그림 2-37 델타 변조

[9] 선형적 예측변조(Linear Predictive Coding, LPC)

이 방식은 일정시간 동안의 음성블록을 통하여 음도주기(pitch period)와 포만트 정보를 추출하여 표본 대신에 이를 전송하는 방식이다. 여기서 포만트(formant)란 음성신호 스펙트럼의 전력을 분석해 볼 때 짧은 시간동안에 균일하게 분포하는 것이 아니라, 서너 개의 주파수에 집중되어지는 현상을 말한다. 이 방식은 소량의 정보만 전송되기 때문에, 4.8[Kbps] 정도의 낮은 정보 전송률로도 음성을 전송할 수 있다.

2.4 통신회선

통신회선은 한쌍의 전도체나 전선으로 구성되어 있으며, 유리 섬유를 통하여 광선이나 전자기파가 자유 공간을 통과함으로써 이루어진다. 통신회선의 형태는 데이터가 전송될 수 있는 최대치에 의해서 결정되며, 데이터 전송 시스템에서 송신기와 수신기간의 물리적으로 연결된 데이터 전송로이다.

2 4.1 유선 전송로

[1] 이중나선(Twisted pair lines)

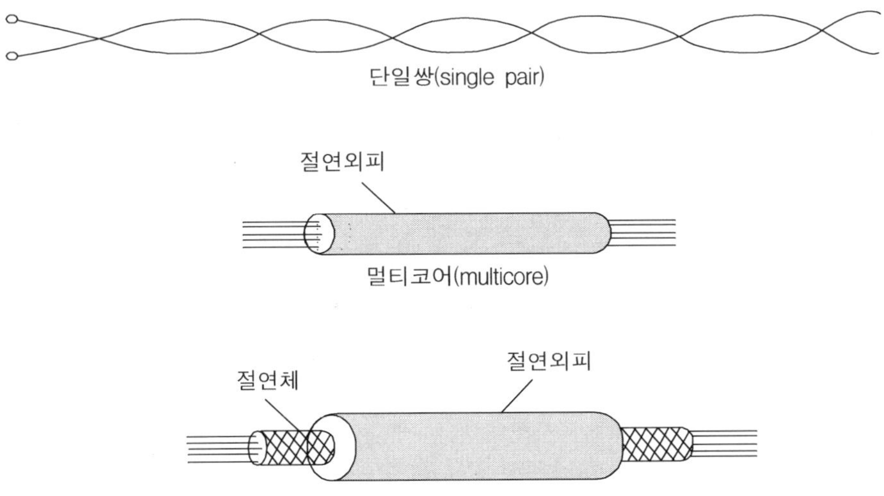

그림 2-38 트위스트 페어(twisted pair lines)

이 케이블은 종이테이프나 폴리에틸렌으로 피복 여러 쌍의 절연된 구리선이 균일하게 서로 감겨 있는 형태이고, 이 하나의 쌍이 하나의 통신 링크로서의 역할을 한다. 이 케이블은 전화회선과 건물 내의 통신회선으로 많이 사용되며, 장거리용의 경우는 케이블이 수백 개의 쌍을 가질 수도 있다. 각 쌍들은 서로 감겨 있고 이렇게 꼬여진 신호선과 접지선은 전자파 신호가 흘러가면서 발생하는 전자장이 어느 정도 상쇄되기 때문에 수신된 외부 신호에 의해 서로 간섭을 덜 받는다. 이 케이블은 디지털과 아날로그 신호 모두를 전송할 수 있다.

- 아날로그 전송 : 약 250[KHz]까지의 대역폭으로 전송이 가능
- 디지털 전송 : 최대 수 [Mbps]까지의 데이터 전송

[2] 동축 케이블(coaxial cable)

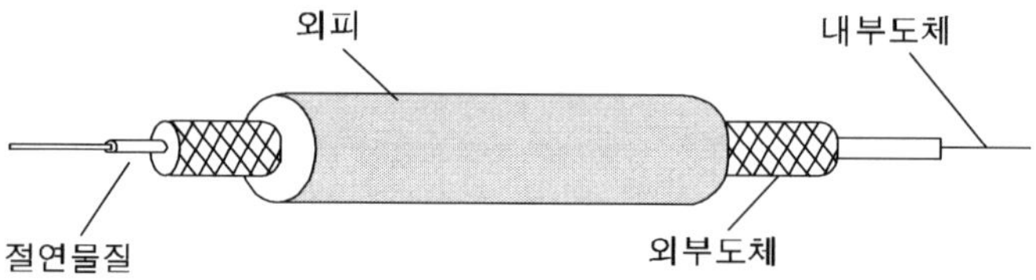

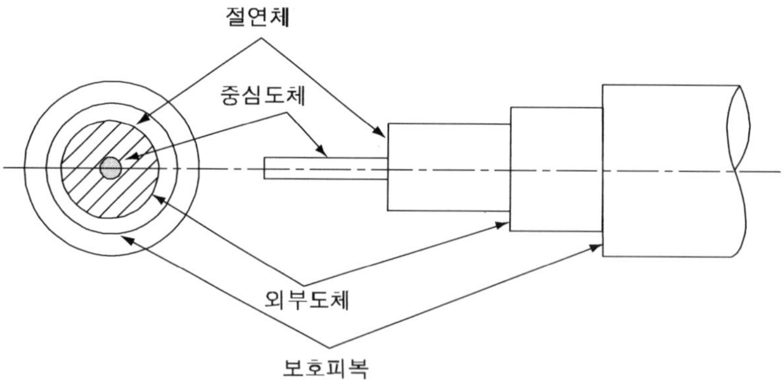

그림 2-39 동축케이블 단면도

동축 케이블은 표피효과를 최소화할 수 있는 전송선로의 형태로 이것의 구조는 중앙은 내부의 단일 전선과 그를 감싸고 있는 원통형의 외부 도체로 구성되어

있다. 중앙의 전도체는 외부의 간섭 신호로부터 효과적으로 보호하기 위하여 바깥쪽 도선이 절연체를 사이에 두고 중심부에 있는 도선을 감싼 형태로 구성되기 때문에 주파수가 낮을 경우 약간의 누화가 있으나 고주파가 될수록 외부도체에 의한 차폐효과로 누화 특성이 매우 좋아지는 특성이 있다.

특 징

① 장거리 전화 및 TV 전송, LAN통신망, 단거리 시스템 링크 등에 사용
② 광섬유보다 높은 경제성을 지니며, 이중나선보다 우월한 주파수 특성을 갖는다.
③ 간섭과 누화에서도 성능이 우수하다.
④ 아날로그인 경우 장거리 전송에서 수 km마다 증폭기가 필요
⑤ 디지털 신호의 전송에서 1km마다 리피터가 필요

[3] 광섬유(optical fiber)

광섬유(optical fiber)를 통하여 빛을 전송하는 것이 광통신이며 전송하고자 하는 전기신호를 빛의 형태로 바꾸어 준 후 환원하는 곳까지 전달해 주고 다시 본래의 전기신호로 변환시켜 주는 방식이다.

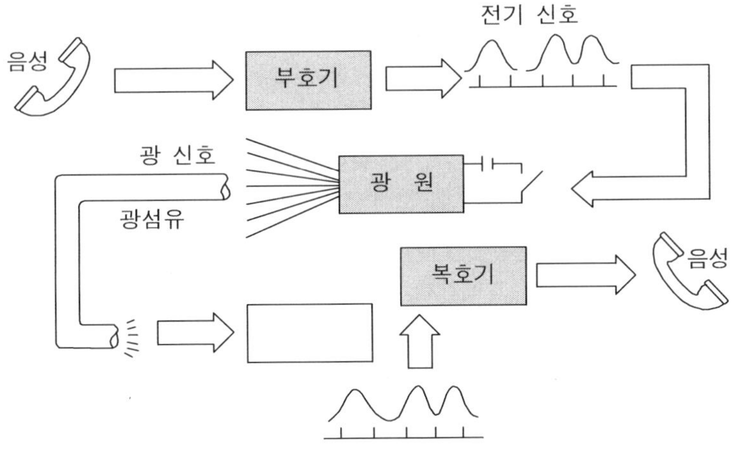

그림 2-40 광통신 방식

특 징

① 빛을 전달하는 내부 코어(core)와 외부 클래딩(cladding)으로 구성
② 광대역전송이 가능하고, 작고 가볍기 때문에 이동성이 좋다.
③ 낮은 정보 손실율과 외부 잡음에 강하다.
④ 다른 기구에 간섭 현상을 유발시키지 않으며, 도청으로부터의 안정성을 보장 받을 수 있다.
⑤ 넓은 대역폭을 갖고 2[Gbps]의 데이터 전송률로 수십 km의 범위까지 전송이 가능하다.
⑥ 리피터 없이 데이터를 119km까지 전송할 수 있다.
⑦ 비용의 절감과 에러의 유발을 감소시킬 수 있다.

유리와 플라스틱이 주요 재질로 사용되며, 초 순수 용해 규소 섬유를 이용함으로써 최소의 손실도를 지닌다. 광섬유 케이블은 전기적인 신호라기보다 유리 섬유 속에서 빛의 파동 형태로 정보를 전달한다. 이 빛의 이용은 전자파의 상호 간섭이나 누화 때문에 발생하는 잡음이나 감쇠의 영향을 거의 받지 않는다.

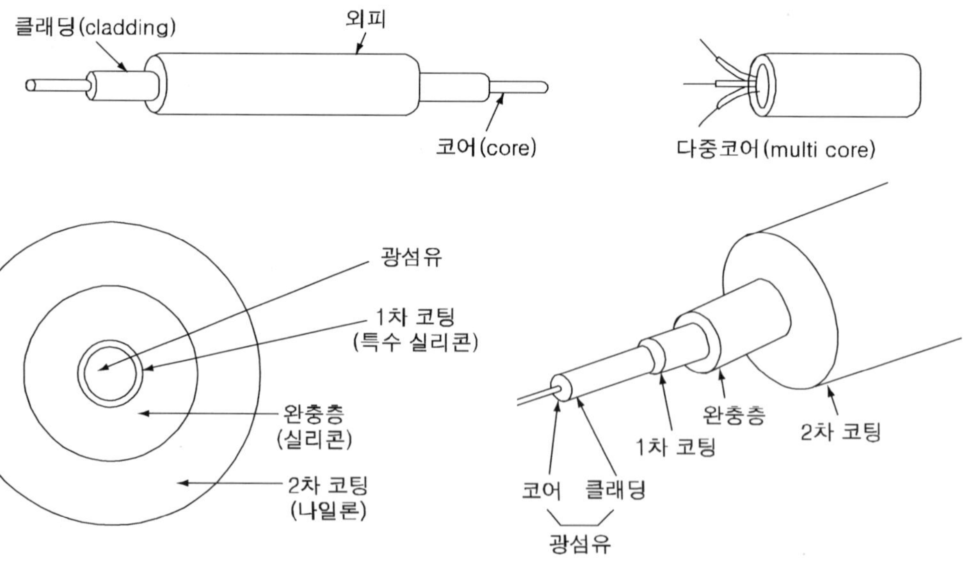

그림 2-41 광섬유의 구조

2 4.2 무선 전송로

무선 전송로란 자유 공간을 전송로로 하여 전파를 이용하여 정보를 전송하는 것을 의미한다. 특히 데이터통신에서 무선과 위성통신은 컴퓨터 통신망을 구성하는데 크게 이용되고 있다. 표 2-5는 무선 주파수의 주파수에 따른 용도를 나타낸다.

표 2-5 무선 주파수의 주파수에 따른 용도

명 칭	주파수 범위	용 도	명 칭
VLF(Very Low Frequency)	3~30[kHz]	선박, 장거리 통신	초장파
LF(Low Frequency)	30~300[kHz]	선박, 장거리 통신	장파
MF(Medium Frequency)	300~3000[kHz]	선박, 항공, 표준방송	중파
HF(High Frequency)	3~30[MHz]	근/중거리통신, 선박, 방송	단파
VHF(Very High Frequency)	30~300[MHz]	FM방송, TV, 이동무선	초단파
UHF(Ultra High Frequency)	300~3000[MHz]	다중통신	극초단파
SHF(Super High Frequency)	3~30[GHz]	Radar Microwave	초고주파
EHF(Extreme High Frequency)	30~300[GHz]	Remote sensing	극초고주파
THF(Terahertz High Frequency)	300~3000[GHz]	Terahertz imaging	테라고주파

[1] 지상 마이크로파

마이크로파의 안테나는 전자파를 보다 더 집중시키기 위해서 포물선 모양의 접시형으로 구성되어 있으며, 직경은 10피트(ft) 내외이다. 마이크로파에서 주된 손실 요인은 감쇠현상이며, 마이크로파의 전송 손실은 주로 감쇠에 의해 나타나며 거리의 제곱에 비례하고 높은 주파수를 사용하므로 안테나의 크기도 작아지고 저렴해 진다. 그러나 우천시에는 감쇠가 커지고 특히, 10GHz이상일 때는 더욱 더 변동이 심하다. 다른 손실 요인은 간섭이다.

특 징

① 주요 용도는 장거리 통신 서비스이다.
② 텔레비전이나 음성 전송하는 동축케이블의 대용으로도 사용된다.
③ 장거리에 대한 높은 데이터 전송률을 제공해 준다.
④ 전송에 사용되는 통상 주파수는 2~40GHz 내에 있다.
⑤ 넓은 주파수 영역에 걸쳐 있고 강한 방향성을 띠는 방식에 이용된다.

[2] 위성 마이크로파

인공위성은 24시간 내내 지구의 위성 궤도상에 있으므로 지상에서는 움직이지 않는 것처럼 보이지만, 이것은 위성이 효과적으로 제 기능을 발휘하기 위해, 교신하는 지상의 위치에 대해 항상 고정된 상공에 있어야 하기 때문이다.

특 징

① 한 지점을 동시에 여러 지점으로 연결시킬 수 있다.
② 위성은 여러 개의 지상에 위치하는 송수신국을 연결하는 데 사용된다.
③ 임의의 주파수 대역을 수신하여, 이를 증폭하거나 재생하여서 다른 주파수로 송신한다.
④ 효율적인 사용을 위해 지구에 대한 위성의 위치가 고정되어진다.
⑤ 약 35,784km의 고도에서 고정 위치와의 일치가 이루어진다.
⑥ 장거리 전화, 텔렉스, 텔레비전에 사용된다.
⑦ 사용 빈도가 높은 국제간의 통신용으로서 가장 좋은 매체이다.
⑧ 위성 전송의 최상 주파수 범위는 1~10GHz이다.

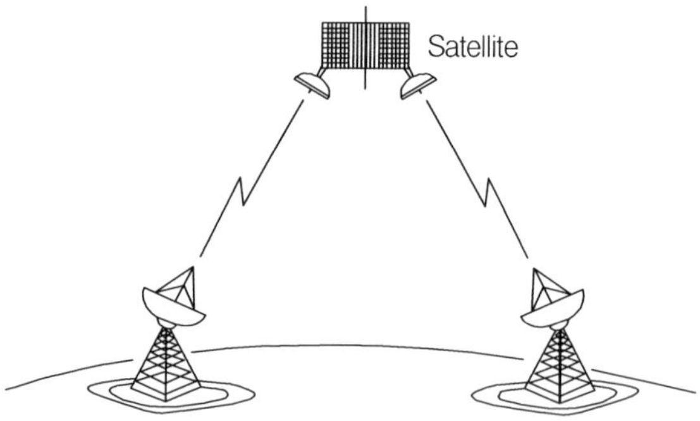

그림 2-42 위성통신

[3] 라디오파

라디오파는 다방향성으로 정해진 지점에 정확히 설치될 필요도 없으며, 라디오의 이용은 패킷 라디오로서, 패킷 라디오 시스템은 데이터 전송 네트워크의 여러 지역을 연결하기 위해서 지상 안테나를 사용한다. 최근 응용 분야는 텔레텍스트 서비스이다.

특 징

① 같은 영역 내 여러 송신자가 동시에 주어진 주파수를 사용할 수 있다.
② 방송 통신용으로 효과적인 30[MHz]~1[GHz]의 주파수 범위이다.
③ 대기 반사에 기인한 상호간의 간섭을 일으키지 않는다.
④ 강우에 의한 감쇠에 덜 민감하다.
⑤ 데이터 전송률이 높지 않은 결점을 갖고 있다.
⑥ 라디오파에 있어서 중요한 손상 요인은 다중경로 간섭이다.
⑦ 라디오의 전송 특성은 직선적이다.

연 / 습 / 문 / 제

1. 아날로그 전송에 대해 정의하라.

2. 디지털 전송에 대해 정의하라.

3. 통신 방식에서 단방향통신과 반이중통신을 비교 설명하라.

4. 통신 방식에서 직렬 전송과 병렬 전송을 비교 설명하라.

5. 동기 방식에서 비동기식 전송과 동기식 전송을 비교 설명하라.

6. 기저대역 전송 방식과 대역 전송 방식을 비교 설명하라.

7. 데이터 전송속도를 정의하라.

8. 변조속도를 정의하라.

9. 베어러 속도를 정의하라.

10. 진폭 변조 방식을 정의하라.

11. 주파수 변조와 위상 변조에 대해 비교 설명하라.

12. 진폭 변조 방식에 대해 설명하라.

13. 주파수 변조 방식에 대해 설명하라.

14. 위상 변조 방식에 대해 설명하라.

15. 진폭편이, 주파수편이 및 위상편이 변조 방식에 대해 설명하라.

16. 펄스 코드 변조(PCM)에 대해 설명하라.

17. DPCM과 ADPCM에 대해 비교 설명하라.

18. 동축케이블의 특징에 대해 설명하라.

19. 광섬유에 대해 설명하라.

20. 직교진폭편이변조(QAM) 방식에 대해 설명하라.

21. 델타 변조와 선형적 예측변조에 대해 비교 설명하라.

제 3 장

정보통신 시스템의 구성

3.1 개요

다양한 형태의 정보를 컴퓨터에서 처리하고, 처리된 정보를 전송하는 기술을 말한다. 단말기기 또는 컴퓨터 상호간을 통신회선(전용회선, 교환회선)으로 온라인 접속하여 정보를 가공, 저장 및 전송을 하기 위하여 정보를 처리하는 정보처리계와 처리된 데이터를 전송하는 정보전송계로 구성된다.

표 3-1 정보통신 시스템의 구성

정보통신 시스템의 구성	정보 처리계	중앙처리장치(CPU) 주변장치
	정보 전송계	단말장치 신호변환장치 통신제어장치 통신회선(전용, 교환)

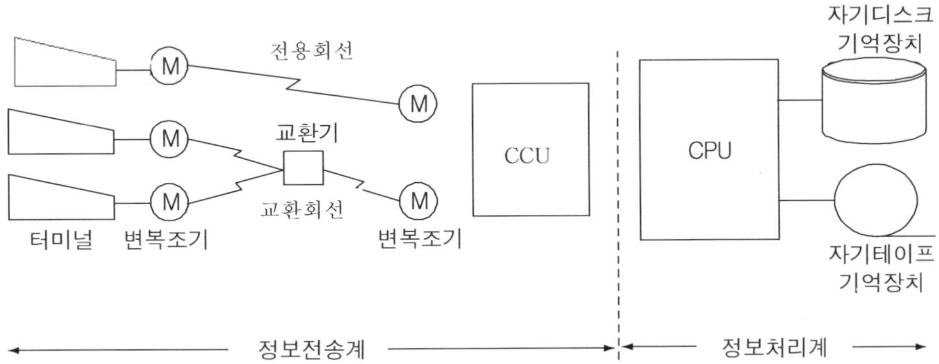

그림 3-1 정보통신 시스템의 구성

3.2 정보처리계

정보처리 시스템에서 사용하는 컴퓨터 시스템은 통신회선을 통하여 단말기로부터 전송되어온 데이터를 처리하고 그 결과를 지정된 단말기에 전송하거나 또는 저장하는 기능이 있다. 컴퓨터 시스템은 크게 하드웨어와 소프트웨어로 구분한다.

하드웨어는 통신제어장치와 주변장치를 제어하고 정보통신을 위한 통신기능 및 정보처리 기능을 수행하는 중앙처리장치(CPU : Central Processing Unit)와 중앙처리장치에 보조적인 기능을 제공하는 주변장치로 구성된다. 소프트웨어는 시스템 소프트웨어인 운영체제와 응용 소프트웨어로 구성된다. 또한 속도가 느린 주변 장치(보조 기억장치, 입출력 장치 등)에 의한 중앙처리장치의 성능 저하 가능성을 보완하기 위한 채널장치를 사용한다.

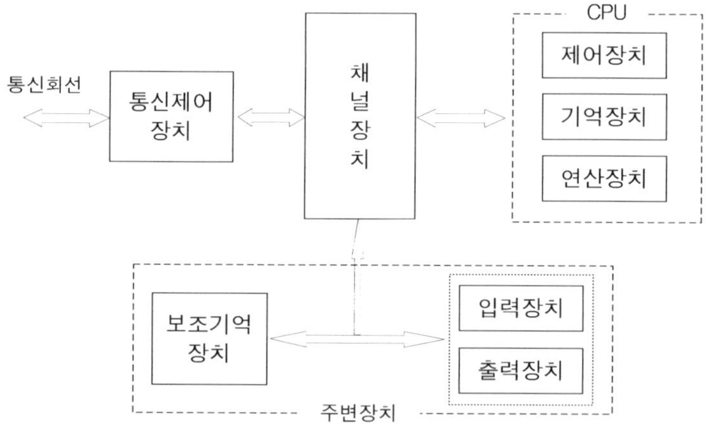

그림 3-2 컴퓨터 시스템의 구성

2.1 중앙처리장치

정보통신시스템의 총괄적인 제어 및 서비스에 필요한 소프트웨어를 처리하기 위한 장치를 중앙처리장치라 하며, 제어장치, 연산장치 및 기억장치로 구성한다.

기억장치는 프로그램, 번역된 명령어, 제어정보 및 처리를 위한 데이터 그리고 중간 과정에서의 일시적인 데이터를 저장하는 공간이다. 대용량의 경우에는 중앙처리장치 내부에는 레지스터나 캐시 메모리를 마련하고, RAM 또는 ROM 등을 사용한 주기억장치를 외부에 두어 중앙처리장치가 사용하게 한다.

제어장치는 기억장치에 저장된 프로그램을 번역하여 명령어를 생성하여 컴퓨터시스템의 전체적인 제어, 처리할 데이터의 입력을 위한 입력장치 제어, 연산장치를 이용한 데이터 처리 및 데이터의 이동, 처리된 결과의 출력장치로의 출력 등을 하기 위한 제어신호를 생성하여 실행되게 한다. 그리고 정보처리에 필요한 산술연산, 논리 연산 및 데이터 이동 등의 연산기능을 수행하는 연산장치가 있다.

표 3-2 중앙처리장치의 구성

연산장치	산술연산, 논리연산 및 데이터 이동 등의 연산기능을 수행하는 장치
기억장치 (레지스터)	프로그램과 연산의 중간 결과를 일시적으로 기억하는 장치
제어장치	입·출력장치, 기억장치, 연산장치 등의 동작을 명령, 감독, 통제하는 장치

기본적인 기능

① 정보통신시스템 전체를 제어
② 데이터의 저장, 검색 및 처리
③ 다중 작업을 위한 시분할 처리
④ 회선제어, 전송제어, 동기제어, 오류제어 및 부호변환(통신제어장치)

[1] 기억장치

기억장치는 프로그램, 데이터, 연산의 결과 등을 기억하며 요구에 따라 기억내용을 제어장치, 연산장치, 또는 출력장치로 보내고 처리에 필요한 정보를 축적하는 장소이다. 중앙처리장치 내부에는 레지스터라는 기억장치가 있고, 용량이 큰 경우에는 동작속도가 빠른 주기억장치를 중앙제어장치 버스에 직접적으로 연결하여 사용한다.

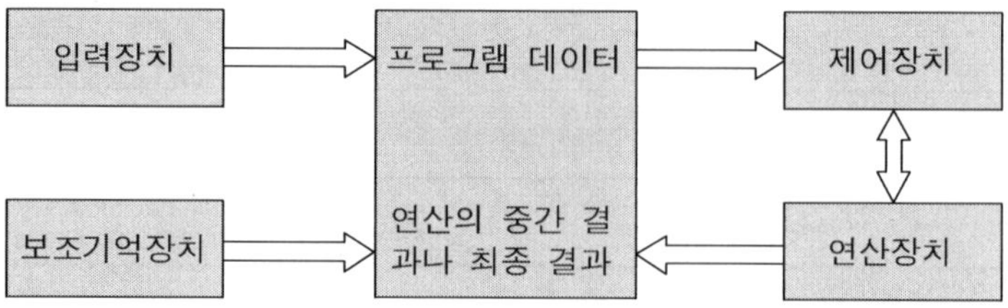

그림 3-3 주기억장치

[2] 연산장치

프로그램에 의해 제어되고 산술 및 논리연산, 데이터 이동 등의 연산기능을 행한다. 즉, 데이터 처리에서의 비교, 판단, 계산 등등의 기능을 담당한다.

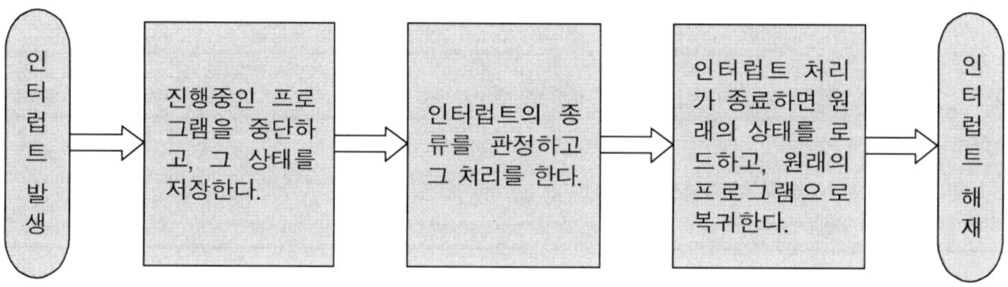

그림 3-4 연산장치

[3] 제어장치

기억장치에 저장된 프로그램을 해독해서 처리에 필요한 모든 제어신호를 생성하여 중앙처리장치에서의 처리 동작을 제어하는 역할을 한다.

3 2.2 주변장치

주변장치는 정보처리시스템을 운용하기 위한 각종 보조 기능(프로그램의 영구적인 저장 등)에 필요한 장치 및 중앙처리장치를 보조하기 위한 장치들을 말하며, 기본적으로 입력장치, 출력장치, 보조기억장치가 있다.

그리고 속도가 느린 주변장치에 의해 CPU가 대기해야 하는 현상을 방지하기 위해 CPU와는 별도로 주변장치를 제어하기 위한 채널장치도 있으며, 보조기억장치에는 프로그램이나 데이터를 영구적으로 보관하면서 실행 또는 처리를 위해 임시적인 저장 공간으로 사용하기 위한 주기억장치도 있다. 최근에는 컴퓨터의 대용량화로 인해 주변장치를 중앙제어장치가 직접 제어하면 비효율적이기 때문에 BEP(back end processor)를 두고 간접적으로 제어하는 방식을 사용한다.

표 3-3 주변장치의 구성

입 · 출력 장치	입력장치	외부의 데이터를 컴퓨터 내부의 데이터로 변환하는 장치
	출력장치	컴퓨터 내부의 부호를 외부로 변환하는 장치
기억장치	주기억장치	실행될 프로그램, 사용할 데이터 및 일시적인 데이터를 저장
	보조기억장치	영구적으로 저장할 프로그램이나 데이터를 저장
기 타	채널장치	CPU와 무관하게 주변장치를 제어하기 위해서 사용

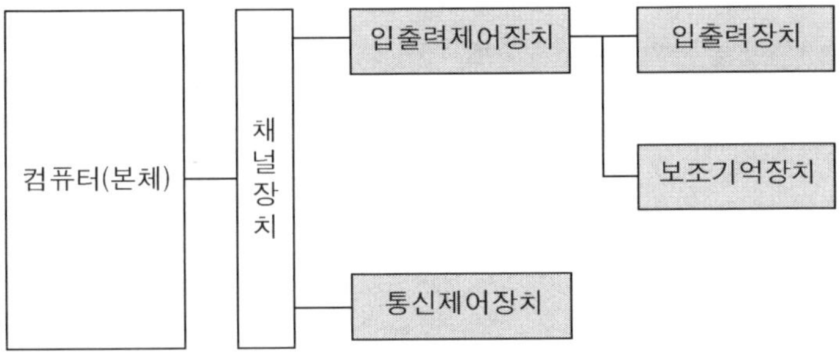

그림 3-5 주변장치

3 2.3 정보통신 시스템에서의 소프트웨어

정보통신 시스템의 하드웨어만으로는 다양한 정보통신 서비스를 제공하기에는 불가능하기 때문에 융통성이 적은 하드웨어를 이용하여 다양한 응용 기능들을 만들어 낼 수 있는 소프트웨어가 필요하다. 정보통신 시스템에서는 일반적으로 정보처리 시스템에서의 소프트웨어(운영 체제와 응용 소프트웨어) 외에 통신 하드웨어들을 제어하여 통신기능을 제공하기 위한 통신 소프트웨어도 필요하다.

통신 소프트웨어 기본 기능

① 데이터 송수신 기능
② 통신 하드웨어 제어 기능
③ 단말과의 연결 제어 기능(통신 규약, 즉 프로토콜 수행)

표 3-4 정보처리 시스템의 소프트웨어

운영체제	하드웨어와 사용자간의 인터페이스를 위한 소프트웨어로 컴퓨터 제조사가 제공하는 시스템 소프트웨어를 이용하여 사용자 또는 응용 프로그램이 쉽고 편리하게 하드웨어를 제어할 수 있도록 한다.
응용 소프트웨어	특정한 기능을 직접 수행하도록 만들어진 프로그램으로 워드프로세서, 데이터베이스, 웹브라우저, 개발용 도구 프로그램, 전용 및 범용라이브러리 등을 말한다. 통신 소프트웨어도 여기에 속한다.

3.3 정보전송계

데이터 전송이란 국제전신전화자문위원회(CCITT)에서 정의한 바로는 「기계에 의해 처리되거나 혹은 처리된 정보의 전송」이라고 규정하였으며 여기서 기계는 컴퓨터를 의미한다. 정보전송계란 데이터를 전송하는 역할을 하며 데이터 단말장치, 데이터 전송회선 및 통신제어장치가 있으며 데이터 전송회선은 전송매체인 통신회선과 통신회선의 종단에 설치되어 있는 신호변환장치가 있다.

3.1 데이터 단말장치(DTE : Data Terminal Equipment)

정보통신 시스템의 단말장치는 외부와 정보를 입출력하기 위한 입출력 장치와 통신회선으로 정확하게 정보를 전송하기 위한 전송제어장치(TCU : Transmission Control Unit)로 구성한다.

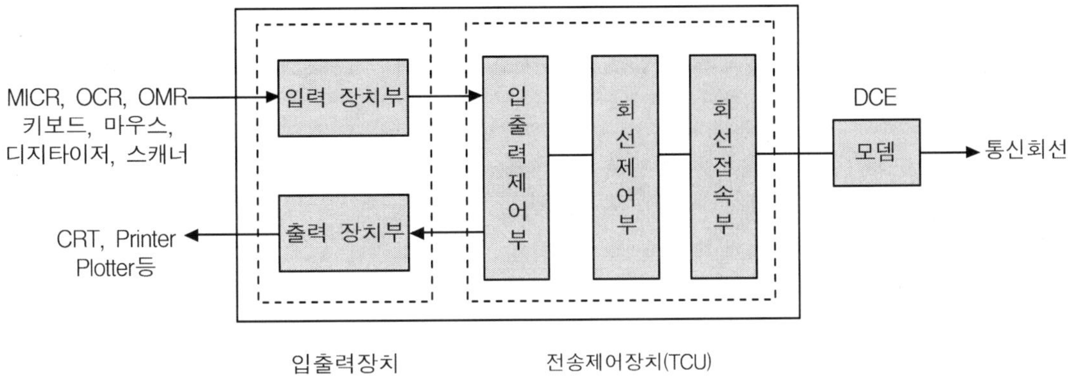

그림 3-6 정보단말기의 구성

표 3-5 전송제어장치의 구성

전송제어장치	회선접속부	단말장치 내부의 전기적 신호 레벨 변환을 수행
	회선제어부	정보의 직·병렬 변환과 문자의 조립과 분해, 정보의 축적기능을 수행
	입·출력 제어부	입·출력 장치의 직접적인 제어 및 상태 감시를 수행

[1] 입 · 출력장치

외부로부터 정보를 받아들이고 반대로 처리된 결과를 외부로 출력하는 기능을 수행하며 입력 처리부와 출력 처리부가 있다.

표 3-6 입출력장치의 구성

입력 처리부	키보드장치, OMR, 음성인식장치, 문자인식장치
출력 처리부	프린터, X-Y 플로터, CRT

[2] 전송제어장치(TCU : Transmission Control Unit)

컴퓨터와 단말장치 간에 정확한 데이터의 송수신을 위한 전송제어절차 등을 수행한다. 전송제어장치는 회선 접속부, 회선 제어부 및 입·출력 제어부로 구성된다. 회선 접속부는 단말장치와 통신회선과의 연결을 제공하며, 회선 제어부는 직병렬 변환, 문자의 조립과 분해, 버퍼링 및 에러 제어 등의 전송제어 기능을 수행하고, 입출력 제어부는 입출력 장치의 직접적인 제어 및 상태 감시 기능을 제공한다.

여기에서 전송제어는 입출력제어, 회선제어, 동기제어 및 에러제어를 총칭하는 말이다.

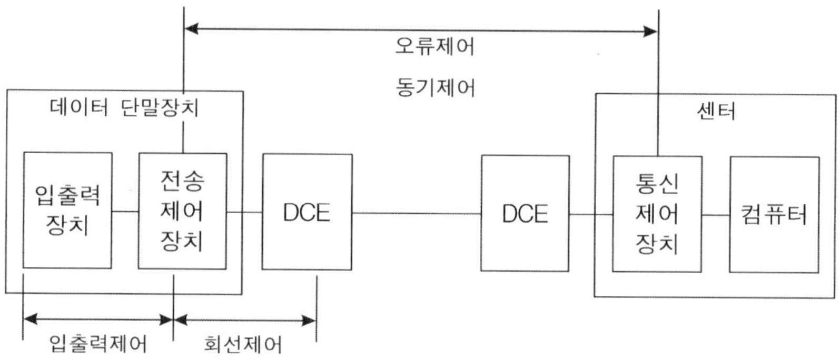

그림 3-7 전송제어 기능

표 3-7 전송제어장치의 전송제어 기능

회선제어	회선종단장치를 제어, 회선을 연결 접속한 후에 데이터의송수신을 제어
동기제어	송·수신 간에 시간(클록)을 일치시키는 기술
에러제어	전송로 상의 에러를 검출·정정하는 제어
입출력제어	입·출력장치에 대한 제어 및 상태 감시

[3] 전송제어장치와 통신제어장치의 비교

통신제어장치는 정보처리 시스템과 통신회선 사이에 위치하여 복수의 회선에 대한 블록 처리 기능이 있으나, 전송제어장치는 단말장치와 통신회선 사이에 위치하여 문자 단위의 처리 기능을 수행한다.

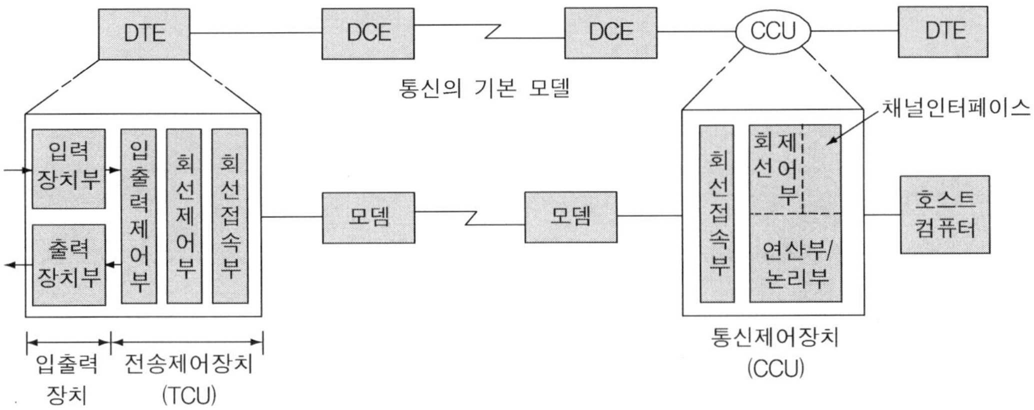

그림 3-8 통신제어장치와 전송제어장치의 접속형태

3 3.2 정보통신 단말장치의 분류

통신회선을 통해 중앙처리장치 또는 정보처리센터(처리장치)로 접속하거나 상호 간에 접속하여 여러 형태의 정보를 입력하거나 출력하는 장치를 말한다. 초창기의 단말 장치는 문자 단위로 입출력하는 정도였지만, 진보된 단말장치는 소형 중앙처리장치 및 기억장치를 내장하여 프로그램 제어가 가능하며 다양한 통신 소프트웨어를 지원한다.

[1] 전용 단말장치

단말장치에서 용도가 전용 업무에 따라 그곳에 필요한 기능만 가지며, 사용 조건에 따라 기능과 취급하는 방법이 사용되는 업무에서 효율적이고, 편리하도록 고안된 단말장치를 말한다. 증권회사 단말기, 은행의 단말기, 항공 및 철도 회사용 단말기, 백화점 또는 슈퍼마켓의 판독장치, 의료 등이 대표적인 예이다.

[2] 범용 단말장치

범용 단말장치에는 주로 프린터와 Video Display Terminal(VDT)이 가장 많이 사용된다. 프린터에는 물리적인 충격에 의해서 출력하는 임팩트(impact) 프린터, 물리적인 충격에 의해서가 아니라 전자적 또는 화학적으로 문자를 출력하는 논 임팩트(non-impact) 프린터, 라인 프린터 등이 있다. 그 밖의 표시장치로는 CRT, 신용카드 등의 뒷면에 자성체를 발라 그곳에 데이터를 기록하거나 그곳에 기록되어 있는 데이터를 판독하는 장치, 광학문자판독장치(OCR : optical character reader), 자기잉크문자판독장치(MICR : magnetic ink character reader), 광학식마크판독장치(OMR : optical mark reader), 바코드 판독장치(bar code) 등이 있다.

[3] 복합 단말장치

미니 컴퓨터나 마이크로 컴퓨터를 내장하므로 많은 종류의 입·출력 장치를 사용목적에 따라 선택하여 접속할 수 있는 단말장치를 말한다.

[4] 지능형 단말장치

단말장치 내에 마이크로프로세서를 내장하여 단독으로 상당수준의 처리가 가능한 단말장치로서 분산처리 방식을 사용하기에 적절한 형태의 단말기이다.

[5] 그 외의 단말장치

정보 단말장치를 구분하는 기능상에 따른 분류에는 입력 전용 단말장치와 출력 전용 단말장치로 나누고, 데이터 매체에 따른 분류에는 키보드와 같이 사람이 직접 눈으로 볼 수 있는 직접 입·출력 단말장치와 종이테이프와 같이 매체를 이용하는 간접 입·출력 단말장치가 있다. 단말장치에 프로그램을 내장하여 상당 수준의 처리가 가능하도록 제조된 지능 단말장치(intelligent terminal)와 프로그램을 내장할 수 없는 비 지능 단말장치(non-intelligent terminal)로 구분할 수 있다.

(1) 디지타이저

그림, 도표, 설계도면을 읽어 이를 디지털화하여 컴퓨터에 입력시키는 데이터 입력기기이다. 입력되는 형태는 광전펜을 사용하여 CRT에 직접 그림을 그릴 때 입력되는 펜의 위치를 받아들이는 능동형과 지도와 그림 같은 것을 읽어 각 점에 해당하는 숫자, 영상을 읽어 해당하는 비트형태로 바꾸는 수동형이 있다.

(2) CAD/CAM(Computer Aided Design/Computer Aided Manufacturing)

컴퓨터를 사용하여 설계하고, 제작하는 것을 말한다.

(3) COM/CAR(Computer Output Microfilm/Computer Assisted Retrival)

COM기술은 컴퓨터 출력정보를 문자나 도형으로 변환하여 Microfilm에 출력

할 수 있는 장치이다. CAR 장치는 컴퓨터를 사용하여 마이크로필름에 들어있는 정보를 검색하는 장치이다.

(4) 마우스(Mouse)

평면 위에서 위치가 이동되면 방향과 거리가 추출되고, 그 결과를 단말 장치로 전송하는 장치이다.

3.3 데이터 전송회선

컴퓨터와 단말장치, 컴퓨터와 컴퓨터 또는 단말장치 상호간을 연결하는 전송로를 전송회선이라 하고 신호변환기와 통신회선으로 구성된다. 이 회선은 정보를 전송하기 위한 회로이며 전용회선을 이용하는 방법과 교환망의 교환회선을 이용하는 방법이 있다. 정보통신에 사용하는 전용회선으로는 전화교환회선, 전신교환회선, 정보통신 전용의 교환회선이 있으며, 교환회선에는 시분할 회선 교환망과 패킷 교환망이 있다.

[1] 통신회선

정보처리 시스템과 단말장치, 단말장치 상호간 그리고 컴퓨터 상호간의 물리적인 통신로를 말한다. 전달되는 신호의 특성에 의해 디지털 전송회선과 아날로그 전송회선으로 구분하고, 전송 매체의 물리적 특성에 따라 이중나선, 동축케이블, 광섬유, 무선 전파 등으로 구분한다.

표 3-8 통신회선의 분류

신호특성	아날로그 전송회선	아날로그 신호를 전송하는 회선
	디지털 전송회선	디지털 신호를 전송하는 회선
전송매체	하드와이어	물리적인 형태가 있고 매체에 의해 전파특성이 정해짐. 이중나선, 도전쌍(UTP, STP), 동축케이블, 광섬유 등
	소프트와이어	물리적인 형태가 없고 전달되는 신호에 의해 전파특성이 정해짐. 공기, 진공, 해수 등
교환유무	전용회선	교환기를 거치지 않는 직통회선
	교환회선	교환기를 거치는 회선. 회선교환, 패킷교환 및 메시지교환 회선

[2] 신호 변환기

통신회선의 특성에 적합한 신호를 생성하기 위한 변환장치로 아날로그 통신회선에 사용하는 모뎀(MODEM)과 디지털 통신회선에 사용하는 디지털 서비스 유닛(DSU)이 있다.

(1) 모뎀(MODEM : Modulator and Demodulator)

DTE(Data Terminal Equipment)에서의 신호가 디지털인데 아날로그 전송회선을 이용할 때 디지털 데이터를 아날로그 전송회선에 적합한 신호로 변환하고, 역으로 전송선로의 아날로그 신호를 DTE에 적합한 디지털 신호로 변환하는 장치이다.

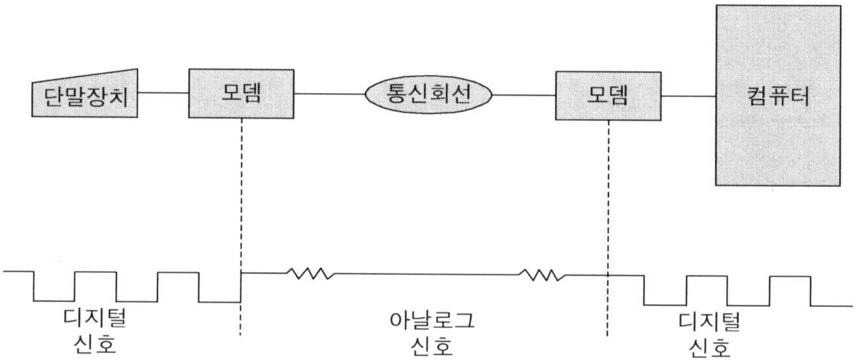

그림 3-9 변복조기의 사용

(2) DSU(Digital Service Unit)

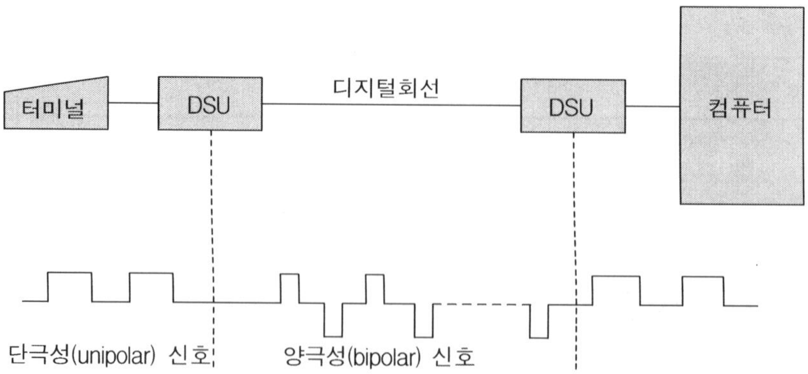

그림 3-10 DSU의 사용

디지털 데이터를 디지털 전송회선에 적합한 신호로 변환하는 장치로서 단극성(unipolar) 신호를 변형된 양극성(bipolar) 신호로 바꾸어 전송하면 수신측에서는 반대의 과정을 거쳐서 원래의 신호로 재생한다. 즉, 신호의 번역, 신호의 재생 기능과 타이밍 등의 기능을 수행한다.

3.4 통신제어장치(CCU : Communication control unit)

통신제어장치는 데이터 전송회선과 컴퓨터와의 사이에서 양자를 전기적으로 결합하고 컴퓨터의 일부 기능을 분담하며 컴퓨터의 효율을 높이기 위해 통신만을 전문으로 취급하는 장치이다.

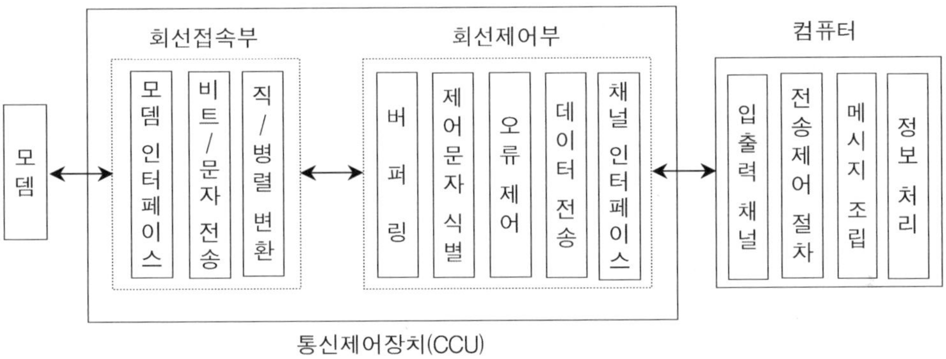

그림 3-11 통신제어장치의 기능

통신제어장치는 중앙처리장치와 통신회선을 연결함으로써 데이터의 송수신, 수신문자의 결합과 송신문자의 분해, 전송속도의 변환, 통신회선의 접속, 데이터 링크의 확립, 상태 감시, 링크의 개방, 통신회선의 차단, 전송에러의 검출 및 데이터 전송 제어, 다수회선의 시분할 다중제어, 단말이 보낸 명령의 해석 기능 등을 수행한다.

통신제어장치는 중앙처리장치가 제어하며 다수의 채널에서 동시에 여러 가지 동작을 제어함으로써 비용을 절감시킬 수 있고, 통신제어장치가 정보의 처리 능력을 가지고 있어 중앙처리장치의 부하를 경감시킬 수 있다.

3.5 통신제어장치의 형태

[1] 통신제어장치(CCU : Communication Control Unit)

통신제어장치의 기본형으로 문자의 조립과 분해, 블록의 조립까지 가능하다. 정보 전달에 필요한 제어신호의 전송과 통신회선의 감시 및 접속, 전송 오류 검출 기능이 있다. 다수의 저속 회선을 시분할 방식으로 제어하는데 사용한다.

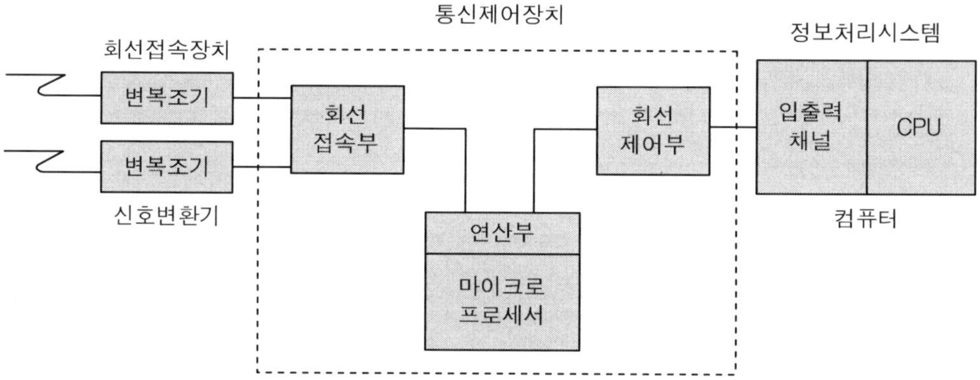

그림 3-12 통신제어장치의 구성

[2] 통신제어처리장치(CCP : Communication Control Processor)

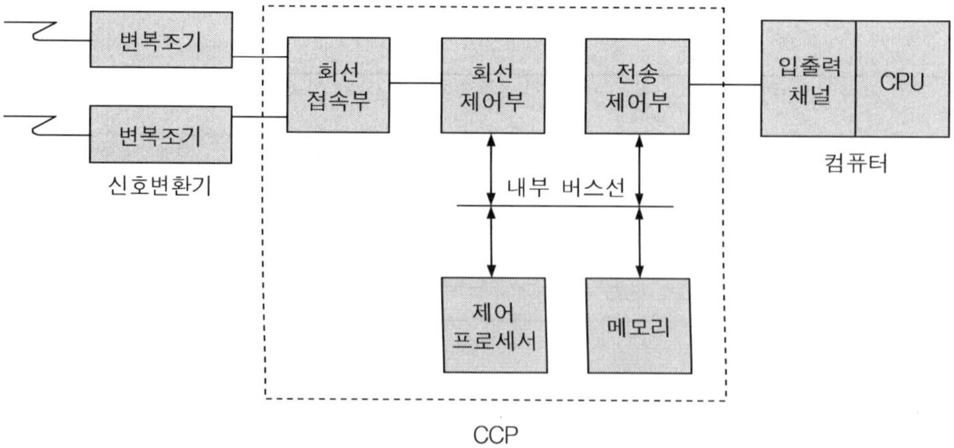

그림 3-13 통신제어처리장치의 구성

통신제어처리장치는 프로그램제어가 가능한 프로세서를 갖추고 전송제어 절차에 의한 블록의 조립 및 분해와 메시지의 조립까지 가능하며, 데이터 축적 또는 교환 등의 통신처리를 할 수 있기 때문에 통신제어 장치의 기능을 개선한 것이라고 할 수 있다. 하지만 전단처리장치(FEP)의 성능에는 미치지 못한다.

[3] 전단처리장치(FEP : Front End Processor)

전단처리장치는 컴퓨터의 중앙 처리 장치 앞에 설치되어 메세지의 처리까지 가능하고 통신회선 및 단말기의 제어, 전송 메시지의 검사, 형식 변환 등의 처리 기능을 수행한다. 원격지 단말들의 연결은 단말인터페이스처리장치(TIP : Terminal Interface Processor) 또는 원격처리장치(RP : Remote Processor)를 통해서 이루어진다.

[4] 원격처리장치(RP : Remote Processor)

원격처리장치는 단말 인터페이스 프로세서(TIP : Terminal interface processor)와 유사하게 단말기 근처에 설치되어 단말기의 제어, 정보량의 제어, 전송 메시지의 부분 처리 등을 수행한다. 복수의 단말회선을 수용하고 저속의 메시지를 메시지 버퍼에 수용한 다음에 고속 통신회선으로 전단처리장치(FEP)로 전송해서 목적지 컴퓨터에 도달할 수 있게 한다. 그 기능에 따라 집선형과 교환형으로 구분된다.

연 / 습 / 문 / 제

1. 정보전송 시스템의 구성에 대해 설명하라.

2. 정보통신 시스템에 대해 정의하라.

3. 정보처리 시스템에 대해 설명하라.

4. 정보처리 시스템에서 중앙처리장치에 대해 정의하라.

5. 정보처리 시스템에서 주변장치에 대해 설명하라.

6. 정보처리 시스템에서 기억장치에 대해 정의하라.

7. 정보전송 시스템에서 신호변환장치(DCE)에 대해 설명하라.

8. 정보전송 시스템에서 데이터 전송회선에 대해 설명하라.

9. 정보전송 시스템에서 통신제어장치에 대해 설명하라.

10. 정보전송 시스템에서 통신제어처리장치(CCP)에 대해 설명하라.

11. 전송제어장치와 통신제어장치를 비교 설명하라.

12. 전단처리장치(FEP)에 대해 설명하라.

13. 원격처리장치(RP)에 대해 설명하라.

14. 신호변환장치에서 모뎀과 DSU를 비교 설명하라.

15. 정보전송 시스템에서 중앙처리장치의 구성요소에 대해 설명하라.

16. 정보전송 시스템에서 단말장치의 구성요소에 대해 설명하라.

제 4 장

정보전송기기

4.1 모뎀과 DSU(Digital Service Unit)

모뎀(MODEM)은 멀리 떨어져 있는 데이터종단장치(DTE) 상호간에 아날로그 전송매체를 통해 디지털데이터를 전송하는데 사용되는 데이터 전송장비이다. 송신시에 디지털데이터를 아날로그신호로 변환하는 변조기와 수신된 아날로그신호를 디지털 데이터로 복원시키는 복조기의 기능을 모두 갖고 있는 신호변환기이다. 모뎀이란 뜻은 변조기(MOdulator)와 복조기(DEModulator)의 합성어이다.

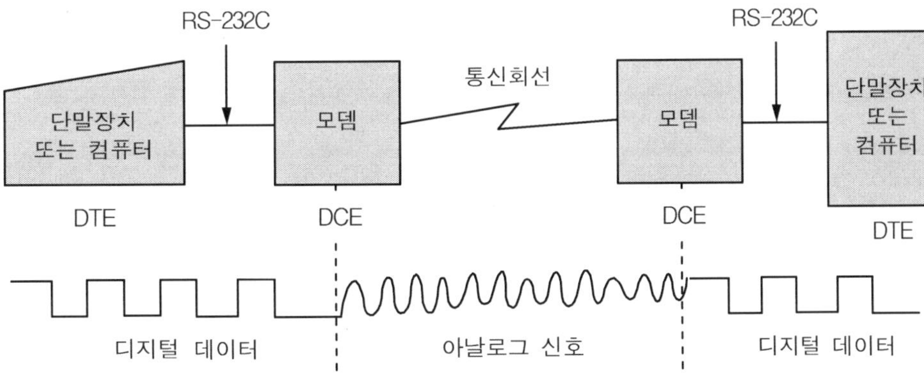

그림 4-1 모뎀의 동작

모뎀은 기본적으로 변복조 기능에 더하여 자동응답, 재호출 및 반복호출, 자동속도 조절, 명령어모드 및 인식기능, 그리고 모뎀 시험기능 등을 갖는다. 또한 모뎀은 송신부, 수신부 및 기타회로로 구성되며, 송신부는 부호기(encoder), 스크램블러(scrambler), 변조기 및 송신 필터, 수신부는 복호기(decoder), 디스크램블러(descrambler), 복조기, 등화기, 자동이득조절(AGC) 및 수신 필터, 그리고 기타회로에는 하이브리드, 링 신호 감지회로, 클록 회로, 상태 감시 및 제어논리회로, 그리고 전원 회로가 있다.

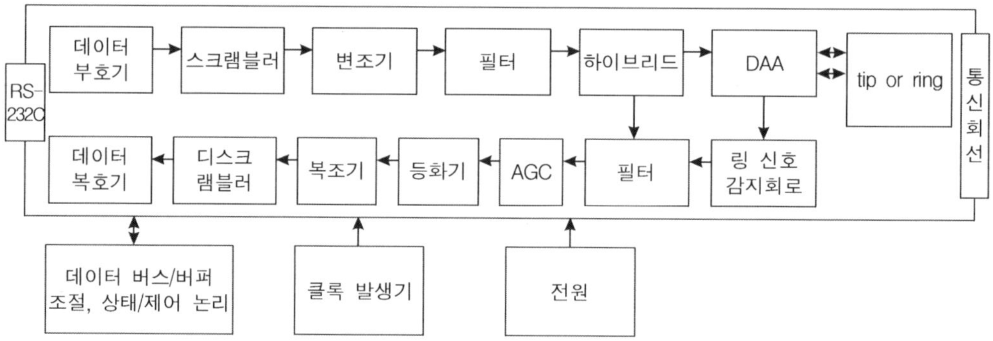

DAA : Direct Access Arrangement

AGC : Automatic Gain Controller

그림 4-2 모뎀 구성도

4 1.1 모뎀의 송신부

[1] 부호기(encoder)

통신회선의 잡음 특성 및 전송용량을 고려하여 전송효율과 신뢰도를 높이기 위하여 송신 데이터의 형태로 변환하는 것이다. 즉, 오류정정부호의 부가(패리티 비트) 또는 전송할 정보량 감소 효과를 얻기 위한 부호(run-length code)를 이용할 수 있게 하는 기능이다.

[2] 스크램블러(scrambler)

1과 0의 불규칙한 패턴을 송신 데이터에 섞는 기능으로, 1 또는 0의 연속적인 전송에 의한 수신기에서의 동기 오류를 방지하고, 송신신호 스펙트럼이 전송대역 내에 가능한 넓게 분포하도록 하여 수신부의 등화기가 최적의 상태를 유지하도록 하며, 암호화의 효과도 얻기 위해 사용한다.

[3] 변조기(modulator)

디지털 변조 기술(ASK, FSK 및 PSK)을 구현한 것으로 변조회로를 이용하여 디지털데이터에 대응되는 피변조 신호를 생성한다.

[4] 필터

통신회선의 주파수 대역은 상호 간섭을 최소화하기 위해 제한되어 있기 때문에, 예를 들면, 전화선 모뎀은 300~3400[Hz], 변조기에서 생성된 신호의 주파수 성분이 정해진 대역폭을 유지되도록 전송신호의 대역폭을 제한하기 위한 대역통과필터 회로이다.

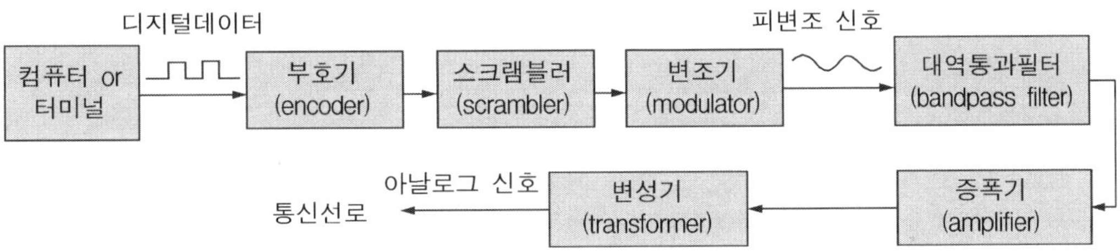

그림 4-3 모뎀 송신부의 구성

4 1.2 모뎀의 수신부

[1] 자동이득조절(AGC : Automatic Gain Control) 회로

통신회선의 부하 변동에 의해 일정하지 않은 수신신호 세기의 변화를 일정하게 하기 위해 수신 이득을 자동 조절하는 회로이다.

[2] 등화기(Equalizer)

신호가 전송선로를 통과하면서 주파수 성분마다 감쇠량과 전송지연시간이 다르게 되어 인접한 심볼 간의 간섭(ISI : inter-symbol interference)로 인해 수신기에서는 일그러진 신호가 수신되어 데이터 오류가 발생한다. 왜곡된 신호를 복원하기 위해 전송선로 특성에 적합한 위상등화 기술을 이용하여 등화기를 구성하게 된다.

[3] 복조기(demodulator)

수신기에서 변조기의 역기능을 수행하는 회로로, 등화기를 통과한 수신신호에서 디지털데이터를 복원하기 위한 회로이다.

[4] 디스크램블러(descrambler)

수신기에서 스크램블러의 역기능을 행하는 회로이다.

[5] 복호기(decoder)

수신기에서 부호기의 역기능을 행하는 회로이다.

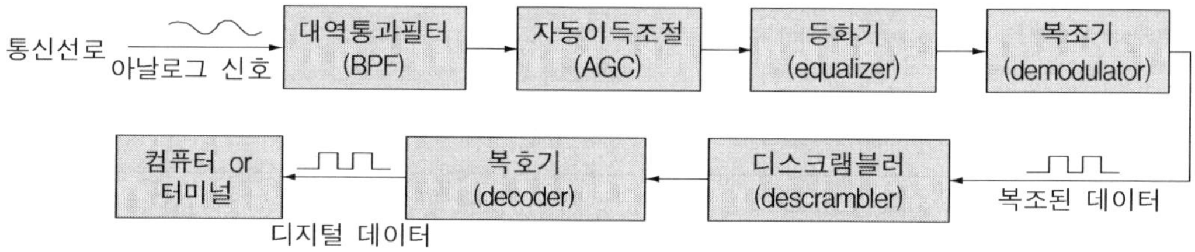

그림 4-4 모뎀 수신부의 구성

4 1.3 모뎀의 분류

[1] 저속 모뎀

아날로그회선을 이용한 300[bps] 이하 및 1200[bps] 이하의 데이터 전송에서 사용되며 컴퓨터와 단말장치 측에 설치된다.

특 징

① 비동기 방식이 사용된다.
② 모뎀-단말장치 사이에서 타이밍 정보가 필요 없다.
③ 전송 특성이 우수하며, 회로가 간단한 FSK 방식을 채용한다.
④ ITU-T 권고는 V.21, V.22, V.23 등의 권고가 있다.

[2] 중 · 고속 모뎀

데이터 신호 속도가 2400[bps] 정도 이상이 되면 전송로의 왜곡, 부호간의 간섭이 크기 때문에 전송로의 감쇠왜곡을 보상하는 등화회로가 필요하다. 단말장치 간의 동기 전송을 수행하기 위한 모뎀-모뎀 간에서 타이밍 정보를 송수신 할 필요가 있다. 즉, 단말장치가 데이터 신호를 송출하는 타이밍과 모뎀이 변조하는 타이밍(송신 타이밍)은 동기가 된다.

특 징

① 전송로에서 입력되는 신호에서 얻어진 타이밍에 의하여 복조를 수행
② 타이밍(수신 타이밍)을 단말장치에 송출한다.
③ 단말장치는 모뎀으로부터의 직류 신호를 수신한다.
④ 1,200[bps] 이하에서 데이터 단말장치는 비동기 방식이 사용된다.
⑤ 2,400[bps] 이상이 되면 전송효율면에서 동기 방식의 전송을 수행한다.

(1) 2,400[bps] 모뎀

이 모뎀에 사용되는 4위상 편이 변조 방식(QDPSK)은 1변조 신호 당 2비트(디비트=dibit) 정보의 전송이 가능하며, 각 디비트 간의 위상 편 이각 $\pi/4$는 시프트(SHIFT)에 의해 $\pi/2$가 되며, 이것은 ITU-T 권고 V.26의 B방식에 기준 한다. DPSK 방식은 바로 직전의 변조 신호의 반송파 위상을 기준으로 하여 다음에 송신하는 반송파 위상의 변화량을 결정하는 변조 방식이다. 또 위상 편 이각을 $\pi/4$ 만큼 시프트 하는 것은 1변조 신호마다 반드시 위상을 변화시켜 타이밍 정보가 손실되는 것을 막기 위한 것이다.

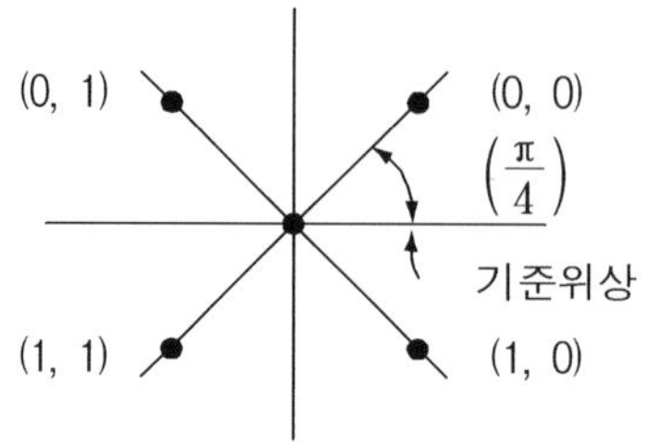

(a) 신호 공간 상에서의 위상 변화

디비트	위상 변화
0 0	45°
0 1	135°
1 1	225°
1 0	315°

(b) 디비트와 위상 변화의 관계

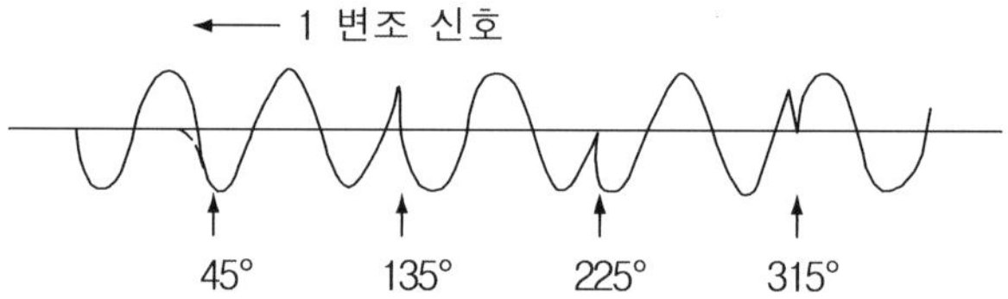

(c) 위상 변화의 의미

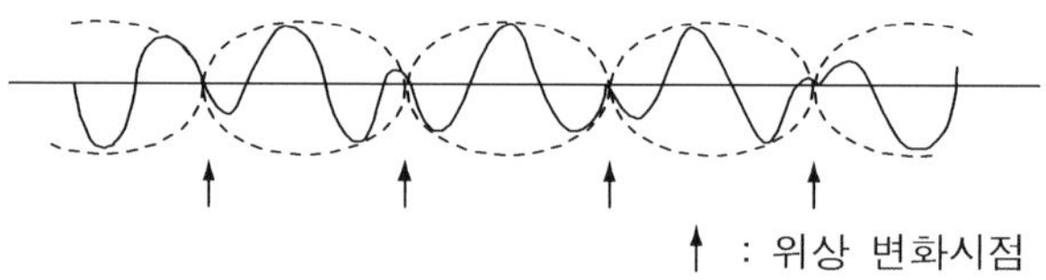

(d) 전송로 중에서의 교류 신호

그림 4-5 2,400[bps] 모뎀의 교류신호

특 징

① 잡음에 대하여는 2위상 방식보다는 약하지만 한정된 대역폭에서 많은 정보를 전송하는 데는 매우 유리하다.

② 입력 부호에 관계없이 항상 위상 회전이 행하여진다.

③ 복조부에서는 수신 부호의 스펙트럼보다 간단하게 타이밍 정보를 얻을 수 있다.

(2) 4,800[bps] 모뎀

이 모뎀에서 사용되는 8위상 차분 위상 편이 변조 방식(ODPSK)은 ITU-T권고 V.27에 기준하여 1변조 신호 당 3비트(트리비트=tribit)의 신호를 전송한다. 트리비트와 위상 편이각과의 관계는 V.27을 기준으로 표시된다. 이 모뎀은 수신 신호로부터 변조속도에 대응하는 1,600Hz의 타이밍을 얻기 위해서는 트리비트(011),

(111) 및 (110)만 타이밍 신호를 가지고 있으므로 타이밍 유출 가능한 트리비트가 한정되어 있기 때문에 변조 타이밍을 갖는 트리비트가 확률적으로 송수신되기 위하여 미리 단말장치에서의 직류 신호를 스크램블(scramble)하며, 수신측에서는 복조 신호를 디스크램블(discramble)한다.

(3) 9,600[bps] 모뎀

이 모뎀에서 사용되는 진폭위상변조(QAM) 방식은 2차 진폭편이변조와 8위상편이변조를 합성한 방식이며, 1변조 신호(1/2400초)당 4비트(쿼드 비트, quad bit : Q_1, Q_2, Q_3, Q_4)의 정보량을 전송하며 이에 대한 위상 편이 상태는 V.29를 기준한다. 즉, 쿼드 비트의 최초 비트(Q_1)에 의하여 진폭이 결정되며, 계속하여 Q_2, Q_3, Q_4의 3개 비트의 조합에 의하여 8위상 편이 방식의 경우와 동일하게 1변조 신호 바로 앞의 반송파에 의하여 위상 편이각이 결정된다.

4 1.4 모뎀의 표준

표 4-1 Bell 시스템과 ITU V 시리즈 모뎀의 규격

ITU 규격	Bell 규격	전송속도([bps])	사용회선	동기 방식	전송 방식
V.21	103A	300	PSTN	비동기	전이중
V.22	212A	300/1200	PSTN	비동기	전이중
V.23	202	600/1200	PSTN	비동기	반이중
V.26	201B	2400	전용회선	동 기	전이중
V.27	208A	4800	전용회선	동 기	전이중
V.29	209A	9600	전용회선	동 기	전이중
V.32		2400~9600	PSTN	동 기	전이중
V.34		28,800	PSTN	동 기	전이중
V.34bis		33,600	PSTN	동 기	전이중
V.35		19,200	트렁크회선	동 기	전이중
V.90		56,000	트렁크회선	동 기	전이중

모뎀의 표준은 미국의 Bell 표준과 유럽의 ITU-T 표준의 두 가지가 있다. ITU에서는 아날로그 전송로를 이용한 데이터통신에 관한 규정을 V시리즈로서 권고하고 있다. 이 중에서 음성 대역 모뎀에 관한 권고안은 V.21, V.22, V.22 bis,

V.23, V.26, V.26 bis, V.27 ter, V.29 등이다. 미국에서 생산되는 많은 모뎀이 Bell 시스템의 표준안을 따르고 있고, 음성대역 모뎀에 대한 권고안은 103A, 201, 202, 203, 208, 209, 212 시리즈 등이 있다.

4 1.5 모뎀의 시험기능

모뎀의 정상 동작 여부는 자가 시험(self test)과 루우프백 시험(loopback test)으로 확인 할 수 있다. 모뎀 내부에는 BITE(built in test equipment)라는 내장방식의 자기 진단 장치가 있어, 모뎀에 전원이 인가되어 초기 동작이 되는 순간(BIST : built-in self test) 또는 수동 선택(POST : power-on self test)에 의해 가가 진단을 진행시킬 수 있다. 또한 BITE에는 511 패턴 발생기와 패턴 검출기로 구성된 패턴 시험기가 있으며, 디지털 데이터에 대한 모뎀 성능 시험을 할 수가 있다.

통신회선에서의 모뎀 동작 여부는 루우프백 시험으로 진행하며, 자국 디지털 루우프백(local digital loopbak), 자국 아날로그 루우프백(local analog loopback), 원격 아날로그 루우프백(remote analog loopback) 및 원격 디지털 루우프백(remote digital loopback)으로 나눌 수 있다.

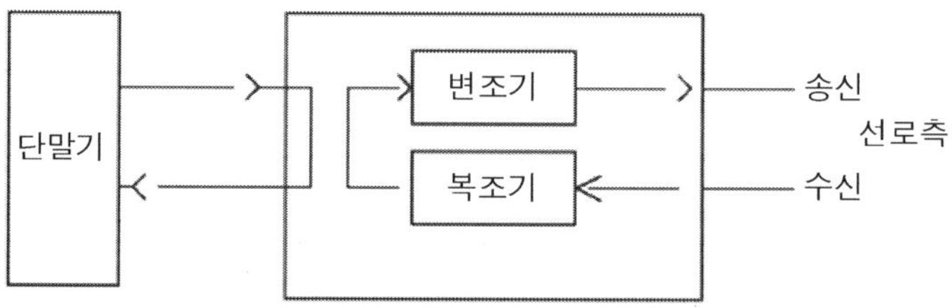

(a) 자국 디지털 루우프백

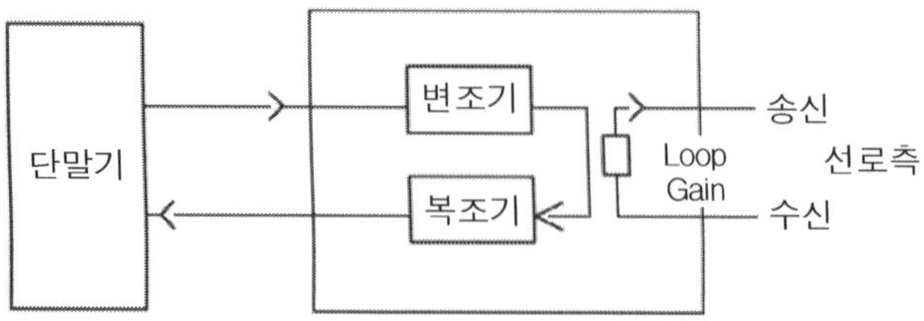

(b) 자국 아날로그 루우프백

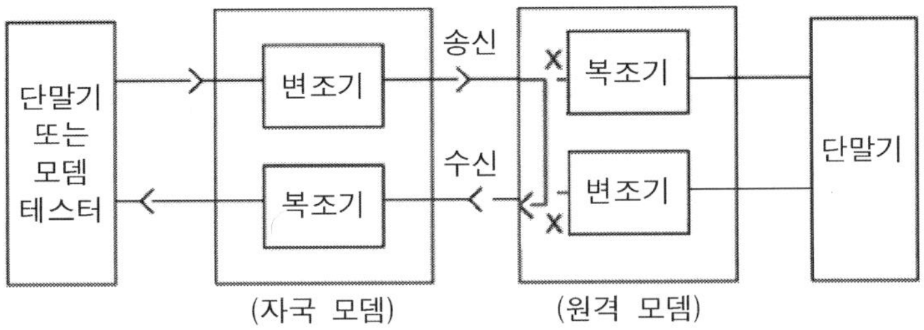

(c) 원격 아날로그 루우프백

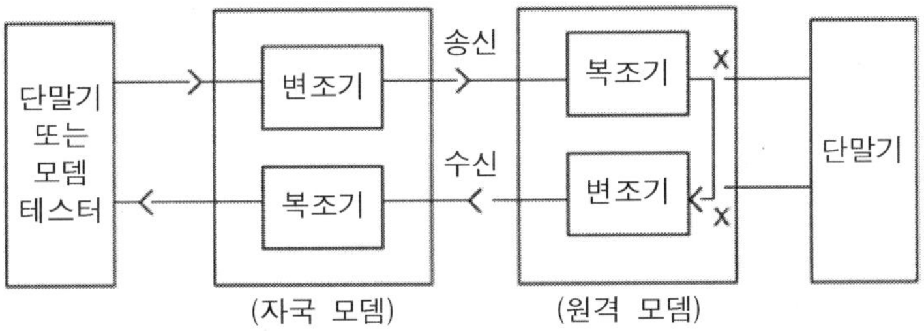

(d) 원격 디지털 루우프백

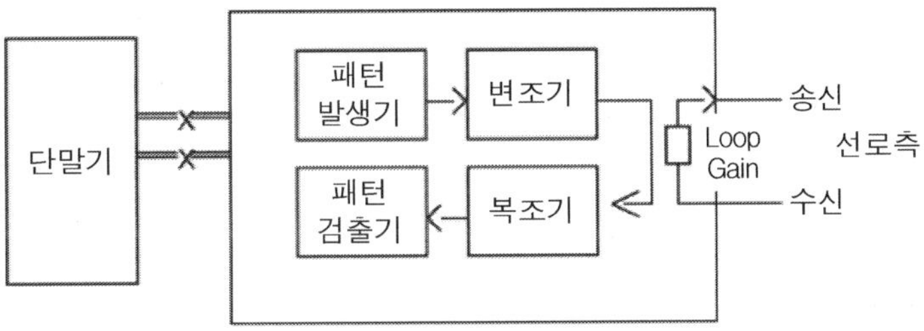

(e) 자국 아날로그 루우프백(511패턴)

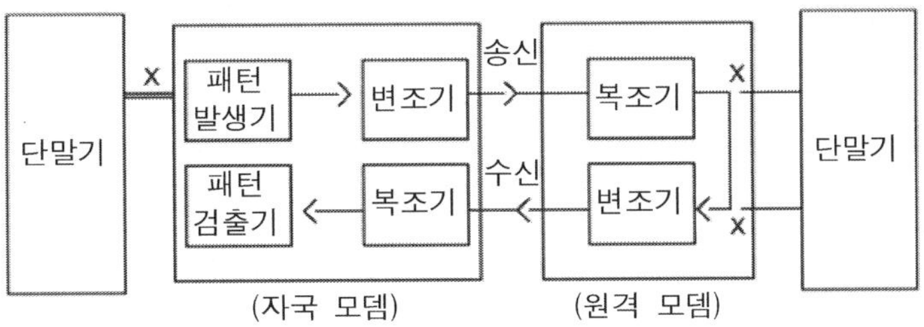

(f) 원격 디지털 루우프백(511패턴)

그림 4-6 루프 테스트(loop test)의 유형

4 1.6 기타 모뎀

[1] 멀티 포트 모뎀

멀티 포트 모뎀(multi port MODEM 또는 split stream MODEM)은 고속 동기식 모뎀과 시분할 다중화장치가 혼합된 형태이며, 멀티 포트 모뎀은 4개 이하의 채널을 다중화할 때 사용된다. 시분할 다중화기는 모뎀의 클럭을 그대로 이용하여 데이터의 동기를 맞추기 때문에 별도의 기기를 이용하는 경우보다 편리하다.

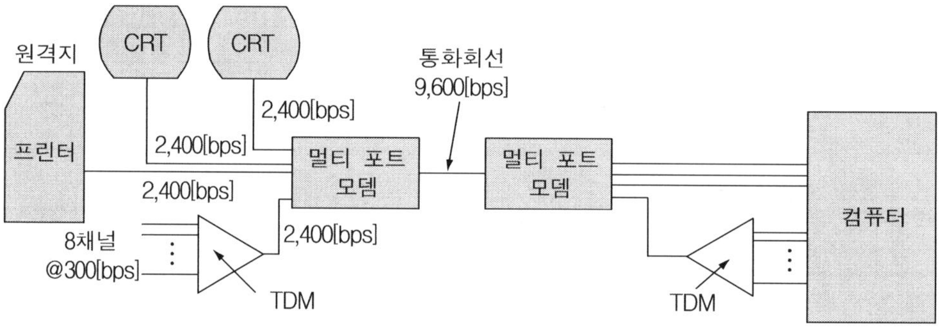

그림 4-7 멀티 포트 모뎀의 구성

멀티 포트 모뎀을 사용하기 이전의 사용자는 작은 수의 고속채널을 다중화하기 위해서는 모뎀과 다중화기를 각각 연결하여 사용하므로, 동기 채널과 비동기 데이터 채널을 다중화하기 위한 멀티플렉서는 외부회로의 가격이 비싸고 부가적인 회로가 낭비될 수 있다. 따라서, 사용자와 생산자들은 별도의 다중화기가 필요 없으며 구조가 간단하고 여러 개의 모뎀 사용을 하나로 줄임으로써 비용이 절감되며, 낭비가 적은 다중화기에 대한 욕구에 의해서 멀티 포트 모뎀을 만들어 내게 되었다.

하나의 모뎀에 동기식 모뎀과 제한 기능 다중화기를 결합시켜 모뎀을 통한 데이터 전송과 동기 데이터의 다중화를 이룰 수 있게 되었다. 멀티 포트 모뎀은 벨 시스템의 209 시리즈 모뎀이 좋은 예이다. 209A 모뎀은 통신회선과는 9,600[bps]의 고속으로 접속되고, 단말기 측과는 조합 이용이 가능하다.

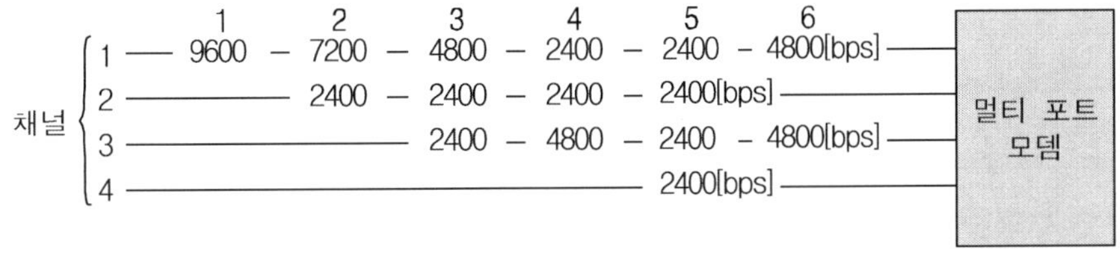

그림 4-8 멀티 포트 모뎀의 이용가능 속도 조합

[2] 멀티 포인트 모뎀

멀티 포인트 모뎀(multi point MODEM)은 멀티 포인트 시스템에서 발생하는 전송 지연을 최소화하기 위해 고속 폴링(polling)이 가능하고, 중앙의 컴퓨터와 하나의 통신회선을 이용하여 다수개의 대화형 터미널(interactive terminal)를 연결함으로써 통신회선의 효율을 높일 수 있고, 프로그램 개발이나 중앙의 데이터 베이스를 이용하기 위한 것이며, 각 단말기로부터의 정보량이 적은 경우 효율적이다.

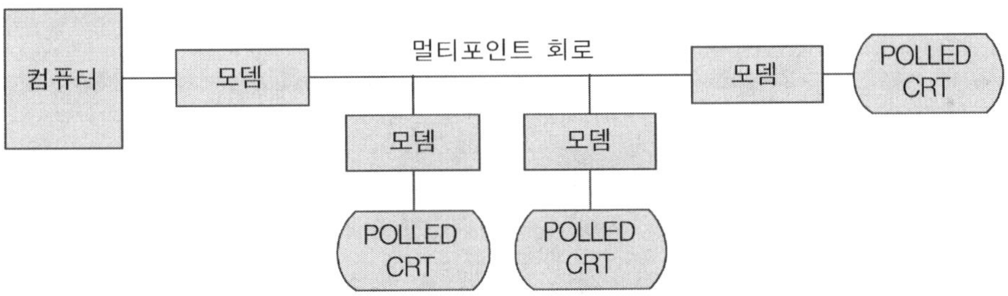

그림 4-9 멀티 포인트 모뎀의 구성

이 경우에 사용되는 단말기는 고유한 주소를 가지게 되며 그 주소를 인식할 수 있는 지능 및 데이트를 기억하기 위한 버퍼(buffer)를 가지고 있는데, 이와 같은 버퍼는 단말기에 의하여 데이터 송신을 할 경우 키보드로부터 데이터를 버퍼에 기억시켰다가 한꺼번에 전송하면 짧은 시간 내에 데이터 전송을 할 수 있으므로 회선 점유 시간을 최대한으로 줄일 수 있다. 데이터 링크가 멀티 포인트 또는 멀티 드롭형태의 통신망에서 고속 폴링(polling) 응답 시간을 주기 위한 모뎀이 사용된다. 멀티 포인트 선로의 구성은 한 지역에 집중적으로 모여 있지 않고 흩어져 있는 경우에 사용된다. 대화형 단말장치들이 중앙의 컴퓨터를 이용하여 프로그램을 개발하거나, 데이터베이스를 이용할 때 사용된다.

[3] 선로 구동기(LDM : Line Driver Modem)

그림 4-10에서는 라인 드라이버 모뎀과 제한 거리 모뎀의 사용에 대한 차이를 나타낸 것이다. 라인 드라이버 모뎀은 음성대역 회선을 사용하지 않고 동선을 사용하며 일반적인 모뎀과는 다르게 디지털 신호로서 전송되기 때문에 사용거리가 짧을 경우 수신측에 라인 드라이버 모뎀을 사용할 필요는 없다.

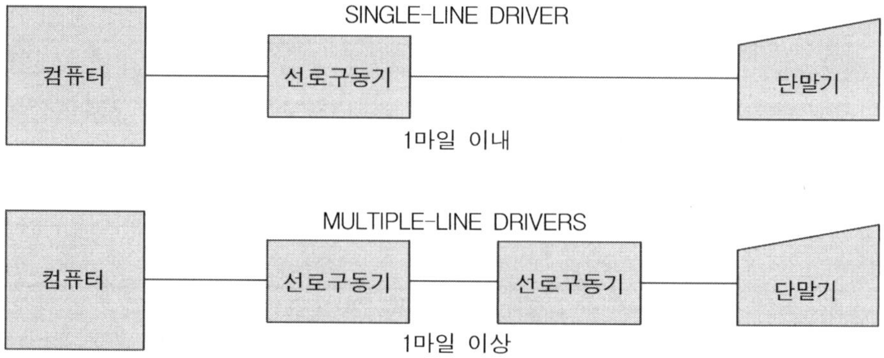

그림 4-10 라인 드라이버 모뎀과 제한거리모델의 비교

단말기와 컴퓨터를 연결하는 방법에는 EIA RS-232와 같이 wire conductor를 이용하여 직접 연결하는 방식, 라인 드라이버 모뎀을 이용하여 연결하는 방식, 제한 거리 모뎀을 이용하여 연결하는 방식 및 모뎀 또는 DSU를 이용하여 연결하는 방식이 있다. 단말기와 컴퓨터 사이를 wire conductor를 이용하여 직접 연결하는 방식이 가장 간단하고 경제적인 방식이 될 수 있지만 사용자의 단말기와 컴퓨터 특성에 따라 거리에 제약(약 50[feet])을 받게 된다.

선로구동기는 종류에 따라 다르나 대략 1마일 정도까지 신호를 전송할 수 있다. 선로구동기는 단거리 모뎀과 내용이 비슷하나 차이점은 먼저 선로구동기는 전송 거리만 연장시켜 주는 것이므로 단독으로 사용할 수 있고, 2대가 사용되는 경우에는 전송 거리를 더욱 연장시켜 줄 수 있다. 다른 차이점은 단거리 모뎀은 디지털/아날로그 신호 변환을 위한 변조화 복조는 수행하지만 선로구동기는 디지털 신호를 그대로 증폭 재생하여 보내기만 하면 된다. 라인 드라이버 모뎀을 사용하는 경우에는 일반적인 EIA RS-232를 이용하여 5,000[feet]의 거리에서

100[Kbps], 500[feet]에서 1[Mbps]의 속도로 전송 거리를 확장할 수 있다.

[4] 단거리 모뎀

대부분의 단거리 모뎀은 2위상 변조 방식을 사용하여 선로 구동기와 비슷하게 작동하며, 4선식 FDX/HDX 또는 2선식 HDX/SIMPLEX 데이터 전송을 행한다. Line Driver와 단거리 모뎀의 차이점은 line driver는 사용거리만 연장시키며 2개 이상 사용할 때 거리가 연장된다. Limited Distance 모뎀은 D/A, A/D의 변·복조를 수행하며 선로구동기는 Digital 신호를 그대로 증폭 재생하여 전송한다.

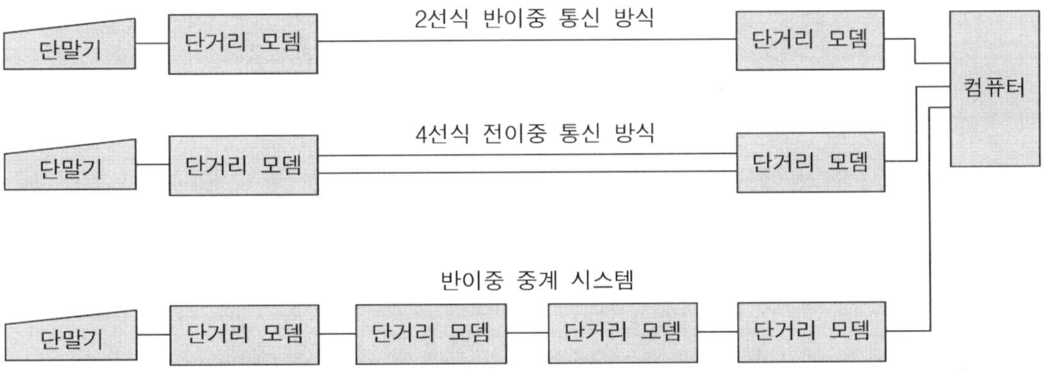

그림 4-11 단거리 모뎀의 구성

특 징

① 비교적 짧은 거리에서 특수 목적용으로 값싸게 이용할 수 있는 모뎀
② 1~20마일 정도에 사용
③ 데이터 통신망에서 자주 사용된다.
④ 일반 모뎀과 동일하게 2대가 대칭되게 사용한다.
⑤ 컴퓨터나 단말기로부터의 디지털 신호를 아날로그 또는 복류 RZ 방식으로 변환하여 전송한다.

[5] 음향 결합기(Acoustic Coupler)

음향 결합기는 음성 통신 시스템의 결합기로서 전화기의 송수화기를 통하여 정보를 전송하고, 사용할 경우에만 사용을 가능하게 하는 음향 변환기를 가진 장치이다. 음향 결합기도 일반 모뎀과 같이 단말기로부터 직렬 비동기 데이터 열을 수신하고, 데이터 열을 오디오 스펙트럼으로 변조한 후, 오디오 신호로 전화 교환 망을 통하여 전송하게 된다.

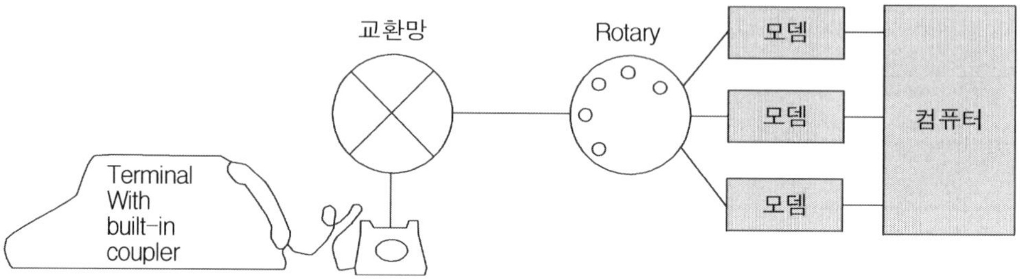

그림 4-12 음향 결합기의 사용

특 징

① 주파수편이 변조 방식(FSK)을 사용한다.
② 주파수 대역은 ITU-T규격 및 BELL 규격에 의한 주파수를 이용한다.
③ 전이중통신이 가능하다.
④ 전화 송수화기의 탄소 마이크의 특성으로 저속 데이터 전송(110, 300[bps] 또는 600, 1200[bps])이 된다.
⑤ 일반 모뎀보다 전송 대역폭이 좁다.
⑥ 사용이 간편하다.
⑦ 매우 경제적인 정보 전송이 가능하다.

4 1.7 DSU(Digital Service Unit)

DSU는 Data(or Digital) Service Unit의 약어로서 1974년 미연방 통신 위원회(FCC)에 의해 인가되고 현재 서비스가 진행 중인 벨 시스템의 DDS(Dataphone Digital Service)가 대표적인 전용 서비스이며 부호급 전용회선을 이용하여 컴퓨터와 컴퓨터, 컴퓨터와 각종 데이터 단말장치 간에 원거리에서 고속의 데이터를 송수신할 수 있는 장치를 말한다. DSU는 가입자 회선 전송용 디지털 신호의 송수신 회로뿐만 아니라, 단말장치와 댁내 배선 케이블을 연결하기 위한 회로를 포함하기 때문에 단말장치와 통신망과의 접속점이 되는 중요한 장치이다.

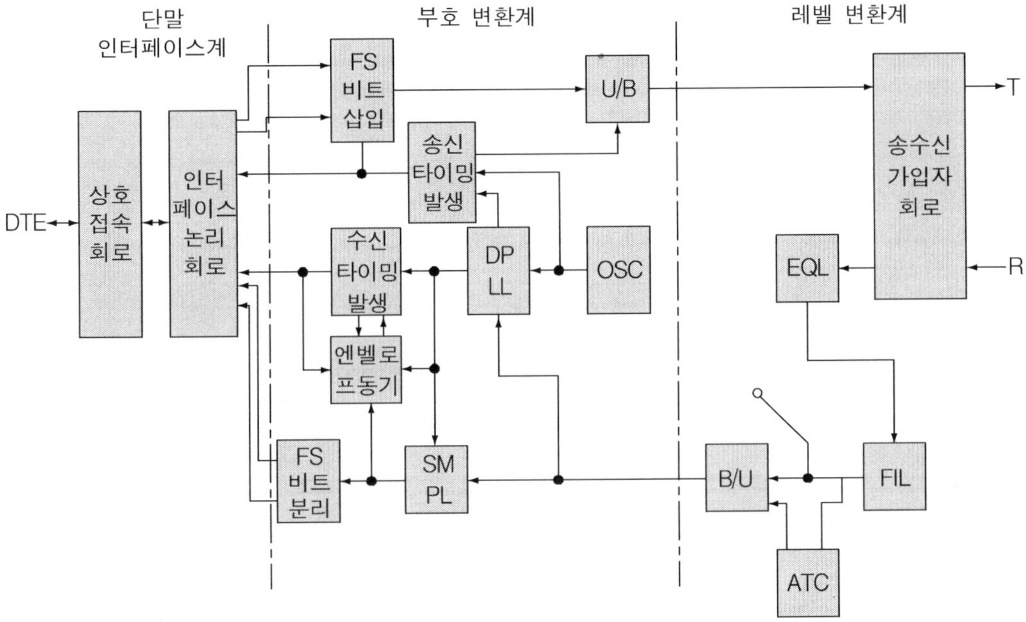

그림 4-13 DSU의 구조

특 징

① 데이터가 디지털 형태로 전송한다.
② 재생기가 설치되어 원래의 형태로 만들어 준다.
③ 모뎀보다 비용이 저렴하다.

일반적으로 아날로그 신호를 전송할 경우 변조를 하여 데이터를 전송하지만, 디지털 전송회선을 사용할 경우 회선의 전압차를 이용하여 0과 1의 신호에 따라 데이터를 전송한다. 즉, 아날로그 전송망에서는 신호 변환기로 모뎀을 사용하는 반면에 디지털 전송망을 사용할 경우, 신호 변환기로 DSU(digital service unit)를 사용하여 디지털 전송회선의 양 끝에 위치하여 단말기에서 발생하는 단극성 신호를 양극성 신호로 또는 그 역기능을 하는 신호변환기이다.

4 1.8 DSU와 CSU의 비교

Bell 시스템의 DDS에는 DSU(digital service unit)와 CSU(channel service unit)로 구성되어진다. 가입자선에 위치하는 DSU는 컴퓨터 포트, 다중화기 포트 및 단말기 포트 등을 포함하고 있는 데이터 단말기기로부터 단극성 신호를 양극성 신호로 변환하여 가입자와 전화국 PCM 장비간에 디지털 양극성 신호로 데이터를 전송시켜 주는 디지털 모뎀이다.

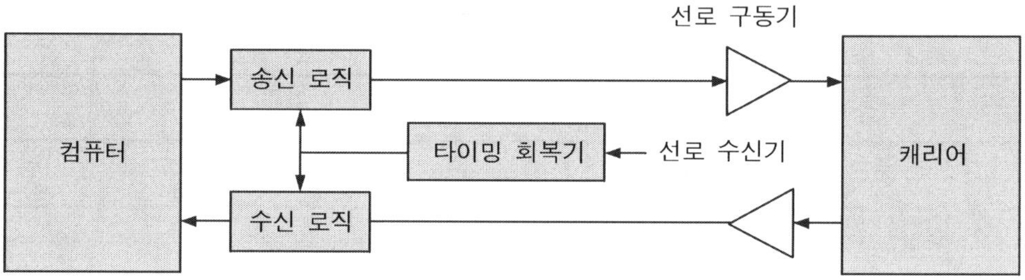

(a) 데이터 서비스 유닉(DSU)

(b) 채널 서비스 유닉(CSU)

그림 4-14 DSU와 CSU의 기능적 구조

CSU에서 채널은 미국의 T1과 유럽의 E1 프레임의 64[Kbps] 타임슬롯을 의미하며, T1인 경우 24개의 64K[bps] 타임슬롯으로 구성되어 1.544[Mbps]의 속도를 제공하며, E1인 경우 32개의 64[Kbps] 타임슬롯으로 구성되어 2.048[Mbps]의 속도를 제공한다. 그러므로 CSU의 회선 속도는 항상 T1 또는 E1이며, 채널 측 속도도 T1/E1 속도 범위 내에서 자유롭게 조정할 수 있다.

CSU의 주요 기능

① 가입자 DTE 장비의 단극성 신호를 양극성 신호로 변환한다.

② 회선을 T3 다중화기에 접속할 수 있도록 T1/E1 프레임을 생성한다.

③ T1/E1 전송 계에서 회선의 터미네이션 기능 및 데이터의 0(zero) 비트 열을 압축하게 한다.

④ 만약 압축을 하지 않을 경우 T1/E1 회선사이의 중계기에 의해서 타이밍 신호의 손실이 발생할 수 있다.

4.2 다중화기와 집중화기

대규모 통신 시스템에서는 일반적으로 하나의 공통된 전송로를 이용하여 정보 전송이 가능하도록 하는 방법이 사용되며, 이를 다중화(multiplexing)라 한다.

다중화기는 크게 라디오와 텔레비전에서 사용되는 주파수분할 다중화기(FDM : Frequency Division Multiplexer)와 시분할 다중화기(TDM : Time Division Multiplexer)로 구분할 수 있고, 시분할 다중화기는 동기 방식에 따라서 동기식 시분할 다중화기(STDM : Synchronous TDM)와 비동기 시분할 다중화기(ATDM : Asyschronous TDM), 통계적 시분할 다중화기(STDM : Statistical TDM), 지능 다중화기로 구분할 수 있다.

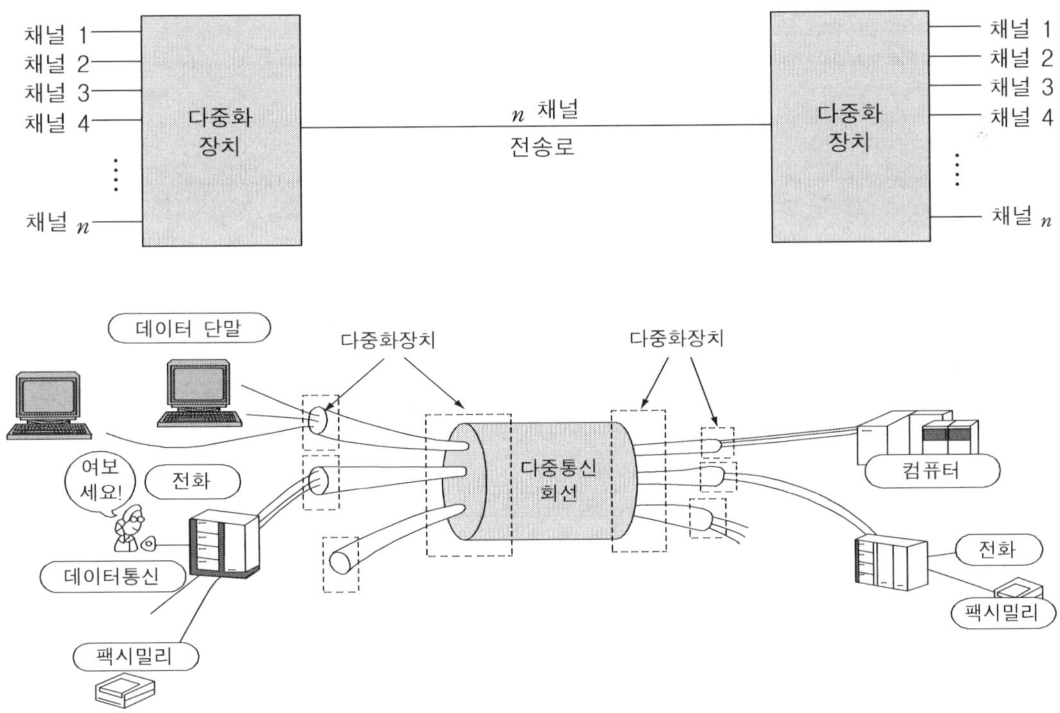

그림 4-15 다중화장치

4 2.1 주파수분할 다중화기

각 통화로의 음성신호를 각각 변조하여 동일한 전송로에 전송하는데 서로 중첩되지 않도록 주파수를 분할하여 전송하며, 동일시간에 여러 신호들이 각기 다른 반송파를 실어(변조), 넓은 주파수대역을 가진 하나의 전송로를 따라서 동시에 전송되는 방식이다. 이때, 반송파에 의해 변조된 신호들 사이에 충분한 간격을 두어 다른 데이터 대역으로부터 신호의 간섭을 줄여주는 역할을 하기 위해서는 보호 대역을 둔다. 수신측에서는 원하는 주파수 요소만을 여과(filtering)과정을 통해서 얻는다.

특 징

① 필요한 대역폭보다 전송매체의 유효 대역폭이 클 때 사용 가능하다.
② 각 데이터 채널에 한 채널 세트와 공통논리회로를 포함하고 있다.
③ 각 채널 세트는 특정한 주파수에 대해서 동조하기 위한 송신기와 수신기를 갖게 된다.
④ 각 채널 대역폭의 크기는 회선의 총 대역폭과 사용할 수 있는 채널의 수에 따라서 결정된다.

장 점

① 단말기가 사용되는 코드에 상관없이 다중화할 수 있다.
② 특정한 주파수에서 채널 세트의 송신기와 수신기에 의해서 변·복조 기능을 수행하기 때문에 따로 모뎀을 사용할 필요가 없다.
③ 하나의 통신회선을 공유하는 멀티 포인트 라인에서 사용자를 쉽게 추가할 수 있다.

단 점

① 대역폭의 낭비가 크다.
② 인접 데이터 채널로부터의 누화와 변조간의 간섭 현상이 발생한다.
③ 300[bps]의 저속도 비동기 전송에 주로 사용한다.

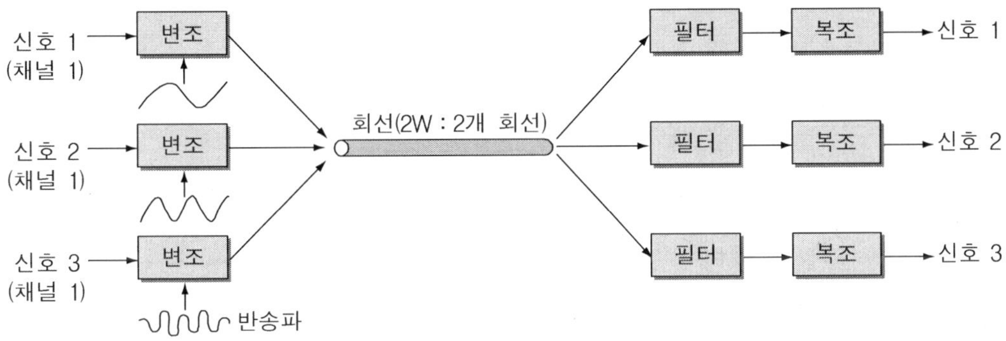

(a) 주파수분할 다중화의 원리

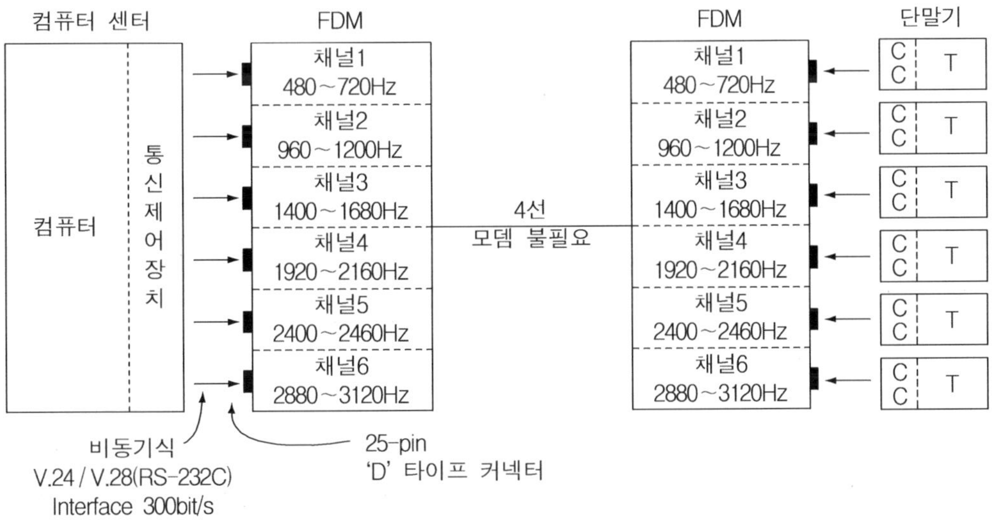

(b) 주파수분할 다중화 방식

그림 4-16 주파수분할 다중화 방식

4 2.2 시분할 다중화기

시분할 다중화기는 전송로에 신호를 전송할 때 시간적으로 차이를 두어서 전송한다. 1개의 전송로에 송출되는 음성신호를 각 통화별로 시간차를 두어 전송하는데 여기서 시간을 타임슬롯(time slot)이라는 기본 단위로 나누어 시간을 할당하고, 이들을 다시 일정한 크기의 프레임(frame)으로 묶어, 채널별로 프레임상의 특정한 위치에 해당하는 슬롯을 배정하는 방식이다.

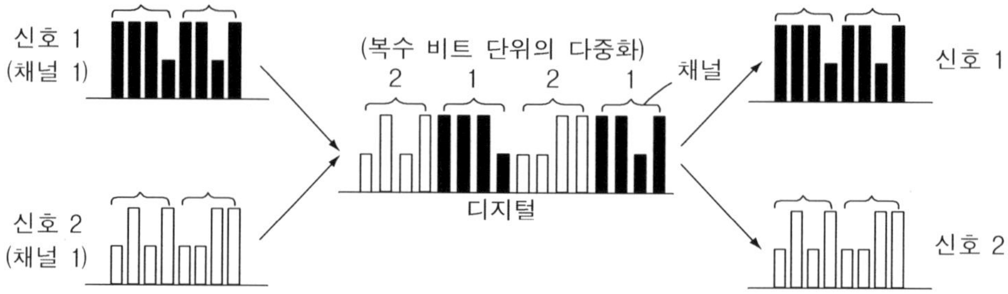

(a) 시분할 다중화 원리

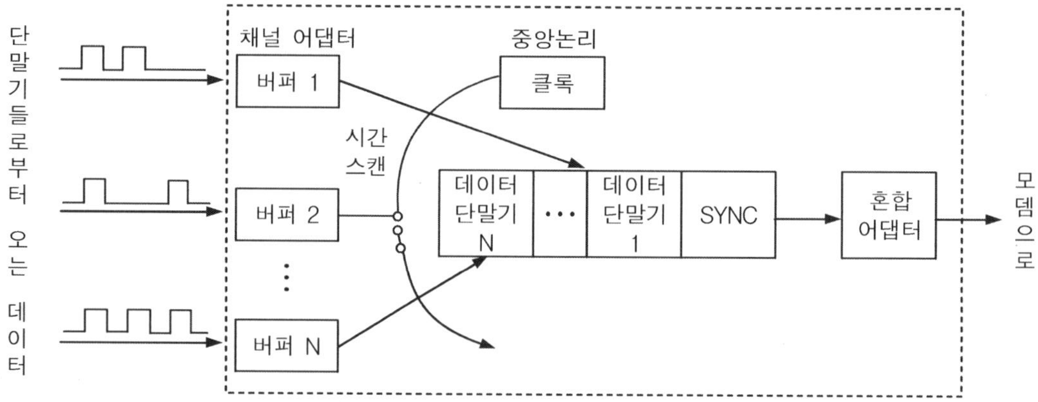

(b) 시분할 다중화의 기본 동작

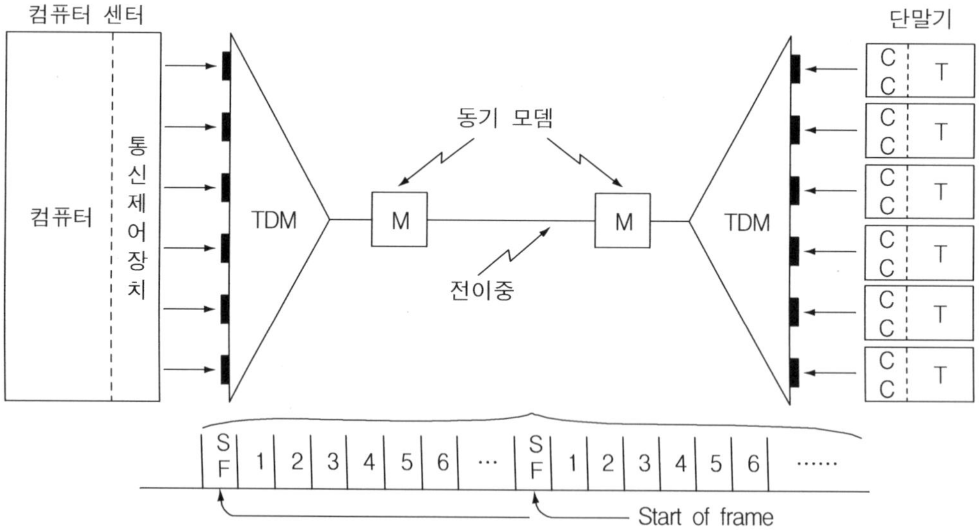

(c) 시분할 다중화 장비의 구성

그림 4-17 시분할 다중화 방식

타임슬롯 내에서는 전체 주파수대역이 사용되며, 타임슬롯의 단위는 보통 125μs이다. 한 주기 동안의 모든 채널들은 프레임 구조를 가지며, 정보 전송에 할당되는 채널 이외에 프레임의 제어, 관리를 위한 채널(channel)이 포함된다. 입력 신호는 다중화되기 전에 각자의 버퍼에서 기다리다 차례대로 배정된 타임슬롯에 얹히게 되는데, 이때 입력 신호의 전송속도가 배정된 타임슬롯의 속도보다 현저히 느리면, 속도 보정을 위해서 일부 슬롯들을 의미 없는 펄스들로 채우게 된다. 또한 전송될 데이터가 없는 경우에도 고정된 타임슬롯이 배정되게 되어 비효율적이다.

시분할 다중화기는 저속도 단말과 중속도 단말들이 입·출력 채널 어댑터를 통하여 다중화기에 연결되어 진다. 입·출력 어댑터는 단말과 다중화기의 속도 차이가 발생하므로 버퍼(메모리)를 두어 이를 보상하여 일정한 속도로 다중화기에 전송하게 된다.

시분할 다중화기에서 중앙 논리회로는 동기신호를 발생시키며 채널 어댑터로부터 혼합(composite) 어댑터로 데이터를 전송하게 된다. 혼합 어댑터는 버퍼를 두어 고속 전송로와 다중화기의 내부 속도의 차이를 보상하는 채널 어댑터와 유사한 기능을 가진다. 시분할 다중화기에는 동기 방식에 따라서 동기식 시분할 다중화기와 비동기식 시분할 다중화기로 구분할 수 있다.

4 2.3 동기식 시분할 다중화기

동기식 시분할 다중화기(synchronous time-division multiplexing)는 한 전송로의 데이터 전송 시간을 일정한 시간폭으로 나누고 한 프레임을 동기시키기 위해 동기 클럭을 차례대로 전송하고 수신단에서는 동기 클럭을 검출하여 차례대로 수신 단말기에 뿌려주는 방식으로 매체의 데이터 전송률이 전송 디지털 신호의 데이터 전송률을 초과할 때 가능하다.

4 2.4 통계적 다중화기

통계적 다중화기(statistical multiplexer, 지능다중화기)는 전송 데이터가 있는 경우만 타임슬롯을 배정하여 전송하는 방법으로, 각 채널 별로 특정한 타임슬롯이 할당되지 않으며, 고정 길이의 데이터와 함께 주소 정보로 구성되는 셀(cell)

을 전송 데이터가 있는 채널에 차례로 할당함으로써 시분할 다중화기보다 효율적으로 타임슬롯을 배정하는 방식이다.

이 방식에서는 고정된 길이의 프레임 개념이 없으며, 필요에 따라 셀이 사용되므로 별도의 채널 주소 정보가 필요하게 된다. 이러한 주소를 제어하기 위해 마이크로프로세서를 사용하여 시간 폭을 할당하기 때문에 지능다중화기라고도 한다.

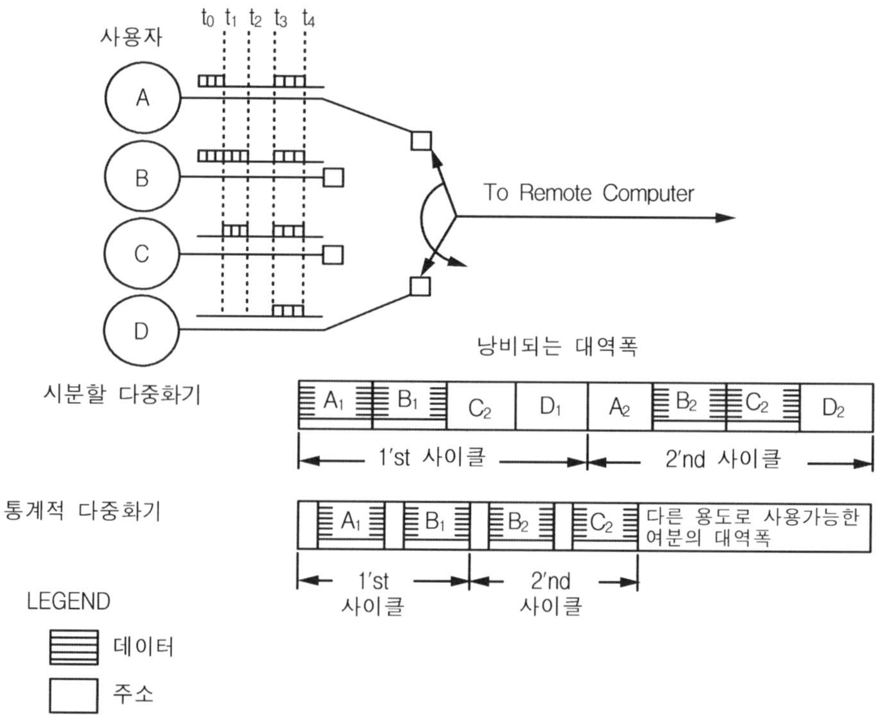

그림 4-18 통계적 다중화 방식

동기 다중화기의 특징

① 전송될 데이터가 없는 경우 대역폭의 낭비가 생겨 비효율적이다.
② 수신단이 동기클럭을 검출하여 각 단말에 데이터를 전송한다.

통계적 다중화기의 특징

① 대역폭의 낭비가 없어 전송 효율을 높일 수 있다.

② 많은 사용자를 수용할 수 있다.
③ 전송하는 데이터의 앞에 주소 필드가 추가되어 낭비가 발생하지만 적은 시간이므로 전체의 효율에는 크게 영향을 미치지 못한다.
④ 전송량이 많을 경우 전송지연이 발생하며, 접속에 필요한 시간이 길어진다.
⑤ 기억 버퍼와 주소 제어회로의 장치가 요구되어 가격이 비싸진다.

4 2.5 역다중화기(Inverse Multiplexer)

역다중화기는 두개 또는 여러 개의 음성대역회선을 사용하여 광 대역에서 얻을 수 있는 통신 속도(9,600[bps])의 고속 전송을 할 수 있으며, 대역폭이 낮은 회선일지라도 높은 데이터 전송률을 가질 수 있으므로 비용이 절감되는 효과가 있다. 역 다중화기는 다중화기와는 반대로 고속 데이터 흐름을 2개의 낮은 속도의 데이터 흐름으로 변환하여 음성대역 모뎀을 통하여 전송하고, 수신측에서 다시 2개의 낮은 속도의 데이터 흐름을 합하여 고속 데이터 흐름으로 만들어 이용하는 것이다. 역 다중화기를 라인플렉서(lineplexer) 또는 바이플렉서(biplexer)라고도 하며, 송신 단에서 데이터 열을 분리하고 두 개 또는 여러 개의 회선을 통하여 수신 단에 도착하는 기능을 수행한다.

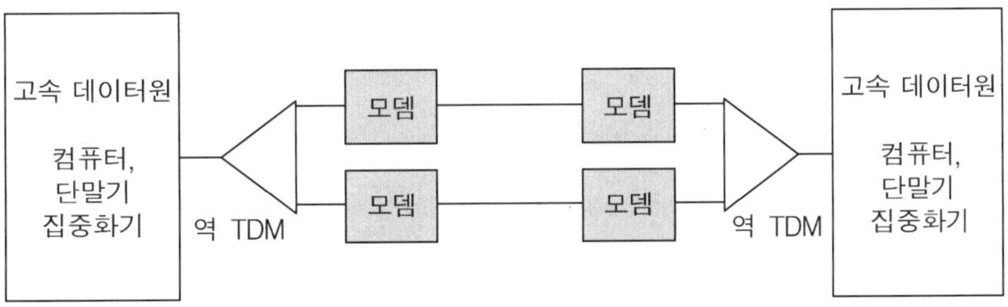

그림 4-18 역다중화기의 이용

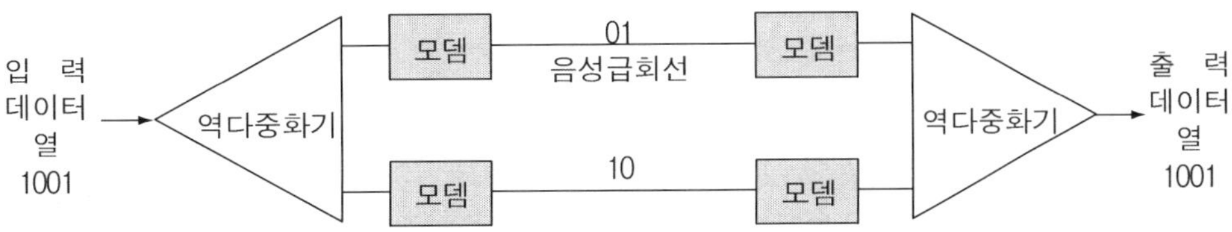

그림 4-19 역다중화기의 동작

특 징

① 통신회선의 고장 발생시 회선 경로 변경에 융통성을 부여할 수 있다.
② 회선에 고장이 발생하면 다른 네트워크를 이용하여 전송할 수 있다.
③ 같은 통신 용량의 회선을 사용하더라도 서로 다른 회선을 이용하기 때문에 전송되는 데이터에 따라 지연시간이 발생한다.
④ 수신측에서 데이터를 수신할 경우 데이터의 순서가 바뀔 수 있다.
⑤ 수신측에 순환 기억장치(circulating memory)를 두어 각 채널 사이의 지연 시간을 보상하고, 도착하는 데이터를 정렬하는 기능을 한다.

4 2.6 집중화기(Concentrator)

집중화기(통신처리기)는 호스트 컴퓨터로의 전송을 위하여 여러 단말기로부터 데이터를 고속 선로 상에 조합할 수 있고, 그 형태를 변경시킬 수 있는 장치이다. 집중화기는 m개의 입력회선을 n개의 출력회선에 집중화하는 장비인데, 입력회선의 수는 출력회선의 수와 같거나 많게 된다. 아래 그림은 집중화기의 회선 구성을 나타내고 있다.

그림 4-20에서는 집중화기를 중심으로 m개의 입력회선과 n개의 출력회선으로 구성되어, 입력회선은 각 터미널과 연결되어 있고, 출력회선은 n개의 회선과 호스트 컴퓨터로 구성되어 있다. 여기서, 입력회선은 집중화기-단말기링크(concentrator-terminal link), 출력회선은 집중화기-집중화기 링크 또는 집중화기-호스트 링크(concentrator-host link)라 부른다. 입력회선은 단말기와 집중화기를 연결하는 기능을 하고 출력회선은 집중화기와 다른 집중화기를 연결하거나 집중화기와 호스트 컴퓨터를 연결하는 기능을 한다. 출력회선이 집중화기와 호스트 컴퓨터를 연결할지라도 실제로는 호스트 컴퓨터의 전처리 장치와 연결되게 된다.

특 징

① 집중화(concentration)
② 순수 경쟁(pure contention)
③ 축적 후 전송 집중화(store and forward concentration)
④ 집중화 및 메시지 스위칭(concentration and message switching)

⑤ 원격 네트워크 처리(remote network processing)

집중화기의 기능을 수행할 때 많은 수의 저속·중속 선로는 1개 또는 적은 수의 고속 선로를 통해 재전송되기 위해서 묶어진다. 고속 출력은 FEP(front end processor)나 다른 집중화기에 바로 전송될 수 있다. 순수한 경쟁 선택의 기능을 수행할 때의 집중화기는 프로그램 된 스위치나 포트 선택기(port selector) 또는 경쟁 선택기 등으로 동작한다.

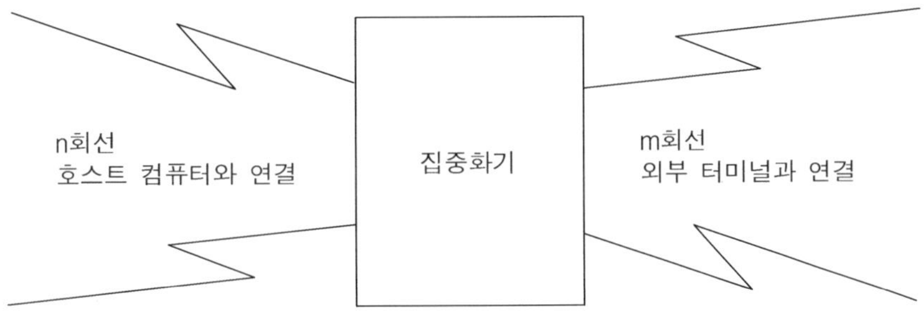

그림 4-20 집중화기의 회선 구성

단일회선 콘트롤러는 각 데이터 입력회선과 집중화기에 인터페이스를 제공하기 위한 제어 신호와 감시 신호를 발생시킨다. 단일회선 콘트롤러의 데이터는 동기, 비동기 모두 가능하지만 일반적으로 비동기로 사용한다. 단일회선을 이용하여 집중화기와 단말사이를 연결할 경우 물리적 공간의 낭비와 가격의 상승요인이 될 수 있다. 이를 방지하기 위하여 집중화기와 단말기 사이에는 다중회선 콘트롤러를 사용하게 된다.

4 2.7 다중화기와 집중화기의 차이

정적인 방법의 경우 각 부 채널들은 실제로 데이터의 유무에 상관없이 항상 연결되어 있는 상태를 유지한다. 이런 정적인 회선의 공유에서는 소프트웨어적으로 부 채널들을 제어할 필요가 없어 구성이 비교적 간단하다. 동적인 방법에서는 패널의 이용률을 최대화하기 위하여 각 부 채널들은 실제로 통신할 데이터가 있는 경우에만 연결이 이루어지며, 이를 위해 집중화기기는 각 부 채널이 실제 송신할 데이터가 있는지 또는 준비가 완료되어 있는지를 확인하기 위하여 주기적으로 폴링(polling)

을 수행해야 하므로 제어 조작이 더 복잡해진다. 여기서, 폴링이란 제어국이 선로상 데이터의 흐름을 제어하기 위해서 사용하는 기술을 말하는데, 데이터를 전송하기 위해서 순차적으로 국(stations)들을 불러들이는 방식으로 이루어진다.

다중화(multiplexing)의 특징

① 정적인(static) 채널의 공유 방안이다.
② 채널에서의 주파수 대역이나 타임슬롯이 사전에 고정적으로 할당된다.
③ 입력과 출력의 비트 율(bit rate) 용량이 일치한다.

집중화(concentration)의 특징

① 몇 개의 입력포트가 더 적은 수의 출력용 부 채널(subchannel)들을 필요에 의해 동적(dynamically)으로 공유하는 방안이다.
② 총 입력 비트 율과 총 출력 비트 율이 반드시 일치할 필요는 없다.
③ 통계와 대기 행렬(queue)의 처리가 중요한 역할을 한다.

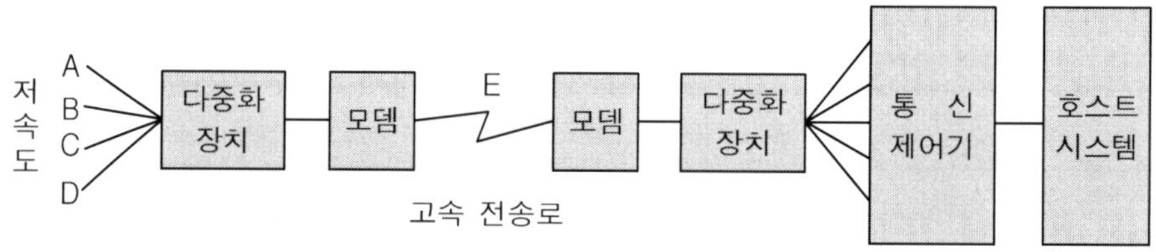

$A+B+C+D=E$

(a) 다중화장치의 이용

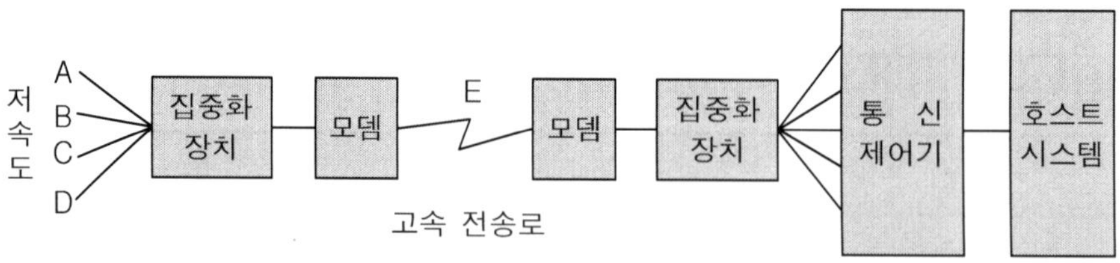

$A+B+C+D>E$

(b) 집중화 장치의 이용

그림 4-21 다중화기의 집중화기의 비교

4.3 자동 응답기 및 호출기

통신에 있어서 교환회선은 저속도의 데이터통신을 위해 필수적으로 이용될 뿐만 아니라 오퍼레이터의 간섭을 줄여 전용 회선 사용 중 고장에 대비한 예비 회선으로서의 역할도 수행하게 된다. 교환회선의 사용을 간편하게 해주는 장치로 자동 응답기 및 자동 호출기의 두 가지 자동 응답 시스템이 사용된다.

4 3.1 자동 응답기

자동 응답기(Automatic Answering Unit)는 모뎀에 내장하여 있으며, 단말장치 이용자의 호출을 컴퓨터 측에 접속하여 준다. 즉, 자동 응답기는 전화의 호출 신호를 감지하면 즉시 응답 모드로 바꾸어 원거리의 단말기와 컴퓨터 사이에 데이터를 전송할 수 있도록 하기 위해서 접속을 수행하게 되며, 사용이 끝난 후에는 전화회선을 정상 상태로 환원해 주는 역할을 수행한다. 자동 응답기의 옵션 선택에 따라서 수신 캐리어가 끊기거나 미리 지정된 시간만큼 지연될 경우 호출 측의 접속을 끊도록 하는데 이용된다.

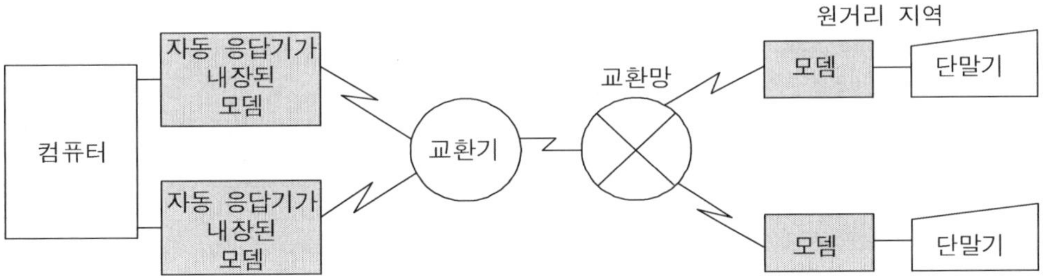

그림 4-22 자동 응답기를 내장한 모뎀의 응용

4 3.2 자동 호출기

자동 호출기(Automatic Calling Unit)는 컴퓨터나 단말기가 다른 컴퓨터나 단말기와 교환회선을 통해 데이터 전송을 원할 때 상대방을 호출하여 연결하며, 데이터 통신망에서 선로의 이용률을 크게 향상시켜 주며, 상업용 컴퓨터에서 이용되고 다른 컴퓨터의 전화번호를 자동적으로 다이얼링 한다.

전화번호와 호출의 회수는 프로그램화되어 컴퓨터 안에 저장하게 된다. 자동 호출기의 접속 방법은 자동 응답기와 모뎀, 그리고 모뎀과 컴퓨터에서 RS-232C 접속을 행하는 경우이고, 다른 하나는 DTE와 자동 호출기 사이에 RE-266 접속을 행하는 경우이다. 자동 호출기(ACU)의 기본 기능은 사람 대신 컴퓨터나 단말기를 자동으로 다이얼링하는 경우와 다를 바가 없다.

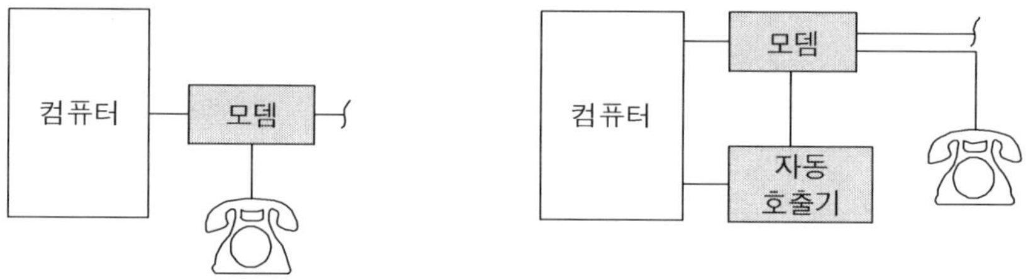

(a) 수동 호출　　(b) 자동 호출

그림 4-23 수동 호출과 자동 호출

4.4 공동 이용 장치

데이터통신에서 사용되고 있는 공동 이용 장치에는 모뎀 공동 이용 장치(modem sharing unit), 선로 공동 이용 장치(line shring unit), 포트 공동 이용기(port shring unit) 및 포트 선택기(port selector) 등이 이용되고 있다.

4.4.1 모뎀 공동 이용 장치(MSU)와 선로 공동 이용 장치(LSU)

모뎀 공동 이용 장치의 특징

① 원거리에서 여러 개의 단말기를 하나의 모뎀에 연결하여 사용한다.
② 필요한 타이밍신호를 공동 이용 장치를 이용하는 모뎀으로부터 얻는다.
③ 폴(poll)에 의해 통신망을 제어한다.

④ 하나의 모뎀을 여러 단말장치가 공동으로 이용하는 경우에 사용된다.

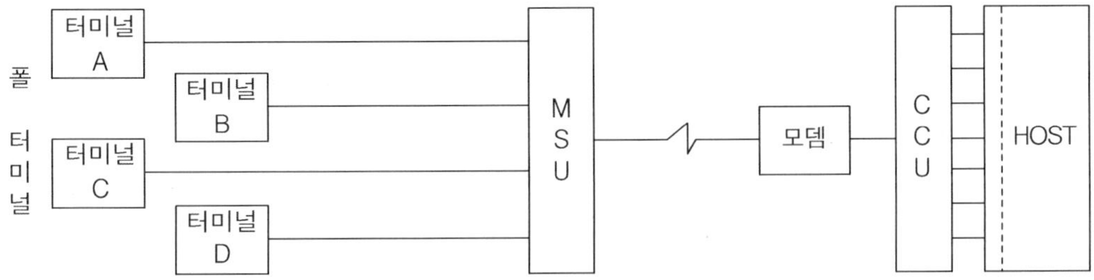

그림 4-24 모뎀 공동 이용 장치

선로 공동 이용 장치의 특징

① 근거리에서 다수의 단말을 컴퓨터의 포트에 연결하여 사용한다.
② 내부에 타이밍 신호를 갖고 있다.
③ 컴퓨터가 설치된 장소와 동일한 장소에 여러 개의 단말장치가 밀집되어 있는 경우에 사용된다.

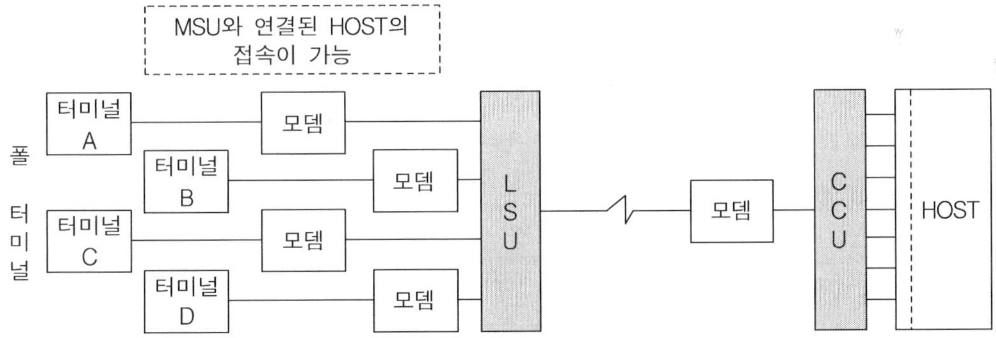

그림 4-25 선로 공동 이용 장치

공동 이용 장치(MODEM Sharing Unit)에는 모뎀 공동 이용 장치와 선로 공동 이용 장치가 있다. 모뎀 공동 이용 장치와 선로 공동 이용 장치의 차이점은 선로 공동 이용 장치는 내부에 타이밍 소스를 가지고 있지만 모뎀 공동 이용 장치는 타이밍 신호를 연결되어 있는 모뎀으로부터 얻게 된다.

4.2 포트 공동 이용기

포트 공동 이용기와 모뎀 공동 이용 장치와 비교하여 보면, 모뎀 공동 이용 장치를 이용하는 단말기는 서로 가까운 거리에 있어야 하고, 단말기와 모뎀 공동 이용 장치 사이의 거리에 제한이 있다. 그러나 포트 공동 이용기는 모뎀과 선로가 별도이기 때문에 이로 인한 비용은 높으나, 단말기의 설치 장소에 제약을 받지는 않는다.

특 징

① 모뎀공동이용기, 선로공동이용기의 대체 장치로 사용이 가능하다.
② 주 컴퓨터와 모뎀 사이에 설치한다.
③ 여러 대의 단말기가 하나의 포트를 공동 이용한다.
④ 컴퓨터 포트의 비용을 절감하고, 컴퓨터 포트의 과부하를 조절한다.
⑤ 컴퓨터 설치 장소와 가까운 곳에 있는 단말기나 원격지 단말기 모두 이용이 가능하다.
⑥ 회선 및 모뎀의 고장 발생 시 단말기에 영향을 주지 않는다.

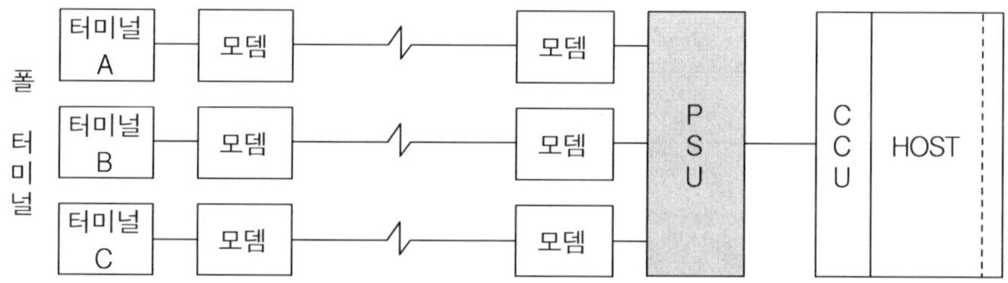

그림 4-26 포트 공동 이용기

4.3 MSU, LSU와 포트공동이용기(PSU)의 비교

특 징

① 단말기의 접속은 MSU/LSU, PSU 모두 폴(poll)로 이루어진다.

② 표준 인터페이스의 위치에서는 MSU/LSU는 모뎀과 단말간에 이루어지며, PSU의 경우는 컴퓨터 포트와 모뎀사이에 이루어진다.

③ 인터페이스는 MSU/LSU는 RS-232C 인터페이스(MSU와 모뎀)로 주어지며, PSU의 경우는 로컬 인터페이스(PSU와 모뎀)로 이루어진다.

4.4 포트 선택기

포트 선택기(Port Selector)는 다중화기(MUX)에 내장되어 사용되는 경우와 별도의 독립된 장치로 이용되는 경우가 있다. 컴퓨터 포트와 단말기 사이에서 사용하여 컴퓨터 포트의 증가 없이 다수의 단말기를 연결하여 평균 이용률이 낮은 포트에 입력 데이터를 전송하여 전처리기(FEP)의 사용효율을 얻을 수 있다.

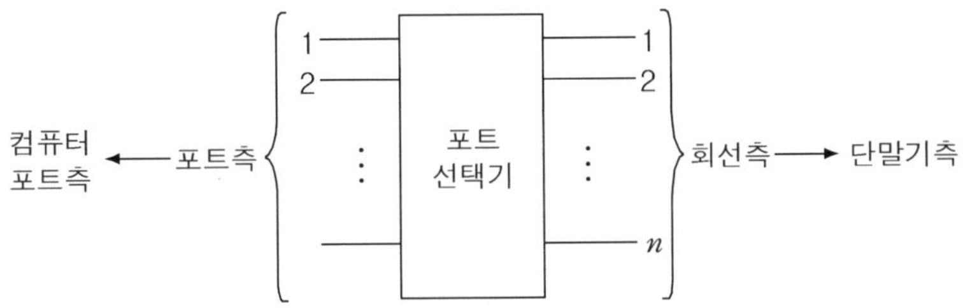

그림 4-27 포트 선택기의 컴퓨터측 이용

포트 공동 이용기의 특징

① 멀티 포인트 네트워크에서 사용된다.

② 폴링 네트워크에서 사용된다.

③ 컴퓨터가 단말기를 제어하는 네트워크에서 사용된다.

포트 선택기의 특징

① 버스형의 콘텐션 네트워크에서 사용된다.

② 경쟁 선택 네트워크에서 사용된다.

③ 단말기들이 먼저 포트를 요구하는 대로 포트 연결권을 갖는 경쟁 선택 방식을 사용하는 네트워크에서 사용된다.

④ 컴퓨터와 단말기 사이에 인터페이스를 제공하며, 데이터 교환기로서 순차적

으로 사용 가능한 선로를 찾아가는 로터리 스위치처럼 동작한다.

⑤ 원거리에 설치되어 많은 수의 원거리 단말장치가 그보다 적은 수의 통신회선이나 다중화기의 포트를 경쟁 방식으로 선택하여 이용하도록 하는데 사용된다.

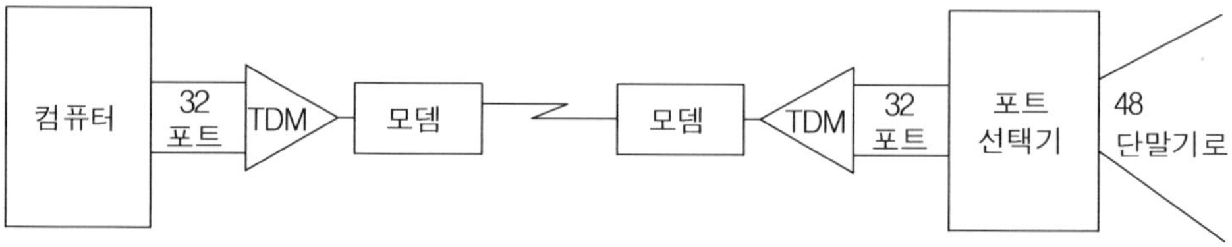

그림 4-28 원격지 포트 선택기의 이용

4.5 DTE와 DCE 인터페이스

DTE와 DCE 인터페이스(접속규격, interface)란 제조회사가 같거나 다른 단말장치 사이 혹은, DTE와 DCE간을 연결하여 이 장치들이 완전한 기능을 할 수 있도록, 장치간의 완전한 접속을 위한 데이터를 주고받는 경계점으로서 전송속도, 신호, 타이밍 및 커넥터에 대한 규정을 말한다. 여기서, 인터페이스란 장치간의 접속을 정확히 수행하기 위한 장치간의 접속조건을 의미한다. 컴퓨터나 터미널과 같은 단말장치인 데이터 단말장치(DTE : Data Terminal Equipment)와, 직접 신호를 전송하는 모뎀이나 디지털서비스장치(DSU : Digital Service Unit)를 데이터회선종단장치(DCE : Data Circuit-terminating Equipment)라고 부른다.

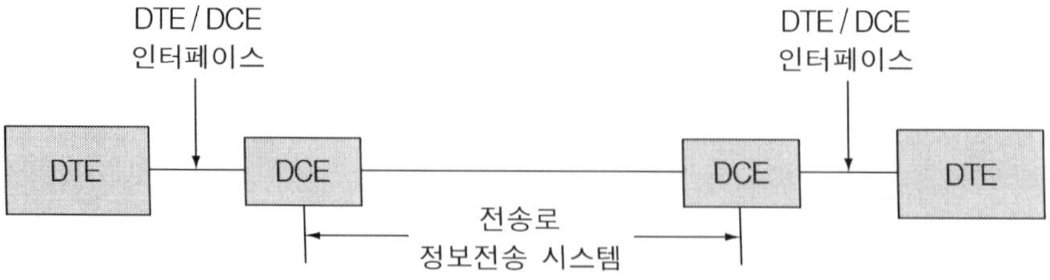

그림 4-29 DTE와 DCE

이 인터페이스는 어떤 기준 없이 세계 각 국의 생산자들이 독자적인 방법으로

DTE, DCE를 생산한다면 혼란이 발생하기 때문에 이를 방지하기 위해서는 표준(standard)으로 규정되어 왔으며 모뎀은 전화회선과 같은 아날로그회선을 사용하며, DSU는 T1 캐리어 또는 E1 캐리어 등의 디지털 회선을 통해 데이터를 전송한다.

ITU는 기존의 공중 전화망을 이용한 데이터 전송에 대한 표준은 V시리즈로, 공중 데이터망을 이용한 데이터 전송에 대한 표준은 X시리즈로 권고하고 있다. DTE와 DCE 간의 접속을 위하여 기계적(mechanical)인 면, 전기적(electrical)인 면, 기능적(functional)인 면과 절차적(procedural)인 면을 상호 접속 처리해 주는 것을 접속 규격(인터페이스)이라 한다.

표 4-2 ITU V계열 권고

권고	내용
V.10	불평형 상호접속회로의 전기적 특성
V.11	평형 상호접속회로의 전기적 특성
V.21	일반 전화용 300[bps] 전이중 모뎀 규격
V.22	일반 전화 교환망 및 2선식 전용회선용 1200[bps] 전이중 모뎀 규격
V.23 bis	일반 전화 교환망 및 2선식 전용회선용 1200[bps] 전이중 모뎀 규격
V.23	일반 전화 교환용 1200[bps] 모뎀 규격
V.24	DTE/DCE 상호접속회로의 기능 및 전기적 특성
V.26	4선식 전용회선용 2400[bps] 모뎀규격
V.27	전용회선용 4800[bps] 모뎀 규격
V.27 bis	전용회선용 4800[bps] 모뎀 규격
V.27 ter	일반 전화 교환용 4800/2400[bps] 모뎀 규격
V.28	불평형 복류 상호접속회로의 전기적 특성
V.29	전용회선용 9600[bps] 모뎀 규격
V.32	일반 전화 교환망 및 전용회선용 9600[bps] 모뎀 규격
V.35	60～108[KHz] 군대역 회선용 48[Kbps] 데이터 전송
V.36	60～108[KHz] 군대역 회선용 동기식 데이터 전송용 모뎀 규격
V.37	60～108[KHz] 군대역 회선용 72[Kbps] 이상의 동기식 데이터 전송

표 4-3 ITU X계열 권고

권 고	내 용
X.20	공중 데이터망에서 비동기 전송을 위한 DTE/DCE 간의 접속규격
X.20 bis	V계열의 비동기 전이중 모뎀의 접속규격으로 설계된 DTE의 공중 데이터망에서의 이용
X.21	공중 데이터망에서 동기식 전송을 위한 DTE/DCE 간의 접속규격
X.21 bis	V계열의 동기식 모뎀에 적합하게 설계된 DTE의 공중 데이터망에서의 사용
X.22	사용자 등급 3~6의 다중 DTE/DCE 접속규격
X.24	공중 데이터망에서 사용되는 DTE/DCE 간의 상호접속회로에 대한 정의
X.26	데이터통신 분야에서 직접회로 장치로 이용되고 있는 범용 불평형 상호 접속회로의 전기적 특성
X.27	데이터통신 분야에서 직접회로 장치로 이용되고 있는 범용 불평형 상호 접속회로의 전기적 특성
X.28	동일국내에 위치하는 공중 데이터망에서 PAD를 액세스하는 비동기식 단말장치를 위한 DTE/DCE 간의 접속규격

4.6 네트워크 장비

4 6.1 개요

네트워크 장비란 결국 LAN 및 WAN에 사용되는 장비를 일컫는다. LAN에 대한 정의는 일반적으로 다음과 같다. IEEE 컴퓨터 표준위원회에서는 LAN을 "다수의 독립된 컴퓨터기기들이 비교적 한정된 지역 내에서 에러율이 낮고, 상당히 빠른 속도의 물리적 통신채널을 통하여 상호간에 통신이 가능하도록 해주는 데이터통신 시스템"이라고 정의하였고, William Stalling은 "LAN은 가까운 지역 내에서 다양한 데이터통신기기의 상호연결을 제공하는 고속의 통신네트워크이다"라고 정의하였다. LAN에 대한 연구는 여러 표준화 기구에서 진행되고 있으며, 이중 IEEE 802 위원회와 ISO에서 정의한 것들을 간단히 살펴보기로 한다.

4 6.2 매체 엑세스기기

매체 엑세스기기란 이중나선(Twisted Pair), 동축케이블, 광케이블 등과 같은 전송매체이다. 매체 엑세스 장비를 설명하기 위해서는 가장 널리 보급되어 사용되는 CSMA/CD 방식으로 구현된 이더넷(ethernet) 네트워크를 위주로 설명한다. 이더넷은 보통 동축케이블이나 이중나선을 사용하며 전송속도는 10[Mbps]이고 한 세그먼트 당 길이는 최대 약 500m로 정의되어 있다. 또한, 동축케이블의 특성 임피던스는 50[ohm]을 사용한다.

[1] 트랜시버(transceiver)

트랜시버란 이더넷 동축케이블과 스테이션 사이의 사용되며, 스테이션에서 송출되는 신호를 동축케이블에 적합한 신호형태로 변환하여 보내는 장치이다. 트랜시버와 동축케이블간의 거리는 최대 50m 이내로 규정되어 있으며, 트랜시버간 간격은 최소 2.5m이상 떨어져 설치하여야 한다. 따라서 한 세그먼트의 길이가 최대 500m인 이더넷에서 설치할 수 있는 트랜시버의 개수는 약 500/2.5 = 200대 정도이다.

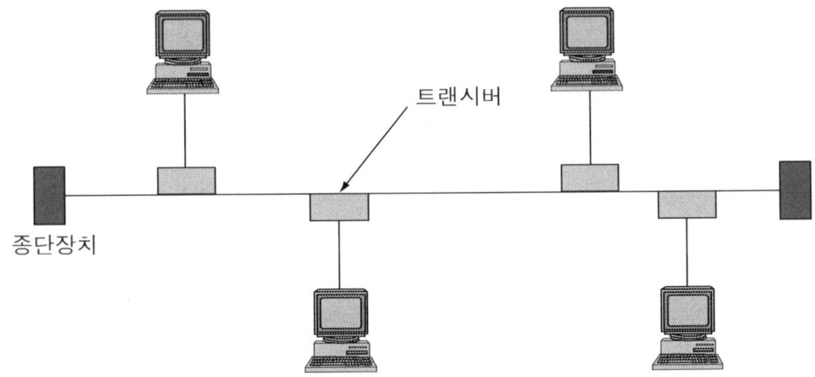

그림 4-30 트랜시버의 연결

특 징

① 트랜시버의 속도는 전송매체 속도인 10[Mbps]를 지원한다.
② 전송매체에서 발생하는 충돌여부를 알아내며 신호 상황을 수신한다.
③ 매체와 스테이션 간을 전기적으로 절연시키는 역할을 한다.
④ 매체에서 발생되는 과도 전류 등의 예외 상황에 스테이션이 안전하도록 해준다.

[2] 멀티 포트 트랜시버(multiport transceiver)

이더넷 동축케이블 또는 이중나선상의 트랜시버에 여러 개의 기기를 접속하고자 할 때 사용되는 장치이다. 하나의 트랜시버에 멀티 포트 트렌시버를 연결하여 4대 또는 8대 등의 기기를 동시에 연결하여 사용할 수 있다.

또한 멀티 포트에 다른 멀티 포트를 트리 구조로 계속해서 연결하여 사용할 수 있으며, 최상위층 멀티 포트에 연결할 수 있는 하위 스테이션의 최대 개수는 64개 정도이다. 즉, 멀티 포트 트랜시버를 사용하면 하나의 트랜시버에서 최대 64대의 스테이션을 분기해 사용할 수 있는 것이다.

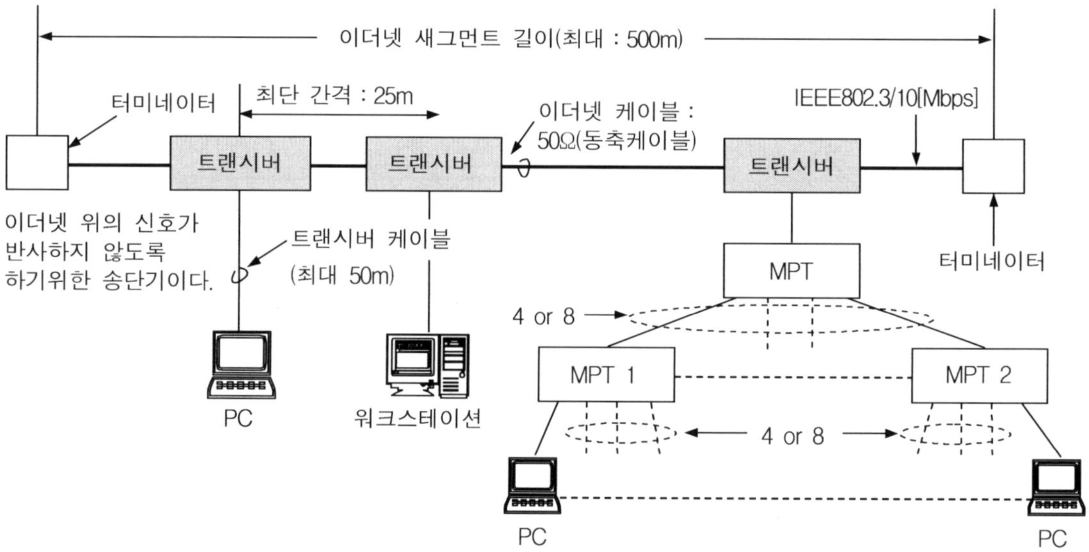

그림 4-31 트랜서버 및 멀티 포트 트랜서버를 이더넷에 사용했을 경우

4 6.3 노드 접속기기

트랜시버는 스테이션을 전송매체에 연결하는데 사용되는 간단한 신호변환과 같은 물리계층기능을 지닌 장치이다. 물리계층 뿐만 아니라 OSI 참조 모델의 네트워크 계층과 전송 계층의 기능을 포함하고, 스테이션을 매체에 직접 접속하는 것을 가능하게 해주는 장치를 노드(스테이션) 접속기기라 한다. 여기서, 노드는 단순히 스테이션의 개념보다는 중계기능이 포함된 스테이션이라고 보면 된다.

노드 접속기기를 일반적으로 NIU(Network Interface Unit)이라 하고, 컴퓨터 확장 슬롯에 꽂아 사용하는 네트워크 카드라고 생각하면 이해하기 쉽다. 내부 슬롯에 장착하여 사용하는 것은 내장형이고, 외장형 네트워크 카드도 존재한다.

일반적으로, PC에 사용되는 NIU는 마이크로프로세서, 이더넷 데이터 링크 제어기, 맨체스터 인코더/디코더, ROM, 메모리 등의 장치로 구성되어 있다.

4 6.4 상호 접속기기

소규모 네트워크를 구축할 경우의 대부분의 경우는 수대의 스테이션을 이더넷으로 연결하여 사용한다. 그러나 사용하고자 하는 스테이션의 수가 증가하면 불가피하게 네트워크를 확장하여야 한다. 이렇게 되면 네트워크간을 연결하는 상호 접속기기가 요구된다.

[1] 리피터(repeater)

리피터는 OSI 참조 모델의 물리 계층에서 동작하며, 동일한 네트워크 구조를 가진 LAN을 연결할 경우에 사용되며, 서로 분리된 동일 LAN에서 거리를 연장하거나, 접속되는 노드의 수를 증가시키기 위한 장치이다. 리피터에는 비트 리피터와 버퍼형 리피터가 있다.

비트 리피터의 특징

① 전기적 신호를 재생하는 일을 담당한다.
② 리피터 내에서 신호 재생 이외의 속도 변환, 필터링, 에러 체크 등의 높은 수준의 데이터처리기능이 없다.
③ 연결하고자 하는 다른 세그먼트의 속도가 현재 세그먼트의 속도와 같아야 상호간 통신이 가능하다.

버퍼링 리피터의 특징

① 리피터에 몇 가지 부가적인 기능을 추가한 형태이다.
② 리피터 내 버퍼링 기능을 이용하여 수신된 비트 열을 임시저장하고 속도를 조절하여 내보낼 수 있다.

③ 메모리 버퍼를 이용하여 속도가 다른 세그먼트 혹은 네트워크간을 상호 연결할 수 있게 해준다.
④ 상호 독립된 타이밍을 가진 네트워크를 연결하므로 상호간 시스템 지연을 보일 수도 있다.
⑤ 일반 리피터를 사용한 경우에 비해 상대적으로 큰 네트워크를 구축할 수 있다.

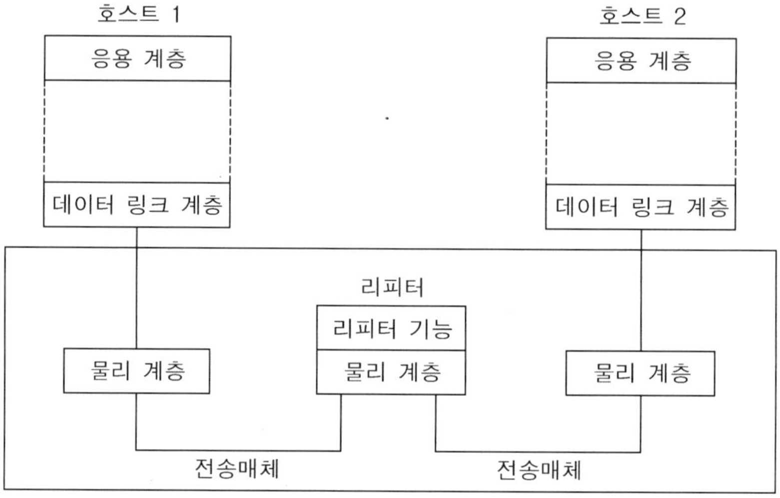

그림 4-32 리피터를 통한 망 연결

[2] 브릿지(bridge)

브릿지는 매체 액세스 제어로써 OSI 참조 모델의 데이터 링크 계층과 물리 계층에서 동작한다. 브릿지는 2개의 LAN 세그먼트를 통합하여 하나의 네트워크를 만든다. 단순히 네트워크를 연장하고, 증폭 및 재생 기능만을 수행하는데 사용된 리피터와는 달리 브릿지는 각 LAN 세그먼트에서 발생되는 신호를 전기적으로 재생하는 동시에 소스와 목적지 주소를 분석하여 전달하고자 하는 목적지 세그먼트로의 경로 이외의 세그먼트로 신호가 퍼져 나가는 것을 막아 전체 네트워크의 트래픽 양을 줄이는 필터링(filtering) 기능이 있다. 다시 말하면, 프레임의 목적지 주소를 읽어 패킷을 자신의 LAN에서 받든지 아니면 폐기시키는 것을 결정한다. 이런 브릿지를 통상 2계층 브릿지, MAC(Medium Access Control) 브릿지라고 부른다.

리피터와 브릿지의 다른 차이점은 리피터는 동일한 유형의 LAN들 간에만 접속이 가능하나 브릿지는 서로 다른 유형의 LAN들 간에도 접속이 가능하다. 브릿지는 라우팅 방식에 따라 투명 브릿지(transparent bridge)와 송신 경로 브릿지(source routing bridge)가 있다. 투명 브릿지는 라우팅 관련 정보를 자체적으로 저장하여 처리하므로 사용자 입장에서는 패킷이 전송되는 경로에 대하여 무관심하여도 된다는 의미에서 투명(transparency)이라는 용어를 사용한 것이며, 각 브릿지는 데이터의 흐름을 감시하고 자동적으로 주소 테이블을 구성한다.

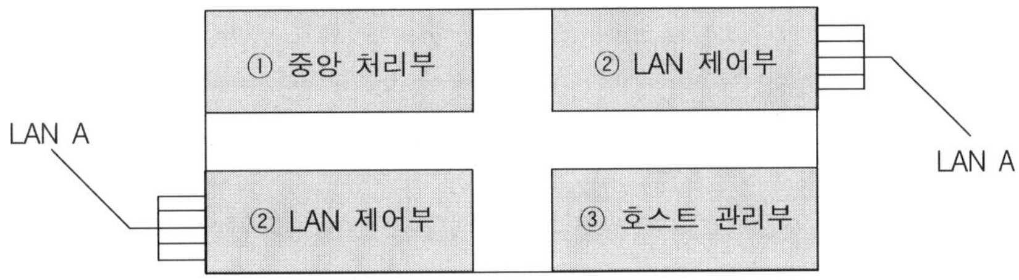

① 중앙처리부 : 전체적인 브리지 기능을 제어하고 관리하는 기능을 수행한다.
② 망제어부 : 자신이 연결된 망에 해당되는 데이터링크 계층 및 물리 계층 기능을 수행한다.
③ 호스트 관리부 : 자신이 인식하고 있는 컴퓨터들의 주소를 관리하고 특정 컴퓨터로 망의 데이터 패킷의 경로를 설정하는 기능을 수행한다.

그림 4-33 브릿지의 기본 구성

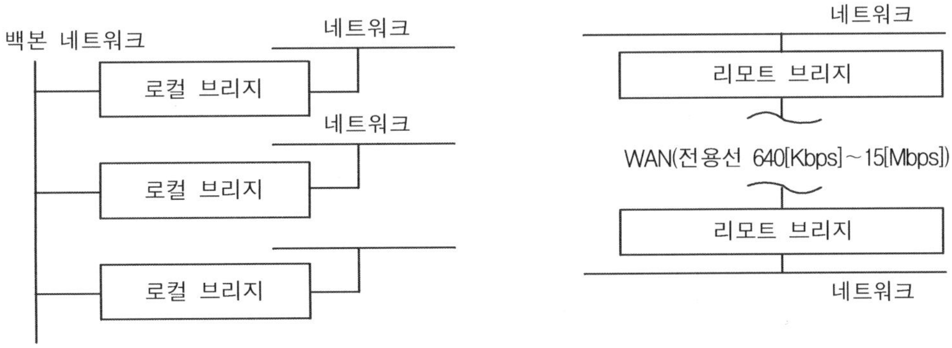

(a) 로컬 브리지의 경우 (b) 리모트 브리지의 경우

그림 4-34 data link bridge의 접속 예

송신 경로 브릿지는 라우팅 관련 정보를 호스트에 저장하여 처리하는 것으로 토큰링 유형의 LAN 시스템에서 주로 이용된다. 투명 브릿지와 송신 경로 브릿지 사이의 차이점은 투명 브릿지는 브릿지에 의해서 경로를 설정하고, 폐회로 네트워크 구성(closed-loop network)을 사용할 수 없지만 송신 경로 브릿지는 송신 단말에 의해서 경로를 설정하고, 폐회로 네트워크 구성이 가능하다.

그 외에 브릿지의 종류에는 로컬 브릿지와 리모트 브릿지가 있다. 로컬 브릿지는 세그먼트들을 통합하고 LAN 규모를 확장하고 통합 네트워크내의 트래픽량을 줄이는 역할을 한다. 리모트 브릿지는 로컬 브릿지 기능 이외에 원거리에 있는 LAN을 상호 연결하거나 WAN망에 연결하는 경우에 사용되는 브릿지이다.

[3] 라우터(Router)

라우터는 OSI 참조 모델의 네트워크층에 해당하는 것으로 복수의 네트워크를 한 곳으로 접속하기 위한 접속법이다. 주로, LAN과 LAN을 연결시킬 때나, 또는 LAN-WAN을 연결해주는 장치로서 상당히 복합하며 다양한 기능을 가지고 있다. 라우터는 접속하려는 호스트에 도착하기 위한 최적의 경로를 설정해 통신이 가능하게 하는 장비이고, 서로 상이한 구조를 갖는 네트워크를 연결하는 기능을 제공한다. 단순히 LAN을 연결하는 측면에서 보면 브리지와 비슷하지만 더 상위 계층의 기능까지 제공해주는 장치이므로 브릿지 기능을 포함하는 더 넓은 의미의 장치이다. 브리지는 대부분 필터링용으로 사용되는 2계층 프레임을 필터링하여 트래픽량을 경감하는 기능을 가지나, LAN의 종단에 위치하여, 외부로부터 LAN에 접근할 때 가장 먼저 경유하게 되는 장비이다. 따라서 보안을 위한 방화벽(firewall)이 설치되는 위치이기도 하다.

라우터는 패킷의 전송 경로를 적절한 경로를 따라 설정하고 해제하는 것이다. 즉, 라우터는 네트워크 계층의 프로토콜 데이터 단위인 패킷의 주소와 라우팅 테이블을 이용해서 노드간 최적의 경로 배정을 수행한다. 이외에도 특정 전송 경로에 트래픽이 과도할 때는 다른 경로로 우회하여 전송할 수 있는 혼잡제어 기능도 포함되어 있다.

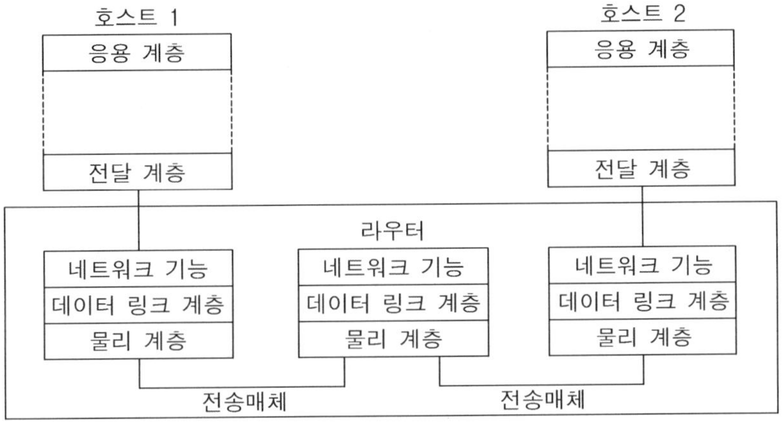

그림 4-35 라우터를 이용한 망간 접속

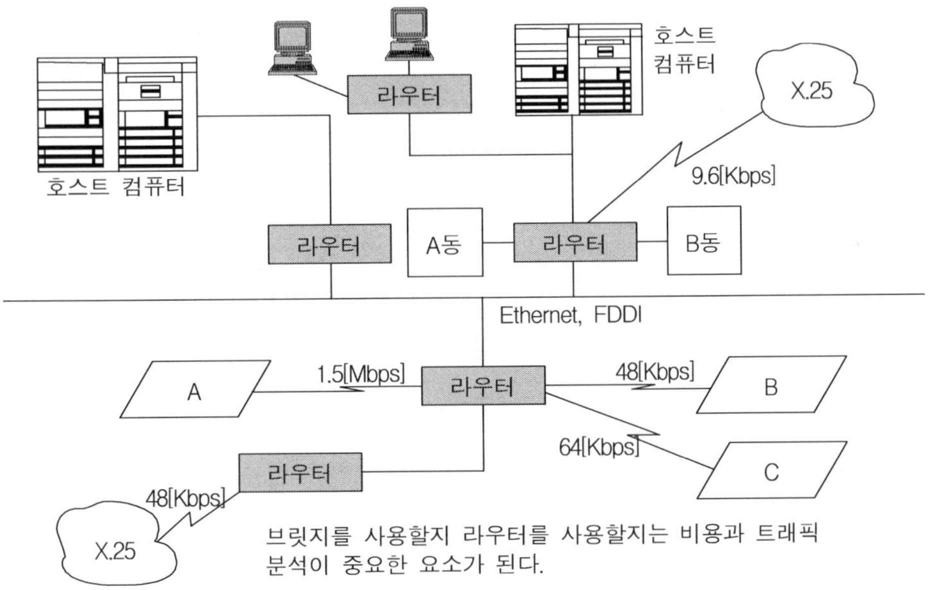

그림 4-36 라우터의 사용 예

[4] 게이트웨이(gateway)

프로토콜이 전혀 다른 네트워크 사이의 프로토콜 변환을 해주는 장치로서 OSI 참조 모델의 모든 계층에서 동작하게 되고, 가장 중요한 것은 프로토콜 변환

(protocol conversion) 기능이다.

게이트웨이는 하나의 LAN 패킷을 수신함으로써 동작하고, 하나의 패킷을 패킷 네트워크에 액세스를 제공하기 위한 특정 프로토콜로 변환하는 기능을 한다. 그 외에 다른 프로토콜 체계를 가진 호스트 컴퓨터로의 접속 기능과 전화회선 등의 광역망과의 접속 기능이 있다.

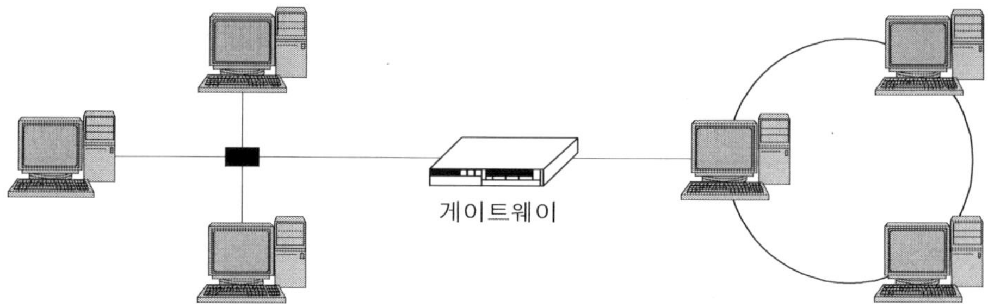

그림 4-37 게이트웨이

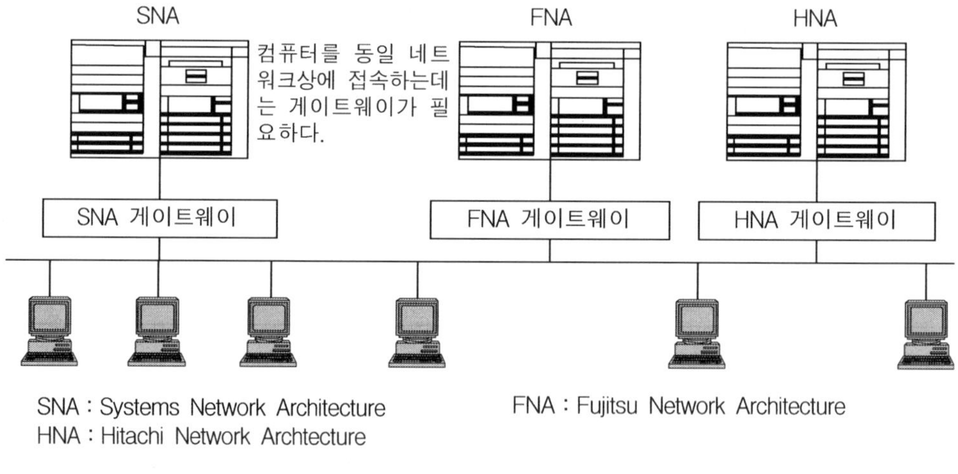

그림 4-38 게이트웨이의 예

게이트웨이에서는 WAN 인터페이스, LAN 인터페이스, ATM 인터페이스, 브릿징, 라우팅, 네트워크 서버, 보안 기능 등의 다양한 서비스를 해준다. 대표적인 것으로 SNA 게이트웨이가 있다. 게이트웨이는 대부분 라우터 장비와 같이 하드웨어적으로 되어 있는 것이 아니라 소프트웨어적으로 구성되어져 있다. 따라서 라우터 장비가 망과 망을 상호 연결하는 최종적인 장비이고 그 위에 소프트에어적으로 게이트웨이가 존재한다고 생각하면 된다.

[5] 허브 및 스위치

허브는 리피터와 브릿지의 기능도 제공하기도 하며, OSI 참조 모델의 물리계층과 데이터링크계층의 기능을 제공하게 된다. 허브는 3대 이상의 PC를 연결시키는 장비로, 다양한 포트를 갖고 있으며 각 포트는 PC 1대에 할당된다. 허브의 약점은 각 LAN이 보유한 대역폭을 PC의 대수만큼 쪼개서 제공한다는 것이다. 예를 들어 10[Mbps]의 대역폭을 제공하는 이더넷에 8포트형 허브로 PC 8대를 연결시켰을 때 8대의 PC는 각각 1.25[Mbps]의 대역폭만을 할당받게 된다. 이런 성능상의 한계로 허브 대신에 스위치 허브나 스위치가 대체하고 있다.

허브의 종류를 보면 오피스 커넥트 허브형과 부가적인 스위치 기능을 지니고 있는 고속 대용량의 스위칭 허브가 있다. 오피스 커넥트 허브는 소규모 사무실에 적합하도록 디자인된 허브로, 공유 매체를 더 설치하지 않고 기존의 망을 유지한 상태에 더 많은 스테이션들을 연결하여 사용하기 위해 고안된 장비이다. 일반적으로 한쪽은 8포트 다른 한쪽은 1포트로 구성되어 있으며, 이 경우 1스테이션이 사용하고 있는 라인에 8개의 스테이션이 사용할 수 있게 해준다. 따라서 단순히 분배기 역할만을 한다.

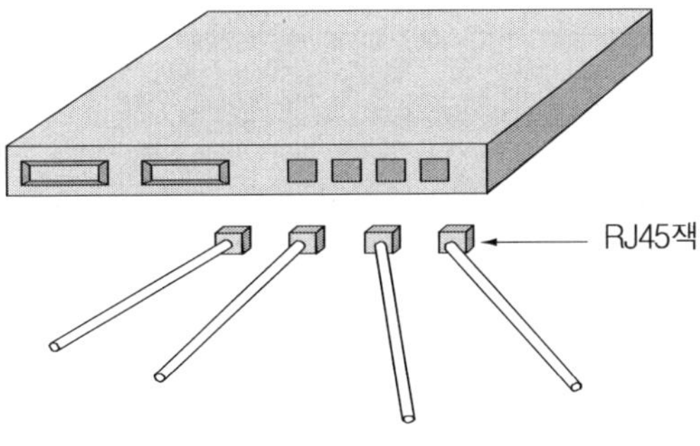

그림 4-39 허브

스위치는 기존의 허브에 스위칭 개념을 도입한 장치이다. 분배용 망을 다시 스위치에 연결하여 많은 스테이션을 갖는 트리 구조의 LAN을 구성할 수 있으며, 먼 거리에 분포된 LAN들을 상호 연결하여 WAN을 구성할 수 있도록 해준다.

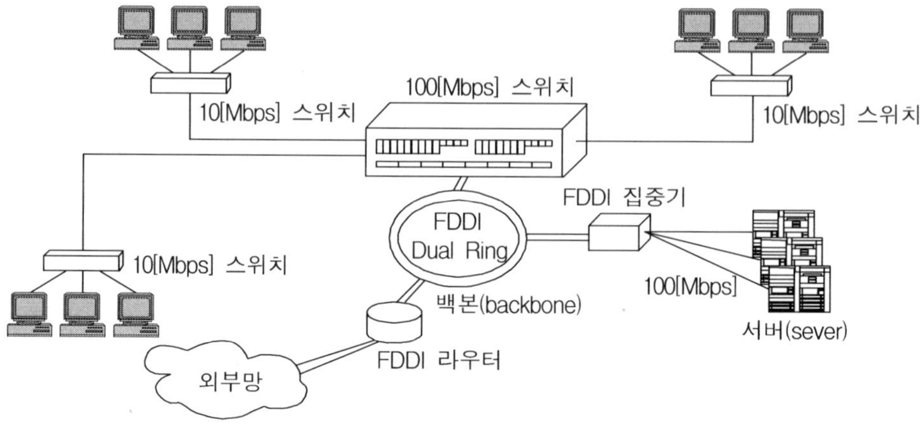

그림 4-40 스위치를 사용한 네트워크 개념도

PC허브는 들어오는 신호의 송신지와 수신지를 구별하지 못해 허브를 통해 연결된 모든 포트로 신호가 전달되지만, 스위치는 메모리를 가지고 있고 포트에 연결된 단말기들의 MAC 주소를 저장하고 있기 때문에 송신지와 수신지 주소를 구분하여 목적지에 신호를 전달한다. 또한 MAC 주소를 이용해서 가상 랜(VLAN)을 지원하고, 포트가 지원하는 전송속도를 다른 포트의 사용 유무와 무관하게 해당 포트에 연결된 단말기에게 보장을 해준다.

예전에는, 스위치 가격이 상당히 비싸서 허브를 이용하여 네트워크를 많이 구축 했으나, 현재는 스위치의 가격이 많이 하락되고 허브는 생산 중단이 되어 네트워크에서는 스위치만을 사용하고 있다.

연 / 습 / 문 / 제

1. 모뎀에 대해 정의하라.

2. 모뎀에서 스크램블러에 대해 설명하라.

3. 모뎀에서 등화기에 대해 설명하라.

4. 모뎀의 송신부에 대해 설명하라.

5. 모뎀의 수신부에 대해 설명하라.

6. 선로구동기에 대해 설명하라.

7. DSU와 CSU를 비교 설명하라.

8. 다중화기와 집중화기를 비교 설명하라.

9. 모뎀 공동 이용 장치와 회선 공동 이용 장치를 비교 설명하라.

10. DTE/DCE 인터페이스에 대해 설명하라.

11. 네트워크장비에서 리피터에 대해 설명하라.

12. 네트워크장비에서 브릿지에 대해 설명하라.

13. 네트워크장비에서 라우터에 대해 설명하라.

14. 네트워크장비에서 게이트웨이에 대해 설명하라.

15. 네트워크장비에서 허브와 스위칭 허브를 비교 설명하라.

16. 멀티 포트 모뎀과 멀티 포인트 모뎀을 비교 설명하라.

17. 다중화장치에 대해 설명하라.

18. 네트워크장비에서 스위치에 대해 설명하라.

19. 매체 엑세스기기에 대해 설명하라.

20. 노드 접속기기에 대해 설명하라.

21. 포트 공동 이용기에 대해 설명하라.

제 5 장

유선통신기기

5.1 전화기

두 지점 간을 유선(wire)으로 연결하여 통신하는 것을 유선통신이라 하고, 정보를 전송할 수 있도록 유선으로 상호 접속하여 통신망을 구성한 다음에 통신회선을 제공하는데 이용되는 각종 기기를 총칭하여 유선통신기기라 부른다. 유선통신기기에는 전신기기와 전화기 등의 단말기, 교환기, 반송장비 및 집선장치 등의 전송기기, 그리고 전선 및 광섬유 케이블 등의 전송로에 사용되는 기기들이 포함된다.

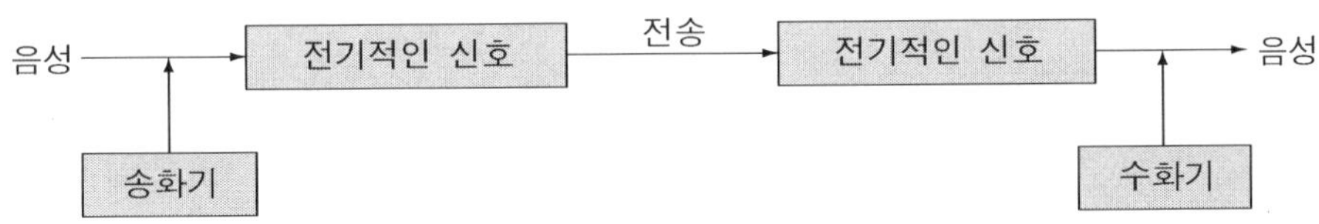

그림 5-1 유선통신의 원리

전화기는 자석식, 공전식, 자동식 및 전자식으로 분류하며, 자석식과 공전식은 교환 취급자가 접속선의 플러그를 잭에 연결하여 교환하던 수동식 교환기에 사용하던 전화기이다. 그리고 자동식과 전자식은 통화하고자 하는 상대방에 대응되는 신호(다이얼 펄스 등)을 전화기에서 발생시키고, 이 신호에 의해 상대방을 자동으로 연결시켜 주는 자동식 교환기에 사용하는 전화기이다.

송화시 음성에너지를 전기에너지로, 수화시에 전기에너지를 음성에너지로 변환하는 전화기는 1876년에 A.G. Bell이 자석식 전화기를 발명하였으며, 1877년에는 Edison의 탄소송화기, 유도코일과 훅스위치로 구성된 자석식 전화기를 발명하였다. 1881년에는 Huning이 탄소입자 송화기를 발명, 1891년에는 스트로우저에 의해 자동식 다이얼 전화기가 발명되었다. 그리고, 1958년 미국의 벨연구소에서 전자교환기가 개발되면서 복합 주파수(MFC : Multi Frequency Code) 푸시버튼 다이얼 전화기가 등장하였다.

우리나라의 전화기도입은 1890년대에 자석식 전화기가 실용화되었고, 1908년 공전식, 1935년 자동식에 이어 1970년대에는 전자식(MFC) 전화기가 상용화 되었다. 그 이후 코드리스 전화기(아날로그, 디지털), ISM밴드 전화기, 디지털 전화기(ISDN) 및 인터넷 전화기(VoIP)로 발전하였다.

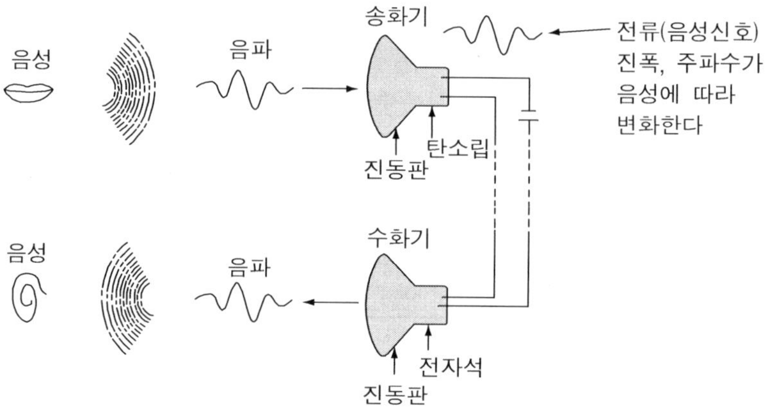

그림 5-2 전화기의 원리

전화기(Telephone set)는 음성신호를 송수신하는 송화기(Transmitter)와 수화기(Receiver) 및 선택신호를 발생시키는 다이얼로 구성된다. 전화기에서 송신기는 음성-전기 변환 성능이 우수한 탄소형 송화기(Carbon Transmitter)를 사용하고, 수화기는 영구자석을 이용하는 전자석형 수화기(Electromagnetic Receiver)를 사용한다.

5 1.1 음성신호

전화기에서 음성신호를 전기신호로 변환하는데 사용되는 탄소송화기(carbon transmitter)는 음성의 진동에 의해서 탄소분의 저항을 변화시켜 표현될 수 있다.

[1] 음성레벨(tone level)

인간의 음성은 강도와 주파수의 범위를 갖으며, 여기서 음성의 강도는 음압으로 표현된다. 그러나 음성은 불규칙하게 변동되므로 음성의 세기는 음의 압력으로 나타내며, 기준 음압 (2×10^{-4}[μ bar])의 대수적 비율로 표시한다. 장시간의 평균 실효 음압을 p[μ bar]라고 하면 그 음성신호의 신호 레벨은 다음과 같이 표시한다.

$$\text{신호레벨} = 20\log_{10}\frac{p}{2\times 10^{-4}}[\text{dB}] \quad \cdots\cdots (5.1)$$

[2] 전송량의 단위

(1) [dB]과 [Nep]의 관계

음성신호는 송신단과 수신단의 전력비를 데시벨(decibel)이나 네퍼(nepper)의 단위 등으로 나타내어 사용한다. 여기서, 송신단의 전력을 P_1, 수신단의 전력을 P_2라고 하면 다음과 같이 표현될 수 있다.

$$\text{dB} = 10\log_{10}\frac{P_1}{P_2}[\text{dB}] \quad \cdots\cdots (5.2)$$

$$\text{N}_\text{p} = \log_e\frac{P_1}{P_2}[\text{Np}] \quad \cdots\cdots (5.3)$$

데시벨(dB)와 네퍼(Np)의 상관관계는 다음과 같이 나타낼 수 있다.

$$1[\text{N}_\text{p}] = 8.686[\text{dB}] \quad \cdots\cdots (5.4)$$

$$1[\text{dB}] = 0.115[\text{N}_\text{p}] \quad \cdots\cdots (5.5)$$

(2) 절대 레벨

송신단의 전력을 일정하게 하기 위해 0레벨을 규정한다. 0레벨의 기준은 구 전신전화자문위원회(CCITT : 현재 ITU)에서 규정한 것으로 기준 규정은 다음과 같다.

> "600[Ω]의 저항을 가진 전원이 600[Ω]의 저항을 가진 회선에 1[mW]를 송출할 때를 0레벨로 한다."

이 0레벨을 기준한 전송계의 절대단위는 다음과 같이 정의하며, 단위는 [dBm]을 사용한다. 이 데시벨 및 네퍼의 단위는 통신회로의 감쇠량(attenuation), 이득(gain), 왜곡지수 및 잡음지수 등으로 이용된다.

$$10\log_{10}\frac{P_2}{1[\mathrm{mW}]}[\mathrm{dBm}] \quad \cdots\cdots (5.6)$$

사람의 음성주파수는 일반적으로 100[Hz]~7,000[Hz]에 분포되지만, 통상적인 대화는 수백 내지 4,000[Hz] 이내에서 이루어진다. 이와 같이 음성 주파수(voice frequency band, VFB)는 300[Hz]~3,400[[Hz]로 정의하고 있다.

5 1.2 전화기의 기능과 구성

전화기는 송화기(Transmitter)와 수화기(Receiver)가 유도선륜(Induction coil)으로 하여금 통화회로를 구성하게 되며, 훅 스위치(Hook Switch), 벨(Bell), 자석발전기(자석식에 한함) 등 신호장치(Signalling System)를 사용하게 된다.

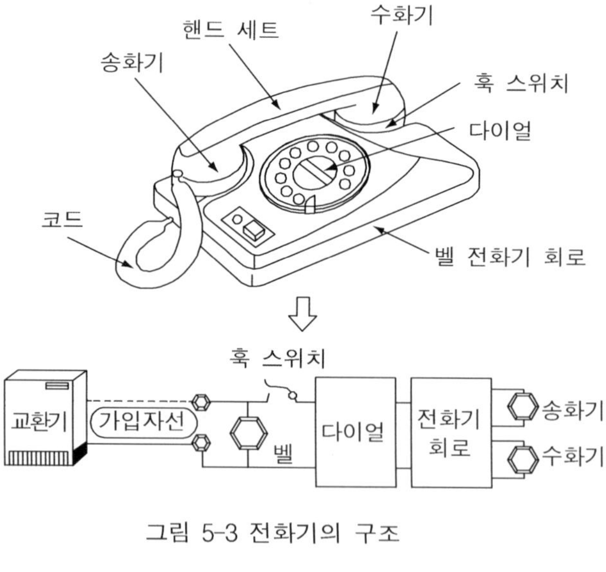

그림 5-3 전화기의 구조

[1] 송화기(Transmitter)

송화기는 음성(공기의 진동)을 전기신호(음성전류)로 변환한다. 송화기가 기능을 발휘하려면 가입자 회로로부터 전화기에 전류를 공급할 필요가 있다. 최초의 송화기는 영구자석을 이용한 전자(電磁)형이었으나 근래에 와서는 탄소형 송화기가 주류를 이룬다. 탄소형 송화기는 진동판, 탄소분 및 두 전극으로 구성하며 전기적으로 공급 전류를 가변저항(탄소)으로 하여금 변조하는 음성전류를 발생하는 것이다. 음파를 충실히 전송하기 위해서는 회로의 임피던스를 크게 하고 저항 변화를 작게 해주어야 한다. 송화기의 감도는

$$20\log_{10}\frac{\sqrt{W}}{P_f} \quad \cdots\cdots (5.7)$$

로 정의한다. 단, P_f는 자유 음장의 음압[μbar]을 표시하고 W는 부하저항의 전력을 나타낸다. 체신 70형 전화기에 사용되는 T-70형 송화기의 동저항은 35[Ω]이다. 송화기의 동 저항은 공급전류 50[mA], 주파수 300[Hz]에서 20~60[Ω]이며, 보통 33[Ω]이다. 또한 시간이 경과함에 따라 저항이 증가하여 160[Ω]이 되면 사용이 불가능하다.

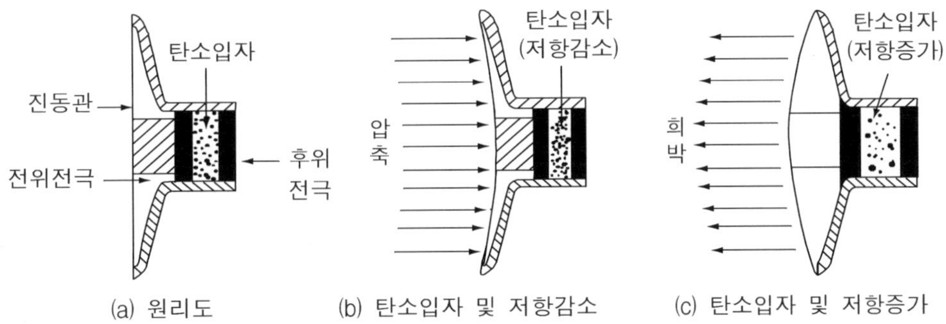

그림 5-4 탄소송화기의 동작원리

송화기의 가장 효과적이고 경제적인 방법으로서 탄소분, 전위·후위 전극, 진동판 및 북뎀퍼(boof damper) 등으로 구성되어 있고 동작원리는 그림 5-4와 같다. (a)는 원리도를 나타내고 (b)는 외부에서 압축이 되는 경우를 나타내는 경우이고, 진동판이 압축에 의해 밀려들어가고, 전위전극이 함께 밀려들어가서 후위 전극과의 간격이 좁아지고, 탄소입자의 저항이 감소된다. (c)는 압축의 반대경우를 나타

내고 있다.

특 징

① 응고현상(solidification) : 탄소가루가 기계에 고착되거나, 설계미숙 등으로 감도가 저하되는 현상
② 호흡작용 : 송화기의 계속적인 사용이나, 과대전류로 탄소가루가 발열하여 저항이 증가되었다가 원상태로 회복되는 주기적 현상. 즉, 송화기에 과대전류가 흐르면 탄소입자가 충돌하여 뜨거워지고 입자 간에 작은 불꽃이 일어 탄소 잡음이 발생한다.
③ 흡수, 열화현상 : 진동판에 너무 큰 음성이 입력되는 경우에 탄소 입자가 파괴되는 현상

[2] 수화기(Receiver)

수화기는 가입자선으로부터 수신한 음성전류에서 음성정보를 재생한다. 수화기의 원리는 영구자석의 자속의 변화와 통화전류에 의한 자속의 변화가 공극(air gap)의 자속밀도를 변화시키고, 진동판의 진동을 유발시켜서 원래의 음성으로 재현하게 된다. 여기서 영구 자석을 사용하는 이유는 진동판의 자유진동을 방지하고 전송원음을 충실히 재생시키기 위해서이다.

진동판의 구비조건

① 자유 진동이 적을 것
② 외세에 비례하여 진동할 것
③ 진폭이 클 것
④ 온도 변화에 대해서도 안정할 것
⑤ 진동판의 평면 면적은 가급적 클 것

송화기로 인해 음성신호가 전기신호가 되고 이 전환된 음성신호로 하여금 원래의 음성을 재생하는 수화기(Receiver)는 재생음의 크기가 사람의 귀에 밀착한 수화기의 카프라 내에서 수청하는 것이므로 제한적 음량의 재생장치로 만족한다. 일반적으로 전화의 수화기는 영구자석형이 사용된다.

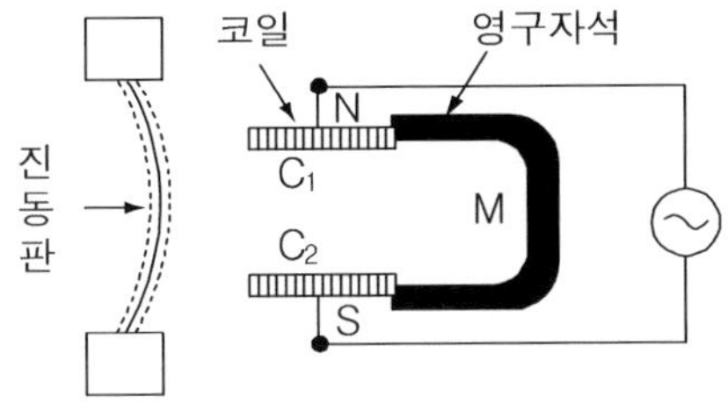

그림 5-5 수화기의 원리

수화기의 감도는

$$20\log_{10}\frac{P_f}{\sqrt{W}} \quad \cdots\cdots (5.8)$$

로 정의하며 P는 음압이 되고 W는 전기 단자로부터 유입되는 피상 전력이 된다.

[3] 다이얼(Dial)

전화의 상대방 번호(선택번호)를 발생하는 기구로, 다이얼 신호에는 DP(dial pulse)신호와 PB(push button) 신호로 구분된다.

(1) DP(Dial Pulse)신호

펄스 다이얼은 전화기의 직류 루프전류회로를 숫자만큼 단속하는 것이며 이 단속에 대한 세 가지의 조건이 기술적으로 규정되고 있다.

특 징

① 임펄스 속도 : 1초 동안 발생하는 임펄스의 속도이며, 통상 10[impulse/sec], 특수한 경우 20[impulse/sec]이다.

② 임펄스 비 : 다이얼이 만드는 펄스에서 절단하는 시간(브레이크 율)과 접속하는 시간의 비(메이크 율)를 임펄스 단속 비라 한다. 여기서 단속비는 2 : 1이다.

③ 미니멈 포우즈 : 하나의 임펄스(impulse)가 끝나고 다음 임펄스가 시작될 때까지의 시간을 의미하며 통상 0.65[sec]를 사용한다.

$$접속률(make\ ratio) = \frac{a}{a+b} \times 100 = 33.3[\%]$$

$$절단률(break\ ratio) = \frac{b}{a+b} \times 100 = 66.7[\%]$$

a : 접속시간　　　　b : 절단시간

(2) PB(Push Button)신호

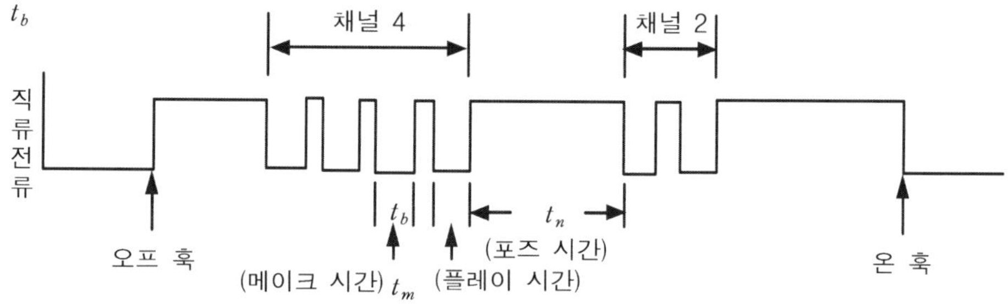

(a) 다이얼 펄스(DP) 신호

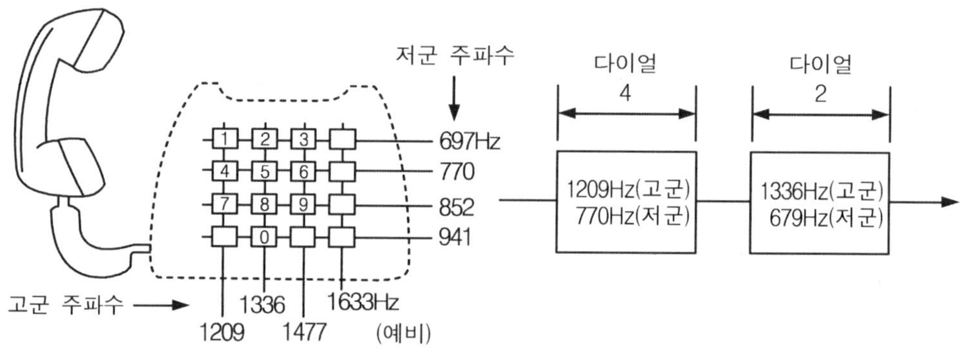

(b) 푸시버튼(PB) 신호

그림 5-6 다이얼 신호 방식

푸시버튼 다이얼(push button dial)은 4개의 고군주파수와 4개의 저군주파수를 할당하고, 각 군으로부터 하나씩 주파수를 선택하여 다이얼 숫자에 대응시킨다.

(3) MFC(Multi frequency code dial) 신호

① 가입자의 번호를 누르면 2개의 가청주파수가 발생하여 전화국으로 송출되어 가입자와 가입자 사이에 접속되어 통화가 가능해진다.

② 전자식 교환기에만 사용가능하다.

③ 특수 서비스를 받을 수 있다.

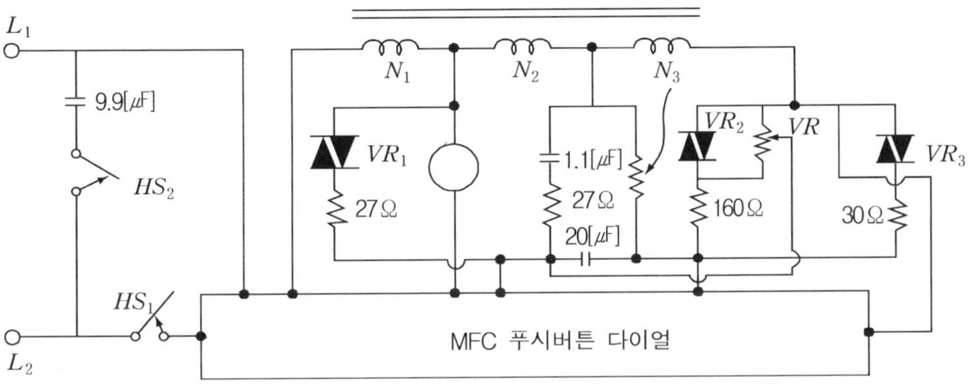

그림 5-7 MFC 회로도

[4] 신호장치(Ringer)

(1) 훅 스위치

훅 스위치(Hook Switch)는 가입자의 발신·종료 의사를 교환기에 알려주는 전환스위치로 전화기회선의 ON-OFF switch이다. 즉, 훅 스위치의 ON동작과 OFF 동작은 호(Call)의 발신과 종료를 나타내는 일종의 지시신호를 말한다.

(2) 자석 벨(Magneto Bell)

① 2개의 코일과 1개의 영구자석으로 구성되어 자석의 자속과 신호 전류에 의한 자속이 합성되어 접극자를 진동시킨다.

② 20[Hz] 교류신호에 의해 매초 40회의 비율로 공을 울린다.

③ 호출신호로서의 종명신호(Ringing signal)에 의해서 종을 울리는 것

④ 종명신호 전원은 전압 75~95[V], 주파수 16~20[Hz]를 규정

(3) Tone Ringer

신호전류를 정류하여 톤(tone)으로 변조하여 증폭해서 스피커로 아름다운 멜로디를 내는 장치

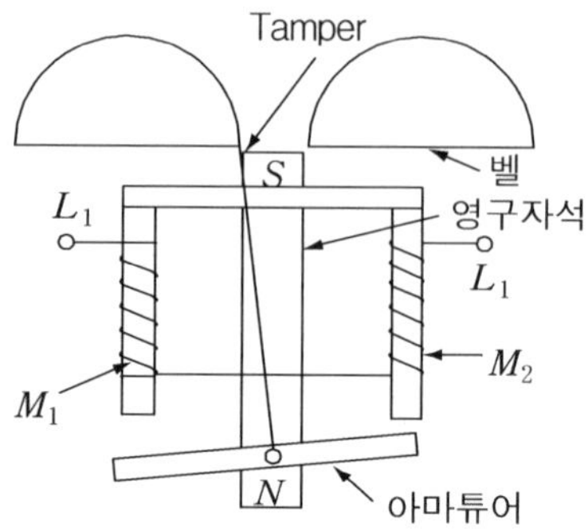

그림 5-8 자석벨의 원리

[5] 측음방지회로(Anti-side tone circuit)

측음이란 통화 중에 송화기의 출력일부가 수화기에 흘러 들어와 자신의 음성을 듣게 되는 현상을 말한다. 전화기에서 자기의 송화음을 자기가 들을 수 없도록 측음방지회로(anti-side tone circuit)를 사용하게 된다. 측음방지회로는 자석식 전화기인 경우 브리지회로를 사용하고, 공전식 전화기(자동식 포함)는 부스터(booster)회로를 사용한다.

(1) 브리지식 측음방지회로

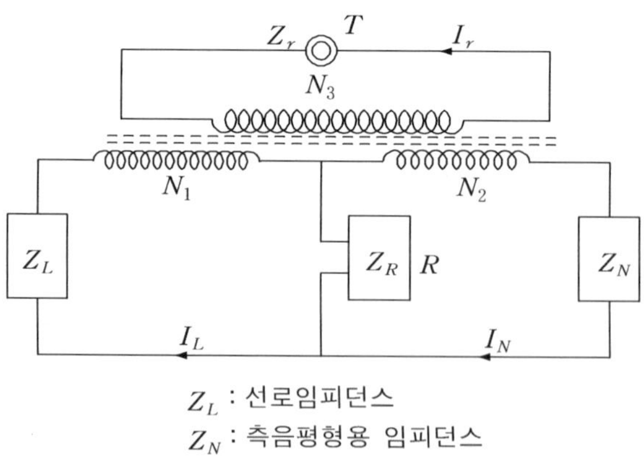

그림 5-9 브리지식 축음방지회로

브리지식 측음방지회로는 송화회로에서 유도하는 송화음을 브리지회로의 평형

조건에 의하여 수화회로에 흐르지 않게 하는 회로이다. 브리지회로의 평형조건은 평형결선망(Z_N)을 흐르는 평형 결선망 전류(I_N)와 선로회로의 임피던스(Z_L)를 흐르는 선로전류(I_L)가 같을 때이다.

즉, $I_N=I_L$이 되며, 측음은 0이 되며 평형조건은 다음 식과 같이 된다.

$$\frac{N_1}{N_2}=\frac{Z_L}{Z_N}$$

여기서 권선비는 $N_1 : N_2 : N_3 = 1 : 0.74 : 0.42$이다.

(2) 부스터식 측음방지회로

부스터회로는 공전식 전화기와 자동식 전화기 회로에 사용되는 것으로서, 이것은 유도코일을 이용하여 송화전류가 제 1권선(N_1)에 흐르면서 제3권선(N_3)에 유도기전력을 유도평형망 회로의 전류로 하여금 수화전류를 중화시키는 역할로서 측음을 방지할 수 있다.

여기서 권선비는 $N_1 : N_2 : N_3 = 1 : 0.74 : 0.44$이다.

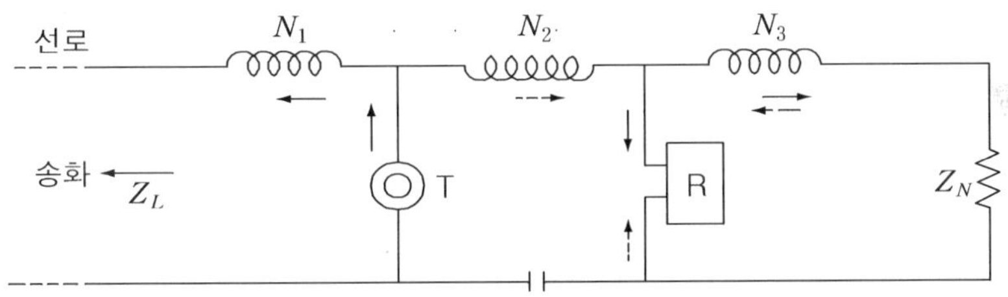

(송화시)

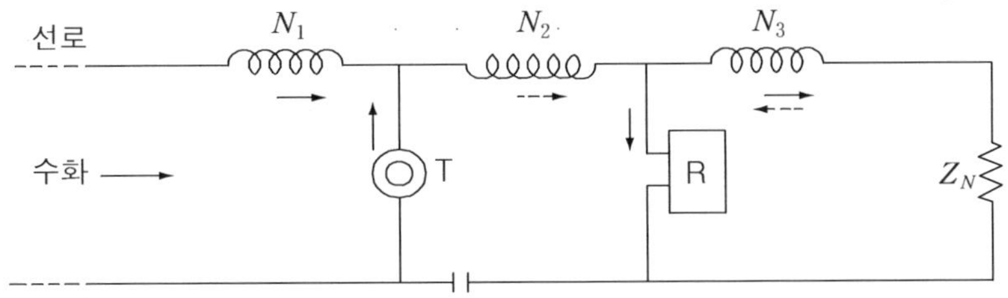

(수화시)

그림 5-10 부스터식 축음방지회로

전화기 회로는 통화회로의 전송효율을 나타내기 위한 송화 감쇄량(b_T)과 수화 감쇄량(b_R)을 사용한다. 또한 측음회로의 측음정도를 나타내는 데는 다음과 같은 측음 감쇄량(b_S)이 사용된다.

$$b_S = 10\log_{10}\frac{P_{io}}{P_R}[dB]$$

P_R : 송화자의 수화기에 누설되는 피상전력

5.2 전화교환기

5 2.1 교환기의 개요 및 기능

교환이란 다수의 단말 상호간을 임의로 접속하는 것을 말하며, 이를 위한 기기가 교환기(switch)이다. 교환기는 통신로 구성에 필요한 선로의 수를 최소화하고 단말들을 효율적으로 접속시키기 위해 사용한다.

교환기의 기본적인 기능은 발생된 호(call)를 포착하여 발신자가 보내는 전화번호를 식별하고, 연결할 통화로를 설정하고 중계하여 착신자를 호출하며, 착신자가 응답하면 접속하여 통화를 할 수 있게 기능을 수행한다.

표 5-1 교환 기술의 발달

1877년	알렉산더 그레이엄 벨이 발명한 수동교환기가 보스턴에 설치됨
1889년	스트로우저가 자동교환기의 특허 취득
1892년	통화로를 순차적으로 설정하는 단단식 교환 방식 개발
1901년	로버트가 크로스바 교환기 특허 취득
1926년	스웨덴에서 크로스바 교환기 개발됨
1955년	독일의 지멘스사가 고안한 EMD 모터를 사용한 교환기
1958년	미국의 벨 연구소가 축적프로그램 제어(SPC) 방식 발표
1965년	최초의 전자교환기 No.1 ESS 실용화(뉴저지주 스카슨나시)
1976년	PCM 교환을 사용하는 No.4 ESS(디지털 교환기) 시외용으로 개통(AT&T)
1981년	No.5 ESS(디지털 교환기) 시내(local)용으로 개통

교환이라는 용어는 다수의 단말이 분포되어 있는 중앙 지점에서 필요한 회선을 접속하는 장치를 의미한다. 초기의 교환은 플러그와 잭(plug and jack)을 사용하는 수동식 교환으로부터 유래되었다.

그림 5-11은 자동 교환기에서 교환기에 호가 발생하여 통화가 완료될 때까지의 호 처리 과정을 나타낸 것이고, 그림 5-12는 기본적인 신호의 흐름을 표시하였다.

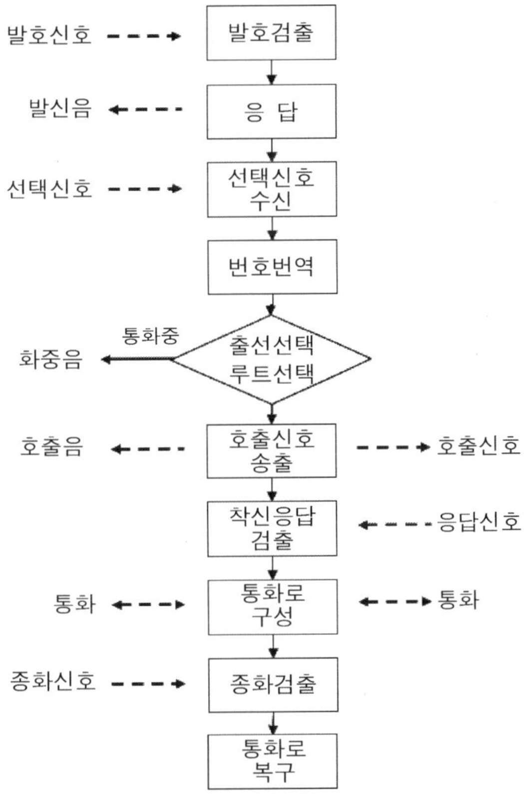

그림 5-11 자동 교환기의 호처리 과정

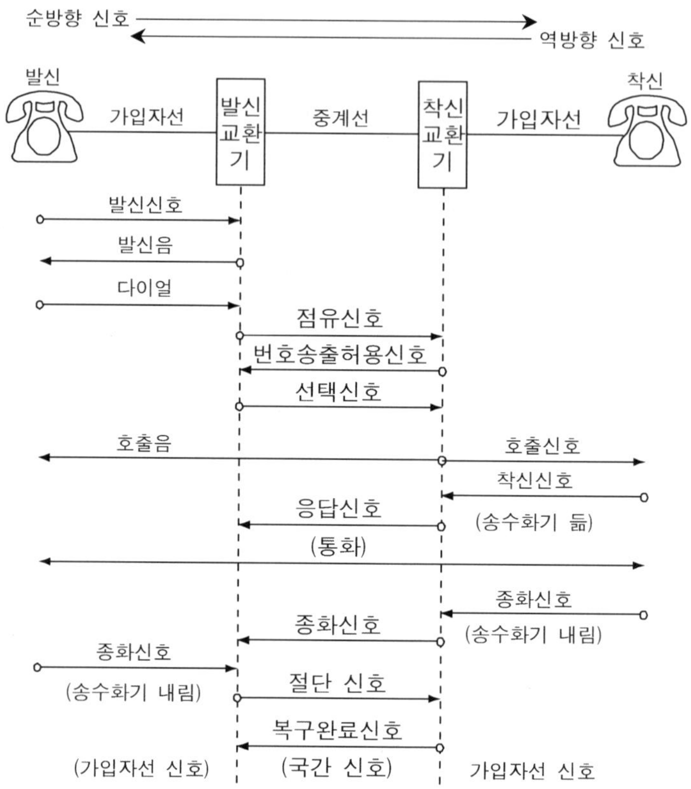

그림 5-12 기본적인 신호의 흐름

5 2.2 교환기의 분류

전화교환기는 교환방식에 따라 수동교환과 자동교환으로 분류되며, 수동교환은 교환기능을 교환원이 수행하는 것이고, 자동교환은 기계 장치 또는 전자장치를 이용하여 교환기능을 자동으로 수행한다.

교환기는 크게 통화 회선을 결선해주는 통화로부와 교환기의 기능을 제어하는 제어부로 구분되며, 통화로를 구성하는 방식과 제어부가 교환기를 제어하는 방식에 따라 교환기를 분류한다. 또한 교환기의 기능을 제어하기 위해 사용하는 신호에 따라서도 분류된다.

- 전화교환
  - 수동교환
    - 자석식
    - 공전식
  - 자동교환
    - 기계식
      - 회전운동형 : 스트로우저, EMD
      - 격자형 : 크로스바(X-bar)
    - 전자식
      - 아날로그형 : M10CN, No.1A(반전자식)
      - 디지털형 : No.4, AXE-10(전전자식)
    - 광학식 : 광소자 통화로, 광컴퓨터 제어계

그림 5-13 교환 방식에 따른 분류

- 교환기
  - 통화로 방식
    - 공간분할(SD) — 기계식 접점
      - EMD
      - X - bar(반전자식)
    - 시간분할(TD) - 전전자식, PCM(전전자식)
    - 주파수분할(FD)
  - 제어 방식
    - 직접제어 : 선택신호로 통화로 스위치를 직접제어, 단단식 교환기
    - 간접제어 : 선택신호 축적 후 프로그램으로 제어, 축적프로그램제어(SPC)
    - 단독제어 : 통화로 스위치마다 개별적인 제어
    - 공통제어 : 중앙집중식으로 동시에 제어, 포선논리제어와 SPC
  - 신호 방식
    - 개별회선 : 가입자 개별 회선으로 신호를 전송
    - 공동회선 : 고속의 디지털 데이터회선으로 개별신호를 모아서 전송

그림 5-14 통화로, 제어 및 신호 방식에 따른 분류

5 2.3 교환기의 통화로 구성

[1] 공간 분할 스위치(space division switch)

공간분할 스위치는 기존의 크로스바아형 교환기의 스위치 회로망을 소형 릴레이(relay)나 반도체 회로의 게이트 소자를 사용하는 것으로, EMD 회전 스위치와 크로스바(X-bar) 스위치와 같은 개폐 소자를 공간적으로 배열하여 구성한다. 그리고 스트로우저 단단식 교환기도 공간 분할 스위치 구조에 해당된다.

1단 공간분할 스위치의 단점

① 스위치의 수가 입력선의 개수와 출력선의 수를 곱한 만큼 증가하게 된다.
② 스위치의 손실에 따라서 특정한 입력선과 출력선의 접속을 방해하게 된다.
③ 스위치의 사용 효율이 낮다.

크로스바(crossbar) 스위치는 수평과 수직 바(bar)의 교차점에 릴레이를 설치하여 접점을 만들고 릴레이의 작동으로 수평과 수직 바(bar)를 개폐하는 스위치이다. 통화로를 한 개의 크로스바로 구성하는 것은 입·출력선의 수가 많으면 스위치의 개수가 자승으로 증가하기 때문에 효율과 신뢰성이 떨어지는 단점이 있다. 이러한 1단 크로스바의 단점을 보완하기 위해서 작은 단위(예, 16X16 증설단위)의 크로스바를 사용하여 2단 또는 3단의 다단 구조로 통화로를 구성한다.

1단 크로스바 스위치의 특징

① 스위치의 수가 입력선의 개수와 출력선의 수를 곱한 만큼 증가하게 된다.
② 스위치의 손실에 따라서 특정한 입력선과 출력선의 접속을 방해하게 된다.
③ 스위치의 사용 효율이 낮다.
④ 입력선과 출력선을 연결할 수 없는 내부폐쇄(blocking)이 없다.
⑤ 사용되는 소자 수의 증가로 신뢰성이 낮다.
⑥ 스위치 제어가 단순하다.

다단 크로스바 스위치의 특징

① 스위치의 수가 1단 구조 보다 적다.
② 스위치의 수 감소로 인한 신뢰성과 효율이 높아진다.
③ 내부폐쇄(blocking)가 생길 수 있다.
④ 스위치 제어가 복잡해진다.

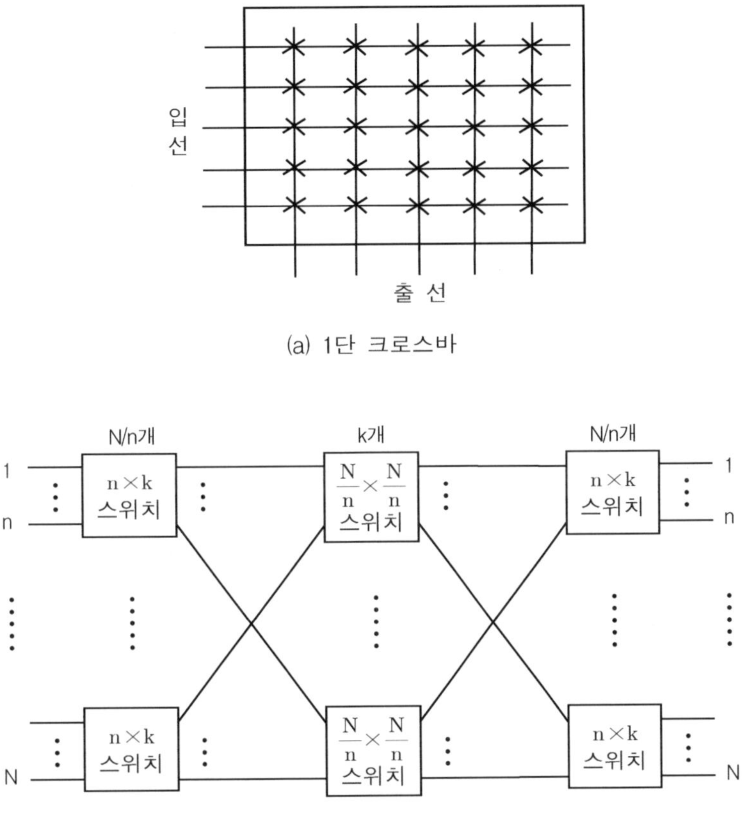

(a) 1단 크로스바

(b) 3단 크로스바

그림 5-15 크로스바 스위치

[2] 시간 분할 스위치(time division switch)

디지털화된 가입자 음성 신호는 T1이나 E1 반송전송과 같이 시간분할 다중화된 스트림 형태로 교환(switching)되어야 한다. 이를 위한 통화로 구성은 시간 스위치(time switch)와 공간 스위치(space switch)로 한다.

① 시간 스위치 : 읽기와 쓰기가 동시에 가능한 메모리(DPRAM)을 이용해서 입력선의 스트림에 있는 시간슬롯(time slot) 데이터를 메모리에 순차적으로 저장하면서 출력선으로는 교환되는 순서에 따라 선택적으로 읽어서 출력하는 동작을 하며, TSI(time slot interchange)라고도 부른다. 약어 T로 표기한다.

② 공간 스위치 : 셀렉터(selector)라는 디지털 논리회로로 구성하고 다중화된 가입자 신호의 스트림에 대한 출력선을 결정하는데 사용한다. 약어 S로 표기한다.

시간 분할 통화로는 T와 S 스위치를 사용해서, T, S, T-S, S-T, T-S-T, S-T-S, T-S-S-T 등의 여러 형태로 구성하여 사용할 수 있다.

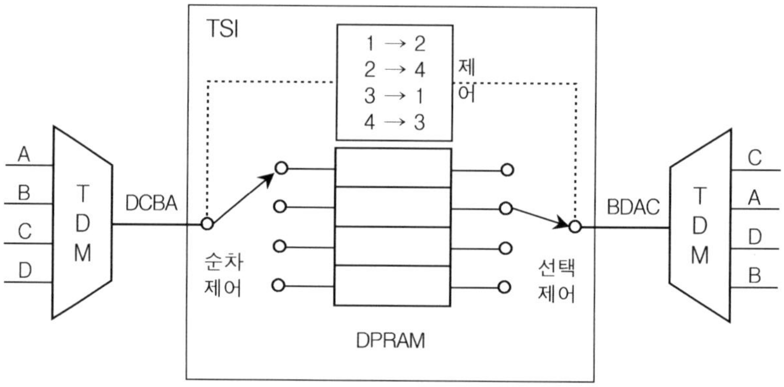

(a) 시간 스위치

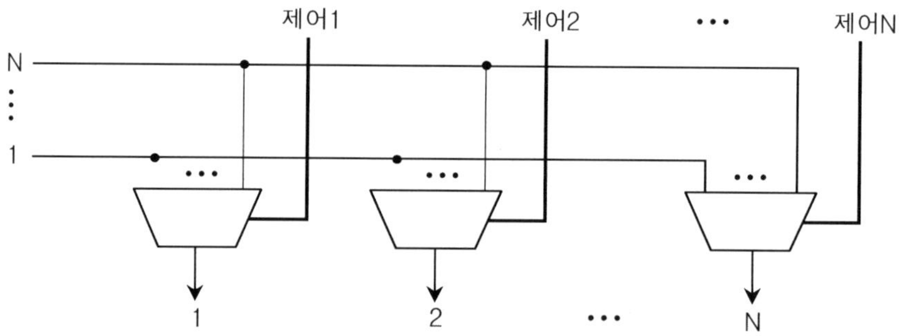

(b) 공간 스위치

그림 5-16 시간 분할 스위치

[3] PCM 스위치

가입자 음성을 PCM으로 디지털화하여 1차군(24채널)이나 2차군(48채널)로 다중화한 스트림을 교환하기 위한 교환기로 T-S-T 또는 S-T-S 시간분할 통화로를 사용한다.

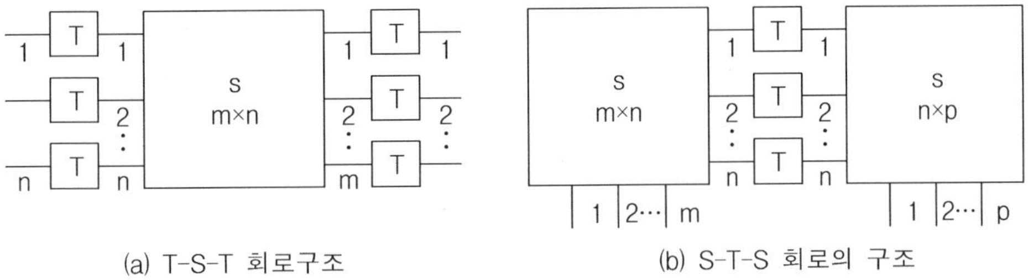

그림 5-17 T-S-T와 S-T-S 회로의 구조

T-S-T는 많은 가입자를 수용할 수 있지만 S-T-S는 교환국의 규모에 의해서 결정되므로 많은 가입자를 수용할 수는 없다. 따라서 T-S-T는 트래픽 처리특성이 좋으며, S-T-S는 하드웨어의 경비가 높은 경우에 주로 사용된다.

5 2.4 교환기의 제어 방식

교환기의 제어방식을 분류하면 직접 제어 방식과 간접 제어 방식으로 구분하며, 제어장치의 사용면에서 분류하면 단독 제어 방식과 공통 제어 방식으로 구분할 수 있다.

[1] 직접 제어 방식

직접 제어 방식은 가입자로부터 들어오는 선택신호에 의하여 각 스위치가 각 신호에 의해 각 단계의 직접 선택 동작을 수행하는 것이다. 기계식 자동교환기에서 가입자를 군-중군-소군으로 희망하는 가입자를 찾는 방식이다.

(1) 100회선 방식(2숫자 방식 : 00~99)

그림과 같이 라인스위치와 컨넥터를 사용하며 중계선 선택이 필요하지 않다.

(2) 1,000회선 방식(3숫자 방식 : 000~999)

LS(LF)와 CON사이에 100위 숫자를 선택하는 셀렉터(SEL)가 있으며 10위와 단위숫자는 CON로써 선택 접속한다.

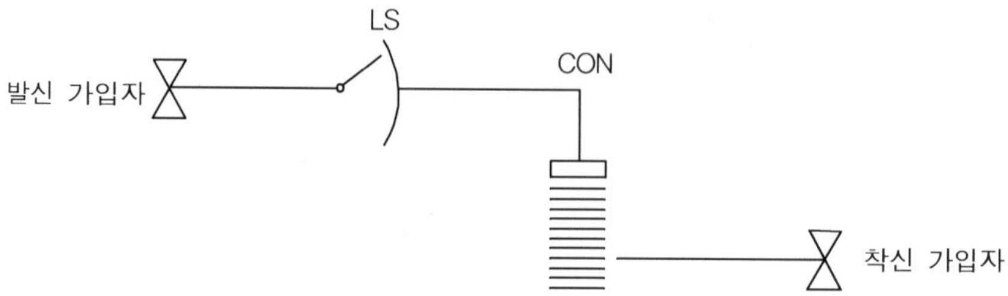

그림 5-18 100회선 중계 방식

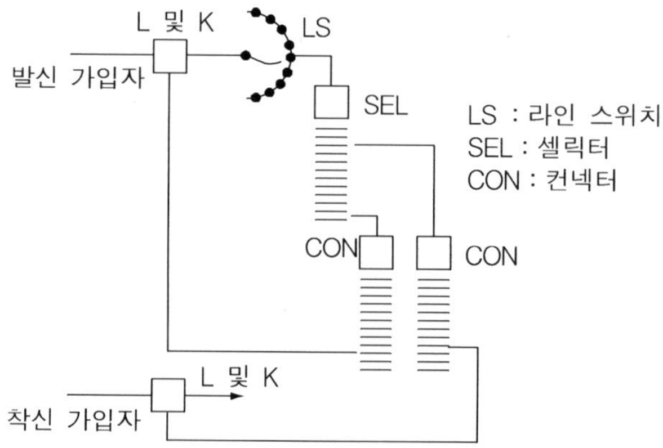

그림 5-19 1,000회선 중계 방식

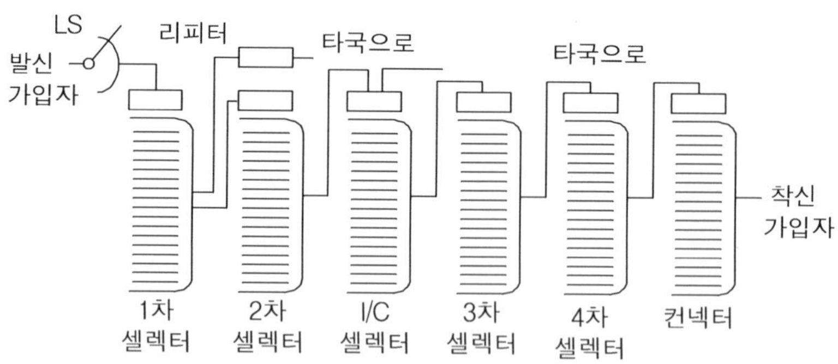

그림 5-20 100만회선 중계 방식

(3) 10,000회선 방식(4숫자 방식 : 0000~9999)

LS(LF)와 CON사이에 1차 셀렉터와 2차 셀렉터가 있어 1차 셀렉터는 1000위

숫자를 2차 셀렉터는 100위 숫자를 선택한다.

(4) 100만 회선 방식(6숫자 방식)

6숫자 방식(20~99는 국번) : 0000~9,999까지 100만 가입자

[2] 간접 제어 방식

축적 변환 장치를 이용하여 가입자로부터 들어오는 호를 일단 축적 변환장치에 축적한 후 교환기에 대해서 선택 동작을 하기 좋은 부호로 변환하여 선택 동작을 수행한다.

[3] 단독 제어 방식

개개의 스위치에 제어회로가 붙어 있어 각 스위치가 독립적으로 선택 제어를 하므로 접속경로를 선택하는 방식이다. 각각의 통화로에는 회선선택 전용제어장치를 두어 통화로에 호가 발생하면 회선을 선택하고 접속이 완료되고 통화가 이루어지는 동안에는 다른 동작을 하지 못하게 된다.

[4] 공통 제어 방식

제어회로를 한군데 집중시켜 통화회로 전체의 접속 상태를 감시하여 능률적인 접속경로를 선택하는 방식으로 포선 논리 제어 방식(WLC : Wired logic control system)과 축적프로그램 제어 방식(SPC : Stored program control system)으로 나눌 수 있다.

(1) 포선 논리 제어 방식(WLC)

포선(배선)으로 고정된 제어회로의 논리동작에 의해 호의 접속, 복구 등을 행하는 교환기 제어 방식이다.

(2) 축적 프로그램 제어 방식

축적 프로그램 제어 방식은 공통 제어 방식의 하나로 전자 교환기에 사용되는 방식으로 메모리에 미리 순서를 정하여 기억시킨 프로그램의 명령에 의해서 모든 호처리 및 유지보수를 행하는 방식이다.

장 점

① 가입자에 대한 다양한 기능 부여
② 고도의 신뢰성
③ 시설비의 저렴
④ 기능의 변경, 추가 등의 융통성이 풍부

5.3 전자교환기

전자교환기는 가입자 상호간의 정보교환을 위하여 중간에서 신호에 의하여 접속을 개시 종료시키는 장치로써 교환기의 설치 장소는 가입자 분포의 중심점에서 가입자 평균거리를 최소로 하는 곳에 설치하는 것이 일반적이다. 또한 전자기술의 급속한 발전과 함께 이 전자교환기는 전자식 접점을 사용한다.

5 3.1 전자교환기의 특징

장 점

① 고속, 소형, 경량
② 축적 프로그램 제어 방식(SPC : Stored Program Control) 채용
③ 다양한 특수 서비스 제공
- 가입자 특수 서비스 : 직통전화, 단축다이얼, 3자 통화, 착신 통화 전환
- 교환기 특수 서비스 : 대표번호
④ 자동고장 탐지 기능 및 통화량 측정이 자동
⑤ 저소비 전력 및 긴 수명
⑥ 제어부분 이중화로 고신뢰성 및 모듈화 설계
⑦ 자동우회기능 및 호의 우선순위별 처리 기능

단 점

① 공통제어 방식이기 때문에 통화량 과부하시 기능이 일시정지

② 장시간 사용시 잡음 발생
③ 운용 및 유지보수 요원을 단시간 내 확보 곤란

5 3.2 전자교환기의 기본 구성

전자교환기는 하드웨어 부분인 통화 회로망과 통화로 계 제어장치 및 주사장치로 구성된 통화로 계와 소프트웨어 부분인 중앙 제어장치, 프로그램 기억 장치 및 호 기억장치로 구성된 공통 제어계와 가입자선, 중계선 장치 및 서비스 회로로 이루어진 입·출력계로 구분할 수 있다.

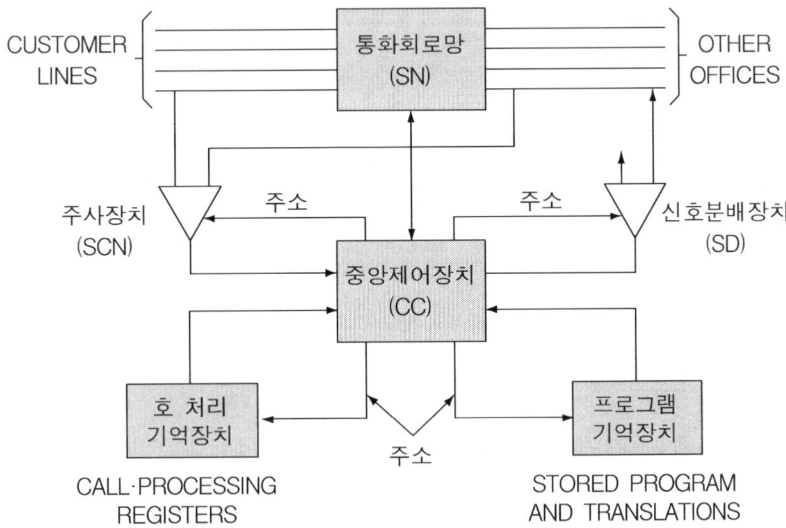

그림 5-21 전자교환 방식

[1] 통화 회로망(SN : Switching Network)

통화의 접속·절단을 하는 부분으로 모든 입선은 X-bar switch, Reed relay, solid-state switch 등으로 구성되어 있다. 통화회로망은 매트릭스 형태로 구성되어 음성전류와 각종 신호전류를 전송시켜주는 기능을 수행하며, 가입자 선로 상호간, 가입사 선로와 중계선간, 중계선 상호간의 접속과 특수 서비스 회로를 가입자선에 연결시켜주는 기능을 수행한다.

[2] 주사장치(SCN : Scanner)

가입자 회선의 감시뿐만 아니라 고장, 진단, 유지보수 등 필요한 시험을 위해서 가입자 회선 및 중계선에 흐르는 전기적인 동작상태를 주기적으로 감시하여 이 데이터를 중앙처리장치로 보내준다.

[3] 중앙제어장치(CC : Central Control)

영구 기억장치에 축적되어 있는 프로그램을 순차로 판독하여 호출의 접속이나 복구 등을 제어하기 위한 논리 조작을 하는 공통 제어 장치로 교환기 내의 모든 장치를 통제하고 각 장치로부터 들어오는 모든 명령을 해석하고 응답하는 기능을 수행한다.

(1) 영구 기억장치(Permanent memory)

대용량의 반영구 기억장치로서 전자교환 조직이 교환 동작 순서에 따라서 동작해야 되는 것을 기억시키는 장치이다.

(2) 임시 기억장치(Temporary memory)

주로 호처리에 관련된 것으로 통화 회로의 상태, 수신된 다이얼 디지트의 수, 송신된 다이얼 디지트의 수 및 고장 진단 결과자료 등이다.

[4] 호처리 기억장치(CC : Call Store)

가입자 회선, 중계선과 통화로망 각 부분의 상태와 호처리 과정에서 호에 관련되는 데이터를 일시적으로 저장하는데 사용된다.

[5] 신호 분배장치(SD : Signal Distributer)

통화로를 구성하기 위해 중앙 제어 장치에서 지시한 명령을 가입자회선, 중계선과 통화로 망의 각 부분에 분배한다.

[6] 프로그램 기억장치(PS : Program Store)

가입자선 전화번호와 가입자 수용기기 번호의 관계, 국번호와 회선 route의 관계가 같은 번역용 반영구 데이터를 저장하는데 사용된다.

1. 다양한 정보 교환

지금까지의 전화만이 아니고 데이터(컴퓨터, PC 등의 단말), 화상(팩시밀리, TV회의 영상) 등 다양한 미디어의 교환을 행할 수 있다.

3. 고품질 네트워크의 실현

① 디지털 신호는 전송, 교환 도중에서 받는 잡음, 파형 일그러짐을 파형 재생에 의해 제거할 수 있으므로 음질 등의 열화가 적다.
② 디지털 전송로와의 친화성이 좋아 멀리 떨어진 교환국 사이에서 전송 손실없이 정보를 보낸다.

디지털 교환기

2. 경제성

① LSI 사용으로 교환기의 소형화와 저가격화가 실현되었다.
② 대용량 교환기를 쉽게 구성할 수 있다.
③ 각종 단말이 교환기를 공용한다.

4. 컴퓨터화된 제어부

① 공통 제어계는 마이크로 컴퓨터에 의한 소프트웨어 제어 등으로 실제 여러 가지 서비스를 제공한다. 단축 다이얼, 부재 전송, 화중 내선 가로채기, 음성 메일, 시각 표시, 페이징, 전자메일 등
② 각종 단말 인터페이스의 처리

그림 5-22 디지털 교환기의 특징

5 3.3 반전자 교환기

[1] M10CN

(1) 개 요

① 제 작 : ITT계열이 개발한 전자 교환기

② 통화로소자 : 리드계전기(reed relay)

③ 통화로 방식 : 축적 프로그램 제어 방식

④ 스위치 제어 방식 : 공통제어 방식인 축적 프로그램 제어 방식(SPC)

⑤ 교환기제어 : ITT 1602 프로세서를 사용

⑥ 프로세서 처리 : 16/32[bit]

⑦ 보호 형태 : 부하 분담식

⑧ 수용 능력 : 최저 2,048가입자~최대 30,720가입자

⑨ 호처리용량 : 200,000 BHCA(Busy Hour Call Attempt)

(2) 시스템 구성

M10CN 교환기는 통화로 장치(SN : Switching Network), 통화로 주변장치(Network Peripheral Equipment) 및 중앙제어장치, 입출력장치 등으로 구성되어 있다. 여기서, 통화로 장치는 통화 회로망(VNW : Voice Network), 통화 회로망 단말회로 및 신호 회로망으로 구성된다.

통화로 장치는 4×4 매트릭스 형태를 취하며 리드 계전기에 의해서 개폐하게 된다. 통화로 주변장치는 통화로 장치와 중앙 제어장치간의 인터페이스에 해당한다. 통화로 주변장치는 크게 회선모듈 주변장치와 신호모듈 주변장치로 나누어진다.

중앙제어장치는 두개의 독립된 ITT 1602 프로세서를 사용하는 부하 분담 원리를 이용해서 동작하는데 이 방식은 하나의 프로세서가 교환기 전체의 부하를 처리하고 나머지 프로세서는 유지 관리를 위해서 사용된다. 프로세서와 통화로 제어 회로 및 신호 제어 회로간의 정보 교환은 2중화된 평행 버스선을 사용한다.

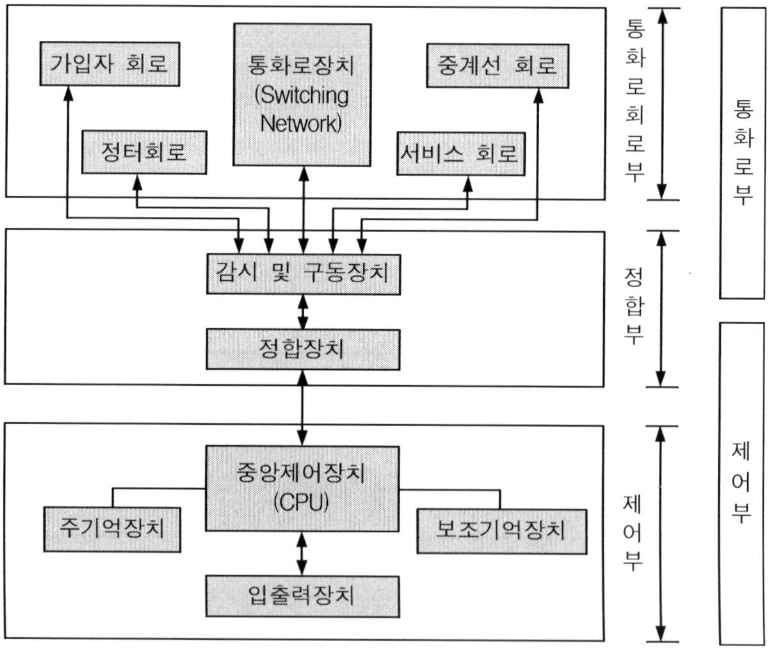

그림 5-23 반전자 교환기

[2] NO. 1A. ESS

(1) 개 요

① 제　작 : 미국 WE의 Bell System사

② 통화로 소자 : Rem-reed switch

③ 통화로 방식 : 공간분할 교환 방식(SDS)

④ 스위치 제어 방식 : 공통제어 방식인 축적 프로그램 제어 방식(SPC)

⑤ 교환기제어 : 1A 프로세서로 이중화 운용

⑥ 프로세서 처리 : 24[bit]

⑦ 보호 형태 : 동작/대기 방식

⑧ 수용 능력 : 최저 1,024가입자～최대 128,000가입자

(2) 시스템 구성

NO.1A ESS는 중앙처리부(1A 프로세서), 스위칭부(주변장치군), 유지보수·관리 제어부로 구분된다. 주변 장치부는 통화로망 장치와 감시 및 구동장치로 구성된다. 중앙처리부는 중앙 제어장치, 주 기억장치, 보조 기억장치, 주변 정합장치로 구성된다. 유지보수 및 관리 제어부는 입출력장치, 제어 및 표시장치, 중계선 및 가입자 시험 판넬, 자동요금 계산 등으로 구성된다.

NO.1A ESS는 7개의 중요 기능부로 구성되며, 주변장치 인터페이스 프로세서로서 각종 제어를 실현한다.

① 중앙 제어부(CC, Central Controller)

② 프로그램 기억부(PS, program Store)

③ 호 기억부(CS, Call Store)

④ 파일 기억부(File Store)

⑤ 보조 데이터계(ADS, Auxiliary Data System)

⑥ 입출력 정합부(Input/Output Interface)

⑦ 주변계 정합부(Peripheral System Interface)

5 3.4 전전자 교환기

[1] NO.4 ESS

(1) 개 요

① 제 작 : 미국 AT&T

② 제어 방식 : 축적 프로그램 제어 방식(SPC)

③ 사용 프로세서 : 1A 프로세서와 신호 프로세서

④ 운용 방식 : 동작/대기 방식

⑤ 호처리능력 : 500K BHCA

⑥ 용 도 : 시외/국제용

⑦ 시스템 용량 : 107,520회선

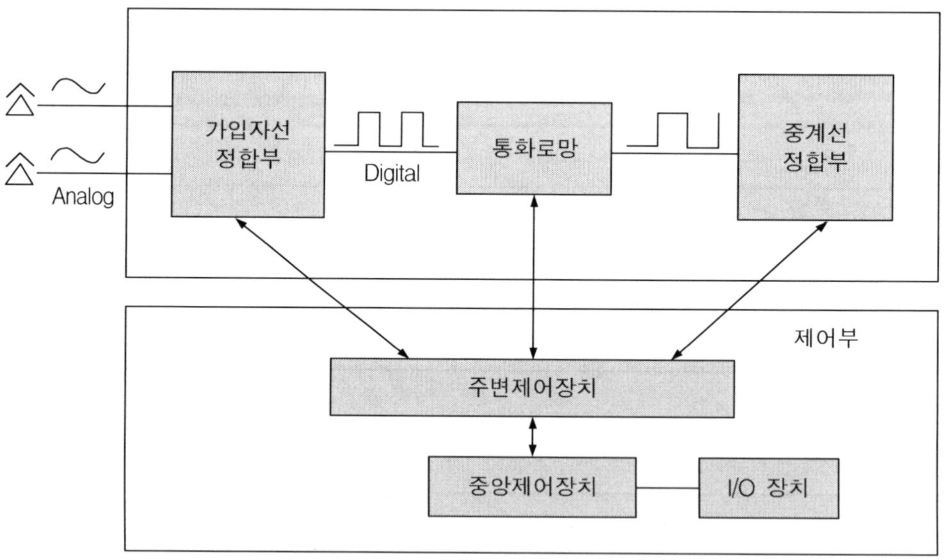

그림 5-24 전전자 교환기

(2) 시스템 구성

NO.4 ESS의 주제어 프로세서는 1A 프로세서를 사용한다. 메모리는 반도체 프로그램 기억장치와 호기억장치로 구성되어 700[μs]의 사이클 타임으로 고속 동작한다. 호처리 프로그램은 국내 및 국제용으로서 시외, 시외-탄뎀, 탄뎀 상호간에 사용할 수 있는 특징이 있으며 유지 보수 프로그램의 기능이 대단히 광범위하여 자동 시스템 복구 및 자동 탐지 기능이 있다.

관리 프로그램은 중계선 증설 및 우회 시스템 상태보고, 회선망 감시, 중계선 유지 보수 및 기타 망관리 기능을 가지고 있다.

[2] S-1240

(1) 개 요

① 제어 방식 : SPC의 완전 분산 제어

② 사용 프로세서 : 인텔 8086

③ 운용 방식 : TCE 레벨 : 부하분담, ACE 레벨 : 동작/대기 방식

④ 호처리능력 : 750K BHCA

⑤ 용　도 : 시내/중계, 시외

⑥ 시스템 용량 : 100,000회선

(2) 시스템 구성

S-1240은 미래의 정보통신망에 대비한 완전 디지털화된 분산 제어 방식을 이용한 전자교환기이다. 신뢰도 향상을 위해 대부분의 장치가 이중화 또는 삼중화 되어 있으며, 디지털 교환망은 단일 LSI 칩으로 구성되어있다.

[3] AXE-10 ESS

(1) 개 요

① 제어 방식 : SPC의 중앙제어식, 분산제어(부분 분산제어)

② 사용 프로세서 : APZ시리즈(210, 211, 212), RP(마이크로프로세서)

③ 운용 방식 : RP : 부하분담, CP : 동작/대기 방식

④ 호처리능력 : APZ 210 : 144K BHCA, APZ 211 : 150K BHCA, APZ 212 : 800K BHCA

⑤ 용 도 : 시내/시외/중계

⑥ 시스템 용량 : 40,000회선, 44,000회선, 200,000회선

(2) 시스템 구성

제어 시스템은 1단계에서 중앙처리 시스템간의 통신 시스템을 이용하여 같이 동작하는 최대 8쌍의 이중화된 중앙제어 장치들로 구성한다. 2단계에서는 분산제어 방식의 여러 개의 작고 국부적인 이중화된 국부처리 시스템으로 구성한다.

각각의 중앙처리 시스템은 병렬 동기 방식으로 동작되며 국부 프로세서는 분산처리 가능하도록 설치한다.

데이터처리 시스템을 분산화 함으로써 소용량 교환기에서는 경제적이며 대용량 교환기에도 충족시킬 수 있도록 설계되어 있다.

5 3.5 국산 전전자 교환기

TDX는 전자교환기의 국산화를 위한 국책과제인 시분할 교환기를 국내 기술진에 의해 개발한 것이다. 초기의 TDX-1은 농어촌 지역에 설치 공급하기로 하였으며, 그 후 TDX-1의 구조 및 설계규격을 변경하여 나온 것이 TDX-1A이다. TDX-1A의 규모는 9,600회선의 가입자를 수용할 수 있는 농어촌용으로 범용 마이크로프로세서인 Z-80A를 사용한 분산 제어 방식의 전자교환기이다.

TDX-1A를 보완하여 중소도시용 교환기로 TDX-1B를 개발하였는데 1B는 1A의 골격을 그대로 유지한 디지털 시분할 전자식교환기이며, TDX-10은 대도시용 전자식 교환기이다.

[1] TDX-1A(Time Division Exchange)

(1) 특징 및 제원

(가) 시스템 제원

① 수용가입자 회선수 : 최대 10,240회선

② 수용중계선 회선수 : 최대 2,048회선

③ 통화량 처리용량 : 최대 1,600어랑(Erl)

④ 호처리 용량 : 100,000BHCA

(나) 통화로망

① T-S-T 스위치망

② S-스위치 용량 : 4,096회선

(다) 제어 방식

① CPU : 8비트

② 메모리 용량 : 256Kbytes(확장 512Kbytes)

③ 프로세서간 통신 속도 : 256Kb/s

(2) 시스템 구성

제어계와 통화로 계로 분류되고 주변 정합장치인 가입자 정합 모듈, 중계선 정합 모듈의 3부분으로 구성된다. 주변 정합장치는 아날로그(디지털) 가입자 인터페이스 모듈, 아날로그(디지털) 중계선 인터페이스 모듈로 구성된다.

통화로 계는 가입자 음성신호가 착신 측으로 전달될 수 있도록 통화로를 구성하고 모든 음성신호는 PCM에 의해 디지털 변환 처리되며 각 신호는 고유의 채널번호를 갖는다. 제어계는 Z-80 프로세서를 사용한 복합 프로세서의 분산 제어 구조이며, 상위레벨 T그룹 프로세서와 하위 레벨 B 및 D그룹 프로세서가 있다.

[2] TDX-1B(Time Division Exchange)

(1) 특징 및 제원

(가) 시스템 제원

① 수용가입자 회선 수 : 최대 22,528회선

② 수용중계선 회선 수 : 최대 3,840회선

③ 통화량 처리용량 : 최대 3,600어랑(Erl)

④ 호처리 용량 : 220,000BHCA

(나) 통화로망

① T-S-T 스위치망

② S-스위치 용량 : 8,192회선

(다) 제어 방식

① CPU : 8비트, 32비트

② 메모리 용량 : 512Kbytes(확장 2Mbytes)

③ 프로세서간 통신 속도 : 4.096Mb/s

(2) 시스템 구성

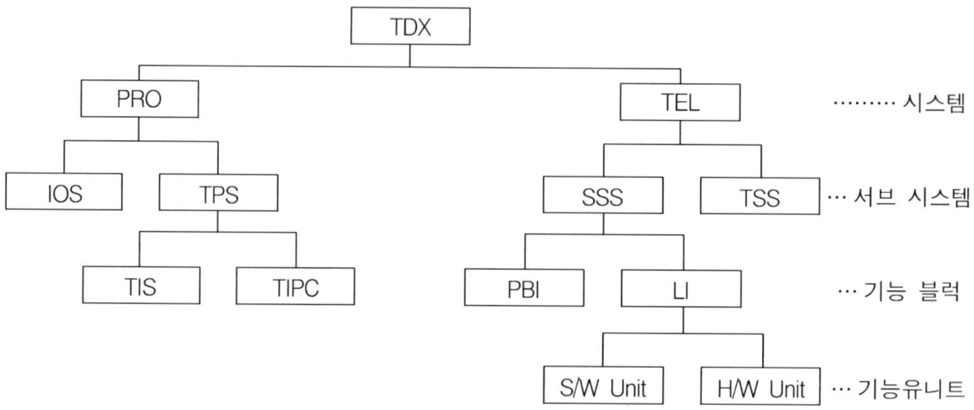

그림 5-25 TDX-1B 교환기의 구성

(가) TEL(Telephony system) : 통화로 시스템

① SSS(Subscriber and signalling subsystem) : 가입자 신호 서브 시스템

- 가입자 회선망의 접속, 상태감시, 송수신 기능을 수행한다.

㉠ LI(Line interface) : 착신 가입자에게 링신호발생 및 송출기능

㉡ PBI(Push button interface) : 시험디지트 송출 및 수신기능

② TSS(Trunk and signalling subsystem) : 중계선 신호 서브 시스템

㉠ TLC(Trunk line concentration) : 신호장치와 중계선의 연결 및 복구 기능을 수행

㉡ DTIN(Digital trunk interface NA) : CAS 방식에 따른 중계선 신호 처리 기능

(나) PRO(Processor system) : 제어 시스템

① TPS(T-group processor subsystem) : T그룹 프로세서 시스템

㉠ TIS(T-group interrupt interface) : interrupt에 대한 서비스를 미리 정의된 순서, 방법에 의한 수행

㉡ TIPC(T-group interprocessor communication) : 버스를 통한 프로세서간의 통신을 수행

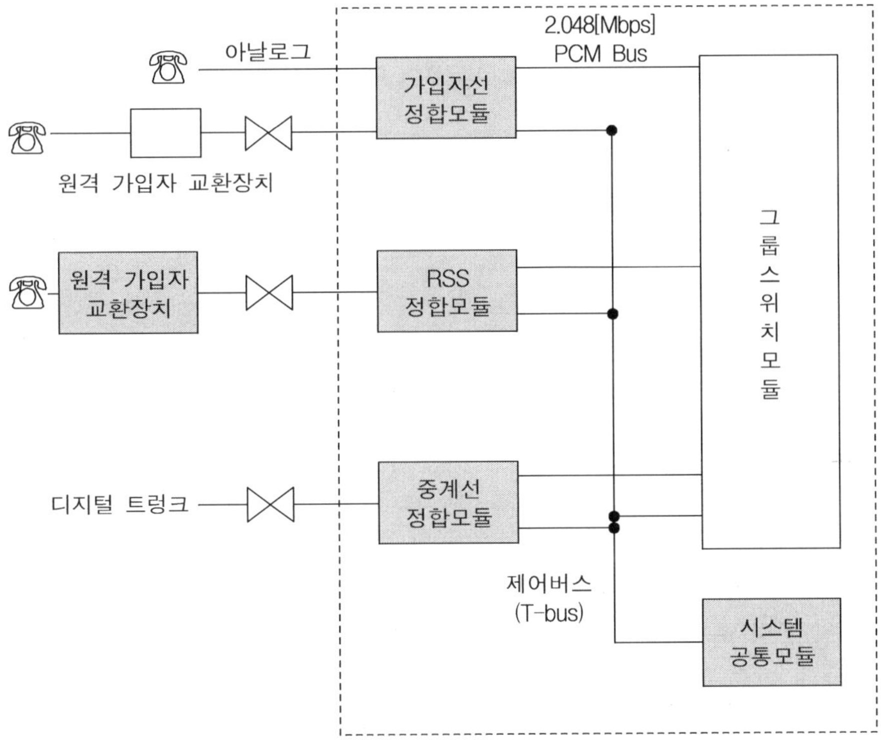

그림 5-26 TDX-1B 교환기의 하드웨어 구조

[3] TDX-10

1990년 대도시형 디지털 교환기로서 TDX-10의 제작이 시작된 후 1991년 설치하기 시작하였다. TDX-10은 기본적으로 10만 가입자 회선을 수용하는 초대형 교환기이며 시내, 시외 탄뎀용이며 음성 및 ISDN용 교환기를 목적으로 하고 있다.

TDX-10의 주요한 특성은 분산처리 방식의 다중 프로세서를 채택하였으며, 광

범위한 지역 적용과 높은 가입용량, 신뢰성을 위한 각 장치의 이중, 3중화와 데이터베이스 관리 시스템의 제공 등이다.

TDX-10은 ASS(Access Switching Subsystem), INS(Interconnection Network Subsystem), CCS(Central Control Subsystem) 등 3개의 서브시스템으로 구성된다.

(1) 접속교환망 서브시스템(ASS : Access Switching Subsystem)

연결망 서브시스템과는 광케이블로 연결되어 있다. 회의 통화, 녹음 안내 장치, T 스위치, 가입자 및 중계선 정합장치 등으로 이루어져 있다.

(2) 연결망 서브시스템(INS : Interconnection Network Subsystem)

ASS 상호간, AAS와 CCS 사이를 연결시켜 주는 공간 스위치(space switch) 기능 및 데이터의 링크 정합 기능, 동기 클럭 생성 및 분배기능을 수행한다.

(3) 공통제어 서브시스템(CCS : Central Control Subsystem)

시스템의 감시와 유지 보수 및 운용자와 시스템간의 상호 대화 기능 등을 담당하는 역할을 수행한다. 시스템 차원의 테스트 및 측정기능과 통계기능, 타 시스템과의 데이터 채널을 연결하는 기능을 수행한다.

(4) TDX-10의 특징 및 제원

(가) 시스템 제원

① 수용가입자 회선 수 : 최대 100,000회선(중계선수가 30,000인 경우)

② 수용중계선 회선 수 : 최대 30,000회선(시외교환기 : 60,000회선)

③ 통화량 처리용량 : 최대 26,000어랑(Erl)

④ 호처리 용량 : 1,200,000BHCA

(나) 통화로망

① T-S-T 스위치망

② S-스위치 용량 : 65,536회선

(다) 제어 방식

① MC68030 마이크로프로세서를 사용하는 다중프로세서 구조

② 상, 하위 프로세서의 2단계 제어계통구조

③ 기능분산제어

(라) 중계선 정합

① 1.544[Mbps]의 T1 전송로

② 2.048[Mbps]의 E1 전송로

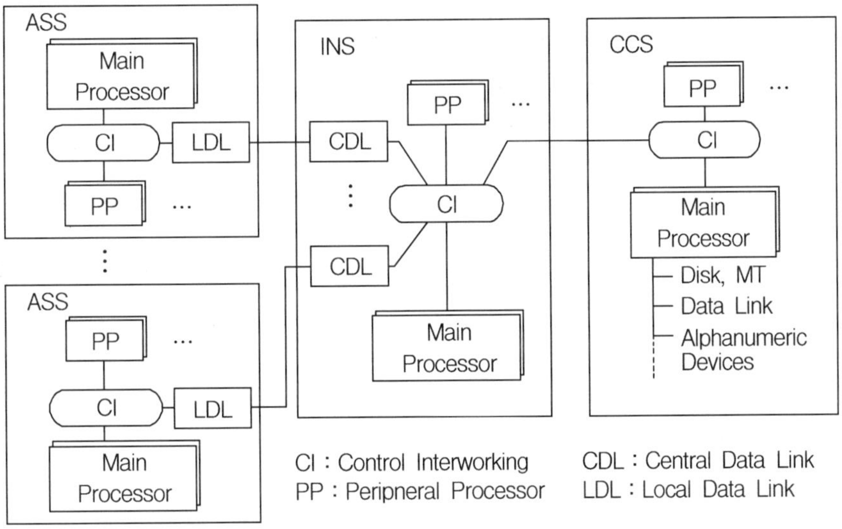

그림 5-27 TDX-10 교환기의 구성

연 / 습 / 문 / 제

1. 음성신호의 신호레벨(음성레벨)에 대해 정의하라.

2. 음성신호에서 데시벨(dB)와 네퍼(Np)의 상관관계에 대해 설명하라.

3. 음성신호에서 절대레벨(0레벨)에 대해 정의하라.

4. 전화기에서 송화기의 동작원리에 대해 설명하라.

5. 전화기에서 송화기의 특성에 대해 설명하라.

6. 전화기에서 수화기의 동작원리에 대해 설명하라.

7. 다이얼의 3요소에 대해 설명하라.

8. 전화기회로에서 브리지식 측음방지회로에 대해 설명하라.

9. 전화기회로에서 부스터식 측음방지회로에 대해 설명하라.

10. 통화스위치에서 공간스위치에 대해 설명하라.

11. 통화스위치에서 시간스위치에 대해 설명하라.

12. 전자교환기에 대해 설명하라.

13. 디지털교환기의 특징에 대해 설명하라.

14. M10CN교환기에 대해 설명하라.

15. NO. 1A. ESS 교환기에 대해 설명하라.

16. 전전자 교환기에 대해 설명하라.

17. NO. 4. ESS 교환기에 대해 설명하라.

18. TDX-1교환기에 대해 설명하라.

19. TDX-10교환기에 대해 설명하라.

20. TDX-10교환기의 특징에 대해 설명하라.

제 6 장

무선통신기기

6.1 개요

무선통신이란 공간을 전파하는 전자기파에 정보를 실어서 전송하는 통신으로 무선 공간을 매체로 이용하기 때문에 유선에 비해 많은 장점을 얻을 수 있으나 다루기 힘들고, 전송거리의 제약, 다른 시스템과의 간섭 문제가 발생할 수 있는 단점이 있다.

무선통신의 기본적인 기기로는 보내고자 하는 정보를 전자기파에 실어서 공간에 방출시키는 무선송신기와 전파되어 도달한 전자기파 에너지에서 원래의 정보를 검출하는 무선수신기가 있다. 무선 송수신기는 변복조 기술, 주파수변환 기술, 무선전파 기술, 필터링 및 주파수 합성 기술을 사용해서 구현한다.

특 징

① 무한한 공간을 전송로로서 사용할 수 있다.
② 이동성이 유선통신에 비해서 좋다.
③ 전송선로의 제약 없이 자유롭게 사용할 수 있다.
④ 대용량이고 광범위한 수신지역을 갖는다.
⑤ 활용 범위가 매우 넓다.
⑥ 다른 통신 시스템과의 간섭이 생긴다.
⑦ 전자파의 주파수 차 및 강도의 차에 의해 간섭을 경감시킬 수 있다.

6 1.1 무선송신기의 기본 구성

무선통신을 하려면 무선송신기(Radio Transmitter)와 무선수신기(Radio Receiver)가 있어야 하며, 무선 주파수대에서 선택된 반송파에 음성신호나 영상신호를 실어서 공간에 방출하여 전파시킨다.

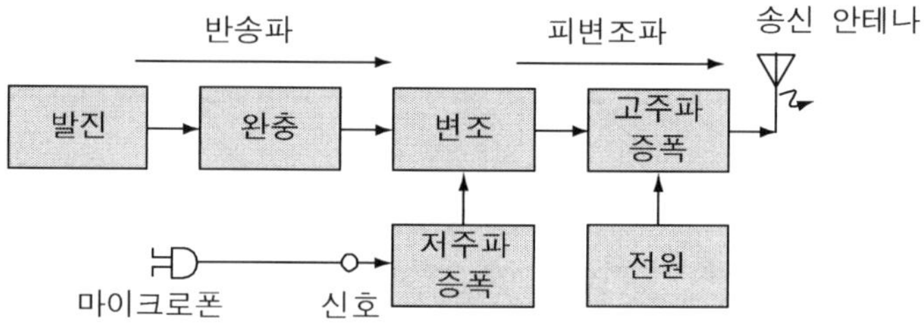

그림 6-1 무선송신기의 기본 구성

6 1.2 무선 수신기의 기본 구성

무선 수신기는 송신기와 반대로 피변조파로부터 음성신호를 검출하여 재생하는 과정으로 가장 많이 사용되는 슈퍼헤테로다인 수신과정은 그림 6-2와 같다.

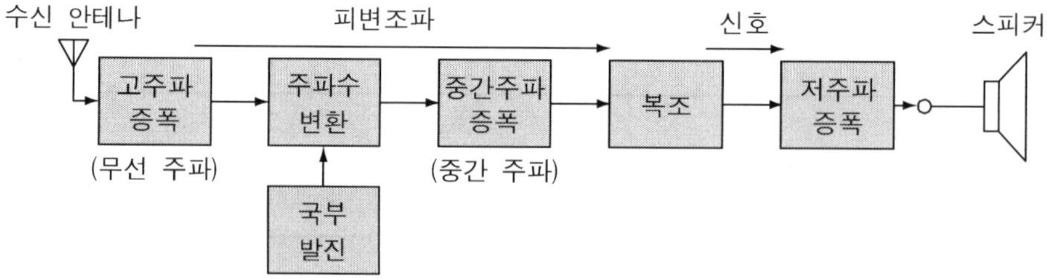

그림 6-2 무선수신기의 기본 구성

6.2 전자파의 기본 원리

무선통신에서 사용되는 전자파의 주파수를 무선주파수(Radio Frequency)라 하며 장파(VLF : Very Low Frequency)로부터 밀리미터파에 이르기까지 폭넓게 분포되어 있다. 지금까지 연구에 의해 밝혀진 전자파의 원리 및 발생을 소개한다.

6 2.1 전자파의 발생

자유공간에 방사된 전기적 에너지를 전자파(Electronic Waves)라고 하며, 간단히 전파(Radio Wave)라 한다. 전파는 Maxwell에 의해 이론적으로 증명되었다. ($\triangle \times E = -\partial B/\partial t, \nabla \times H = J + \partial D/\partial t$)

그림 6-3의 (a)에서 도선에 전류가 흐르면 그 주위에 자계가 발생되는데 암페어의 오른나사 법칙에 의하면 자계와 전계는 일정한 관계가 있다. 그림(b)의 경우 전류와 자계의 관계를 반대로 하면 자계의 방향도 반대가 된다. 반대로 자계의 세기를 변화시키면 그 주위에 전류가 발생되고(파라데이 법칙) 발생된 전류는 자계의 변화를 방해하는 방향으로 흐른다(렌즈의 법칙).

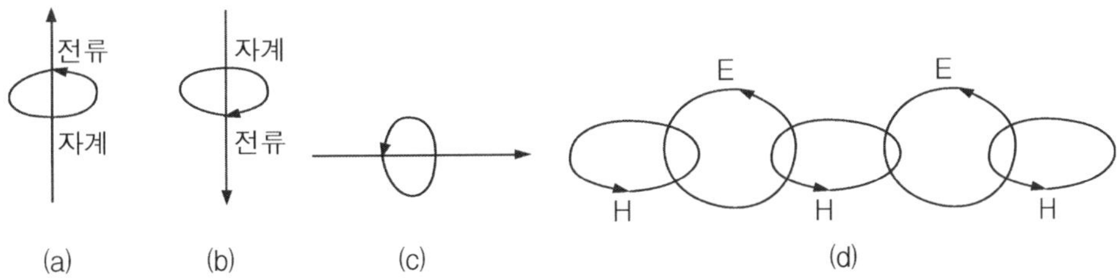

그림 6-3 전자파의 개념

이와 같이 전계와 자계의 변화가 상대적으로 존재하며 이 현상은 도체 내를 흐르는 도전전류 뿐만 아니라 콘덴서와 같이 도체가 아닌 공간 즉, 유전체를 흐르는 변위전류(displacement current)에도 이 두 가지 법칙이 성립한다. 그림(c)에서 전계 E에 의해 자계 H가 발생되고 또 다른 전계, 자계가 연속적으로 발생되는 공간에 전파가 전파된다. 그림(d)는 전계와 자계에 의해 공간에 전파되는 전파의 원리를 보여 준다.

6 2.2 전파의 성질

전계와 자계는 전자파의 진행방향이 서로 직각으로 진행하면서 빛의 속도로 전파된다. 이와 같이 진행하는 파동을 전자파(electromagnetic wave) 또는 전파라 한다. 송신 안테나로부터 진행된 전파는 여러 경로를 통하여 각기 다른 세기로 수신 안테나에 도달된다.

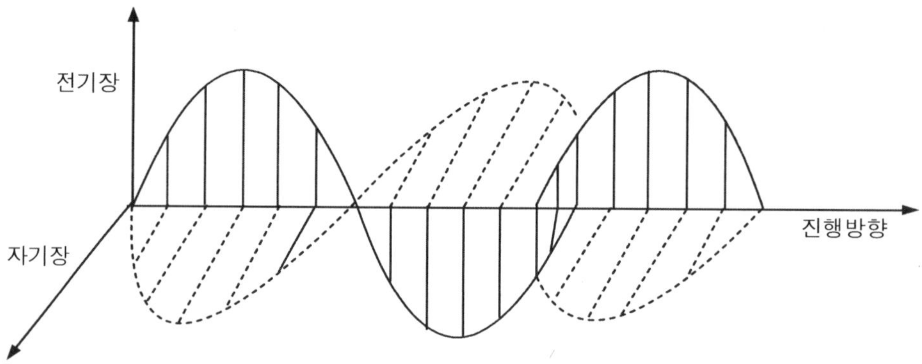

그림 6-4 전기장과 자기장의 관계

특 징

① 동일 매질 중을 전파하는 전파는 직진한다.
② 입사파 및 반사파의 통로는 동일 평면 내에 있고 반사점에 세운 법선에 대하여 반사각과 반사각은 같다.
③ 서로 다른 매질의 경계면을 통과하는 경우에는 굴절한다.
④ 회절현상이 있다.

즉, 공간의 매질이 변화하면 전파는 반사, 굴절, 회절, 산란 등 여러 가지 현상이 생긴다. 또 매질의 변화가 없으면 전파는 직진한다. 이렇게 전파가 공간을 진행하여 나아가는 것을 전파 전파(電波 專播)라 한다.

6 2.3 전파의 분류

전파를 주파수 또는 파장에 따라 분류하면 다음과 같다.

표 6-1 주파수 및 파장에 의한 분류

명 칭	주파수 대역	파 장	비 고
EHF(극초고주파)	30-300[GHz] 이하	1mm	Extremely high Frequency
SHF(초고주파)	3-30[GHz] 이하	1cm	Super high Frequency
UHF(극초단파)	300-3,000[MHz] 이하	10cm	Ulltra high Frequency
VHF(초단파)	30-300[MHz] 이하	1m	Very high Frequency
HF(단파)	3-30[MHz] 이하	10m	High Frequency
MF(중파)	300-3000[KHz] 이하	100m	Medium Frequency
LF(장파)	30-300[KHz] 이하	1,000m	LOw Frequency
VLF(초장파)	3-30[KHz] 이하	10Km	Very low Frequency

전파의 분류는 주파수 및 파장에 의해 분류하였고, 전파의 전달방법을 생각하는 경우에는 전파 경로에 따라 다음과 같이 분류할 수 있다.

그림 6-5 전파 경로에 따른 분류

[1] 지표파

지표면에 따라 전달되고, 지면의 영향을 받는 것

[2] 공간파

① 직접파 : 대지 및 전리층의 영향을 받는 일 없이 직접 공간을 전달되는 것

② 대지반사파 : 대지에 의해서 반사되는 것

③ 대류권파 : 직접파 중 공간 즉 대류권내의 대기상태에 의한 영향을 받아 굴절, 반사 및 산란 등을 발생하는 것

[3] 전리층 반사파

전리층에서 반사되어 재차 지상으로 향하는 것으로 E층 반사파와 F층 반사파 등으로 나뉜다.

[4] 전리층 산란파

전리층에서 산란되는 것

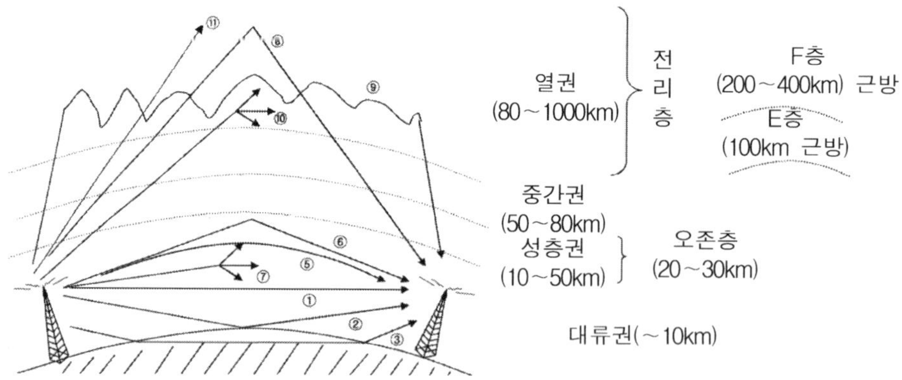

지상파 : ① 직접파, ② 대지 반사파, ③ 지표파 및 회절파(지상의 장애물을 넘어 도달한 파)
공간파 : 대류권파(⑤ 굴절파, ⑥ 반사파, ⑦ 산란파), 전리층파(⑧ 반사파, ⑨ 활행파, ⑩ 산란파) 및 ⑪ 우주파

그림 6-6 전자파의 전파 경로

6 2.4 전리층(Ionosphere)

전리층은 태양에서 복사되는 자외선이나 중성자 혹은 미립자가 지구 상부 층의 대기를 전리하여 이온화된 것이 밀집된 상태이며, 비교적 대기압이 낮은 50~400[Km] 범위의 공간에 존재하는 층으로서 D, E, F층과 산재(Sporadic) E층으로 나눌 수 있다.

- D층 : 지상 약 50~90[Km]에 존재하는 층으로 높이가 가장 낮다.
- E층 : 지상 약 100[Km] 부근에 존재하는 층으로 중파대는 반사되나 단파 이상은 통과한다.
- F층 : 지상 약 230~400[Km]높이에 존재하는 층으로 초단파이상은 통과한다.
- 산재(Sporadic) E층 : E층 부근인 약 100[Km] 영역에 나타나는 전자밀도가 특히 큰 전리층으로 출현시간이 불규칙하다.

F층은 주간에는 F_1과 F_2층으로 나누어지지만 야간에는 하나로 통합되어 F층이 된다. F층의 높이는 주간은 야간보다 낮고 또 여름에는 겨울보다 약간 높으며 전자 밀도는 야간이 감소된다.

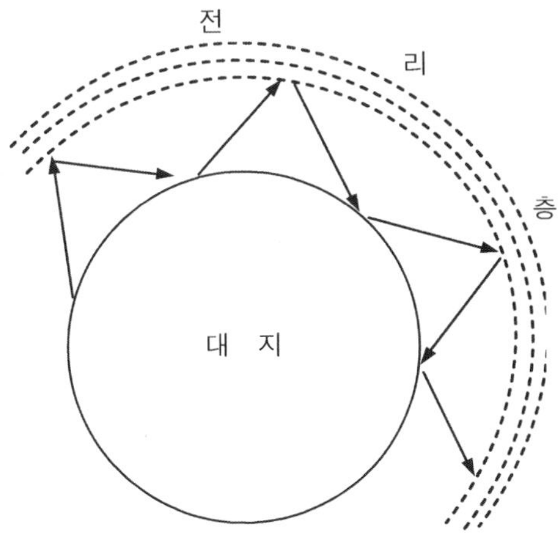

그림 6-7 전리층과 전파의 반사

전리층이 생기는 원인

① 상공으로 올라 갈수록 태양의 자외선이 강해져서 기체의 분자나 원자가 자외선의 영향을 받아 전리를 일으켜 많은 자유전자를 생기게 하고 또 양이온과 함께 무리를 이루어 상공에 퍼져 있는 것이다.

② 태양에서 방사되는 중성자 또는 대전 미립자로 기체분자나 원자와 충돌하여 전리층을 생기게 하는 것으로 생각하고 있다.

이상의 전리층에 대해 요약하면 다음과 같다. 즉, 전자밀도는 F_2층이 가장 높고 그 다음이 F_1, E층의 전자 밀도는 태양광선의 영향을 받아 주간이 야간보다 크지만 F층의 전자밀도는 태양광선의 영향을 별로 받지 않으므로 주야간에 별 차이가 없다.

6 2.5 전파 전파상의 여러 현상

전파의 수신음이 매질의 상태에 따라 변화한다. 즉, 전리층의 이동에 의한 전계강도의 변동으로 페이딩이 생기며 야간에 전리층의 전자밀도상승으로 야간오차의 현상이 있으며 태양면의 폭발에 기인하는 델린저 현상, 자기폭풍(Magnetic storm) 등이 있다.

[1] 페이딩

페이딩이란 전리층의 불규칙한 변동 때문에 발생하는 현상으로, 전파의 수신음이 수초에서 수분 간격으로 커졌다 작아졌다 하는 것을 말한다. 즉, 전파 경로상의 여러 요소의 영향에 의한 간섭 또는 수신 전계강도에 시간적 강약의 변동이 생기는 현상을 말한다. 이 현상은 단파통신에 많이 나타나며 원인에 따라 다음과 같이 분류한다.

(1) 간섭성 페이딩

동일 송신원으로부터 방사된 전파로 경로를 달리하는 것이 수신점에서 서로 간섭하는 것으로, 중파에서의 근거리 페이딩, 단파에서의 원거리 페이딩이 간섭성 페이딩에 해당한다.

(2) 편파성 페이딩

전파가 전리층에서 반사할 때 전리층 변동의 영향으로 반사파의 편파면이 시간적으로 변화하기 때문에 생기는 현상으로 페이딩으로 대단히 불규칙이며 주기는 짧다.

(3) 흡수성 페이딩

전리층에서의 전파의 에너지 흡수가 전자밀도의 변화에 의해 시간적으로 변동하기 때문에 변동하는 현상을 흡수성 페이딩이라 한다.

(4) 도약 페이딩

도약거리 부근에서 전리층 전자밀도의 변화로부터 상공파가 뚫고 나가거나, 반사되어 불규칙적으로 생기는 현상을 도약 페이딩이라 한다.

(5) 선택성 페이딩

전파의 주파수에 의한 전파특성의 차이로부터 생기는 것으로, 수신하려고 하는 주파수 대역 전체에 걸쳐서 생기는 현상을 말한다.

[2] 델린저 현상

단파통신에서 수신 전계강도가 급히 저하하고 수신 곤란이나 수신 불가능해지는 전파의 소실현상을 말하며, 태양 폭발의 발생과 동시에 발생한다. 단파통신이 주간에 갑자기 수분 내지 수 시간에 걸쳐서 수신이 되지 않는 경우가 있는데 이것을 소실현상(fade out) 또는 연구한 사람의 이름을 따서 델린저 현상(Dellinger phenomena)이라 한다.

즉, 태양활동이 왕성해지면 다량의 자외선이 방출되고 이 자외선은 E층과 D층의 전자밀도를 이상 증대시켜 단파대(1.5~20[MHz])의 감쇠를 크게 한다. 따라서 델린저 현상을 막기 위해서는 높은 주파수의 단파를 사용하거나 주간이 아닌 야간에 사용하는 것도 좋다.

[3] 자기폭풍(Magnetic storm)

태양 표면의 폭발이나 태양 흑점의 활동이 심할 때, 지구 자기장이 갑자기 비정상적으로 변화하는 현상을 자기폭풍(magnetic storm) 또는 자기람이라 한다.

자기폭풍이 일어나면 단파통신이 불가능하게 되고, 수 시간 또는 수일간이 지나면 점차적으로 회복된다.

특 징

① 주·야간 관계없이 지구 전역에서 발생
② 지구의 고위도 지방에 나타나고 느린 속도로 발생한다.
③ 지속시간은 비교적 길어 1일에서 2일이 걸린다.

6.3 무선송신기의 구성 및 기능

무선통신을 하기 위하여 안테나에 고주파 전력을 공급하는 기기를 무선송신기라 하며, 송신기란 고주파 에너지를 발생시켜 이것을 증폭하고 체배하여 원하는 주파수로 변조한 후 규정된 출력으로 만들어 공중선을 통해 방사시키는 장치를 말한다.

6 3.1 AM송신기

일반적으로 송신기를 구성하는 요소는 발진부, 증폭부, 변조부, 전원부로 구분되며 그밖에 송신기 보호장치, 보안 및 감시장치 등이 있다.

[1] 발진부

발진부의 발진기는 수정을 진동자로 한 수정진동자가 사용된다. 이것은 수정이 지닌 압전기 현상과 그 기계적 진동특성이 안정하기 때문에 많이 사용되고 있다. 일반적으로 송신기에 사용되는 발진기는 능동소자와 수동소자를 조합하여 구성하는 것이 있으나, 현재는 수정발진기나 PLL 주파수 합성기(Phase Locked loop synthesizer)가 많이 사용되고 있다. 이 합성기는 수정발진기와 같은 주파수 안정도를 유지하면서 매우 많은 주파수를 얻을 수 있는 특징 때문에 많이 사용되고 있다.

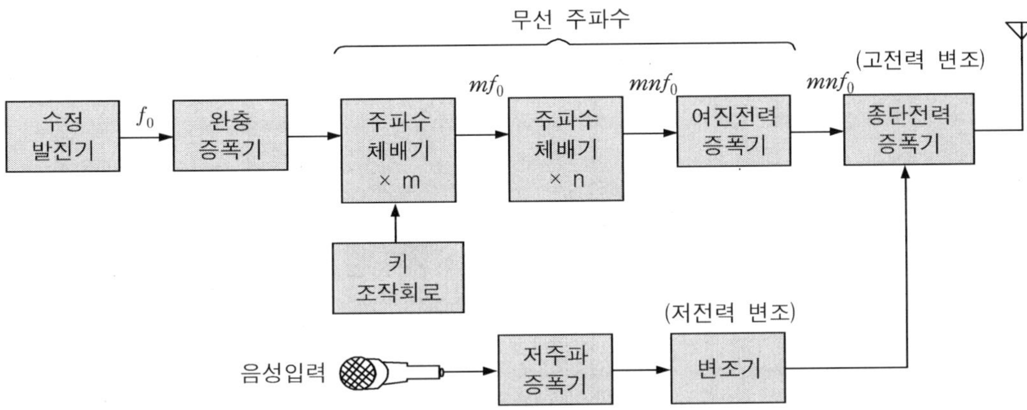

그림 6-8 일반적인 AM송신기의 구성

특 징

① 발진 주파수는 안정도가 높아야 한다.
② 발진 주파수는 안정되고 고조파 함유가 적어야 한다.
③ 발진 주파수의 미세한 조정이 용이하여야 한다.
④ 발진 주파수의 출력은 전원이나, 온도변화에 영향이 적어야 한다.

[2] 완충 증폭부(buffer Amplifier)

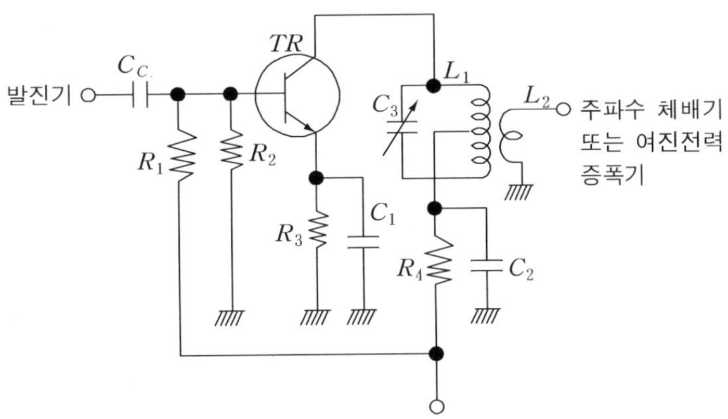

그림 6-9 완충 증폭기

완충 증폭기는 발진부에서 출력된 발진출력이 부하의 변동에 따라서 주파수가 변동하는 현상을 방지하기 위하여, 즉 임피던스 매칭(impedance matching)을 위하여 사용하는 증폭기이지만 증폭률은 거의 1에 가까운 버퍼의 역할을 하는 증폭기이다. 그림 6-9는 완충 증폭부를 나타내고 있다.

[3] 주파수 체배부(frequency multiplier)

높은 주파수가 필요할 때에는 먼저 발진출력을 C급 증폭하여, 증폭된 출력에 포함된 많은 고조파 중에서 원하는 주파수의 고조파만을 공진회로를 이용하여 뽑아내면, 높은 주파수의 신호를 얻을 수 있게 된다. 이를 주파수 체배라 불리며, 필요에 따라 몇 단에 걸쳐 체배를 하기도 한다.

[4] 여진전력 증폭부(driving or exciting power amplifier)

큰 전력의 전파를 방사하기 위하여 종단전력 증폭기는 입력으로서 상당한 세기의 신호를 필요로 하게 된다. 이를 위하여 체배 증폭기를 통해서 얻어진 필요한 발사 주파수의 신호를 종단전력 증폭기를 여진 시킬 수 있도록 증폭하는 증폭기를 말한다.

[5] 종단전력 증폭기(terminal power amplifier)

종단전력 증폭부는 무선송신기의 공중선 전력을 결정하는 곳으로, 이단의 효율에 따라 무선송신기 전체의 효율이 결정된다. 송신기의 증폭단 중에서 마지막 부분에 위치하여 안테나를 통해 방사하기 위한 전력을 증폭하는 부분으로서 큰 출력을 얻을 수 있어야 하기 때문에 보통 진공관 증폭기를 사용한다.

[6] 저주파 증폭기

마이크로폰에서 얻어지는 음성 신호를 전기신호로 변환하여 증폭하는 회로

[7] 변조부

신호입력의 증폭과 함께 반송파를 변조하기 위한 부분으로 변조부의 특성이나 효율에 의해 송신기 전체의 왜율, S/N비, 전력효율 등에 큰 영향을 미친다.

[8] 송신기 보호장치

송신기 동작이 정상 상태에서 벗어나거나 고장을 일으켰을 때 과전류가 흘러 기기를 파손시킬 수 있으므로 자동적으로 회로를 개방시켜 전원을 차단시키는 과부하 계전기와 개폐 스위치, 벼락으로부터 기기를 보호하는 피뢰침 등이 있다.

6 3.2 SSB송신기

단측파대(SSB : single side band) 통신방식은 진폭변조에 의해 생긴 상하측파대 중 한쪽만(상측파 또는 하측파)를 이용하는 통신방식이다. SSB는 반송파와 신호파를 평형변조기에 넣어 생성한 양측파대 신호를 필터링하여 한쪽 측파대만을 빼내는 방식이다.

특 징

① 소비전력이 적다.
② 대역폭이 좁으며, 잡음이 적어 SNR이 좋아진다.
③ 구조가 복잡하고 높은 주파수 안정도를 필요로 하며, 가격이 비싸다.

[1] SSB송신기의 구조

그림은 필터링을 사용한 SSB 송신기의 간단한 구조로, USB(upper sideband) 송신기이다.

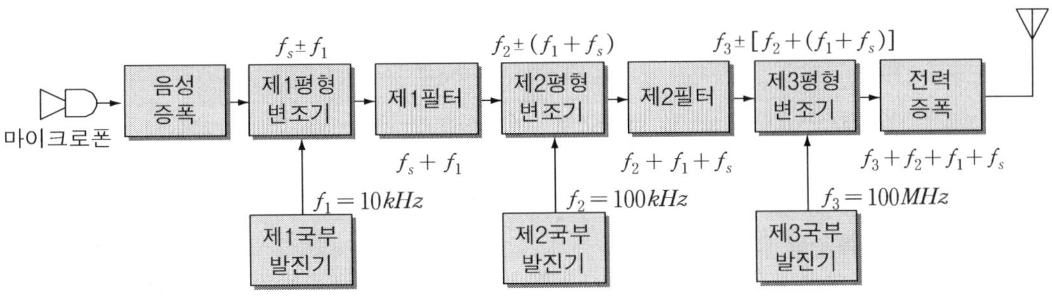

그림 6-10 SSB송신기의 구성

[2] 동작원리

① 구성도에서 제1평형 변조기에 음성 신호와 비교적 낮은 제1국부 반송파를 가하여 부 반송파만을 제거한 출력을 얻는다. 제1대역필터에서는 이 중의 어느 한 쪽 측대파만을 꺼내어 (f_s+f_1) 제2평형 변조기에 가한다.

② 제2국부 발진기는 더욱 높은 주파수를 발생시켜 변조기에 가한 후 제2필터에 같은 과정으로 단측파 대 $(f_2+(f_s+f_1))$만을 꺼낸다.

③ 발사 주파수의 반송파에 해당하는 제3국부 발진기의 출력을 제3평형 변조기에 가하면 상·하 측대파가 출력에서 생기지만 한쪽의 측대파만을 동조회로에서 분리하고 증폭한 후 필요한 전력을 발사하게 된다.

[3] SSB 방식의 특징

장 점

① 점유주파수 대역폭이 1/2로 줄어든다.
② 적은 송신전력으로 양질의 통신이 가능하다.
③ 송신기의 소비전력이 적다.
④ 선택성 페이딩에 의한 영향이 적다.
⑤ S/N비가 개선된다.
⑥ 송신기가 소형 경량이다.

단 점

① 송수신기의 회로가 복잡하다.
② 높은 주파수 안정도를 필요로 한다.
③ 가격이 비싸다.

6 3.3 FM송신기

FM송신기 회로는 AM송신기와 다르나 근본적으로는 같다. 즉, 반송파를 만드는 발진기, 마이크와 저주파 증폭기 그리고 전력 증폭부 등은 같다. 그러나 잡음을 줄이기 위한 프리엠퍼시스 회로는 반드시 사용된다.

[1] 직접 주파수 변조 방식(직접 FM 방식)

직접 FM 방식이란 반송파의 주파수를 정보신호로 직접 변화시키는 방식으로, 전압제어발진기(VCO : voltage-controlled oscillator)의 가변 리액턴스 소자(가변 용량 다이오드, 리액턴스 트랜지스터 등)에 정보신호를 인가하여 커패시턴스 또는 인덕턴스의 값을 변화시킴으로써 발진 주파수를 직접 변화시키는 방법이다. 이 방법은 반송파의 안정도 저하를 막기 위해 AFC(automatic frequency control) 회로가 필요하다.

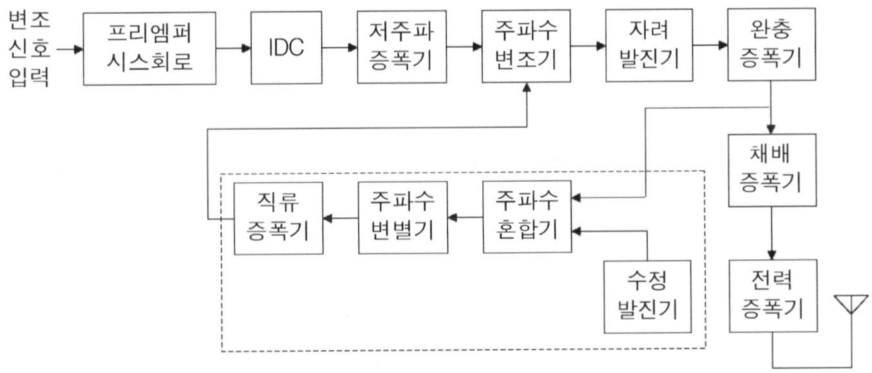

그림 6-11 직접 주파수 변조 방식에 의한 FM송신기 구성의 예

특 징

① 반송파 주파수의 안정도가 떨어진다.
② 주파수 편이를 크게 한다.
③ FM 방송기나 텔레비전의 음성 송신기로 사용되고 있다.

(1) 프리엠퍼시스 회로

음성 신호의 높은 주파수 성분이 강조되어 IDC 회로에 인가, 주파수에 대한 S/N비를 개선하기 위해 변조시 높은 주파수 성분을 강조

(2) 순시변위제어(IDC) 회로

최대 주파수 변위가 규정 값을 넘지 않도록 진폭을 제한하는 회로

(3) 주파수 변조부

저주파 신호로 반송파의 주파수를 변화시키는 회로로 전압제어발진기(voltage-controlled oscillator)로 구성한다.

(4) 자려(self) 발진기

자기의 출력을 자기의 입력에 정귀환시켜 발진시키는 발진기. 보통 귀환 루프의 어딘가에 공진회로가 있다. frequency tripler or doubler, 부궤환 발진기, 하틀리 발진기, 콜피츠 발진기

(5) 주파수 체배부(frequency multiplier)

FM파를 원하는 RF 주파수로 전이(shift) 시키는 회로

(6) 전력증폭단

고주파 신호를 원하는 전력 세기로 증폭

(7) AFC(automatic frequency control) 회로

궤환 루우프를 구성하여 출력 주파수의 변동이 생기면 입력을 조정하여, 출력 주파수가 일정하게 유지되도록 제어하는 회로파.

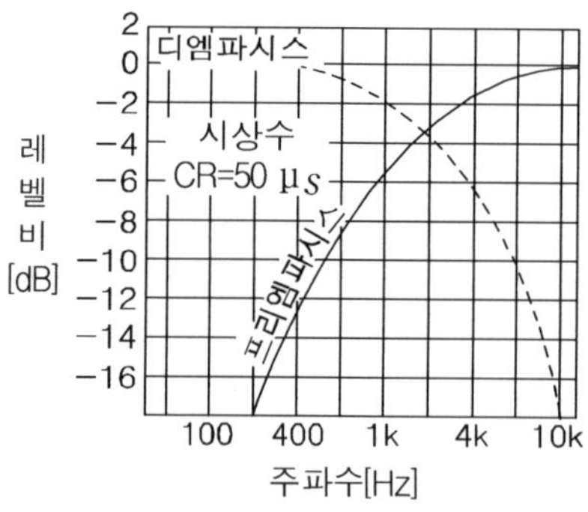

(a) 특성의 예

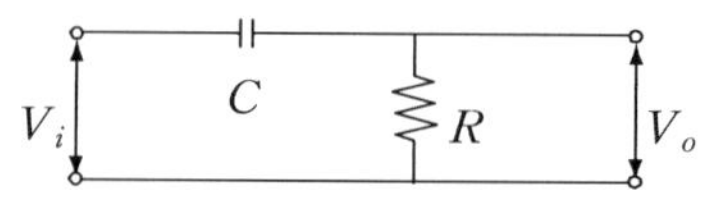

(b) 프리엠파시스 회로

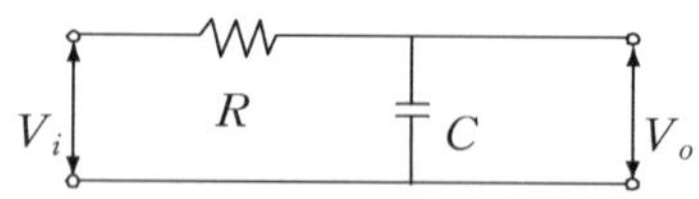

(c) 디엠파시스 회로

그림 6-12 프리엠파시스/디엠파시스 회로

[2] 간접 주파수 변조 방식(간접 FM 방식)

간접 FM 방식은 반송파의 위상을 정보신호로 변화시켜 이것을 주파수 변조파

로 변환하는 방식으로, 전치보상회로를 통한 정보신호를 PM 변조기에 인가하여 FM파를 얻는다. 즉, E.H. Armstrong이 개발한 것으로 변조신호를 적분하고, 이를 위상변조하여 주파수변조를 하는 것을 간접 FM 변조라 한다.

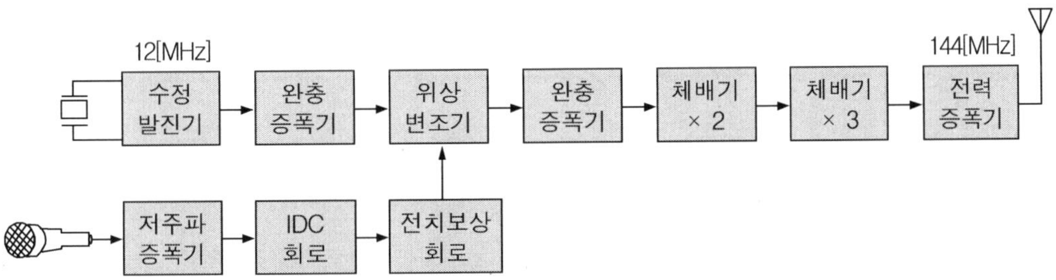

그림 6-13 간접 주파수 변조 방식에 의한 FM송신기 구성의 예

특 징

① 수정 발진기를 이용한다.
② 주파수 안정도가 높다.
③ AFC회로가 불필요하여 기기가 간단하다.
④ 주파수의 안정도가 높아 초단파대의 이동 무전기에 사용되고 있다.

(1) 전치보상회로

전치 보상회로는 미분회로, 리미터 회로, 적분회로 및 완충 증폭기로 구성한다. 미분회로는 프리엠파시스 회로, 리미터회로는 순시변이 제어(IDC : instantaneous deviation control) 회로의 역할을 하며, 적분 회로는 정보신호를 적분하여 위상변조를 통해 주파수 변조신호를 얻기 위해 사용한다.

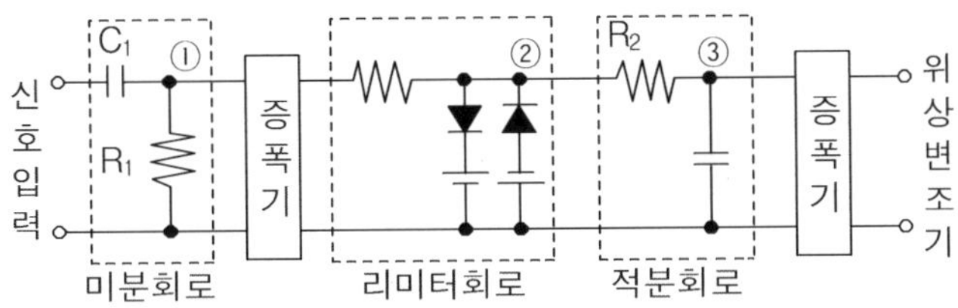

그림 6-14 전치보상회로

(2) 순시변이제어(IDC) 회로

주파수 변조에서는 최대 주파수 편이가 제한되어(예, FM라디오 25[kHz]) 있고, 이것을 넘으면 대역폭이 넓어져서 다른 통신에 방해를 주게 된다. 그래서 진폭이 큰 신호에 의해 주파수 변이가 과대하게 되는 것을 방지하기 위해 정보신호의 크기를 제한시키는 순시변이제어(Instantaneous Deviation Control, IDC) 회로를 사용한다. 신호의 진폭을 제한하기 위한 회로는 그림 6-14의 ②와 같이 리미터 회로로 구성한다.

6.4 무선수신기의 구성 및 기능

6 4.1 AM수신기

송신기에서 만들어진 변조파는 공중선을 통해 공간에 전파하고, 이 전파된 변조신호를 수신하여 가청주파수로 변환시키는 장치를 말한다. 수신 안테나로부터 수신된 신호를 필요한 신호만 추출해내는 선택기와 선택된 신호로부터 피변조파의 peak 값을 검출해 내는 포락선 검파를 하는 검파기와, 이를 적당히 증폭을 하는 저주파증폭기로 구성된다.

그림 6-15 AM수신기

[1] 수퍼헤테로다인(Superheterodyne Receiver)의 구성과 원리

수퍼헤테로다인 방식은 국부발진기의 주파수를 수신신호의 주파수와 다르게 사용하는 방식으로 중간주파수(455[KHz]) 만큼 높도록 조정을 한다. 혼합기(mixer)와 대역통과필터(BPF)로 중간주파수 신호를 만들고, 이 신호를 검파하여 원래의 정보신호를 복원하는 방식이다.

(1) 고주파 증폭부

수신기의 공중선 입력단자와 초단증폭기의 입력 측을 정합하는 입력회로와 고주파 증폭회로로 구성된다.

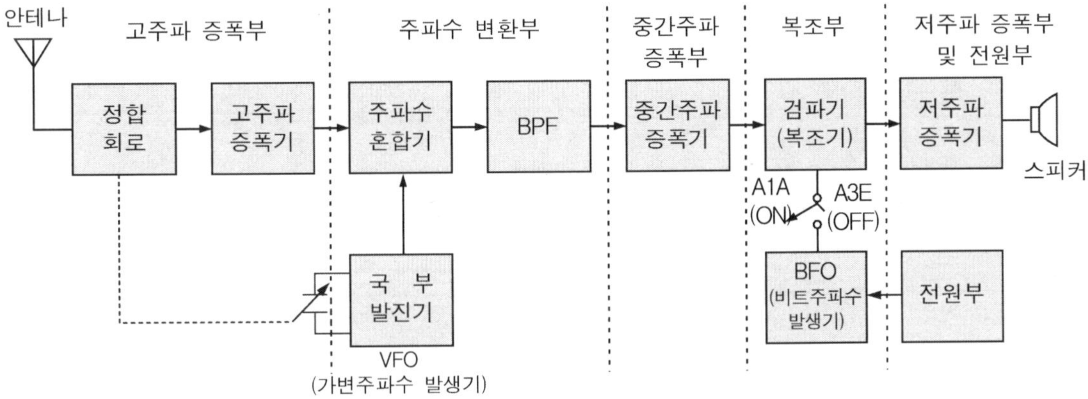

그림 6-16 수퍼헤테로다인 수신기

① 정합회로 : 수신 안테나와 고주파증폭기의 임피던스를 정합하고 수신신호를 동조시키는 회로로, 수신신호 선택을 위한 동조회로와 대역통과필터로 구성된다.

② 고주파 증폭기 : 정합회로로부터 입력된 미약한 전파를 저잡음 증폭기(LNA)로 증폭하여 수신감도를 향상시키고, 수신기 전체의 S/N비를 결정하는 전치증폭기 역할을 한다.

(2) 주파수 변환부

주파수 변환부는 고주파 증폭기로부터 출력된 신호와 국부 발진기 신호를 혼합(mixing) 하여 중간주파 신호를 생성한다. 수신기에서 중간 주파수를 사용하면, 낮은 주파수에서의 검파에 의한 선택도가 향상되고 높은 수신감도를 얻을 수 있다. 하지만 안정된 국부발진기를 사용해야 한다.

① 국부발진기(LO : Local Oscillator) : 중간 주파수를 만들기 위하여 사용하고, 수신하고자 하는 무선 주파수보다 중간 주파수 만큼 높도록 안정되게 조절되도록 해야 한다.

② 주파수혼합기(Frequency Mixer) : 수신 신호와 국부 발진기 신호를 곱해서

합과 차의 주파수 성분을 발생시키는 회로이다. 이를 위해 혼합기(mixer)라는 소자를 사용하고 두 신호의 곱의 파형을 출력하는 평형변조기의 기능과 같다.

(3) 중간주파 증폭부

중간주파수(455[KHz])로 증폭하는 회로이다. 2단 증폭을 하고 감도를 증가시킴과 동시에 중간주파 변성기를 사용하여 그 감쇠특성에 의해 인접 주파수에 대한 선택도를 좋게 할 수 있다. 중간주파 증폭기는 주파수 선택도를 개선하기 위하여 동조 증폭회로가 사용된다.

중간주파수를 높게 설정할 때

① 인입현상 영향 개선
② 영상 주파수 관계 개선
③ 전송대역주파수 특성 개선

중간주파수를 낮게 설정할 때

① 감도 및 안정도개선
② 단일 조정(Tracking)을 잡기용이
③ 근접 주파수 선택도가 개선

(4) 검파부(복조부)

중간주파수에서 원신호인 가청주파수를 분리하는 회로이며 고주파에서 저주파를 검출한다. 슈퍼헤테로다인 방식에서는 반도체 다이오드를 사용한 직선검파기가 사용된다.

(5) 저주파 증폭부

복조된 신호는 가청주파수(Audio Frequency Amplifier)내의 신호이고 이를 출력부인 스피커를 구동시킬 수 있는 레벨로 증폭하는 증폭기이다. 일반적으로 간단히 CR접합에 의한 저주파 증폭회로를 사용한다.

(6) 전원부

각 회로소자들의 동작에 필요한 전력을 공급하는 부분으로서 다음 조건을 만족해야 한다.

① 전압 변동률이 적은 정전압 안정화 회로일 것

② 리플 함유율이 적을 것

[2] 수퍼헤테로다인 수신기의 특징

장 점

① 수신기의 이득이 높다.
② 선택도가 높다.
③ 수신 주파수에 관계없이 수신감도와 선택도가 거의 일정하다.
④ 고충실도를 얻을 수 있다.

단 점

① 영상주파수 방해를 받을 수 있다.
② 회로가 복잡하고 조정이 어렵다.
③ 국부 발진기의 안정도가 고주파에서 저하된다.

6 4.2 SSB수신기

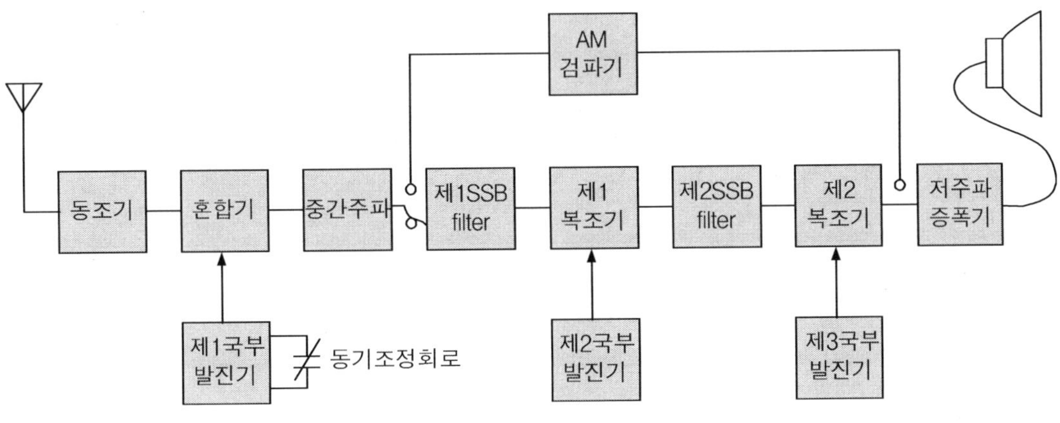

그림 6-17 SSB수신기의 구성도

SSB수신기의 기본 원리는 AM수신기의 원리와 마찬가지로 공중선에 유기된 미약한 기전력 중에서 희망하는 주파수만을 선택하여 이것을 증폭하고, 주파수변환기에 의하여 중간주파수로 바꾼 다음 충분한 증폭을 하여 복조(검파기)기에서 송신기의 변조절차를 반대로 하여 신호파를 뽑아내는 것이다.

새로운 반송파를 동기반송파라고 하는데 송신측의 반송파와 차이가 나면 파형이 일그러진다. 이것을 해결하기 위해 제1국부 발진회로에 병렬로 작은 콘덴서를 접속하는데 이것을 동기 조정용 콘덴서라고 한다.

[1] 구성

SSB수신기는 AM수신기와 비슷한 원리이다. SSB수신기의 복조 방식은 SSB 송신기의 변조 방식을 반대로 생각하여 하측파대만을 뽑아내면 된다. SSB수신기의 보조회로는 AGC회로, 잡음제한기(noise limiter) 회로 또는 필요에 따라 AFC 회로 등이 사용된다.

[2] 동작원리

① 국부발진기의 발진주파수는 송신측과 같게 한다.

② 공중선에 들어간 SSB파는 고주파 증폭부에서 증폭된 후, 주파수 변환기에 들어가 제1국부 발진기 출력과 혼합되어 중간주파수로 떨어져서 중간주파 증폭단으로 들어간다.

③ BPF에 의해서 중간주파 증폭기에서의 출력 중에 필요한 대역만을 제2 복조기로 보낸다. 같은 방법으로 헤테로다인을 검파하면 제3 복조기 출력으로 원신호를 얻을 수 있다.

[3] SSB수신기의 특징

① SSB는 J_3E(억압반송파)이므로, 수신측에는 반송파와 거의 같은 국부 반송파 발진기를 필요로 한다.

② 반송파와 국부반송파의 주파수가 다르면 검파 출력파형에 일그러짐(distortion)이 생겨서 명료도를 저하시키므로 이들 두 주파수를 동기 시키기 위해 동기조정회로(Speech clarifier)나 자동 주파수 조정회로(AFC)가 필요하다.

③ SSB 수신기의 통과 대역폭이 DSB의 경우에 1/2이므로 잡음출력도 DSB에

비해 1/2이다.

④ 장치가 복잡하고 가격이 비싸다.

[4] 동기조정 회로

SSB 전파를 수신할 때 반송파와 국부 반송파가 다르면 검파 출력에 찌그러짐이 발생한다. 그러므로 국부 반송파의 주파수를 수동으로 미세하게 동기를 조정하는 회로이다.

6 4.3 FM수신기

AM수신기와의 주요 차이점은 진폭제한기, 스켈치 회로, 광대역 증폭부, 디엠파시스 회로, 주파수 변별기 등이 다르다.

[1] FM수신기의 구성

공중선에 연결된 동조회로와 중간주파 증폭기를 살펴보면, 기본적인 FM 수신기는 수퍼헤테로다인 AM 수신기와 같으나 리미터와 주파수 변별기, 그리고 디엠파시스 회로 등은 다르다.

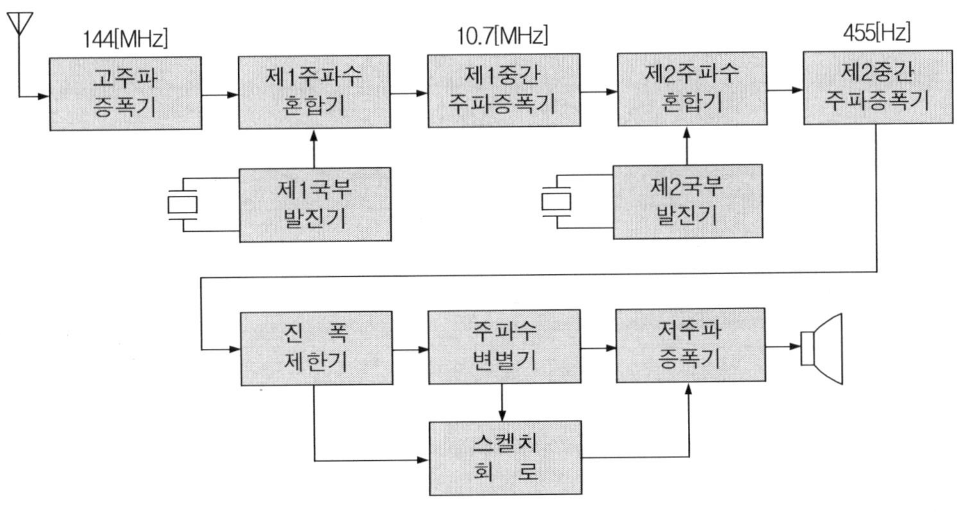

그림 6-18 통신용 FM수신기 구성의 예

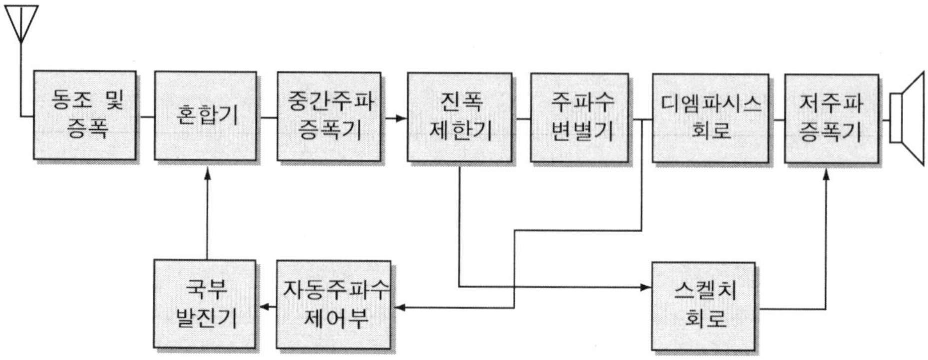

그림 6-19 FM수신기의 기본 구성

[2] 동작원리

(1) 진폭제한기(Limter)

수신한 FM파는 전파되어 오는 중간에 잡음이나 혼선이 유입되어 본래의 FM파 외에 AM성분이 포함되어 있으므로 이것을 그대로 복조하면 출력에 잡음이나 찌그러짐이 생기므로 진폭성분(AM파)만을 제거하고 일정한 진폭이 된 FM파를 얻기 위해 사용한다. 즉, 무선통신에서 발생하는 페이딩이나 잡음 등에 의하여 발생되는 진폭의 변화를 제거하는 역할을 한다.

(2) 주파수 변별기(frequency discriminator)

AM 수신기의 검파부에 해당되는 동작을 하는 것으로, FM파의 주파수 변화를 진폭의 변화로 바꾸어서 정보신호를 검출하는 회로이다. 주파수 변별 방식은 RLC 소자로 간단하게 구현되므로 FM 신호를 복조하는데 많이 사용하며, 그 외에 포스터-실리(foster-seeley) 검파, 비 검파기(ratio detector), 위상 판별기 방식이 있다.

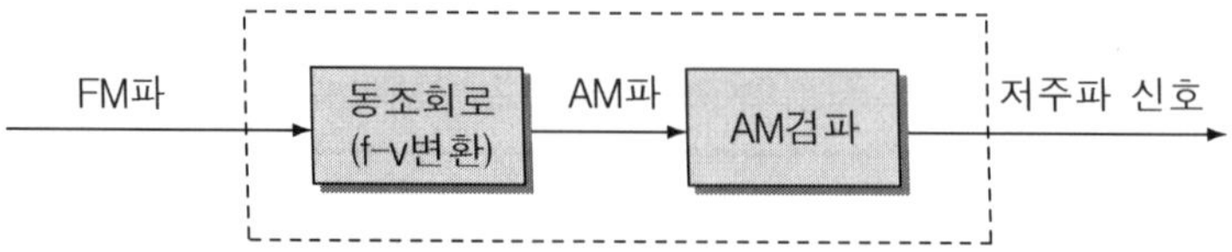

그림 6-20 주파수 변별기 구성

(3) 디엠파시스 회로(De-emphasis circuit)

FM 방식에서는 변조지수가 클수록 S/N비가 개선된다. 송신측에서 변조신호 주파수에 대한 S/N비를 개선하기 위하여 변조 시 높은 신호파를 강조(emphasis)해서 송신한다. 반대로 수신측은 높은 주파수 성분을 억압하고 원래의 신호를 충실히 재생할 수 있다. 이 회로가 디엠파시스 회로이다.

(4) 스켈치 회로(squelch circuit)

FM수신기는 무선 신호가 수신되지 않을 때, 진폭제한기의 무한이득 증폭 특성 때문에 큰 잡음이 출력되게 된다. 이 잡음은 귀에 거슬리며, 다른 회선에도 간접 방해를 주기 때문에 반송파가 없을 경우, 또는 수신기 입력 레벨이 일정값 이하가 되었을 경우에 음성 출력을 절단하는 회로이다.

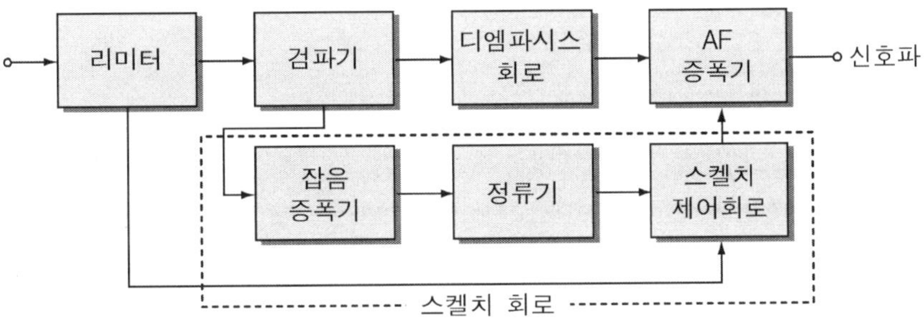

그림 6-21 스켈치 회로

(5) FM수신기의 특징

① 수신주파수 대역폭이 넓다.

② 진폭제한 회로가 있어 S/N비가 개선된다.

③ 주파수 변별기로서 검파한다.

④ 수신 전계의 변동이 심한 이동 무선에 적합하다.

⑤ 디엠파시스 회로가 있다.

연 / 습 / 문 / 제

1. 무선통신에 대해 정의하고, 그 특징에 대하여 설명하라.

2. 무선통신의 기본 원리를 정의하고, 전파의 발생에 대하여 설명하라.

3. 전파 전파(電波 專播)를 정의하고, 전파를 통로에 따라 분류하라.

4. 전리층의 종류를 기술하고 각각에 대해 설명하라.

5. 페이딩의 기본 원리를 정의하고, 각각에 대하여 설명하라.

6. 델린저 현상에 대하여 설명하라.

7. 자기폭풍에 대하여 설명하라.

8. AM송신기의 구성도를 나타내고, 그 동작원리에 대하여 설명하라.

9. AM송신기에서 발진주파수의 조건에 대하여 설명하라.

10. AM송신기에서 완충증폭기에 대하여 설명하라.

11. FM송신기의 구성도를 나타내고, 각각의 기능에 대하여 설명하라.

12. FM송신기에서 프리엠파시스와 디엠파시스 회로에 대하여 설명하라.

13. SSB송신기의 구성도를 나타내고, 동작원리에 대하여 설명하라.

14. SSB 방식의 특징에 대하여 설명하라.

15. AM수신기의 구성도를 나타내고, 동작원리에 대하여 설명하라.

16. 수퍼헤테로다인 수신기의 특징에 대하여 설명하라.

17. FM수신기의 구성도를 나타내고, 기능에 대하여 설명하라.

18. FM수신기의 특징에 대하여 설명하라.

19. SSB수신기의 구성도를 나타내고, 그 특징에 대하여 설명하라.

20. FM수신기에서 스켈치회로와 디엠파시스 회로에 대하여 설명하라.

제 7 장

이동무선통신기기

7.1 개요

80년대 초에 대중화된 이동통신은 인간의 욕구를 생활하는 환경에서 이동하면서 구현할 수 있으며, 이동성에 필요한 무선통신이 가장 적합하고 효율적으로 사용하고 있다. 이동통신은 무선 전송매체인 자유공간을 이용한다. 이동통신의 궁극적인 목표는 휴대 전화를 이용하여 인간의 지속적인 생활 영역의 확대욕구와 시간과 공간의 제약을 극복할 수 있는 통신수단의 욕구에 부응하여 새로운 통신영역으로 급속한 발전을 갖고 있다.

이동무선통신은 사용 장소에 따라 육상이동무선, 해상이동무선 및 항공이동무선으로 나눌 수 있고, 용도에 따라 공공 업무용과 일반 업무용으로 분류한다. 이동무선통신은 차량전화, 휴대전화(cell phone), 주파수공용통신(trunked radio system), 무선호출(pager), 항공통신, 선박통신 등 다양한 서비스의 제공뿐만 아니라 기술개발, 단말기의 소형 경량화 등을 통하여 수요가 급증하고 있다. 그림 7-1은 서비스 관점에서의 이동무선통신을 분류한 것이다.

이동무선통신에서 원거리인 경우는 장파, 중파, 단파가 이용되고, 좁은 통신 범위에서는 초단파(VHF)나 극초단파(UHF)대에 해당되는 60MHz, 150MHz, 400MHz, 800MHz, 1.7~1.8[GHz] 및 2[GHz]대가 이용되고, 사용 주파수대는 점점 높아지는 추세다.

- 전기통신사업
  - 육상이동통신
    - 무선통신(CT)
    - 이동전화(Mobile Phone)
    - 무선데이터통신
    - 주파수공용통신(TRS)
  - 해상이동통신
    - 항만무선통신
    - 선박통신
  - 항공이동통신
    - 공항무선전화
    - 항공기 무선전화
  - 위성이동통신
    - INTELSAT
    - INMARSAT
- 자가통신
  - 공중 사업용
    - 경찰/소방/도로/공항/방재/긴급구조
  - 일반 업무용
    - 콜택시
    - 자가 업무용 TRS
    - 무선 LAN/PABX
    - 아마추어 햄
    - 생활무선
    - 기타

그림 7-1 이동무선통신의 서비스별 분류

표 7-1 통신사업별 주파수 할당(국내)

서비스	주파수대역(MHz)	대역폭
이동전화(IS-95A)	상향 824~849 하향 869~894	25MHz x 2
무선데이터통신(무선전용패킷망)	상향 898~900 하향 938~940	2MHz x 2
주파수공용통신(TRS)	상향 811~821 하향 856~866	10MHzx 2
	상향 376.5~381.5 하향 394.5~399.5	5MHz x 2
개인휴대통신(PCS, CDMA2000)	상향 1750~1780 하향 1840~1870	30MHz x 2
무선호출(POCSAG Pager)	단방향 161.2~169.0 단방향 322.0~328.6	1.325MHz 6.6 MHz
양방향 무선호출	상향 923.55~924.55 하향 317.9875~320.9875	900kHz 2MHz
발신전용휴대전화(CT-2)	양뱡향 910~914	4MHz
무선가입자회선(WLL)	상향 2,300~2,330 하향 2,370~2,400	30MHz x 2

광대역 WLL(B-WLL)	상향 24,252~24,750 하향 25,500~26,700	500MHz 1,200MHz
WCDMA(IMT-2000)	상향 1920~1980 하향 2110~2170	60MHz x 2
휴대인터넷(Wibro)	상향 2300~2330 하향 2370~2400	30MHz x 2
LTE(3GPP)	KT SKT LGU+ 800 ○ ○ ○ 900 ○ × × 1800 ○ ○ × 2100 × × ○	 10MHz, 20MHz x 2 20MHz 20MHz x 2 20MHz
4G(IMT-Advanced, LTE-Advanced) (2013년 추진)	1800 2600	60MHz 80MHz

7.2 육상이동통신

육상이동통신은 무선전화, 휴대전화, 무선 데이터통신, 주파수 공용 통신 등으로 구분할 수 있으며, 자가 통신 시스템은 경찰, 소방, 도로, 공항, 방재, 긴급구조용으로 구분되는 공공 업무용과 콜택시, 자가 업무용 TRS, 무선 LAN, 아마추어 햄 등으로 구분되는 일반 업무용 등이 있다.

7 2.1 셀룰러 시스템

휴대용 전화기는 초기에 차량용 전화기가 주종으로서 수동 교환 식에서 주파수 재사용을 위한 지능형 셀룰러 시스템이 대표적인 예이다. 이 방식은 서비스 지역을 여러 개의 셀(cell)로 나누어서 셀마다 인접한 셀과 다른 주파수가 할당된 하나의 기지국을 설치하여 동일한 주파수를 재사용할 수 있도록 하는 방식이다.

이때 하나의 무선 기지국에 의한 서비스 지역을 셀(cell)이라고 하며, 이렇게 서비스 지역을 셀로 나누어서 서비스하기 때문에 셀룰러 시스템이라고 한다.

이 시스템은 무선채널을 통하여 이동 중인 가입자와 정보를 주고받는 통신 시스템이므로 대부분의 통화가 공중 통신망(PSTN)을 통하여 이루어지므로 셀룰러 이동전화망의 구조는 PSTN 구조와 밀접한 관계가 있다. 또한 통화권은 반경 2~20[km] 정도의 소무선구역(Cell)의 통화권으로 세분되고, 각 셀마다 저출력의 무선 기지국을 설치하여 인접 무선국과의 상호간섭을 받지 않도록 하고 있다. 그러므로 인접하지 않은 무선국은 같은 주파수를 재사용할 수 있으므로 통화량을 대폭 늘릴 수 있고, 무선회선의 사용을 극대화할 수 있다.

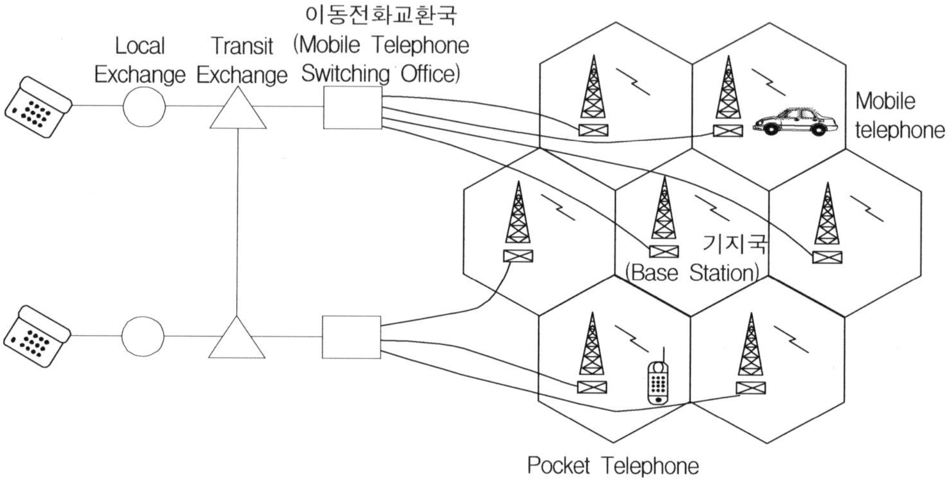

그림 7-2 이동통신 시스템의 기본 구성

그리고 통화중인 차량전화가 통화권을 지나 다른 무선국 권내로 진입하면 차량 자동교환기가 무선으로 원격 제어되는 데이터 신호에 의해 통화가 걸려 있지 않은 다른 통신회선에 연결시키므로 셀이 바뀌어도 계속 통화를 할 수 있도록 되어 있다.

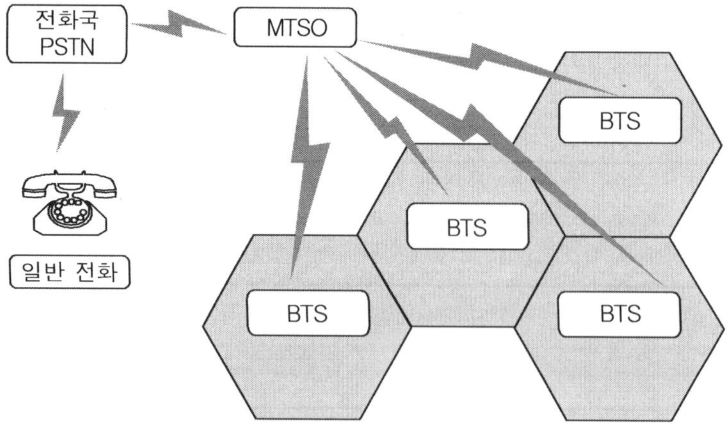

그림 7-3 셀룰러 시스템

그러나 여러 개의 셀을 다시 세분화하여 주파수대역을 증가시키지 않고 통화량을 증가시킬 수 있게 한 셀룰러 시스템은 주파수의 재사용량은 높으나 동일 주파수간에 간섭현상이 나타나서 통화품질의 저하요인이 된다.

국내 이동통신은 1984년 Cellular(소무선 구역분할) 방식의 서비스를 시작으로 미국의 Motorola사와 AT & T사의 교환기를 사용한 미국의 아날로그 AMPS (Advanced Mobile Phone System) 방식으로 업무를 제공하였다. 정부는 1989년부터 1994년까지 이동통신 기술개발계획을 한국전자통신연구소를 중심으로 교환장치, 단말기 등을 개발키로 하고 막대한 물량의 인원과 연구비를 지원하였으며, 디지털 방식인 CDMA 방식으로 연구 개발하여 현재 상용화되고 있다.

셀룰러 시스템은 먼저 기존의 공중 통신망(MTSO)에 접속되고 무선 통신 전체를 제어하는 MTSO(Mobile TeleCommunication Switching Office)와 기지국 (BTS : Base-station Tranceiver Subsystem or cell site)이 필요하게 된다.

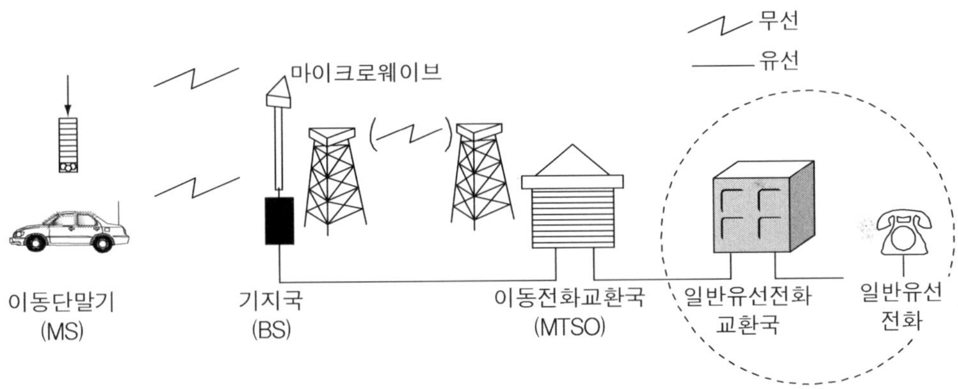

그림 7-4 셀룰러 이동전화 시스템의 구성도

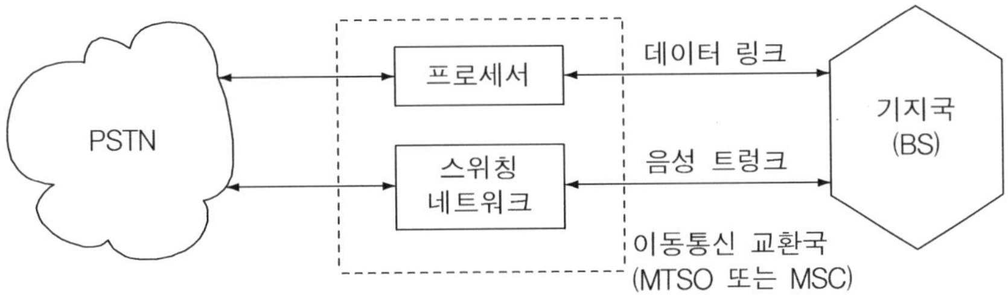

그림 7-5 MTSO의 구성도

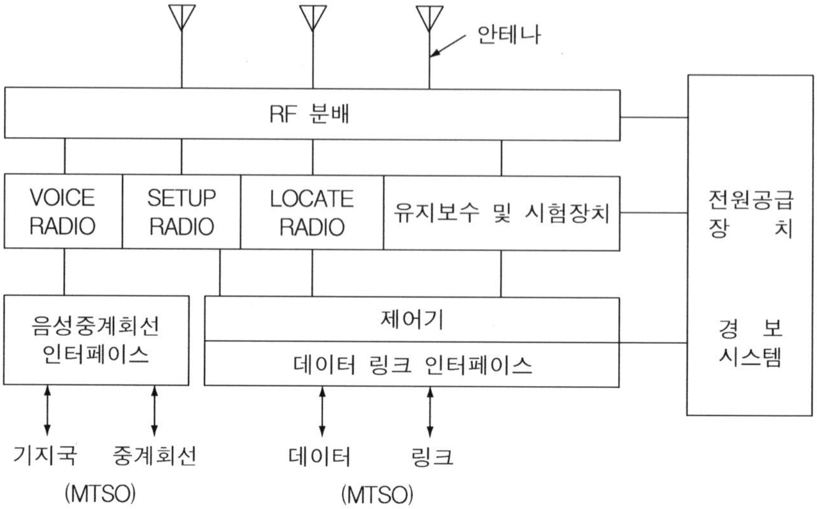

그림 7-6 기지국(BS)의 구성도

[1] 셀(Cell)

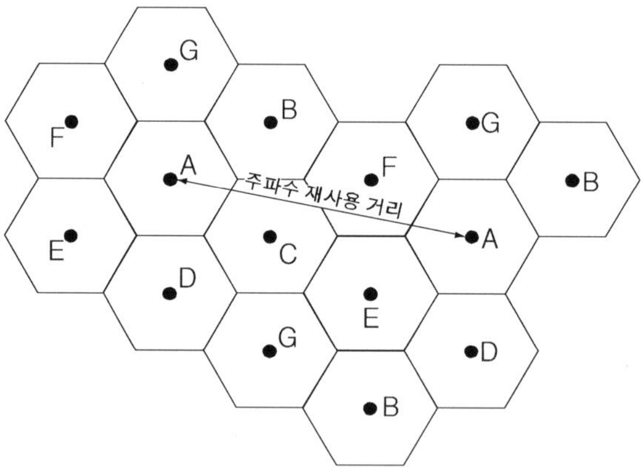

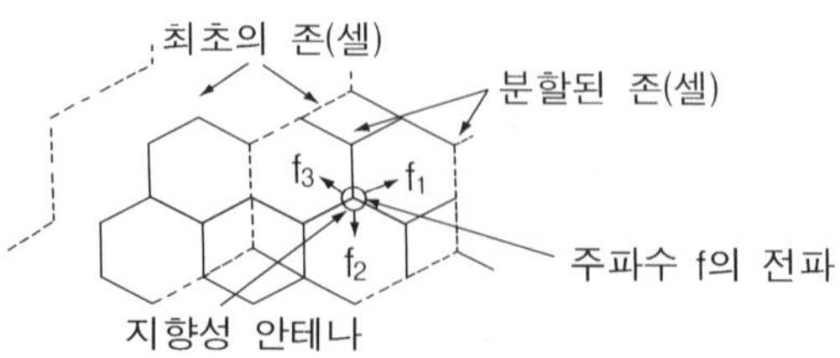

그림 7-7 셀(cell)의 기본 개념과 존의 분할

이동전화 기지국이 가장 양호하게 이동전화의 호(call)를 처리할 수 있는 구역을 의미하며, 하나의 무선 기지국에 의한 서비스 지역을 셀(cell)이라고 하며, 이렇게 서비스 지역을 셀로 나누어서 서비스하기 때문에 셀룰러 시스템이라고 한다.

[2] 핸드오프(Handoff)

이동통신의 대표적인 특징은 가입자가 필요시 항상 이동하며 통화를 할 수 있다는 점인데, 이러다 보면 셀과 셀의 경계를 넘어서도 통화가 계속 가능하다고 볼 수 있다. 이것은 셀이 독립된 구역으로 서로 다른 채널을 가지고 가입자의 요구에 맞춰 통화회로를 만들어 주게 된다.

핸드오프란 셀과 셀 사이를 건너갈 때 통화가 단절되는 현상을 의미하는데 이러한 현상을 방지하기 때문에 셀과 셀을 건너 갈 때도 통화가 가능하게 되는 것이다.

아래 그림에서 보면 A셀에서 20개 채널을 이용해 통화한 사용자가 C셀로 건널 갈 때 비어있는 채널이 60개라면 MTSO의 중재에 의해 20개 채널에서 60개 채널로 순식간에 바뀌어 버리는 것이다.

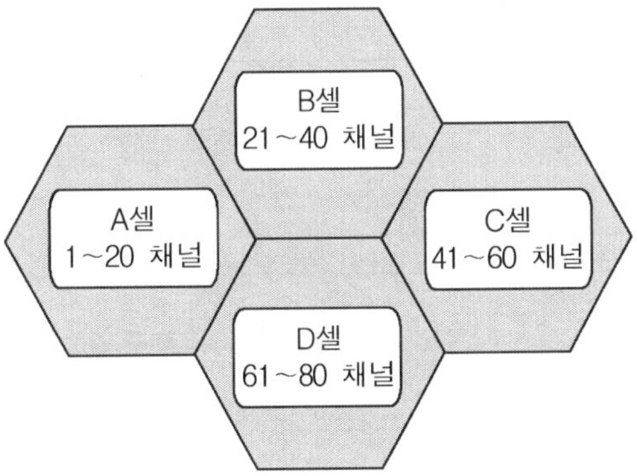

그림 7-8 핸드오프

[3] 자동위치등록과 로밍(Roaming)

자동위치등록(Automatic Location Registration)이란 이동 국이 현재 서비스 받고 있는 MSC(Mobile Switching Center)에 자신의 위치정보를 알리는 방법으로, AR등록은 홈(homer) 이동국 또는 배회(roamer) 이동국이 등록할 수 있도록

할 수 있으며, 또는 둘 모두로부터 등록이 가능하도록 시스템에서 지정할 수 있다.

여기서 홈 이동국은 이동 국 메모리에 저장된 시스템 식별번호(SID : System Identification)와 현재 서비스를 받고 있는 SID와 동일한 영역에 있는 이동국이며, 배회 이동국은 이동국에 저장된 SID와 다른 SID 영역에서 서비스를 받고 있는 이동국으로 정의할 수 있다.

로밍(roaming)이란 사용자가 가입 등록한 시스템의 서비스 지역이 아닌 다른 지역 시스템의 서비스 지역에서도 정상적인 서비스를 가능하게 해주는 것이다. 단말기가 자기가 가입한 시스템이 아닌 타 시스템의 서비스 지역으로 이동하였을 경우 타 시스템에 의해 제공받는 서비스를 로밍 서비스라 한다.

그림 7-9는 로밍 서비스를 나타내고 그에 대한 설명은 다음과 같다. 타사와의 로밍은 (1) 이동, 로밍 (2) 위치 등록, 인증 (3) 가입자 데이터 요구 (4) 로밍중 등록 루팅 정보 관리 (5) 로밍 허가 (6) 데이터 작성(위치 정보 관리, 가입자 데이터, 인증 데이터) (7) 완료 통지 순으로 이루어진다.

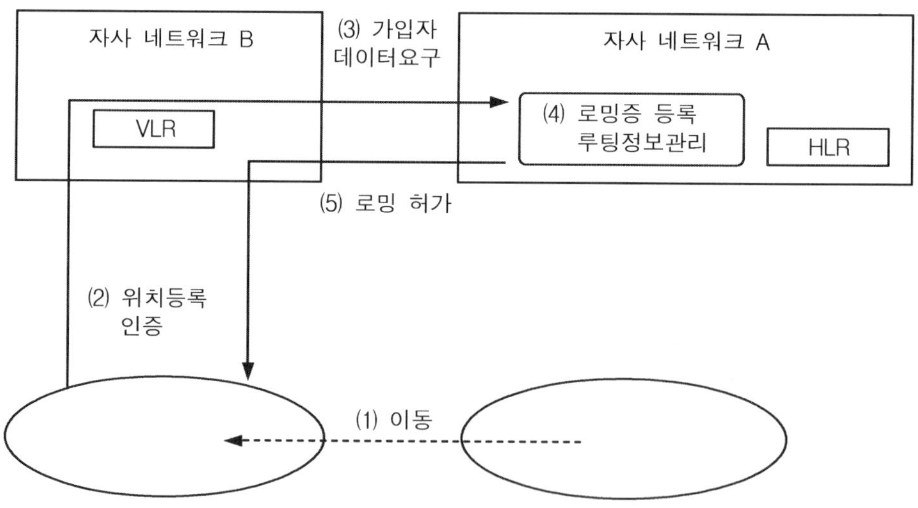

그림 7-9 로밍 서비스

7 2.2 PCS

PCS(Personal Communication Service)는 휴대 단말기를 이용해 언제, 어디서나 누구와도 통화할 수 있는 고도의 개인 휴대통신 서비스로 기존 이동 전화 서비스보다 한 단계 진화된 휴대통신 서비스입니다.

- 고품질의 통화 서비스
- 고속 주행 시에도 완벽한 통화 품질
- 경제적인 서비스 요금
- 작고 가벼운 PCS 폰
- 다양하고 편리한 부가 서비스
- 뛰어난 보안성
- 멀티미디어 서비스

[1] 휴대통신의 발전단계

발전단계	1G	2G	2.5G	3G(IMT-2000)		4G
표준기술	아날로그 (AMPS)	디지털 (CDMA, GSM)	PCS (CDMA2000, GPRS)	CDMA2000, WCDMA	LTE, WiBro	LTE-Adv, Wibro-Adv
전송속도	10Kbps 이하	14.4~64Kbps	~144Kbps	144Kbps~2Mbps	~100Mbps	~600Mbps
서비스	음성	음성, 문자	음성, 문자	음성, 문자, 인터넷		음성, 문자 멀티미디어
특 징	디지털화 채널증대		고품질화 보편화			멀티미디어 지능화

그림 7-10 휴대통신의 발전단계

[2] PCS개념도(망 구성도)

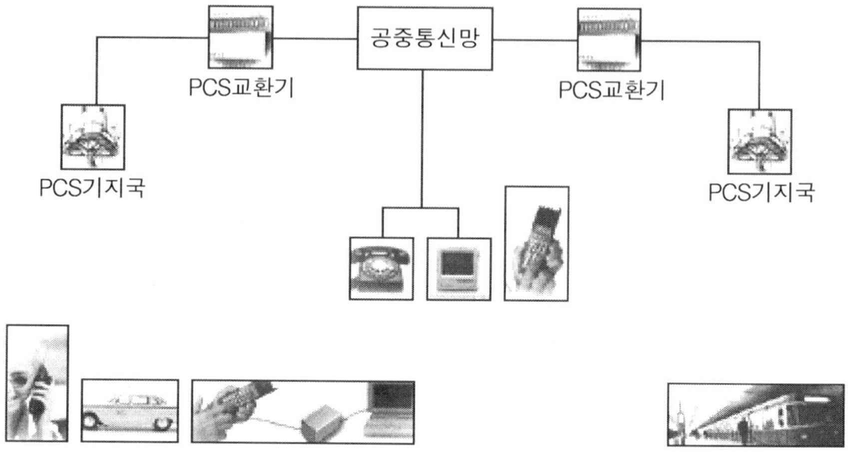

그림 7-11 PCS 구성도

[3] PCS의 중요성(기술적인 측면)

PCS를 구현하기 위해 필요한 기술에는 무선접속기술, 망 구성기술, 운용기술, 단말기술, ISDN기술, 교환기술, 통신제어 기술 등이 있으며, PCS는 이들 기술들이 복합적으로 체계화된 종합기술이다. PCS와 기존 셀룰러 이동전화의 차이점을 살펴보면, 첫째 셀룰러 이동전화는 가입자 수용용량이 적고 단말기 가격과 서비스 요금이 비싸 이용 층이 국한되는 경향이 있었으나, PCS는 가입자 수용 용량을 높이고 단말기 가격 및 서비스 요금의 저렴화를 통해 모든 국민이 사용할 수 있도록 서비스의 대중화를 실현하였다.

PCS는 많은 점에서 셀룰러 통신과 유사하다. 단지 셀룰러 통신이 반경 수Km에 이르는 Microcell에 기초하고 있다면 PCS는 반경이 더 작은 Microcell에 기초하고 있으며, 셀룰러보다 기지국을 더 많이 필요로 한다는 점이 다를 뿐이다. PCS는 음성뿐만 아니라 데이터, 단문 메시지, 호출 서비스 등 궁극적으로는 멀티미디어 서비스를 하고 있으며 단말의 이동성을 보장한다.

경제적인 측면에서 보았을 때 PCS는 기존의 셀룰러 시스템보다 가입자당 서비스 비용을 줄일 수 있는 장점이 있다. 비록 PCS를 구현하는데 있어 셀룰러 시스템보다 많은 수의 기지국이 필요하지만, PCS용 기지국은 그 크기가 작아 설치가 용이하므로 비용을 줄일 수 있다.

[4] 세계의 PCS운용 현황

세계적으로 운용되는 PCS 시스템은 접속 방식에 따라 구분되는데, 현재 가장 많이 사용하는 접속 방식으로는 GSM이지만, 현재 상태에서 채용되는 접속 방식은 CDMA가 많아지고 있는 추세이다. 왜냐하면 CDMA가 전송속도 면에서 빠르고, 장차 실용화 될 IMT-2000에도 CDMA가 훨씬 유리할 것으로 보기 때문이다.

현재 사용되고 있는 PCS의 서비스를 살펴보면,

- TDMA 접속 방식 : 미국
- GSM 접속 방식 : DCS-1800 시스템 - 유럽
  : PDC(Personal Digital Celluar) & PHS - 일본
  : PCS-1900 시스템 - 미국
- CDMA 접속 방식 : 한국, 미국 등

7 2.3 무선호출(pager)

무선호출 시스템(Paging system)은 공중전화망(PSTN) 등의 전송매체를 이용하여 무선호출기를 소지하고 있는 가입자를 호출하거나 간단한 데이터 서비스를 제공하는 시스템을 말한다.

처음에는 일정한 신호음만 송출하는 신호음(tone) 방식이었지만 신호음이나 진동으로 호출인의 전화번호나 특정한 정보 메시지를 알려주는 방식으로 전환되었고, 사용되었던 전송주파수는 146~174[MHz], 채널폭은 ±30[KHz], FSK 변조 방식이며 전국을 8개의 지역권으로 분할하여 무선호출 서비스(Paging Service)를 제공하였으나 광역서비스가 1995년 후반기부터 실시되어 전국 단일 권 서비스가 제공되었다.

무선호출기에는 일반 전화와 같은 개별번호가 부여되며, 일반 전화로 개별 호출번호를 돌리면 전화국을 통해서 무선기지국에서 전파가 발사되고 이 번호에 대응하는 무선호출기가 동작하게 된다.

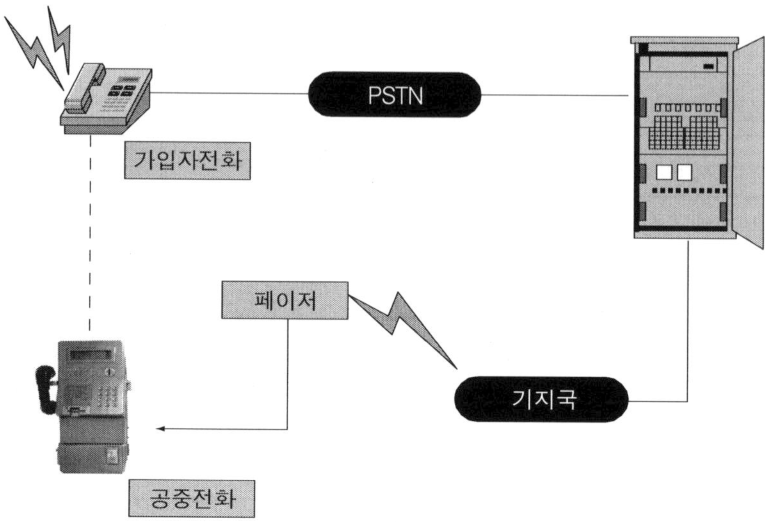

그림 7-12 무선호출 시스템

무선호출 시스템은 서비스의 범위가 수백 m 이내인 Onsite paging 시스템과 수십 Km인 Offsite paging 시스템으로 분류되나 서비스 영역을 확장하기 위해 1개 이상의 기지국을 사용하는 셀룰러 구조가 사용되고 있다.

[1] 문자서비스

문자 서비스란 한글과 영문, 한자 등 다양한 문자메시지를 단말기에 표시해 주는 서비스이다. 한 번에 받고 보내는 문자는 한글 40자, 영문 80자까지 가능하므로 보통 메시지는 거의 표현이 가능하다고 볼 수 있다.

[2] 광역

전국 어디서나 무선 호출 서비스를 받을 수 있는 서비스로 가입자가 지역 서비스 변경 시 전화로 이용하여 변경하는 방식인 OAS(Optional Area Service), 전국 서비스 권역 중 임의로 몇 개를 선정하는 방식인 MAS(Multi Area Service), 전국 단일 권 동시 호출 방식인 WAS(Wide Area Service)가 있다.

[3] 고속 무선호출 서비스

우리나라에서 기술 표준으로 결정되어 있는 무선호출 프로토콜은 폭삭(Pocsag)

방식과 플랙스(Flex) 방식이 있다.

[4] 양방향 무선호출(Two-way paging) 서비스

상대방을 호출하였는데도 연락이 오지 않을 경우에 정확히 호출했는지 확인하기 위해서 받은 사람이 "연락을 받았다"거나 "1시간 뒤에 연락 하겠다" 등의 메시지를 전달할 수 있는 방식이다.

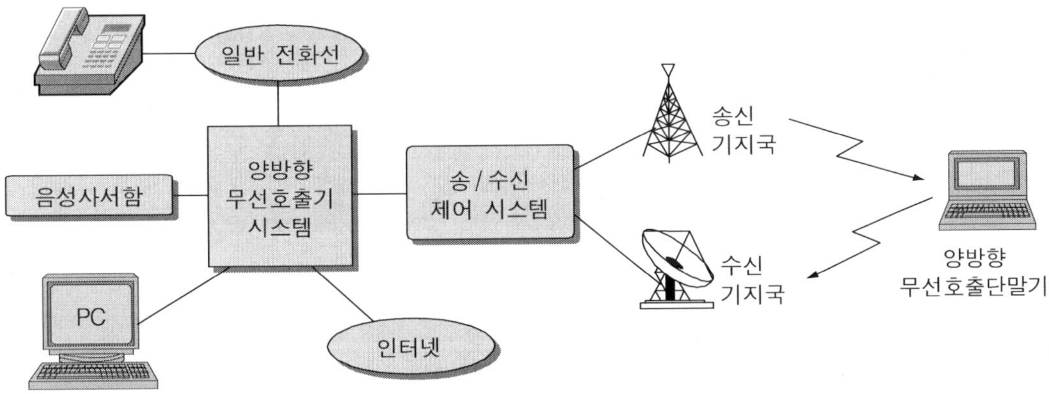

그림 7-13 양방향 무선호출 시스템

[5] 위성 무선호출 서비스

PSTN → 무선 호출 교환기 → 한국전용 회선 대신에 위성의 계통 → 기지국 → 무선 호출기의 순으로 계통이 형성되는 서비스를 의미한다.

7 2.4 TRS

[1] 개요

주파수공용 방식(TRS : Trunked Radio System)은 주파수의 효율성을 높이기 위해 여러 채널의 주파수를 다수의 가입자가 공동으로 이용하는 통신 방식이다. 즉, 여러 개의 채널을 공유하고 자동적인 스위칭을 사용하여 모든 사용자가 사용하지 않는 채널을 접속할 수 있어 최소의 대기시간으로 통화할 수 있는 무선통신 방식이다. 이 방식은 가입자들이 트렁크 선을 공유하는 것으로 복수의 무선 채널을 그룹화 하여 다수의 가입자가 공동으로 이용하게 함으로써 시스템의 주파수 효율을 극대화하였다.

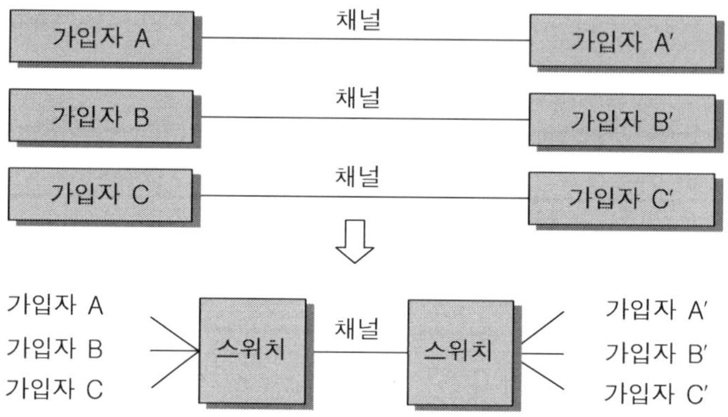

그림 7-14 TRS의 개념도

[2] 시스템 구성과 특징

주파수공용 방식의 장비구성은 단말기(subscriber units), 중계기(repeaters), 망교환기(switching system), 공중 전화망 연결기(telephone interconnect terminals) 등이 있다.

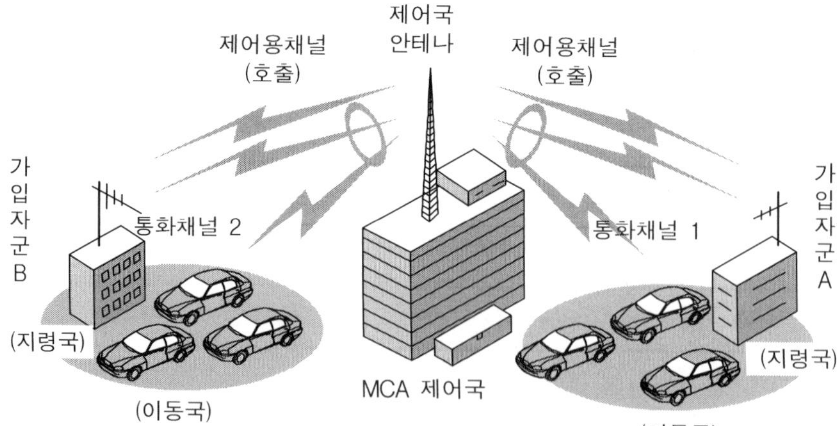

그림 7-15 TRS 시스템

특 징

① 통화시간의 제한, 핸드오버기능의 미비 및 서비스 내용의 한계성
② 통신 서비스의 다양화, 일반 전화망과의 접속 용이성, 통신가능 범위의 확대
③ 통화의 접속율이 좋고, 통화품질이 우수하며, 호의 즉시성이 가능하다.
④ 초기 설비투자비용이 저렴하고 기존의 일반 전화교환기와 접속이 가능하여 유지 관리비가 간단하며, 접속료가 저렴하다.

표 7-2 TRS와 타 매체의 비교

구 분	무전기	TRS	휴대전화
시스템 개발용도	기업내 업무연락	이동체 상호간 다양한 그룹통화	PSTN과의 접속 통화
		806~821[MHz]	
사용 주파수	150.200MHz	851~866[MHz]	824~849[MHz]
	400MHz	371.5~381.5	869~894[MHz]
		389.5~399.5	
채널수		600/800채널	832채널
통화 방식	단신	단신, 복신	복신
기지국 송신출력		60~150W	10~30W
기지국당 통화범위	5~10Km	20~30Km	3~10Km
호출 방식	일제 호출	개별 호출	개별 호출
Roaming	불가능	가능	가능
Handover	불가능	가능	가능
주파수 활용효율	낮음	30명/채널	30명/채널
통화 품질	낮음	높음	높음

응용분야로 TRS 간이 무전기를 들 수 있다. 주파수 채널을 공용하여 채널을 자동 선택하여 통화가 이루어지며, 이동통제국이 필요 없고, 단말기 상호간의 통신이 가능하다. 국내에서는 422~423.99[MHz]간 160개 채널을 공유하고 주파수 채널대 12.5[KHz]이다.

또 다른 응용분야로는 항만, 전화, 경찰청, 한국 전력, 도로 공사, 가스 공사, 철도청 등 공공기관과 택시 서비스, 운송 사업자와 언론 기관, 방송 사업자, 그리고 토목 공사와 건축 사업자 등이 있다.

7 2.5 기존 통신망을 이용한 무선 데이터통신

무선 데이터통신의 미래 이동통신 기능 중 하나로서 PDA(personal digital assistant)는 기기를 사용하여 전자메일로 왕래할 수 있다. PDA는 음성통신이나 무선호출을 받을 수 있어 일정한 정보 관리나 주소록 등 간단한 메모가 가능하도록 한 통신 서비스 기능이다.

특 징

① 사람이나 차량의 정보 검색 및 등록이 가능
② 이동판매점이나 열차 택시 안에서 승객의 신용카드 조회
③ 증권이나 영업활동 중 정보의 검색과 구문 및 양도가 가능

[1] 셀룰러 디지털 패킷데이터(CDPD : cellular digital packet data) 방식

이 방식은 기존의 셀룰러 이동통신망을 이용하여 셀룰러 모뎀을 통하여 무선 데이터 서비스를 제공한다. 즉, 셀룰러 송수신기가 직접 통신경로를 설정하여 데이터를 교환하며, 셀룰러 이동통신망에 무선 데이터 전용 모뎀을 부가하여 무선 데이터 통신망을 구성한다.

가장 간편하게 사용될 수 있으나 무선 전용 모뎀의 가격이 비싸고 회선 사용료가 고가이며 접속의 어려움이 있다. 이 방식의 장점은 기존의 셀룰러 전화와 단말기를 변경 없이 이용가능하며 설치비용과 설치 기간이 짧아 경제적이다. 단점으로는 셀 간의 핸드오프, 음성 대역폭의 한계, 잡음과 손실로 에러 발생 확률이 높으며, 복잡하고 고가의 모뎀이 필요하다.

[2] 전용 패킷망 방식

CDPD나 CDI(Cellular Data Inc)와 같이 기존의 이동통신망을 이용하여 서비스를 제공하지 않고 무선 전용 패킷망을 구축하는 것으로, 미국 모토롤라의 데이터텍(DataTAC)과 스웨덴 에릭슨의 모비텍스(Mobitex) 시스템 등이 있다.

표 7-3 무선 데이터 통신 방식의 비교

	CDPD	ARDIS	RAM mobile data
전송속도(유효전송속도)	19.2[Kbps](11[Kbps])	19.2[kbps](8[Kbps])	8[kbps](4[Kbps])
통신프로토콜	CDPD 채널-A	RD-LAP	extended mobile
패킷크기	116[byte]	256[byte]	512[byte]
기지국수(미국)	2000개	1300개	840개
상용서비스 개시	1994. 6.	1990. 4	1986. 9
장비개발	AT&T	Motorola	Ericsson
사용주파수	AMPS 전대역	806-825[MHz]	896-901[MHz]
대역폭	30[KHz]	25[KHz]	12.5[kHz]
단말기출력	0.6W/3W	4W	4W
변조 방식	GMSK	4-FSK	GMSK
채널접속	FDMA/SDMA	FDMA/SDMA	FDSK/dynamic S-Aloha

7 2.6 무선 가입자망(WLL)

WLL(Wireless Local Loop : 무선 가입자망)은 유선전화 가입자가 기존의 선로를 사용하지 않고 기지국을 중심으로 반경 5[km] 내외에 있는 가입자 선로를 무선으로 접속하는 전화 시스템 방식이다.

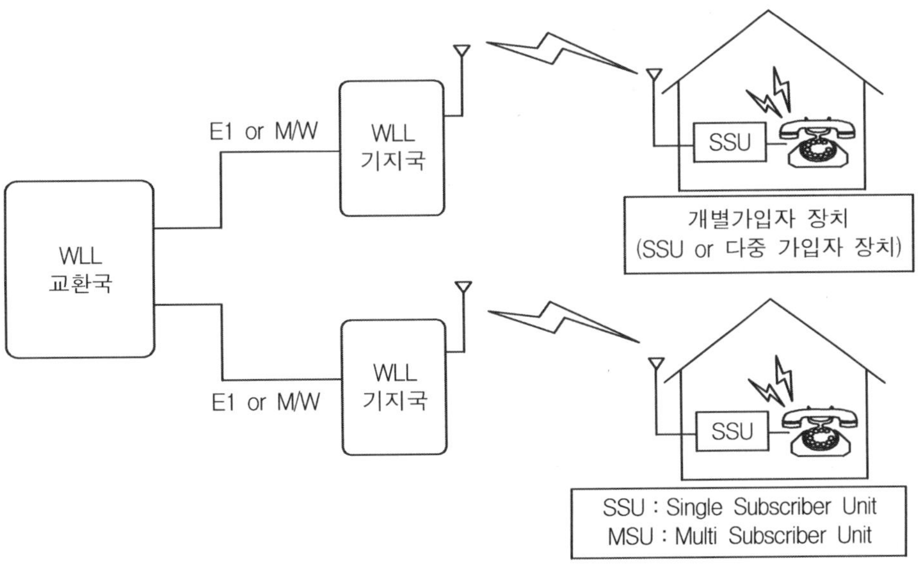

그림 7-16 WLL의 구조

이 시스템은 셀룰러 이동통신이나 PCS와는 다르게 이동성 서비스가 아닌 고정 서비스를 대상으로 한다. 교환기와 단말간 데이터 채널 이외에 제어채널을 가지고 있으므로 다양한 부가서비스 제공이 가능하다. WLL 시스템에 사용되는 주파수 대역은 기지국 송신의 경우 2.37~2.40[GHz], 가입자 송신의 경우 2.30~2.33[GHz]를 각각 할당하고 있다.

광대역 무선 가입자망의 사용 주파수 대역은 기지국 송신의 경우 25.5~27.5[GHz], 가입자 송신의 경우 24.25~24.75[GHz]를 각각 할당하고 있다. 특히, 광대역 무선 가입자망의 기지국 송신 대역 25.5~27.5[GHz] 중에서 26.7~27.5[GHz] 대역의 800[MHz] 대역폭은 CATV 전송망사업(LMDS) 용으로 분배하여 방송형 서비스에서 통신형 서비스로의 사용되고, 나머지 대역은 B-WLL 통신용으로 분배하되 비대칭으로 분배하여 방송형으로 사용된다.

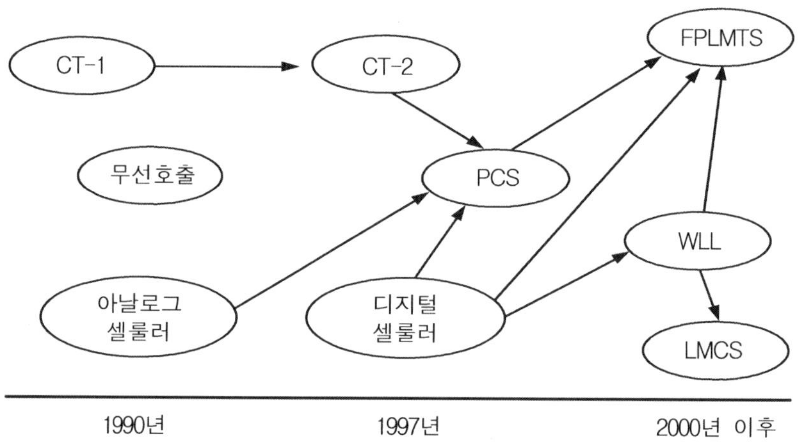

그림 7-17 이동통신 기술의 발전방향

장 점

① WLL은 점대점(fixed-to-fixed)통신으로 통신경로 손실이 적다.
② 간섭이 강하다.
③ 간섭거리를 줄이기 위해 양단에 방향성 안테나를 설치하므로 주파수 재사용 거리가 짧아진다.
④ 점대점간의 연결로 인해 핸드오프가 발생하지 않는다.

단 점

① 유선과 무선의 비용문제 비교가 어렵다.
② WLL은 이동무선 시스템에 비해 서비스 영역이 적다.
③ 음성, 팩시밀리, 저속데이터에 한정된다.
④ WLL 기술에 대해 국제 표준화가 마련되어 있지 않다.

발전방향

① 기본적인 전화서비스의 제공(공중전화 등)
② WLL을 이용해 소규모의 LAN 구축
③ 데이터나 영상서비스가 가능한 망을 구축한다.

7 2.7 LMDS와 MMDS

[1] LMDS

LMDS는 근거리 여러 지점에 정보를 양방향으로 전송하도록 계획되고 있는 시스템으로 27[GHz]대를 분배하였다.

장 점

① 주파수가 높으므로 전송거리가 수 [km] 이내로 짧고 대역폭이 넓다.
② 양방향 광대역 서비스로 발전시킬 수 있다.
③ 시스템의 장치 크기가 작으며 큰 이득과 좁은 빔을 얻을 수 있다.
④ 외부의 강우에 의해 손실이 증가하여 데이터 유실을 가져올 수 있다.

특 징

① 전파의 전송거리가 짧아 기지국을 중심으로 하는 셀 방식의 망구성이 가능하다.
② 주파수 대역폭이 넓어서 광대역 양방향 데이터 전송을 위한 회선구성이 용이하다.
③ 사용 주파수가 높으므로 전파특성이 우수하고 가입자 단말기 크기를 소형으

로 할 수 있다.

④ 주파수가 높은 전파는 강우에 약할 뿐만 아니라 직진성이 강하여 가시거리에서만 원하는 통신로를 개설할 수 있다.

[2] MMDS

MMDS는 다 채널의 데이터나 영상 등의 신호를 다 지점에 하향 분배하는 서비스로서 2.5[GHz] 대역의 주파수를 사용하고 있으므로 서비스 영역이 넓으며, 주파수 대역폭은 약 200[MHz]를 이용하고 있다.

특 징

① 전파의 전송거리가 길어 넓은 지역에 서비스가 가능하고, 송신출력을 크게 할 수 있다.

② 기지국을 중심으로 하는 셀의 범위가 크므로 가입자 용량을 크게 할 수 있다.

③ 대역폭이 좁고 서비스 영역이 넓으므로 상향으로 정보 전송을 할 수 있는 대역이 부족하다.

표 7-4 LMDS와 MMDS의 비교

구 분	LMDS	MMDS
주파수 대역	28[GHz] 대역	2.5[GHz] 대역
사용 대역폭	1[GHz] 이상	200[MHz] 내외
통신 방식	양방향 대화형	단방향 방송형
변조 방식	FM	16VSB
채널수	20[MHz], 50채널	6[MHz], 31채널
안테나 직경	20[cm]	90[cm]
상향 채널	수용 용이	채널 부족
서비스 반경	10[km] 내외	20~50[km]
서비스 비용	비싸다	저렴하다

7 2.8 FPLMTS

FPLMTS는 1978년 ITU의 CCIR(현재 ITU-R)에서 향후의 공중육상이동통신을 단일 표준으로 만들어 가기 위한 연구과제의 제목이었으며, 이후에 연구과제의 이름을 따서 FPLMTS라고 명명하였다.

미래공중육상이동통신망(FPLMTS : Future Public Land Mobile Telecommunication Systems)은 하나의 단말기로 하나 이상의 무선링크에 의하여 범세계적인 로밍이 가능한 시스템으로 기존의 무선 시스템을 하나로 통합하는 제 3세대 글로벌 무선 통신 시스템이다. FPLMTS는 세계 어느 곳에서도 하나의 개인 단말기를 이용해 음성통화는 물론 동화상 등 고속 무선 멀티미디어 데이터통신이 가능한 차세대 이동통신으로 셀룰러 이동통신, 무선전화, 위성통신망과의 연결로 인해 다양한 멀티미디어 서비스에 사용된다.

FPLMTS는 ITU-R 및 ITU-T를 중심으로 표준화를 추진 중인 미래공중육상 이동통신망으로서, 1885~2025[MHz]와 2110~2200[MHz] 대역을 이용하여 지리적인 위치에 관계없이 이동통신 서비스를 제공하고자 하는 제3세대 이동통신의 표준이 되고 있다. FPLMTS는 ITU-T에서 추진하는 UPT(Universal Personal Telecommunication)를 지원하도록 되어 있으므로 이와 결합하여 음성 및 데이터통신 등의 개인통신에 제공하는 것을 목표로 하고 있는 시스템으로 사용하려는 주파수 대역(2000[MHz])과 도입시기가 2000년경이라는 점을 착안하여 IMT-2000(International Mobile Telecommunication)이라는 이름을 병행하여 사용하고 있다.

3세대의 개인통신 시스템으로서 IMT-2000(International Mobile Telecommunications), UPT(Universal Personal Communications System), UMTS(Universal Mobile Communication System)이 완벽한 이동성과 멀티미디어 서비스를 제공할 수 있어 제 3세대 개인 통신의 대표적인 시스템이다.

IMT-2000 시스템은 지역별 또는 전 세계적인 로밍(roaming)기능을 가지는 개인통신을 포함하는 음성 및 비 음성 통신 서비스 등의 광범위한 이동통신 서비스를 제공하기 위한 것이다. ITU권고안에 따르면 IMT-2000은 다음과 같은 대표적인 기능 4가지를 요구한다.

특 징

① 다양한 동작환경과 이동 무선환경에서 제공하는 서비스 및 유선에서 제공하는 모든 응용 서비스를 제공함
② 무선 접속의 수를 줄이고, 무선 접속들 간의 공통성(Commonality)을 최대로 하는 것이다.

③ IMT-2000내에서와 고정망에 걸친 서비스의 호환성(Compatibility)
④ 기존의 통신 시스템보다 향상된 고품질(High Service Quality)을 제공
⑤ 세계적인 로밍(Roaming)이 가능하고 다양한 단말기를 사용함

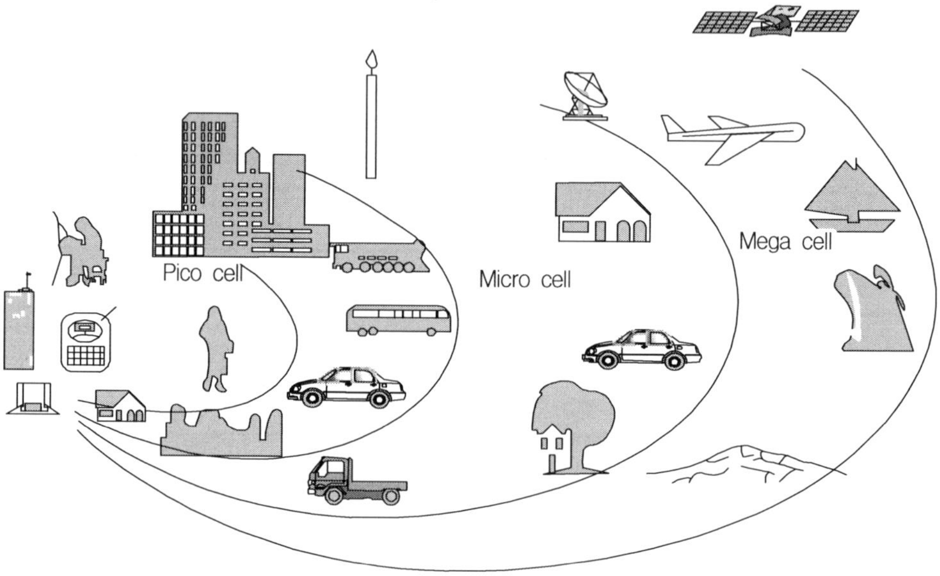

그림 7-18 IMT-2000의 개념도

FLMPTS와 UPT 관계

FPLMTS와 UPT의 차이점은 개인전화번호를 사용한다는 점에서는 공통점이지만 FPLMPTS는 무선접속을 통한 단말 이동성을 제공하는 반면에 UPT는 대인의 이동성과 서비스의 휴대성을 지원한다는 데에 있다.

7 2.9 3GPP-WCDMA

3GPP(The 3rd Generation Partnership Project)는 유럽 중심의 GSM에서 IMT-2000으로 진화시키는 표준안을 추진하는 이동통신 표준화 그룹을 말한다. 3GPP-WCDMA(wideband code division access)는 GSM 기술과 CDMA 무선접속 기술을 결합한 3세대 이동전화 기술로 비동기식이며 3GPP에서 표준화하였다. 한편, 북미 및 우리나라의 동기식 WCDMA 방식은 CDMA2000(IS-95C, IS2000)

이라고 불린다. 비동기 WCDMA인 3GPP-WCDMA는 일반적으로 WCDMA라고 부른다.

[1] 특징

기지국 간에는 비동기적으로 운용하며, 기지국과 이동국 사이는 동기패턴을 여러 번 교환하면서 동기를 맞춘다. 종래의 IS-95 표준에서의 1.25MHz 주파수 대역폭을 5MHz로 넓혀 효율성 및 성능을 향상시켰다. 또한 GSM과 핸드오버 지원 등 호환성을 유지한다. WCDMA의 기술적인 사양은 다음과 같다.

표 7-5 WCDMA의 기술적 사양

듀플렉싱(duplexing) 방식	FDD, TDD도 포함가능
다중접속(multiple access) 방식	DS-CDMA, MC-CDMA
주파수 대역(frequency band)	2100밴드 상향 1920~1980MHz 하향 2110~2170MHz
대역폭(bandwidth)	5MHz
칩 속도(chip rate)	3.84Mcps
프레임 길이	10ms
변조(modulation) 방식	QPSK
전송 속도	상향/하향 최대 2Mbps
기지국동기	GPS에 의존하지 않는 자체 동기

[2] USIM(Universal Subscriber Identity Module)

사용자 인증을 목적으로 개인정보와 패스워드, 로밍정보, 전화번호 등의 사용자 정보를 저장하는 모듈로 소형 스마트카드로 제작이 되어 휴대폰에 장착하도록 하는 것이다. 사용자 인증 모듈은 GSM의 SIM(Subscriber Identity Module)에서, CDMA의 UIM(User Identity Module) 및 WCDMA의 USIM(Universal SIM)으로 발전되었다.

표 7-6 사용자 인증 모듈

구 분	SIM	UIM	USIM
통신 서비스	GSM	CDMA	WCDMA
규격	물리적 카드	물리적, 논리적 카드	물리적, 논리적 카드
적용분야	통신	통신, 금융	통신, 금융
보안성	취약	공개키	공개/비공개 키로 보안
플랫폼	이동 통신 AP	멀티 AP	다른 분야 AP와의 결합
표준화 기구	ETSI SMG9	3GPP2	3GPP TSG-T

USIM은 비동기 3세대 이동통신 단말에 삽입되는 스마트카드로 서비스 이용에 필요한 사용자 인증, 과금 등의 정보를 저장한 칩을 탑재하고 있다. 이 칩의 구성은 다음과 같다.

USIM 하드웨어에서 ROM은 시스템 프로그램(즉, OS : Operating System) 저장, RAM은 전원 인가 후 동작 중에 사용하는 임시 메모리, EEPROM은 응용(AP : application) 기억공간으로 사용자 정보를 기록해 둔다. 그리고 마이크로프로세스는 CPU로 통신용 응용 소프트웨어를 처리하고, 메모리 카드에는 내장되지 않는다.

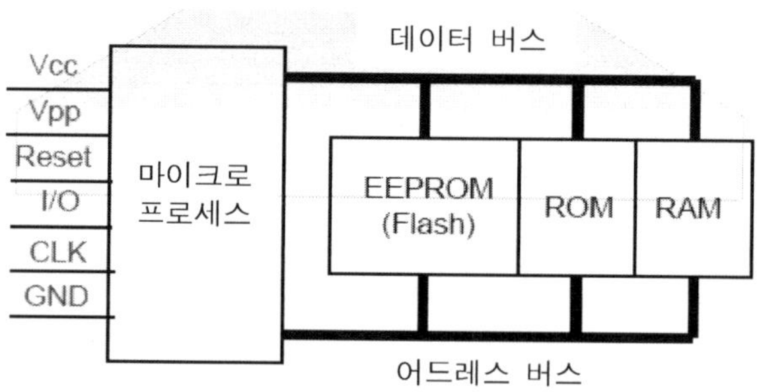

그림 7-19 USIM칩 하드웨어

또한 스마트카드는 인터페이스 방식에 따라 접촉식, 비접촉식, 하이브리드 및 콤비 카드가 있다. 최근에는 RFID(Radio-Frequency Identification) 기술을 이용하여 10cm 정도의 근거리용으로 개발한 13.56MHz NFC(Near field communication)와 결합하여 단말기 간 데이터 전송뿐만 아니라 교통카드, 신용카드 용도로 사용하는 기술도 등장하였다.

[3] 시스템 구성

WCDMA는 이질적인 두 개의 서비스를 동시에 제공하기 위한 기술을 가지고 있어 회선교환(PSTN) 방식의 음성과 패킷교환 방식의 데이터(인터넷) 호(call)의 접속이 동시에 가능하다.

3GPP에서는 2G GSM/GPRS를 그대로 UMTS(Universal Mobile Telecommunications System)에 옮겨 호환성 유지하는 3GPP-WCDMA 표준을 1999년에 완성하였고, UMTS 시스템 구성도는 그림 7-20에 주어졌다.

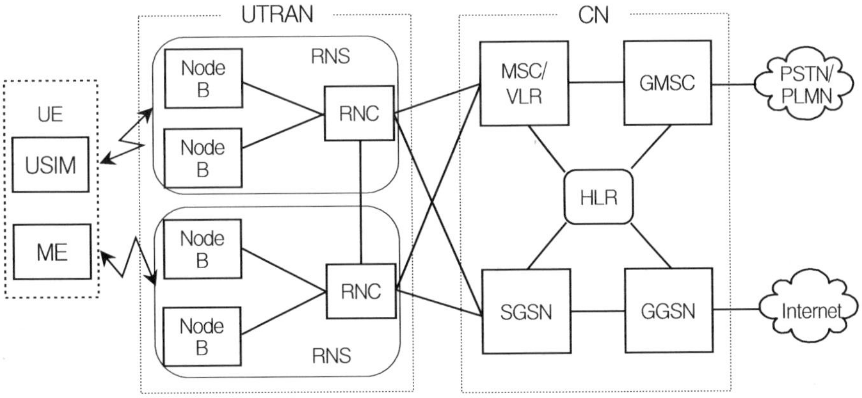

UTRAN	UMTS Terrestrial radio access network	GMSC	Gateway MSC
RNS	Radio network sub-system	SGSN	Serving GPRS Support Node
UE	User equipment	GGSN	Gateway GPRS Support Node
RNC	Radio Network Controller	CN	Core Network
MSC	Mobile-service Switching Controller	RNS	Radio Network System

그림 7-20 UMTS 시스템 구성도

그림 7-20 UMTS 시스템 구성에서 망 요소로는 이동단말(UE), 무선 접속망(UTRAN) 및 코어망(CN : core network)이 있고, 서비스망은 음성 호 기반의 회선교환망(PSTN)과 데이터 호 기반의 패킷교환망(Internet)이 있다.

무선접속망(UTRAN)은 음성 호(call)는 이동교환기(MSC)로, 데이터 호는 SGSN으로 전송한다. SGSN과 GGSN은 고속 무선 패킷데이터 전송 서비스를 위해 추가된 기능으로 이동 단말과의 패킷 전송 및 라우팅, 이동성 관리, 논리적 링크관리 및 인증은 SGSN이 담당한다. 그리고 인터넷과 같은 다른 네트워크와의 연결은 GGSN이 담당한다. 또한 GGSN은 SGSN과 전송할 패킷의 라우팅 정보를 유지하면서 SGSN으로의 터널링, QoS 및 로밍 등도 담당한다.

표 7-7 UMTS 시스템 구성 요소

구성 요소	설 명
UE(User Equipment)	이동 단말
UTRAN(UMTS Terrestrial Radio Access Network)	고속 무선접속망, RNC 및 Node B로 구성
CN(Core Network)	코어망으로 GSM/GPRS 코어망을 그대로 사용. SGSN과 GGSN으로 구성
RNC(Radio Network Controller,)	기지국제어기
Node B	이동단말과의 물리적인 무선접속 역할
SGSN(Serving GPRS Support Node)	이동 단말과 패킷을 전송하는 역할
GGSN(Gateway GPRS Support Node)	GPRS와 다른 네트워크와의 연결을 처리

7 2.10 CDMA2000

IS2000과 같은 의미인 CDMA2000은 GPS를 이용해서 기지국 간에 동기를 맞추는 동기식 CDMA 방식의 표준 프로토콜로 IS-95C(Interim Standard 95C)라고도 한다. 1999년도에 기존에 IS-95A와 IS-95B 망의 속도 14.4[kbps] 또는 64[kbps]보다 빠른 최대 144[kbps] IS-95C를 발표하였고, 이것에 의한 서비스가 CDMA2000 1x 서비스(2.5G)이다.

유럽 중심의 3GPP에 대응하기 위하여 미국이 주도하여 1999년에 3GPP2를 구성하였고, TIA(미국), ARIB/TTC(일본), CWTS(중국), TTA(한국) 등 5개 표준 단체가 파트너이다. 3GPP2는 CDMA2000 1x를 진화시켜 IMT-2000의 표준으로 채택하기 위한 작업을 진행하였다. 그리고 CDMA2000 1xEV Release A/B/C(1xEV-DV), 1xEV-DO(HRPD : High Rate Packet Data)의 표준 규격을 2000년도 초에 제정하였다.

[1] 특징

3GPP2-CDMA2000은 단말기와 기지국간의 무선접속방식을 규정한 CDMA2000 1xEV 표준을 3G망으로 사용하는 것으로 1xEV-DO(Evolution-Data only)와 1xEV-DV(Evolution-Data and Voice)가 있다. 1xEV-DO는 패킷 데이터 전용의 프로토콜로서 2.5G CDMA2000 1x를 말하고, 1xEV-DV는 고속 패킷 데이터(HRPD) 및 음성을 동시에 지원하는 방식이다. 이는 기지국 간에 서로 동기를 맞

추는 동기식 CDMA 방식의 이동통신용 프로토콜의 표준으로 GPS 시간 기준이 필요하다.

또한 퀄컴의 CDMA2000 1x에서 진화된 기술로 주파수 효율을 향상시켜서 망 구축비용을 감소시키고 최대 속도를 144Kbps에서 2.4Mbps로 증대시킨 방식이다. 여기에서 1xEV-DO는 데이터 처리속도 및 최대 전송속도를 향상시킨 것이고, 1xEV-DV는 음성 및 데이터의 성능을 함께 향상시켰다.

표 7-8 CDMA2000 1x, 1xEVDO 및 1xEVDV 비교

	CDMA2000 1x	1xEVDO	1xEVDV
대역폭	1.25MHz	1.25MHz	1.25MHz
칩 속도	1.2288Mcps	1.2288Mcps	1.2288Mcps
슬롯길이	1.25msec	1.67msec	1.25msec
순방향프레임 길이	20msec	1/2/4/8/16x1.67msec	1/2/4x1.25msec
역방향프레임 길이	20msec	26.67msec	20msec
최대 전송속도	144kbps	2.4Mbps	3.2Mbps
서비스 종류	음성, 저속~중속 데이터	저속~중속 데이터	음성, 저속~고속 데이터
표준화 시기	1999년	2000년	2002년

WCDMA와 비교한 대표적인 차이점은 기지국간의 동기가 비동기식이고 대역폭이 5MHz 보다 적은 1.25MHz라는 것과 비대칭 전송속도라는 점이다.

표 7-9 WCDMA와의 비교

	CDMA2000 1xEVDO	WCDMA
대역폭	1.25MHz	5MHz
칩 속도	1.2288Mcps	3.84Mcps
프레임	20msec	10msec
전송속도	상/하향 153k/2Mkbps	상/하향 최대 2Mbps
기지국 동기	GPS 기준시간	자체동기
기본 프로토콜	IETF	UMTS
페이징 처리	MSC	SGSN
IP 할당	PDSN	GGSN
패킷 기능	PDSN	GPRS 기반
가입자 인증	AuC, AN-AAA, AAA	HLR, AuC, EIR

[2] 시스템 구성

2000년 이후, 휴대단말에서 인터넷을 사용하고자 하는 요구가 증대됨에 따라 음성과 분리해서 데이터 서비스를 제공하고자 하는 시스템이 추가되기 시작했고, 그에 대한 표준화가 활발히 진행되었다. CDMA2000은 기지국으로 들어오는 음성 및 패킷 데이터를 기지국 제어기(BSC)에서 분리하여 음성은 기존의 이동교환기(MSC)로, 데이터는 패킷 교환기(PDSN)로 보내져서 별도의 경로로 서비스가 이루어진다. 그에 따라 인터넷망에 적합한 빠른 무선접속기술이 요구되고 3GPP2 CDMA2000 시스템 개발이 급진적으로 이루어졌다.

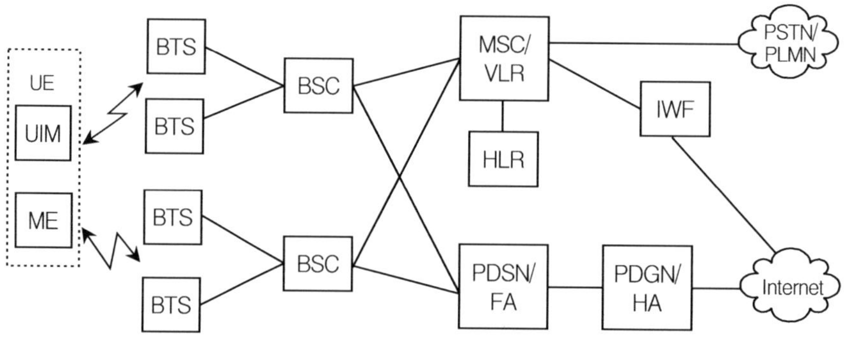

BTS Base Transceiver Station
BSC Base System Controller
MSC Mobile-service Switching Center
HLR Home Location Register
VLR Visitor Location Register
PDSN Packet Data Service Node
PDGN Packet Data Gateway Node
IWF InterWorking Function
FA Foreign Agent
HA Home Agent

그림 7-21 3GPP2 CDMA2000 시스템 구성

최근에 3GPP2는 All-IP망 구성을 위해서 Mobile IP와 3세대 고속데이터를 적용하고 있다. 이를 위해 기지국까지 IP가 사용되고, MIP(Mobile IP) 기반의 프로토콜을 지원하는 단말기를 사용한다. PSDN은 인터넷에 연결되어 있어야 하며 라우팅과 MIP관련 작업을 해주어야 한다.

그리고, 기지국(BS)은 IP 기반 무선 접속망(RAN : Radio Access Network) 노드, 기지국 제어기(BSC)는 무선제어 기능을 지원하는 IP 라우터가 된다.

MIP는 IETF 표준 통신 프로토콜로, 단말기가 한 네트워크에서 다른 네트워크로 이동 하여도 인터넷에 연결된 상태를 유지하며 통신할 수 있도록 해준다. 또한 유무선의 통합, 방송과 통신을 융합시키는 광대역 통신망에서 모든 서비스가 하나로 통합되어 제공되는 멀티미디어 환경에서는 필수적인 요소이다.

7 2.11 LTE

[1] 개요

LTE(Long Term Evolution)는 3세대 이동통신기술을 장기적으로 진화시킨다는 의미로 WCDMA → HSDPA → HSUPA → LTE → 4G(IMT-Advanced, LTE-Advanced)의 기술발전 단계를 거치고 있다.

3GPP(3rd Generation Partnership Project)는 무선고속데이터 패킷접속규격인 Release 8을 2008년에 최초로 규격 확정하였다. 2009년에는 스웨덴 스톡홀름과 노르웨이 오슬로에서 텔리아 소네라(Telia Sonera)사에 의해 최초로 상용서비스를 시작했다. 2012년까지 380여 상업망이 서비스할 것으로 예상하고, 2014년 전 세계 LTE 가입자 수는 2억 6천만명으로 늘어날 것으로 예상되고 있다.

현재의 LTE는 3세대 UMTS와 HSDPA 보다 진화시킨 기술로서 4세대인 IMT-어드밴스(IMT-Advanced)의 요구 사항을 완벽하게 만족시키지 못해 3.9G라고 부른다. LTE 성능은 10ms 이하의 RAN(Radio access network) round-trip time을 제공하고 대역폭을 1.4MHz에서 20MHz까지 조정이 가능하며, TDD와 FDD를 이용한 전이중통신을 지원한다. 또한 직교 주파수분할다중(OFDM)과 다중입출력(MIMO) 기술을 이용하여 상향 최대 50Mbps, 하향 최대 100Mbps의 속도를 제공한다.

표 7-10 이동통신 표준의 발전

세대	계열	표준
1세대	셀폰 계열	NMT, AMPS, Mobitex, DataTAC, TACS, ETACS
2세대	GSM/3GPP 계열	GSM
	3GPP2 계열	CdmaOne(IS-95)
	그 외	D-AMPS(IS-54 and IS-136), CDPD, PDC, PHS
2세대 진화형 (2.5G, 2.75G)	GSM/3GPP 계열	GPRS, EDGE/EGPRS
	3GPP2 계열	CDMA2000 1×RTT(IS-2000)
3세대	3GPP 계열	UMTS(UTRAN), WCDMA-FDD, WCDMA-TDD
	3GPP2 계열	CDMA2000 1×EV-DO(IS-856), CDMA2000 1×EVDV
3세대 LTE (3.5G, 3.9G)	3GPP 계열	HSDPA, HSUPA, HSPA+, LTE(E-UTRA)
	3GPP2 계열	EV-OD Rev. A, EV-DO Rev. B, EV-DV Rev. C, Rev. D
	그 외	Mobil WiMAX(IEEE 802, 16e-2005), Flash-OFDM, IEEE 802.20
4세대 (IMT-Advanced)	3GPP 계열	LTE Advanced
	WiMAX 계열	IEEE 802.16m

LTE의 다음 단계는 LTE-어드밴스(LTE-Advanced)이며, LTE-Advanced (Release 10)이 RA-12(2012.01)를 통해 ITU-R의 IMT-Advanced 표준으로 제출되었다. 기존의 회선교환망 기반의 통신을 배제한 All IP 기반의 네트워크로 구성하여 실시간 서비스(음성 및 화상 통신)와 비실시간 서비스(웹브라우징, MMS, 대용량 데이터 등)를 제공하고, MIMO와 같은 스마트 안테나 기술을 이용하여 무선통신의 대역폭을 확장시켰다.

[2] 시스템 구성

GPRS 코어 네트워크를 SAE(System Architecture Evolution)이라고 불리는 것으로 대체하고 기존의 GPRS, WiMAX와 같은 비-3GPP 시스템과의 이동성을 보장하기 위해 설계된 IP 기반 네트워크 구조이다.

SAE는 IP 패킷 트래픽을 수용하기 위한 패킷 교환 기술, 고속데이터 전송 및 대기시간을 짧게 하기 위해 GPRS 코어망을 진화시킨 것으로 음성 호와 데이터 호에 대한 게이트웨이(GW : gateway)를 제공한다. 또한 영상이나 대용량 데이터 등 멀티미디어 통신을 가능하게 해주는 IMS(IP Multimedia Subsystem) 기술도 수용한다.

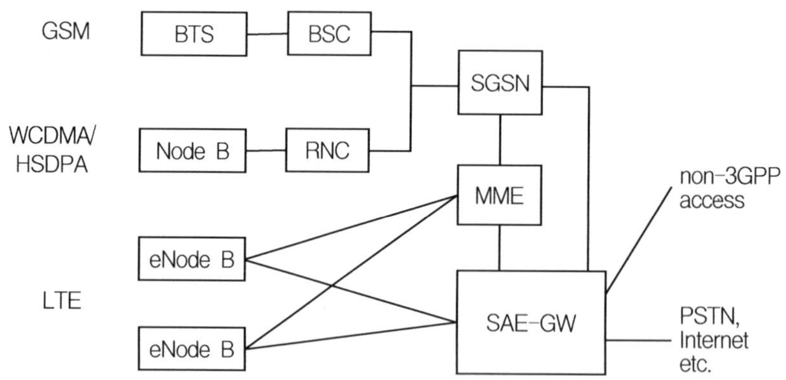

그림 7-22 LTE 시스템 구성

IP 기반의 UE는 eNode B가 지원하며, 무선접속망의 수용 능력을 늘리기 위한 OFDM과 MIMO 기술이 적용된다. MME(Mobility Management Entity)는 eNode B와 SGW(Serving Gateway)간의 신호제어를 담당하고 단말로부터 인입되는 데이터에 대한 라우팅, 인증 및 이동성 상태 등을 관리한다.

7.3 해상이동통신

해상이동통신은 연근해를 운항중인 선박과 육지 기지국 사이의 항만무선통신과 항해 중 또는 정박 중의 선박 상호간 항만무선통신을 위한 해상이동통신으로 구분할 수 있다.

해상위성 시스템은 초기에 MARISAT 시스템을 운영하였으며, 1979년 INMARSAT(국제해상위성기구)이 설치 운영되어 다양한 서비스를 제공하고 있다. 국내에서는 1986년도에 이 기구에 가입하고, 향후 해상통신의 새로운 시스템인 GMDSS(Global Maritime Distress Send System) 계획에 회원국의 일원으로 동참하고 있다. 또한, 해상이동통신 시스템은 해상에서 선박통신뿐만 아니라 공중과 육상에서 공통적으로 사용할 수 있는 신기술을 개발하고 있다.

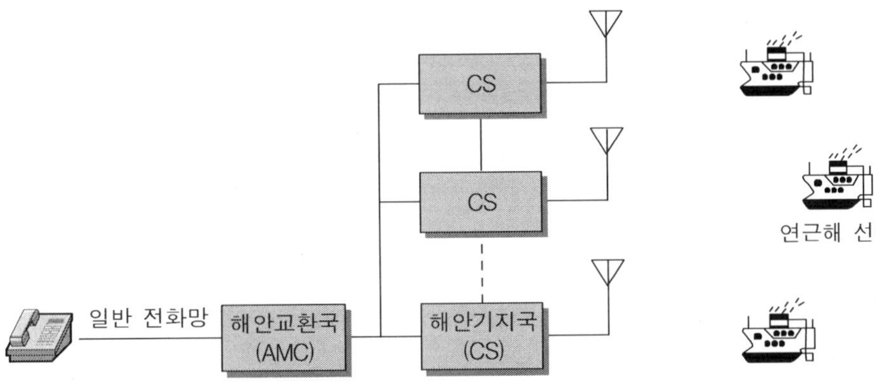

그림 7-23 해상이동통신 시스템

7.4 항공이동통신

항공이동통신은 항공 무선전화 서비스와 항공기내 공중전화 서비스를 말한다. 이 방식의 사용 주파수 대역은 800~900[MHz]로서 육상 이동통신과 공용 접속이 가능하며 변조 방식은 SSB 방식이다.

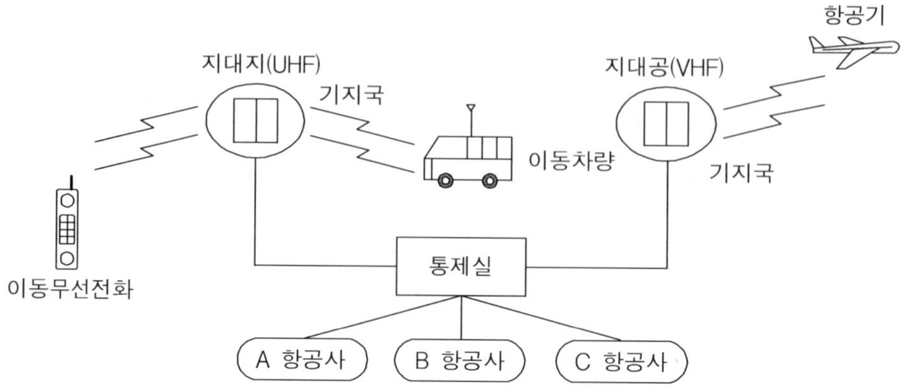

그림 7-24 항공이동통신 시스템의 구성

항공전화의 영역은 지상 5[km] 이상으로서 가시거리는 약 400[km] 정도이며, 가시거리 1[km]당 1[dB]의 비율로 전파손실은 증가하게 된다. 하나의 무선지역의 반경은 400[km] 정도로 볼 수 있고 송신출력은 기지국이 40[W] 정도이고, 이동국이 10[W] 정도이며 사용되는 주파수대는 서비스 방식에 따라 단파대, 초단파대 및 극초단파대가 사용된다.

항공기 기내 공중전화 서비스는 위성통신 서비스의 확대에 따라 국제선에서 사용이 가능하다.

7.5 열차이동통신

열차 공중 전화망은 열차 내에 설치된 전화기와 철도를 따라 설치된 기지국과의 사이를 무선회선으로 연결하고 교환국을 경유해서 고정전화망에 접속하는 서비스이다. 즉, 열차 여행 중인 승객이 열차 내에 설치된 전화를 이용하여 일반 가입자에게 통신이 가능하도록 하는 서비스이다.

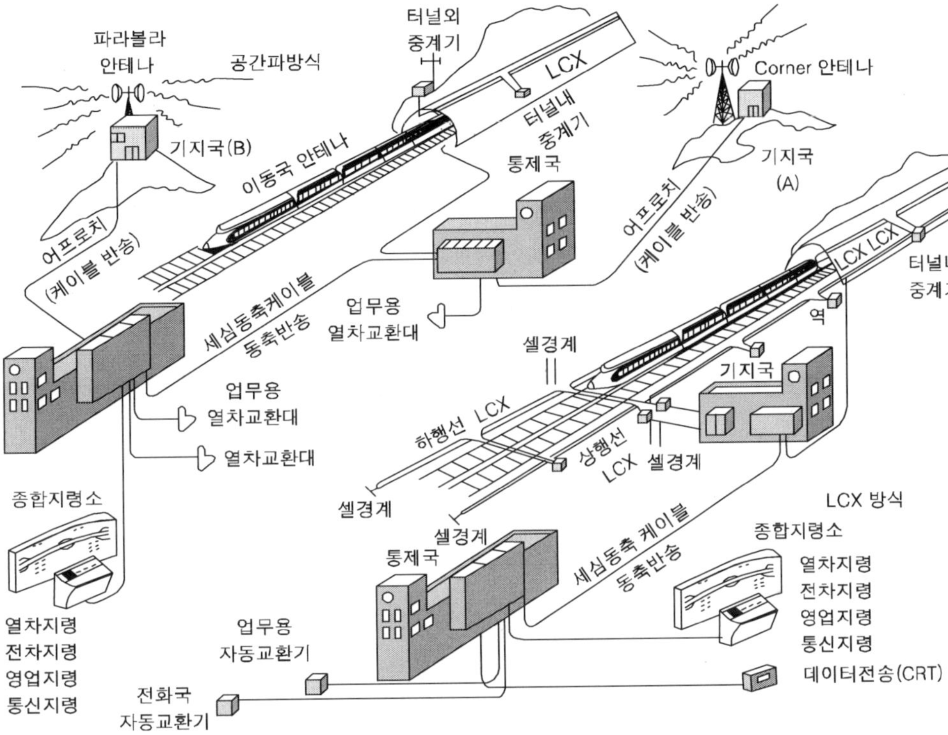

그림 7-25 열차이동통신 시스템의 구성

기지국의 송신출력은 40[W] 정도이며, 이동국의 송신 출력 5[W]이고 기지국의 안테나는 지향성으로 되어 있다. 차량의 이동 속도가 빠르므로 높은 신뢰도가 요구된다.

7.6 이동위성통신

7 6.1 이동위성통신의 개요

현재 INTELSAT나 INMARSAT의 정지궤도위성(GEO)은 지표에서 약 36,000 [km] 정도 떨어져 있어서 직접 통화시에 통화 지연(Delay time)이 발생하며, 위성체에서는 강력한 초고주파가 발생하기 때문에 지상 송수신도 비싸다. 또한 대형 위성체를 정지 궤도에 올려야 하기 때문에 비싼 우주 발사체가 필요하다. 이런 단점을 극복하고자 고안한 것이 저궤도 위성(LEO : Low Earth Orbit)을 이용한 통신 시스템이다.

저궤도 인공 위성은 지구 상공에서 약 1,000[km]까지 서비스 지역에 포함하므로 전파 지연시간이 짧고, 통신 소비 전력이 작다는 특징이 있다. 이러한 장점으로 휴대전화기는 물론 무선 데이터 시스템 등 여러 방면에서 통신 매체로 활용될 것으로 예상된다. 이상과 같이 위성은 위성 궤도의 높이에 따라 다음과 같이 분류할 수 있으며, 각 궤도별 특성은 다음과 같다.

중궤도 위성(10,390km)

- 지구중심에서 45도 간격 위성배치
- 운용위성 10기(예비 2기)
- 위성1기와 교신시간 : 115분
- 교신가능 위성 : 최소 2기(전지역)
- 회선용량 : 4,800회선
- 위성중량 : 1550[kg]
- 위성안테나 직경 : - 2.1m(수신), 1.7m(송신)
- 수명 : 12년

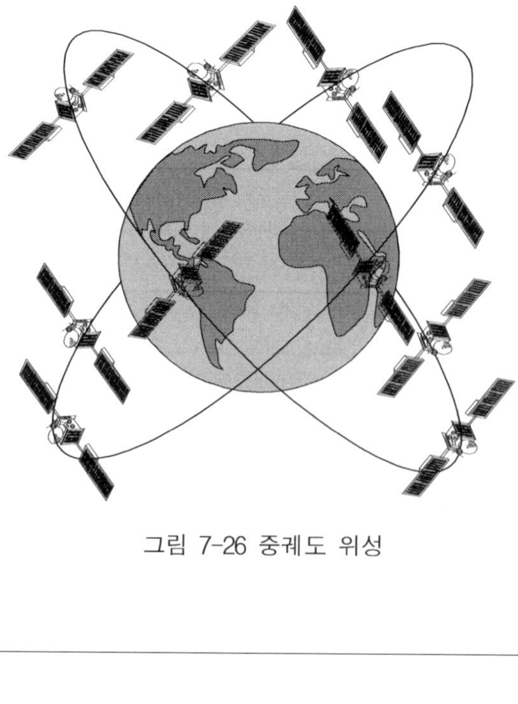

그림 7-26 중궤도 위성

표 7-11 궤도별 특성의 비교

구 분	저궤도	중궤도	정지궤도
위성망 구축 비용	비싸다	저렴하다	중간정도
위성 수명	3~7년	10~15년	10~15년
단말기 가격	저렴하다	중간정도	비싸다
이동체간 시간지연	좋음	중간	크다
시스템 운영	복잡하다	중간	간편
핸드오버 수	빈번	중간	없음
구축기간	장시간 소요	중간	짧음

위성의 궤도

① 500km에서 1,500km사이에 놓이는 저궤도 위성
② 5,000km에서 15,000km의 중궤도 위성
③ 지구의 자전 속도와 같은 위성의 속도를 갖는 36,000km에서의 정지궤도 위성
④ 북극지역에서 좋은 시야를 제공하는 Molniya 궤도위성

위성의 궤도 및 고도

전파의 송수신 시차, 신호전력, 지상안테나의 크기 및 위성이 실제로 커버할 수 있는 지역 등에 의해 결정되며, 따라서 특정 임무를 위해 선정된 궤도는 위성체의 설계에 큰 영향을 미친다.

[1] 원형 저궤도(LEO : Low Earth Orbit)

지상으로부터 약 300~1,500[km] 상공에 위치한 원형 저궤도로 지구상의 모든 지역을 커버하기 위해서는 약 18~66개의 위성이 필요하다.

[2] 원형 중궤도(MEO : Medium Earth Orbit)

지상으로부터 약 1,500~10,000[km] 상공에 위치한 원형 중궤도로 지구상의 모든 지역을 커버하기 위해서는 약 10~16개의 위성이 필요하다.

[3] 타원형 고궤도(HEO : High Elliptical Orbit)

지상으로부터 약 1,000~40,000[km] 상공에 위치한 타원형 고궤도로 지구상의 모든 지역을 커버하기 위해서는 약 3~6개의 위성이 필요하다.

[4] 정지 궤도(GEO : Geostationary Earth Orbit)

지상으로부터 약 36,000[km] 상공에 위치한 정지 궤도로 지구상의 모든 지역을 커버하기 위해서는 약 3개의 위성이 필요하다.

7 6.2 이동위성통신 시스템

[1] 이리디움 시스템

이리디움이란 원자나 번호가 77인 희소 금속인 이리디움과 이리디움 계획의 위성 수가 같아서 명명된 것이다. 그러나 지난 92년 당초 7개의 저궤도 상에 11개의 위성을 확보하여 총 77개의 소형 통신위성을 발사하여 이동통신 서비스를 제공하는 것을 목표로 하고 있었으나, 그 후 6개의 궤도에 궤도 당 11개의 위성을 확보하여 총 66개의 통신위성을 발사하기로 계획을 수정하였다.

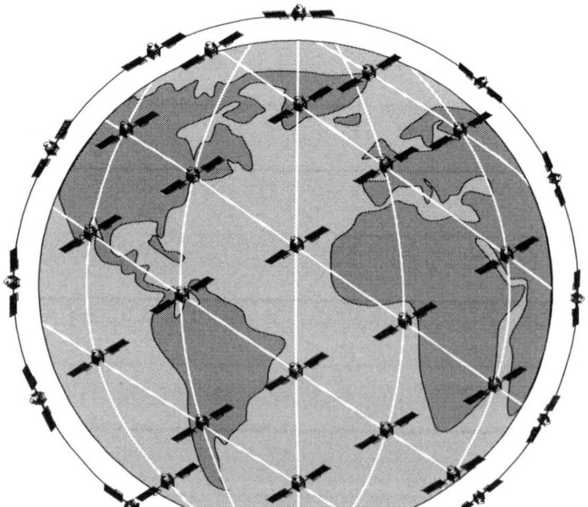

그림 7-27 이리디움 위성

표 7-12 이리디움 규격

SPACE SEGMENT	
Satellites	66(plus 6 in-orbit backup satellites)
orbital Planes	6
Orbit Height	780kilometers(485miles)
Inclination of Orbital Planes	86.4degrees
Orbital Period	100minutes, 28seconds
Satellite Weight	689kilograms(1,500pounds)
Spot Beams	48per satellite(30miles in diameter per beam)
Link Margin	16decibels(average)
Satellite Lifetime	7-9years

표 7-13 이리디움 주파수 대역

FREQUENCY BANDS	
Telephone and Messaging	1616-1626.5[MHz], L-band
Service Links	
Intersatellite links	23.18-23.39 GHZ, Ka-band
Ground Segment Links	
Downlinks	19.4-19.6 GHz, Ka-band
Uplinks	29.1-29.3 GHz, Ka-band

위성에는 동일 궤도상에 인접하는 위성을 연결하는 4개의 안테나가 있어서 25[Mbps]로 통신하는 크로스 링크 기능을 가지고 있다. 또 하나의 링크가 문제를 일으키면 다른 위성이 커버할 수 있다.

표 7-14 이리디움 계획

구 간	사용 주파수	Band(대역)
이리디움망 - 위성	1,610~1,625.5[MHz]	L Band
공중통신망 - 위성	27.5~30.0[GHz](up link) 18.8~20.2[GHz](down link)	K Band
위성 - 위성	22.55~23.55[GHz]	K Band

[2] 프로젝트21

국제 해상위성기구인 INMARSAT이 개인 이동위성통신을 검토하기 위한 프로젝트로 지구국 단말이 휴대형인 점과 지상 셀룰러와 인터워킹을 고려하고 있는 시스템이다. 위성은 약 35~40기의 LEO, HEO(고궤도 주회 위성) 및 정지 위성을 조합하여 사용하며, INMASAT의 지상국과 각국의 공중 전화망을 경유하여 휴대 전화 단말을 접속한다. 위성간 통신회선은 LEO의 옵션이나, 커버 영역의 확대를 목적으로 한 것이며, 위성이 복잡해짐에 따라 자세 제어가 엄격하게 요구되어, 중량의 증가, 비용의 증가를 초래하고 있다.

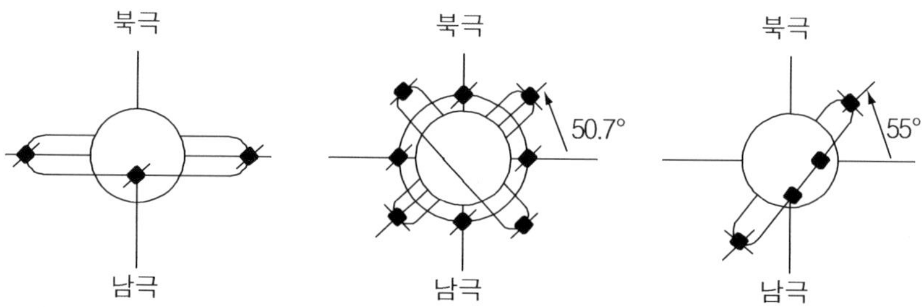

① 정지궤도(GSO) ② 중궤도(ICO) ③ 저궤도(LEO)

	① 정지궤도(GSO)		② 중궤도(ICO)		③ 저궤도(LEO)
고도	37.786[km]	고도	10,355[km]	고도	1,800[km]
위성수	4기	위성수	12기	위성수	4기54rl
궤도면	1	궤도면	3	궤도면	19(1궤도만 나타남)
경사각	0°	경사각	50.7°	경사각	55°

GSO : Geo Stationary ICO : Intermediate Circula LEO : Low Earth Orbit

주) ③의 저궤도 안에 관해서는 극궤도를 취하는 시스템도 검토중

그림 7-28 프로젝트 21의 위성 배치안

[3] 글로벌스타(Globalstar)

글로벌 시스템은 음성, 데이터, 페이징, 위치 확인 등의 통신을 제공하는 저궤도 위성통신 시스템으로 PSTN, 셀룰러 전화 시스템과 같은 PLMN(Public Land Mobile Networks), 개인휴대 통신망(PCN)과도 상호 연동이 가능하다. 글로벌 스타는 지상 셀룰러 서비스가 이용되는 모든 곳에서 사용이 가능하며, 지상 설비를 이용하기 때문에 비용을 대폭 삭감할 수 있어 통화요금도 기존의 셀룰러보다 약간 높아질 것으로 전망된다.

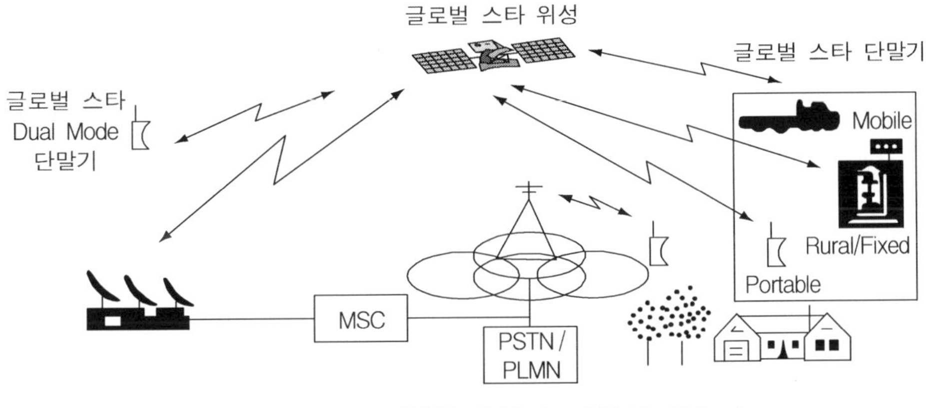

그림 7-29 글로벌 스타 시스템의 계통도

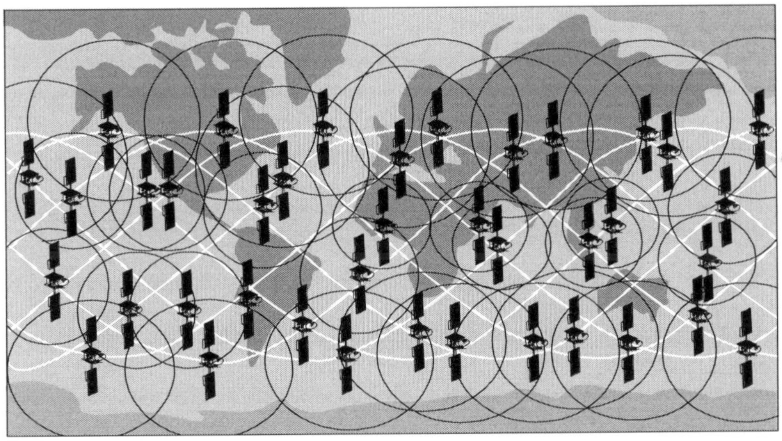

그림 7-30 글로벌 스타 위성

CDMA 방식을 이용함으로써 16.5[MHz]의 L밴드와 S밴드 스펙트럼은 16개의 스포트 빔을 재사용할 수 있다. 글로벌 스타 시스템은 시스템간의 최소한의 조정으로써 효율적인 스텍트럼의 이용이 가능하며, 다른 CDMA 시스템과의 호환성을 제공하고 진보된 기술을 통한 양질의 서비스와 시스템 용량을 증대할 수 있다.

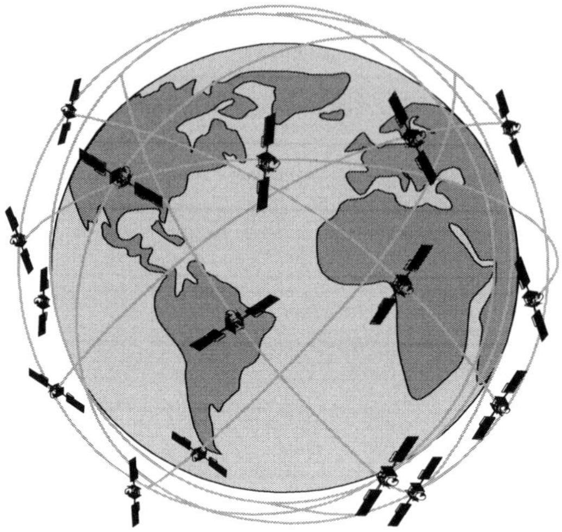

그림 7-31 글로벌 스타 위성

글로벌 스타

- 안테나 게인 : 12 - 17[dBi]
- 최대EIRP/Beam : 40[dBW]
- 다원접속 방식 : CDMA/TDMA/FDMA
- 빔직경 : - 2254[km](1개빔), 5758[km](전체빔)
- 빔수 : 위성당 16, 궤도당 96
- 위성당ch수 : 2800ch(빔당 175ch)
- 위성수 - 주 48(8planes, 6satellites each) + 예비 8
- 고도 : 1414km at 52°
- Visibility : 16min
- Life Time : 7.5years
- 궤도 : Circular

[4] 오브콤(Obcommm)

미국의 Orbital Science Corp.가 추진한 것으로, 고도 970[km]의 3개의 원 궤도에 6기씩, 또 적도와 직교하는 극 궤도상에 2기의 위성을 배치하여 총 20기의 위성을 사용한다. 메시지 통신, 쌍방향 데이터통신, 도난차의 탐색 등의 서비스를 계획하고 있으며, 주파수는 UHF, VHF대를 사용할 계획이다.

[5] 오딧세이(Odyssey)

오딧세이 프로젝트는 미국의 TRW사의 계획으로 이동전화와 위치 측정서비스를 주 내용으로 하는 것으로 고도 10,370[km] 상에 궤도 경사각이 56도인 3개의 원궤도에 각 4기씩 총 12개의 위성을 발사하여 세계 주요 9개 지역을 커버하는 이동통신망을 구성해 놓았다.

표 7-15 주요 저궤도 위성통신 사업의 추진 개요

	이리듐	아이리스	엘리포스	글로벌스타	오딧세이	프로젝트21	텔레데식
주도기업	모토로라	컨스텔레이션	엘리셋	퀄컴	TRW	INMARSAT	MS
상용개시	1998년	1998년	1996년	1997년	1996년	1999년	2001년
서비스 지역	미국/전세계	미국/전세계	북미	미국/전세계	북중미	전세계	전세계
서비스 내용	음성 팩스 데이터 페이징	음성 팩스 데이터	데이터	음성데이터 메시지	음성 메시지	음성 데이터 페이징	멀티미디어 종합서비스
위성수	66	48	6+18	48	12	12	840
궤도높이	780km	1,000km	426-3000km	1,400km	10,345km	10,345km	700km
전송방식	FDMA/TDMA	CDMA	CDMA	CDMA	CDMA	TDMA	FDMA
주파수 대역	L	L/S	L/S	L/S	L/S	S/Ka	Ka

[6] 텔레데식(Teledesic)

미국의 소프트웨어 업체인 마이크로소프트사와 이동전화 업체인 멕코(주)가 공동으로 추진하는 사업으로서 고도 약 700[km]의 21개 궤도에 총 840기의 위성을 발사하여 전 세계적 위성통신망을 구축할 계획이다. 통신서비스는 음성, 영상, 데이터, 페이징 등의 종합적인 멀티미디어 서비스를 제공할 계획이다.

7.7 이동통신의 발전방향

하나의 단말기로써 유선과 무선이 결합되고 멀티미디어를 포함한 다양한 내용의 서비스를 완벽한 이동성의 전제하에 제공하는 범세계적으로 표준화된 시스템인 IMT(International Mobile Telecommunications)-2000 또는 FPLMTS(Future Land Mobile Telecommunication System : 미래 공중 육상 이동통신 시스템)로 발전할 전망이다.

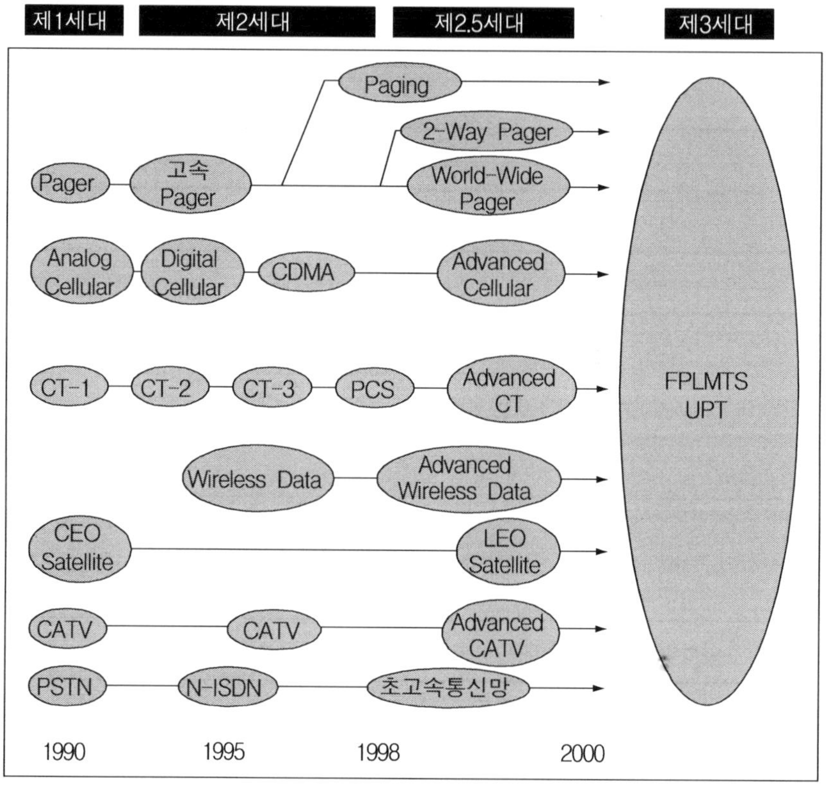

그림 7-32 이동통신의 발전방향

IMT-2000은 차세대 이동통신 시스템으로써 한 개 이상의 무선 링크에 의하여 PSTN(Public Switched Telephone Network)/ISDN(Integrated Services Digital Network)과 같은 고정 통신망이 지원하는 다양한 종류의 통신서비스와 더불어 이동 가입자를 위한 다른 서비스들도 제공하게 될 것이다.

IMT-2000 시스템의 다중 접속 방식으로 CDMA를 이용할 경우 최대 20[Mbps]까지의 고속 버스트 데이터처리가 가능하여야 하므로 현재의 DS-PCDMA 셀룰러 이동통신 시스템이 사용하는 1.25[MHz] 주파수 대역으로는 고속 데이터 전송이 어려운 실정이다. 따라서 광대역 CDMA 방식이라는 CDMA로부터 응용된 기술을 각국에서 연구하고 있다.

7.8 대역확산통신 방식

8.1 대역확산통신의 개념

[1] 대역확산의 정의

대역확산(spread spectrum) 통신은 정보 데이터신호의 주파수 대역폭보다 훨씬 넓은 대역폭을 갖는 확산코드(PN code)를 사용해서 정보 데이터신호를 변조하여 주파수 대역을 확산한 후에 전송하는 통신 방식이다. 이때 사용되는 코드는 정보 데이터신호와는 독립적이며 수신기에서는 송신기에서 사용한 코드와 동기가 맞는 동일한 코드를 사용해서 대역을 다시 축소한 후 원래의 정보 데이터신호를 복원하게 된다. 이러한 다중 접속 방식을 CDMA 방식이라 한다.

$$C = Wlog_2(1 + S/N)$$

↕

주파수와 송신전력간의 Tradeoff관계를 설명
- 넓은 주파수 대역을 사용함으로서 적은 전력으로 신호의 전송을 가능하다

- C(채널용량) : 통신로를 통하여 1초 동안 보낼 수 있는 정보량
- W(주파수) : 신호 전송시 필요한 주파수 대역
- S/N(전대역 잡음비) : 신호 전송시 필요한 전력

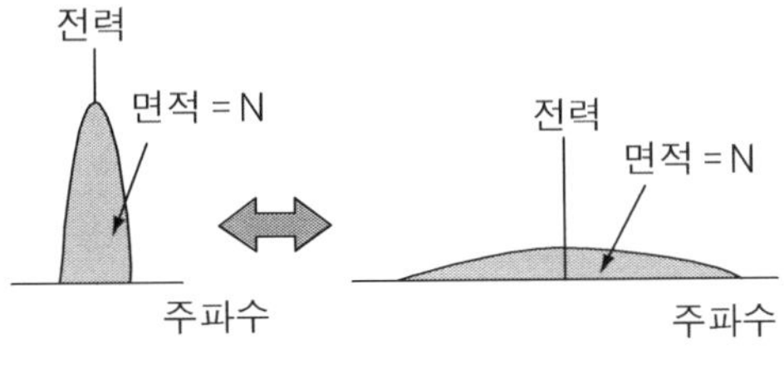

그림 7-33 대역확산통신 방식

대역확산통신은 신호 전송시 필요로 하는 대역폭보다 훨씬 넓은 대역폭으로

확산, 전송하는 전송 방식으로 전송 도중 발생하는 재밍(jamming), 인터피어런스(inference)와 같은 의도적 간섭에 쉽게 영향을 받지 않으며 의도하지 않은 수신 측에서 신호를 검출하기 어렵기 때문에 정보보호 측면에서 유리하다. 대역확산통신은 피변조파의 스펙트럼을 확산시켜 전송하기 때문에 스펙트럼확산(Spread Spectrum)통신 방식이라 한다.

[2] PN 코드

PN 코드는 귀환 천이 레지스터(feedback shift register)를 사용하여 생성된다. 일반적으로 n비트의 레지스터를 사용하여 천이시키면 2^n-1개의 서로 다른 출력이 주기적으로 나타나게 된다. 이때 2^n-1비트들로 구성되는 비트열을 PN 코드 또는 PN 시퀀스라고 한다.

천이 레지스터의 초기값이 100이고 2번째와 3번째의 레지스터 출력이 2진 덧셈되어 1번째 레지스터의 입력으로 귀환하면 출력은 『0010111』이 됨을 쉽게 알 수 있다. PN코드 생성기 마스킹(masking) 정보(M_0, M_1, M_2)인 경우 PN 생성과정은 아래 그림에 표현한 것이다. 출력된 비트열이 마스킹 정보 $1\times2^0+1\times2^1+0\times2^2=3$만큼 지연(offset)됨을 알 수 있다.

마스킹 정보가 없는 경우 출력 순환 비트열 『0010111』은 마스킹 정보(M_0, M_1, M_2)=(1, 1, 0)에 의해 3만큼 지연된 『1110010』이 된다.

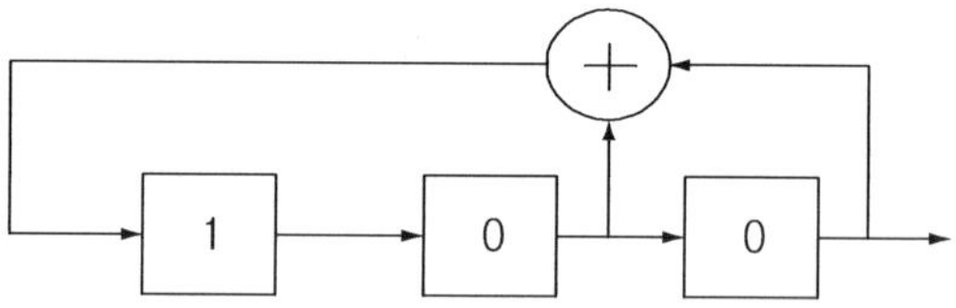

	S_0	S_1	S_2	output
$t=0$	1	0	0	0
$t=1$	0	1	0	0
$t=2$	1	0	1	1
$t=3$	1	1	0	0
$t=4$	1	1	1	1
$t=5$	0	1	1	1
$t=6$	0	0	1	1
$t=7$	1	0	0	0

그림 7-34 PN코드 발생기

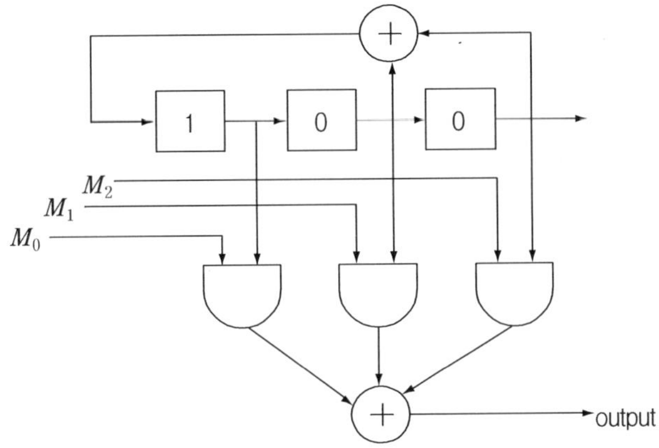

마스킹(M_0, M_1, M_2) = (1, 1, 0)일 때

	S_0	S_1	S_2	output
$t=0$	1	0	0	1
$t=1$	0	1	0	1
$t=2$	1	0	1	1
$t=3$	1	1	0	0
$t=4$	1	1	1	0
$t=5$	0	1	1	1
$t=6$	0	0	1	0
$t=7$	1	0	0	1

그림 7-35 마스킹을 가진 PN 코드 발생기

[3] PN 코드의 특성

PN 신호는 랜덤신호가 아니고 송신기와 수신기가 모두 알고 있는 결정신호이며 주기신호이다. PN 신호는 결정신호면서도 샘플된 백색 잡음의 통계적 성질을 갖고 있기 때문에 의사 잡음 또는 의사 랜덤이라고 한다.

7 8.2 대역확산통신 방식의 종류

[1] 직접확산(Direct Sequence) 방식

DS 방식이란 송신측에서는 2진 데이터로 변조된 반송파를 PN 부호발생기에서 생성된 확산부호와 곱해 스펙트럼 대역을 확산시켜 전송한다. 수신측에서는 대역확산된 신호에 송신측에서 사용했던 확산부호와 동기 되고 동일한 역 확산 부호를 곱해 대역확산을 제거한 후 국부 반송파를 곱해 동기 검파함으로써 원래의 2진 데이터를 복조하는 방식을 말한다.

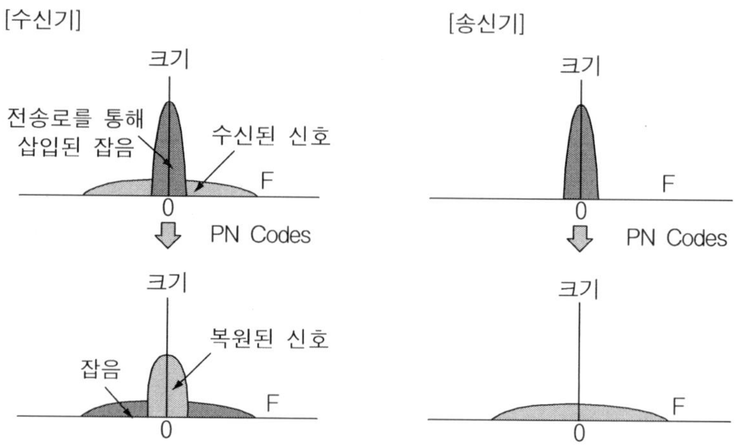

장점	단점
· 채널에서 발생하는 노이즈, Jamming, interference에 대해 성능이 우수함 · 임의의 신호검출이 어려워 정보가 보호됨 · Multipath 채널에서 최고의 분별성을 가지므로 자신의 정보만을 찾기가 쉬움	· 정보전송시 상대적으로 광대역 채널이 필요함 · 정보를 확산시키는 신호(PN Code)를 발생하기 위한 고속의 신호발생기가 필요함 · 전력제어 기술이 필요함

그림 7-36 직접확산 방식

즉, 원하는 정보신호에 의사 잡음(PN : Pseudo Noise)을 합쳐 변조하여 주파수 대역을 확산시키는 방법이다. 2진 데이터로 변조된 반송파와 확산부호를 시간영역에서 곱한다는 것은 주파수 영역에서는 각 스펙트럼의 컨벌루션으로 표시되므로 2진 데이터로 변조된 반송파가 협대역이고 확산부호가 광대역인 경우 스펙트럼의 컨벌루션 결과는 확산부호와 같은 광대역이 되므로 PN 부호가 확산의 역할을 수행하게 되어 PN 부호를 확산부호라 한다.

[2] 주파수도약(Frequency Hopping) 방식

FS 방식이란 송신측에서는 2진 데이터로 변조된 반송파를 주파수 합성기(Frequency Synthesizer)의 출력과 곱해서 데이터로 변조된 반송파의 중심주파수를 다른 주파수로 도약시켜 전송하고, 수신측에서는 대역확산된 신호에 송신측에서 사용했던 주파수 합성기의 출력과 동일한 신호를 곱해서 주파수 도약을 제거한 후 동기 검파 및 비동기 검파를 함으로써 원래의 2진 데이터를 복조하는 방식을 말한다.

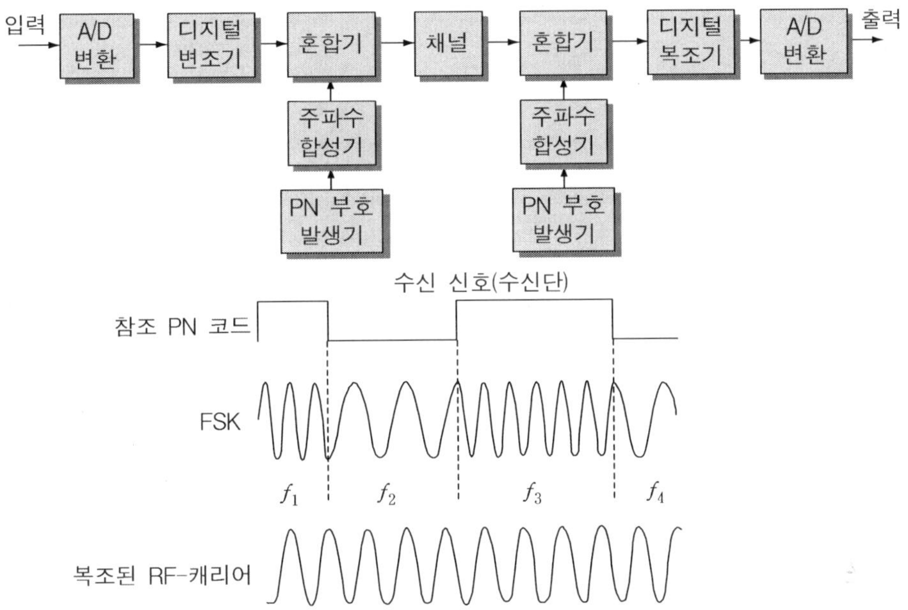

그림 7-37 주파수 도약을 위한 송신

2진 데이터로 변조된 반송파와 주파수 합성기의 출력을 곱한다는 것은 2진 데이터로 변조된 반송파의 중심주파수를 다른 주파수 대역으로 도약시키기 때문에 PN 부호 발생기의 2원 부호에 의해 결정되는 주파수 합성기의 출력 주파수는 확산부호라 하지 않고 주파수 도약 패턴(Frequency Hopping Pattern)이라 부르며, 주파수 도약폭이 클수록 대역확산이 크게 되어 처리 이득이 증가하게 된다.

[3] 시간도약(Time Hopping) 기법

TH 방식이란 정보신호에 의해 변조된 반송파를 PN 부호 발생기에서 출력되는 랜덤한 2진 부호에 의해 선택된 특정 시간슬롯(Time Slot) 동안에만 연집(Burst) 형태로 전송하는 대역확산 방식을 말하며, 여기서 대역확산의 의미는 데이터 전송시간의 랜덤성을 말한다.

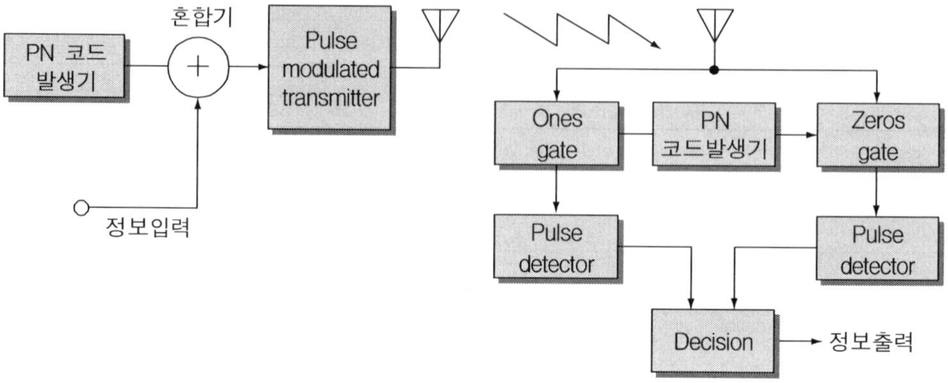

그림 7-38 시간도약을 위한 송신

시간도약기법은 펄스변조의 일종이며 PN 부호 발생기는 송수신 출력을 on, off시키는데 사용된다. 주파수도약 방식과의 차이는 PN 부호 발생기에 반송주파수를 변화시키거나 송신신호의 시간슬롯을 on, off하는데 차이가 있다. 즉 한 프레임에 여러 개의 시간슬롯을 만들고 이 시간슬롯에 신호전력의 유무를 PN 부호 발생기에 의해 결정한다.

만약 프레임 내에 있는 시간슬롯을 많이 만들수록 전송대역폭은 확산하게 된다. 이 기법은 TDMA에서 상호간섭 신호의 영향을 감소시키는데 사용될 수 있으며 송수신간의 정확한 비트 동기가 필요하다. 이 기법은 주로 FH과 같이 사용하여 하이브리드 기법으로 사용되기도 한다.

[4] 첩변조(CM) 방식

CM 방식이란 정보신호의 시간의 변화구간 동안에 선형 주파수 특성을 이용하여 반송파 주파수를 변화시키는 대역확산 방식을 말하며, 여기서 대역확산의 의미는 정보신호의 시간의 변화구간 동안에 주파수 변화폭을 말한다. CM 방식을 사용하여 얻어진 대역확산신호를 첩(Chirp) 신호라 하며 이 신호를 수신기의 정합필터(Matched Filter)에 통과시키면 압축된 첩신호를 얻을 수 있다.

7 8.3 혼합대역확산 방식

혼합 대역확산 방식이란 직접확산(DS) 방식, 주파수도약(FH) 방식 및 시간도약(TH) 방식을 혼합하여 사용하는 대역확산 방식을 말한다. 사용되는 방식으로는 FH/DS 방식, TH/FH 방식 및 TH/DS 방식이 있으며 이중 FH/DS 방식이 널리 사용된다.

FH/DS 방식이란 반송파가 주기적으로 도약하는 DS 방식이다. 즉, DS의 경우에는 PN 부호 발생기가 넓은 주파수 대역에 걸쳐 고속 확산부호를 발생시킬 수 없고, FH의 경우에는 넓은 주파수 대역에 걸쳐 많은 수의 도약 주파수를 발생시킬 수 없으므로 이러한 단점을 해결하기 위하여 DS 방식과 FH 방식을 혼합하여 대역확산을 효과적으로 달성할 수 있게 한다.

7 8.4 대역확산통신의 응용

대역확산통신의 응용분야로는 부호분할다원접속(CDMA), 다경로 페이딩(Multipath Fading) 억압 및 재밍(Jamming) 방지 등이 있다.

[1] CDMA

CDMA(Code Division Multiple Access)란 여러 사용자가 기지국을 공유할 수 있도록 각 사용자에게 부호를 할당하여 사용할 수 있게 하는 다원접속 방식을 말한다. 즉, 여러 사용자는 고유의 부호를 할당받아 구분된 통신을 가능하게 하는 것으로, 모든 가입자가 동일한 주파수 대역을 사용하고 서로 다른 고유의 확산부호를 이용하여 효율성을 극대화시킨 방식이다. 이 방식은 1.25[MHz]를 전송대역으로 사용하고, 아날로그 FM 방식에 비해 20배 정도의 채널 수용능력이 향상될 수 있다.

(1) CDMA 시스템의 기본 원리

코드분할다원화(CDMA : Code Division Multiple Access) 방식은 변조의 일종으로 전송신호의 대역폭을 잡음과 유사한 신호의 대역폭으로 넓게 확산시켜 전송신호의 전력을 동일하게 유지하면서 전력밀도를 아주 낮게 만든다.

일반적으로 확산된 신호의 대역폭과 정보신호의 대역폭의 비를 처리 이득이라 하며 수십 dB가 된다. 송신 시 정보신호를 확산시키기 위해 정보신호와 독립된 확산부호가 사용되며 수신기에서는 확산부호와 동기된 부호를 이용하여 수신신호를 역확산시켜 정보신호를 검출한다. 이 방식은 1.25[MHz]를 전송대역으로 사용하고, 확산부호에 의해 결정된다.

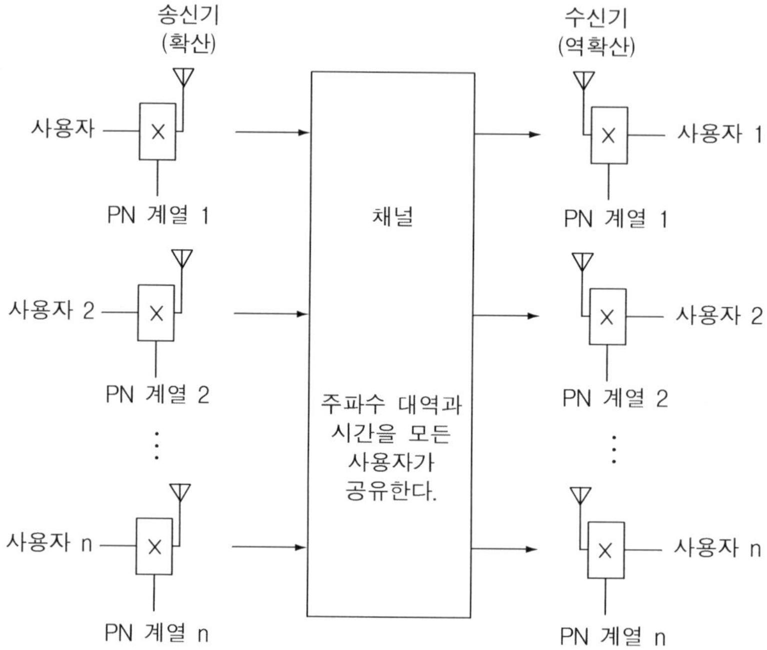

그림 7-39 CDMA 방식

(2) DS-CDMA

DS 방식을 사용한 CDMA로 다수의 사용자들에게 직교관계를 갖는 확산부호를 할당함으로써 동일 시간대에 동일주파수를 사용하더라도 상호간섭이 발생되지 않는 다원접속 방식을 말한다.

(3) FH-CDMA

FH 방식을 사용한 CDMA로 다수의 사용자들에게 직교관계를 갖는 주파수 도약패턴을 할당함으로써 동일시간대에 동일주파수를 사용하더라도 상호간섭이 발생되지 않는 다원접속 방식을 말한다.

[2] 다중경로 페이딩 억압

다중경로 페이딩(Multipath Fading)이란 서로 다른 전파경로를 거쳐 수신된 전파가 수신점에서 간섭현상을 일으켜 발생시키는 현상으로 건물이나 지형 등에 의한 반사 때문에 발생하는 것으로 수신신호의 진폭이 커졌다 작아졌다 하는 상태를 말한다. 이러한 페이딩 현상을 극복하기 위하여 다이버시티(diversity) 방식을 사용한다.

[3] 재밍방지

재밍(Jamming)이란 통신을 방해하기 위하여 의도적으로 실시하는 전파방해의 수단을 말한다.

7.9 새로운 무선통신기술

7.9.1 무선통신기술의 정의 및 특징

정보의 제공자와 사용자가 전파신호나 광신호 등의 무선 매체를 이용하여 정보를 송수신할 수 있는 기술이다. 네트워크의 적용 범위에 따라 무선WAN(Wide-Area Network), 무선MAN(Metropolitan-Area Network), 무선LAN(Local Access Network)과 무선PAN(Personal Area Network)으로 구분되며, 주로 개인 휴대단말기 사이의 무선 통신 혹은 유선 네트워크로의 무선접속을 위해 적용된다.

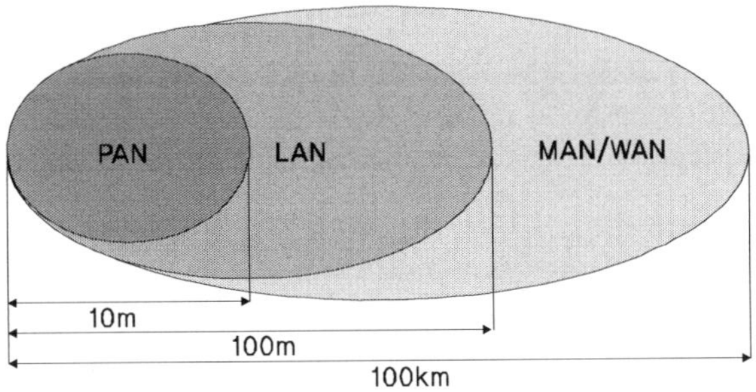

그림 7-40 무선 LAN 시스템

표 7-16 무선 네트워크 타입의 비교

종 류	적용범위	성 능	표 준	응 용
WPAN	개인	보통	블루투스, IEEE 802.15, 적외선 통신	주변장치들을 연결하는 케이블 대체
WLAN	건물	높음	IEEE 802.11, Wi-Fi, HyperLAN	옥내외
WMAN	도시	높음	업체의 독자적인 시스템, IEEE 802.16, WIMAX	최대 250km/h
WWAN	세계	낮음	CDPD, 셀룰러 2G,2.5G, 3G	CDPD, 셀룰러 2G,2.5G, 3G무선컨텐츠

[1] 무선네트워크의 장점

특 징

① 유연성, 이동성을 보장
② 효율성과 생산성의 증대
③ 통신의 신뢰성을 증대(배선 단선 등의 문제 해결)
④ 기존 네트워크의 확장 용이성

[2] 무선네트워크 시스템 구성요소

(1) 사용자

다양한 환경의 사람이나 로봇

(2) 컴퓨터장치

(3) NIC(Network Interface Card)

① 컴퓨터 장치와 무선네트워크 구조를 연결하는 인터페이스

② 사용하려는 무선네트워크 기반 구조에 따라 여러 가지 타입을 제공

(4) 전송매체로서의 공기

- 비, 눈, 연기, 매연 등 무선 통신 신호의 전파를 약하게 만드는 원인

(5) 무선네트워크 기반 구조

① 베이스 스테이션 : 무선통신신호를 유선네트워크에 연결시켜 주는 기반구조 (무선랜의 AP)

② 접근 제어기 : 베이스 스테이션의 뒤에서 무선 네트워크로 인한 트래픽을 조절하거나 무선 네트워크로부터의 접근 제어 기능을 담당

③ 응용 연결 소프트웨어 : 터미널 에뮬레이션, 데이터베이스 연결 소프트웨어, 무선 미들웨어 등

④ 분산시스템 : 베이스 스테이션과 접근 제어기, 서버를 연결하는 시스템

(6) 관리시스템

① 무선 네트워크의 효율적이고 체계적으로 관리할 수 있는 시스템

② 관리시스템의 구성요소 : 보안, 헬프데스크, 설정관리, 네트워크 감시, 보고, 엔지니어링, 유지보수

[3] WLAN의 개념 및 특징

WLAN(Wireless Local Area Network)의 개념

① 유선 LAN의 확장 또는 대체를 위해 전파 또는 빛을 이용하여 공중 상에서 데이터를 전송하고 수신하는 방식의 서비스

② 장비 간에 무선을 이용하여 연결함으로써 고객에게 이동성을 보장하고 사무 환경을 개선하는 기술

③ 무선LAN은 고성능의 멀티미디어 응용프로그램이 동작할 수 있을 정도의 성능을 제공(최대 54Mbps).

④ IEEE 802.11은 무선LAN 기술 중 가장 많이 사용되는 기술이며 2.4GHz와 5GHz대역에서 동작하는 두 가지 버전 제공

WLAN의 구성요소

① 단말기 : 무선 랜 카드가 장착된 단말기

② AP(access point) : 이동전화의 기지국 역할 수행

③ 내부/외부 안테나 : Access Point와 연동되어 사용되며 빌딩 간 연결 및 외부 환경에서 사용 시 이용

WLAN의 특징

① 설치, 유지보수, 재배치 간편
② 긴급, 임시 네트워크 구축 시 효율적으로 설치 가능
③ 유선 연결이 어려운 곳의 케이블링 문제 해결
④ 단말의 이동성 보장, 네트워크의 확장성 용이
⑤ 재해시 네트워크 단절 문제 해결
⑥ 전파사용료 없음

WPAN(Wireless Personal Area Network)의 개념

① 비교적 짧은 거리 내에서 적은 사용자간에 정보를 전달하며, 주변 장치간 케이블 없이 직접 통신이 가능한 서비스
② 여러 개의 데이터 장치들이 서로 통신할 수 있도록 하는 Ad hoc 데이터 통신 시스템

WPAN(Wireless Personal Area Network)의 특징

① 짧은 도달거리
② 작은 크기
③ 저 전력
④ 사용 편의성
⑤ 통화 간섭이 적음

7 9.2 WLAN/WPAN의 활용분야

[1] WLAN의 활용

① 유선LAN 설치가 어려운 물류센터나 공장, 항만 등에 이용

② 사무실, 학교 등의 유선LAN을 대체하여 사용

③ WLAN 적용 가능 분야

- 사무실, PC방, 가정, 공장, 물류센터
- 사이버 아파트, 백화점, 병원, 기타 공공장소 등

[2] WPAN의 활용

① 가전제품과 휴대용 통신 장비들에 적용되는 애플리케이션의 상당수가 WPAN 서비스를 지원

② WPAN 서비스를 지원하는 애플리케이션의 기능의 예

③ CD나 MP3플레이어와 무선 헤드셋이나 스피커를 연결하는 경우

[3] WPAN 적용 가능 제품

① WPAN 적용 제품

- 컴퓨터, PDA, 휴대용 컴퓨터, 프린터, 마이크, 스피커, 헤드셋, 바코드 판독기, 센서, 디스플레이, 호출기 등
- 핸드폰과 같이 몸에 지니거나 가지고 다니면서 사용할 수 있는 장치

7 9.3 WLAN/WPAN의 기술분야

[1] WLAN의 종류

(1) 스펙트럼 확산

데이터 신호를 수많은 인수로 확산해 넓은 주파수 대역에 걸쳐 확산, 전송하고 수신측에서 이를 원래의 주파수 대역으로 전환시키는 방식

(2) 협대역 방식

여러 특정 주파수 중 하나를 이용, 작은 대역폭에 데이터 신호를 전송하여 송수신 주파수를 고정시키고 이 주파수에 디지털 신호를 TDMA 방식으로 전송하는 협대역의 통신방식

(3) 적외선 방식

적외선을 이용하여 데이터 신호를 전송하는 방식

(4) 레이저 방식

레이저를 이용하여 데이터 신호를 전송하는 방식

표 7-17 WLAN 종류의 각 특징

종 류	장 점	단 점	속 도	거 리
스펙트럼 확산	- 장애물 투과성 - 허가 불필요	- 속도 느림(2Mbps 이하) - 타 무선 장비에 의한 전파 간섭	1-20Mbps	30-240m
협대역 방식	- 전파간섭이 없음 - 속도가 빠름 - 같은 지역의 LAN상에서 공존이 가능 - 장애물 투과성	- 허가 필요	5-20Mbps	10-40m
적외선 방식	- 전파간섭이 없음 - 속도가 빠름 - 같은 지역의 LAN상에서 공존이 가능 - 허가 불필요	- 고체 및 불투명 물체 통과 못함 - 제한적 운용 범위	1-4Mbps	20-60m
레이저 방식	- 전송속도가 가장 빠름 - 전파 간섭이 없음 - 같은 지역의 LAN상에서 공존이 가능 - 허가 불필요	- 고체 및 불투명 물체 통과 못함 - 제한적 운용 범위 - 가장 고가	100Mbps	

[2] WPAN(Wireless Personal Area Network)의 종류

(1) 적외선(IrDA) 방식

① 적외선을 이용한 데이터 통신 표준

② 초저가, 상호 간섭 없음

③ 응용 분야

- 리모콘으로 TV 제어하기
- 노트북 컴퓨터에서 프린터로 문서를 보내기
- 디지털 카메라에서 컴퓨터에 이미지를 광선으로 보내기

(2) 블루투스(Bluetooth) 방식

① 컴퓨터, 프린터, 휴대폰, PDA 등의 정보통신기기는 물론 각종 디지털 가전제품을 물리적인 케이블 접속 없이 무선으로 연결해 주는 근거리 무선접속 기술

② IrDA는 정확하게 서로를 바라보고 통신을 해야 데이터를 주고받을 수 있지

만 블루투스는 전파가 모든 방향으로 퍼지므로 휴대 정보통신기기를 가방이나 주머니에 넣은 상태로 통신이 가능함

③ 소형, 저렴한 가격, 적은 전력소모

④ 응용 분야

- PDA, 핸드폰과 PC간 자동 정보 전송
- 키보드, 마우스의 무선화 등

(3) 지그비(ZigBee) 방식

① 저속 전송속도를 갖는 홈오토메이션 및 데이터 네트워크를 위한 표준 기술

② 버튼 하나의 동작으로 집안 어느 곳에서나 전등 제어 및 홈 보안 시스템, VCR on/off 등을 가능하게 하고 인터넷을 통한 전화접속으로 홈오토메이션을 더욱 편리하게 이용하려는 것에서부터 출발한 기술임

③ 저속, 저가격, 저소비 전력

④ 응용 분야

- 가전제품 무선 원격 제어
- 센서를 통한 건강체크 및 건강관리

(4) HomeRF 방식

① 가정 내 또는 SOHO(Small Office Home Office) 환경에서 컴퓨터, 전화, TV, 오디오 기기 등을 무선으로 연결하는 하나의 무선 네트워크 표준

② 특징

- 기기를 최대 127개까지 접속가능
- 낮은 전송속도
- 기기가 늘어날수록 속도 저하

③ 응용분야

- 무선 홈 네트워크,
- 음성 명령에 의한 가정 내 전자장비 제어

(5) 초광대역(UWB) 방식

① 아주 짧은 펄스를 수 GHz폭의 넓은 대역으로 확산시켜 저전력 대용량의 데

이터를 고속으로 전송할 수 있는 기술

② 1ns 이하 간격의 초단파 펄스를 사용하는 디지털 통신 시스템이기 때문에 반송파를 사용하지 않아 전통적인 헤테로다인 송수신기의 RF부품들이 필요 없어 소형으로 저렴한 가격에 제작

③ 주기가 짧은 펄스의 특성을 이용해 수 cm수준까지 정확한 위치 추적 및 QoS를 보장할 수 있는 특징이 있다.

④ 블루투스의 약 1/4의 적은 전력소모와 벽과 지하를 관통할 수 있는 특성도 갖고 있어 건물 투시, 자동차 충돌방지, 단거리 광대역통신시스템 등 다양한 분야에 적용됨

⑤ 적은 전력소모, 빠른 전송속도

⑥ 응용 분야

- 통신기기, 이미징, 차량, 군용 시장

표 7-18 WPAN의 기술 분류 및 WLAN과의 비교

구 분	WLAN	WPAN				
		IrDA	Bluetooth	Zigbee	HomeRF	UWB
사용주파수	2.4-5GHz	적외선	2.4GHz	2.4GHz	2.4GHz	3.1-10.6GHz
전송속도	1-54Mbps	4Mbps	1Mbps	20-250kbs	1-10Mbps	500Mbps
전송거리	100m	2m	10m	10-75m	50-100m	20M

7 9.4 WLAN/WPAN의 시장동향 및 향후전망

(1) 국내 대학캠퍼스, 병원, 유통업체 등에서 가정으로 형성

(2) WLAN의 빠른 표준화와 상용화로 WPAN 시장 주도권 획득

(3) 무선LAN은 PC에서 디지털가전과 같은 다양한 플랫폼으로 확산될 전망

① 본래 유선 이더넷 망을 설치하기 어려운 환경에서 유선 이더넷 대신 사용하기 위해 개발되었던 무선LAN은 이제 기업에서 범용적인 용도로 널리 확산

되고 있음은 물론 서비스 사업자 핫스팟 서비스로도 이용되고 있으며, 최근에는 각 가정의 PC및 주변기기, 디지털 가전제품, 이동통신 기기, 자동차 등에 폭 넓게 활용되는 유비쿼터스 네트워크 기술로 의미가 크게 확장

② 과거에는 전력, 크기 비용 문제로 인해 이동통신 단말기 또는 PDA에 무선 LAN 기능을 통합시키는 것이 어려웠으나, 최근 Atheros, Broadcom 등에서 저렴한 저전력 싱글칩 CMOS무선LAN 반도체 솔루션을 내놓으면서 2006년 이동통신 단말기의 6%, PDA의 60%가 built-in 방식으로 무선LAN 기능을 지원할 전망), 이 경우 가격보다는 전력 소모 이슈를 해결하는 것이 이동통신 단말기에서 무선LAN 기능 대중화 여부의 관건이 될 전망

③ 프린터, 프로젝터, 마우스, 키보드 등의 PC주변기기에도 무선LAN장착이 시도될 것으로 예상되며, 최근에는 홈 네트워킹이 가정에서 빠르게 확산되면서 2005년부터 본격적으로 게임콘솔, 디지털TV, DVD플레이어, 셋톱박스, 디지털카메라, 디지털캠코더, MP3플레이어 등의 디지털 가전에까지 무선LAN이 보급되기 시작할 것으로 기대되고 있는데, 이 경우 블루투스 또는 UWB와의 가격대성능 경쟁이 불가피할 것으로 보임

④ 디지털 가전에 무선 LAN 기능을 적용할 경우, 복잡한 유선 케이블들을 걷어낼 수 있으며 복수의 기기들을 연결할 수 있다는 장점이 있으나, 여전히 가격과 전송 속도가 업체들로서는 딜레마로 남아 있는데, 802.11b로는 DVD급 비디오 전송이, 802.11a/g로는 HD급 비디오 전송이 어려운 상태

- 현재는 노트북 또는 PDA와 같은 단말기에 무선 LAN 기능을 장착하기 위해 PCMCIA와 같은 add-on 형태의 애프터마켓 방식 제품이 널리 사용되고 있지만, 앞으로는 무선LAN 기능 장착이 필수사항이 되어가면서 임베디드(built-in)형태의 비포마켓 방식 제품 비중이 대부분을 차지할 전망

- 무선LAN은 앞으로 멀티미디어화 및 고속화 추세로 진화해 나아갈 것
  1) 무선LAN기술은 본래 데이터 전송 용도로 개발되었기 때문에, QoS 또는 멀티미디어 지원에 대해 고려할 필요가 없었으나, 최근 무선LAN이 가정의 디지털 멀티미디어 가전기기에 보급되기 시작하면서 전송 지연에 민감한 음성, 영상 트래픽을 효과적으로 지원하기 위해 QoS 및 멀티미디어 기능이 보다 강화되고 있음
  2) 향후 802.11n 방식 제품이 대량 생산되어 가격이 현재 802.11g 수준으로 낮아지게 되면, 멀티미디어 홈 네트워킹 솔루션 분야에서 100Mbps급

유선 홈 네트워킹 솔루션 또는 UWB와 직접 경쟁하게 될 것으로 예상

- 무선 PAN 기술의 대표 자리를 위협 받고 있는 블루투스
  1) 블루투스는 2.4GHz 주파수 대역을 이용해 최대 10m의 단거리에서 다양한 장치들끼리 연결하여 2.1Mbps의 속도로 데이터를 송수신할 수 있는 대표적인 무선PAN 기술임
  2) 당초 거의 모든 생활기기에 블루투스가 적용될 것이라는 예상과는 달리, 현재 블루투스는 이동통신 단말기와 헤드셋에만 집중적으로 적용되고 있는데, 이는 그 외 애플리케이션에 있어서 블루투스 기술에 대한 소비자들의 인지도 및 사용 경험이 부족하기 때문임
  3) 블루투스 1.2의 경우 이론적으로 1Mbps의 전송속도를 제공한다고 하지만, 실제로는 최대 전송속도의 10~20%에 불과하며, 따라서 300Kbps정도의 대역폭으로는 '음성 및 저속 데이터 전송'으로 적용되는 애플리케이션 범위가 제한될 수밖에 없음
  4) 앞으로 저속, 저전력 홈 오토메이션 애플리케이션은 ZigBee가 차지할 것으로 예상되고 있어 블루투스의 입지를 보다 좁히고 있으며, 고속 데이터 및 멀티미디어 전송 애플리케이션은 UWB 또는 802.11n 무선 LAN이 차지할 것으로 예상
  5) 최근 블루투스를 위태롭게 하는 것들 중 또 다른 하나는 [보안]으로, 블루투스의 보안 약점을 이용한 Bluesnarfing, Bluejacking, BlueBugging 등의 해킹 방법들이 알려지면서 블루투스 보안에 대한 우려가 점차 높아지고 있음
- UWB는 3.1~10.6GHz의 방대한 주파수 대역을 사용해 10m거리에서 480 Mbps의 대용량 전송이 가능한 무선PAN기술로, 향후 가정이나 기업에서 IEEE1394 또는 USB를 대체하여 주로 컴퓨터나 셋톱박스, 디지털 TV, 디지털캠코더, 디지털 카메라, PVR, MP3플레이어 등의 멀티미디어 디지털 가전기기에 널리 사용될 것으로 전망
- ZigBee는 저속/저전력/저가 특성이 요구되는 홈/산업 오토메이션 애플리케이션에서 센서 네트워크를 구성하는 핵심 기술로 기대를 모으고 있음
  1) ZigBee는 저전력 ZigBee송수신기를 센서와 결합해 대규모 센서 네트워크를 구성할 수 있어 산업, 가정, 의료, 군사 등 다양한 애플리케이션에서 활용될 전망

2) ZigBee는 마스터 장치로부터 호출이 왔을 경우에만 전략을 사용하므로 한번 배터리를 장착하면 수개월 또는 수 년 정도 사용이 가능하기 때문에, 가정 내에서 조명 기기, 냉난방/환기 시스템, 가스/화재 탐지기, 방범/보안 시스템, 출입 제어, 원격 검침 등 다양한 애플리케이션에 적용될 것으로 예상됨

7 9.5 WLAN/WPAN의 기대효과

[1] WLAN의 기대효과

(1) 국내외의 인터넷 서비스 시장에서 무선 인터넷 서비스가 차지하는 비중이 갈수록 확산되고 있으며, 무선 LAN은 유선인터넷과 대등한 전송속도 및 성능을 보이면서도 이동성과 편리성을 동시에 제공하여 현재 많이 이용되고 있음

⇨즉, 향후에 전송속도가 개선되고 서비스 지역이 확대되면 통신비용상의 이점이 클 것으로 예상함

(2) 무선 LAN은 케이블의 설치비용을 절감하고 재배치작업 및 망의 구조변경이 용이하여 기존의 유선LAN을 대체할 수 있을 뿐 아니라 무선LAN으로 인접 빌딩 간 네트워크의 상호 연결이 가능함

⇨따라서, 앞으로 무선 LAN이 초고속화하면서 무선 MAN기술과 함께 기간망을 대체할 수 있는 기술로 유용하게 적용될 것으로 예상됨

[2] WPAN의 기대효과

(1) 무선PAN은 개인 단말기 및 가전기기의 네트워크화와 특정 응용 중심의 센서 네트워크 개발 및 적용을 가속화하게 될 것으로 예상함

(2) 궁극적으로 유비쿼터스 컴퓨팅 환경의 연구개발 및 조기 구축을 촉진하는 역할을 하게 될 것임

7.10 WiBro

10.1 WiBro의 정의 및 개념

[1] WiBro의 정의 및 개념

(1) Wireless Broadband Internet의 약어로 차세대 초고속 무선 인터넷 서비스를 지칭

(2) 휴대형 무선단말기를 이용해 정지 및 보행상태에서 언제, 어디서나, 초고속으로 인터넷에 접속, 다양한 정보와 컨텐츠(Contents)를 이용하는 서비스

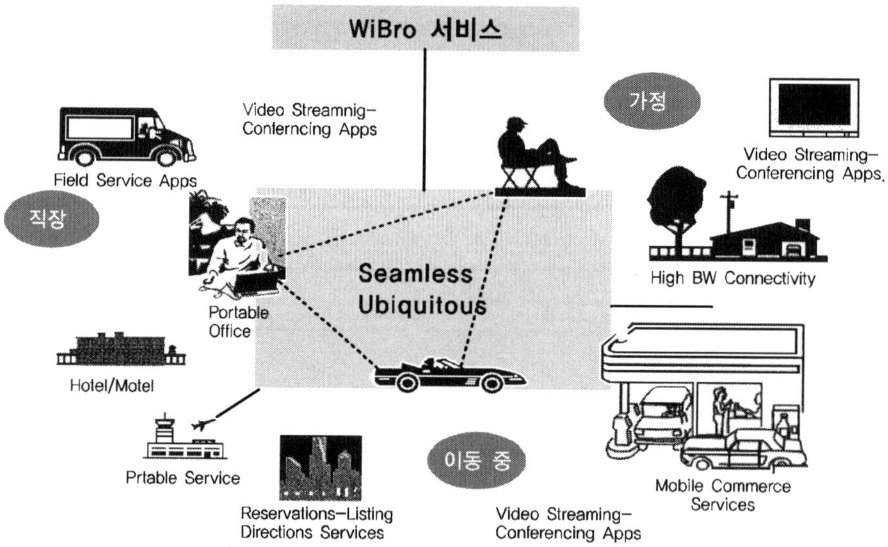

휴대형 무선 단말	정지 및 이동 중
핸드셋, 스마트폰, PDA, 노트북 등의 다양한 멀티미디어 단말 사용	정지 및 보행, 그리고 중속(~60Km)의 이동시에도 무선인터넷 서비스 제공

언제, 어디서나	고속으로
실내·외에서 휴대형 단말을 이용하여 끊김 없는 무선인터넷 접속 환경을 언제나 지원	다양한 초고속 무선 멀티미디어 서비스를 원활히 제공할 수 있도록 1Mbps 이상의 전송속도를 제공

그림 7-41 Wibro 개념도

① 2.3GHz주파수 대역을 이용하며 최고속도 60km/h로 이동 중에도 끊김 없는 무선인터넷 서비스를 제공하며, 가입자당 전송속도는 약 1Mbps에 달함

② 초기 휴대형 무선단말형태는 노트북PC, PDA, 휴대폰 등이 제공될 진망

③ 통신기술의 발전에 따라 하나의 단말기에 이동전화, WiBro, DMB 등 다중 모드를 지원하는 통합형 멀티모드 단말기로 진화할 가능성이 높음

(3) 유선 초고속 인터넷, 이동전화 무선인터넷, 무선랜의 장점을 합친 서비스

① 도달거리가 짧아서 이동 중일 때나 AP(Access Point)에서 멀어지면 사용이 안 되는 무선랜의 단점과 가격이 비싼 이동전화 무선인터넷의 단점을 보완한 서비스

② 유선 인터넷의 고정성의 문제를 해결하여 저렴한 가격으로 이동 중에도 끊김 없이 유선 초고속 인터넷의 속도로 무선 인터넷 사용이 가능한 서비스

[2] WiBro 서비스 및 네트워크 특성

(1) 서비스 요구사항

① 셀의 형태는 커버리지에 따라 피코셀, 마이크로셀, 매크로셀로 구분되며, 이들의 최소 반경을 도심지 기준으로 각각 100m, 400m, 1km로 규정

② 단말기가 휴대인터넷 서비스를 받을 수 있는 최대 이동속도를 60km/h로 이동성을 규정

③ 서비스 접속 중인 단말기가 이동으로 인하여 서비스 중인 셀 영역을 벗어나 다른 셀 영역으로 진입하더라도 IP 기반 서비스가 단절 없이 지속적으로 유지되도록 하는 L2 핸드오프 기능을 지원하도록 규정

④ 적합한 서비스 사용자/장치 이외 제3자의 불법적인 사용과 불법적인 액세스 네트워크의 서비스 제공을 금지하기 위한 인증 서비스와 사용자의 송수신 정보가 통신 당사자 이외의 제3자에게 노출되는 것을 예방할 수 있는 보안 서비스를 제공해야 함

⑤ 가입자의 서비스 속성에 따라 실시간 및 비실시간 서비스 그리고 최선형 서비스의 지원을 위한 차등화된 QoS 제공이 가능해야 하며, 하향링크에서 가입자당 최대 1Mbps 이상의 전송속도를 규정

⑥ 서비스 사업자가 고객의 요구에 맞는 다양한 요금 제도를 지원할 수 있는 과금 관련 기초 데이터가 제공해야 함

⑦ 필요에 따라서는 기존의 다양한 무선 데이터망(무선 LAN, 이동통신 데이터망 등)과의 연동을 지원해야 함

(2) 네트워크 요구사항

① 기지국 요구사항

- 휴대인터넷은 셀룰러 네트워크로 구성되며, 주파수효율성을 극대화하기 위해 모든 셀에서 동일한 주파수를 재사용할 수 있는 다중접속 방식이 고려되어야 함
- 주어진 용량을 여러 사용자가 공유하므로 서비스 관점에서의 전송속도는 주어진 상황(주변 셀의 부하 및 가입자의 현재 채널 상태)에 따라 달라지게 되므로 특정 조건하에서 정의될 수 있음. 현재, 가입자당 최소 전송속도는 피코셀/마이크로셀/매크로셀에 대해, 도심지역의 Full-loaded 멀티셀 환경에서 셀 경계지역에서도 제공 가능한 최소 전송속도로 정의되었으며, 상향과 하향링크에서 각각 128kbps 및 512kbps를 요구. 한편 가입자 단말에 제공할 수 있는 상향 및 하향링크의 최대 전송속도로서 각각 3Mbps이상 및 1Mbps이상을 요구(최대 전송속도는 채널의 상태가 좋을 때 제공할 수 있는 peak data rate에 해당)
- 휴대인터넷 시스템에서는 서비스를 제공받고 있는 단말이 동일한 기지국(셀)내의 다른 섹터로 이동하거나, 또는 다른 기지국(셀)으로 이동하거나, 또는 다른 주파수로 하더라도 IP 서비스를 지속적으로 유지하기 위해 다양한 유형의 핸드오버 기능을 제공해야 함

② 제어국 및 코어 네트워크 요구사항

- 인증 및 보안 키교환 방식으로 EAP 기반의 인증/보안 프로토콜이 지원 가능하며, 필요시 PKI 기반으로 확장 가능하여야 함. 또한, 다양한 가입자 및 단말기 인증기능이 제공되어야 함
- 서비스를 제공받고 있는 단말이 타 망으로 이동시 IP기반 서비스가 유지되도록 핸드오버 및 로밍을 지원해야 함. 이와 관련하여 타 망과의 연동에 따라 타 망 서비스 인증 및 과금을 지원해야 하며, 모바일 IP 등을 이용하여 IP 이동성을 보장해야 함

- 휴대 인터넷의 네트워크 장치는 망의 운용관리를 위하여 SNMP(Simple Network Management Protocol) 기반의 망 관리(장애관리, 구성관리, 성능관리 등) 기능을 제공해야 함
- 다양한 과금관리 기능을 제공하기 위하여 가입자별 서비스 특성에 따라 접속 시간 및 종료시간, 사용 데이터 패킷량, 기지국/사용자/단말기 식별자, 서비스 등급 및 QoS 수준, 호 종료 및 에러발생시 발생원인 등의 기초 자료를 제공해야 함

③ 망 구성요소

- 휴대인터넷 네트워크의 구성 요소는 단말, 기지국, 그리고 제어국을 포함한다.
- 단말(Portable Subscriber Station : PSS)
  - 휴대인터넷 무선접속 기능
  - IP 기반 서비스 접속 기능
  - IP 이동성 기능
  - 단말/사용자 인증 및 보안 기능
  - 멀티캐스트 서비스 수신 기능
  - 타 망과 연동 기능
- 기지국(Radio Access Station : RAS)
  - 휴대인터넷 무선접속 기능
  - 무선자원 관리 및 제어 기능
  - 이동성(핸드오프) 지원 기능
  - 인증 및 보안 기능
  - QoS 제공 기능
  - 하향 링크 멀티캐스트 기능
  - 과금, 통계 정보생성 및 통보 기능
- 제어국(Access Control Router : ACR)
  - IP 라우팅 및 이동성 관리 기능
  - 인증 및 보안 기능
  - QoS 제공 기능

- IP 멀티캐스트 기능
- 과금 서버에 과금 서비스 제공 기능
- ACR 내의 RAS간 이동성 제어 기능

7 10.2 WiBro 서비스 필요성

[1] WiBro 서비스 비교

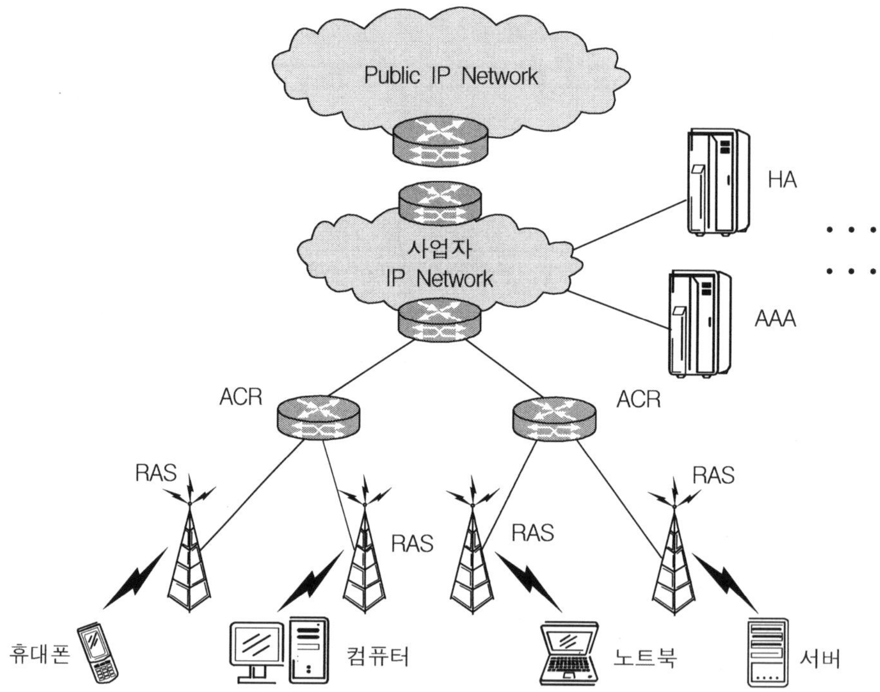

그림 7-42 Wibro 구성도

(1) WiBro 서비스는 전송속도, 이동성, 셀 반경 등의 측면에서 현재의 이동전화 및 무선랜의 중간영역에 위치

(2) 유사서비스와의 특성 비교

① 이동전화 기반의 무선인터넷 서비스

- 인터넷 서비스 사용가능 범위 및 이동성 측면에서는 우수, 높은 서비스 요금, 느린 전송속도, 기대 이하의 품질 수준
- 불편한 유저 인터페이스 등으로 장소에 구애받지 않으면서 자유로이 초고속 인터넷 서비스를 이용하고자 하는 요구를 충족시키기 어려움

② 무선랜 서비스

- 고속의 전송속도를 지원하고는 있으나 Hot Spot(무선 인터넷 접속 구역) 위주의 옥내 기반으로 구축되어 인터넷 서비스 사용가능 범위가 협소
- ISM(Industrial, Scientific, Medical) 대역 특성상 전파간섭 등의 취약점이 많아 사용자의 서비스품질 기대에 부응하기 어려운 상황

③ WiBro 서비스

- 현재의 이동전화 및 무선랜 인프라의 한계를 극복한 서비스
- 이용자가 요구하는 저렴한 무선 초고속 인터넷 서비스를 이동 중에도 제공하기 위해 출현한 서비스

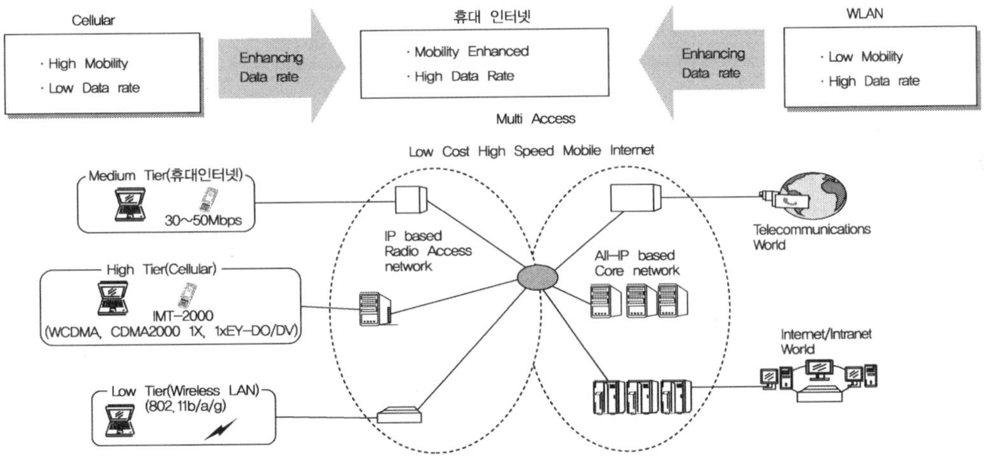

그림 7-43 WiBro 영역

표 7-19 유사서비스와의 특성 비교

구 분	유선 초고속 인터넷	무선랜	WiBro	이동전화 무선인터넷
전송속도	1Mbps 이상	1Mbps 이상	약 1Mbps	약 10Kbps
이용지역	옥내	옥내	옥내외	옥내외
이동성	없음	보행	최대 60km/h	최대 250km/h
컨텐츠	유선 컨텐츠	유·무선컨텐츠	유·무선컨텐츠	무선컨텐츠
셀 반경		약 100m	약 1km	1km~3km
단말기	데스크탑, 노트북	노트북, PDA	노트북, PDA, 휴대폰	휴대폰, 일부 PDA
요금	상대적 저렴	저렴	상대적 저렴	높음

[2] WiBro 서비스 필요성

(1) 기존 서비스에 대한 불만족 해결 필요성

- 유선 인터넷과 무선랜의 경우는 이동성의 한계, 무선인터넷의 경우는 요금, 속도 등에 불만 요인 해결 필요

(2) 새로운 서비스에 대한 시장 필요성

- 이동 중 혹은 외부에서 이용할 수 있는 인터넷접속 서비스의 필요성을 느끼고 있으며, 기존의 유선인터넷, 무선랜, 무선인터넷이 지니는 서비스의 한계에서 비롯됨
- WiBro 서비스의 가장 중요한 서비스 속성요인 : 속도, 이동성, 음성가능의 순으로 나타남

(3) 통신서비스 시장의 성장률 정체에 따른 사업자들의 새로운 수익원 발굴 필요성

- 정보 통신서비스 시장의 성장률 둔화
- 유·무선서비스간의 시장규모 역전이 일어나면서, 무선시장에 대한 시장의 필요성이 더욱 확대됨

(4) 새로운 경제성장 동력의 필요성

- 현재 우리나라는 중국의 추격과 선진국의 견제 등 세계 경제 환경 변화에 대응한 IT분야의 새로운 성장동력이 필요
- 우리 기술로 새로운 시장을 열어갈 수 있는 전략분야의 하나로 휴대인터넷

(WiBro)을 선정하여 서비스를 활성화하는 것이 중요

7 10.3 WiBro 서비스 전망

[1] WiBro와 기타 무선 서비스와의 연관성

(1) WiBro와 유선인터넷

- 1인 가구 중심으로 일부 수요대체가 예상되나 규모는 크지 않을 것으로 예상
  - WiBro는 유선인터넷 수준의 가입자당 전송속도 제공 곤란
  - WiBro가 등장하는 2006년경 유선 인터넷은 이미 VDSL, Gigabit Ethernet 등으로 진화하여 가입자당 수십 Mbps 제공 예상

(2) WiBro와 무선랜

- 무선랜은 WiBro의 음영지역보완, 실내지역 대용량 트래픽 분산 등의 기능을 수행하는 보완재로 전망

(3) WiBro와 위성DMB

- WiBro와 위성DMB는 서비스 영역이 상이하므로 상호 보완적인 관계형성 예상
  - WiBro는 양방향 서비스이며 위성DMB는 단방향 서비스
  - WiBro 서비스 중 TV방송 Streaming 선호도는 6%로 매우 낮음[KDSDI 수요조사]
- 이동전화 단말기와 결합이 가능하다는 측면에서 일정 수준의 시장 분할이 예상
  - 소비자는 통신비 지출 제약, 단말기 동시 휴대 불편에 의해 양 서비스 중 하나의 서비스만 선택할 가능성 존재

(4) WiBro와 이동전화

- 음성 분야는 상호 보완적인 관계 형성 예상
  - 휴대인터넷 VoIP 서비스 제공은 물리적으로는 가능하나, 기술적, 경제적 요인으로 기존 전화와의 가능성이 상대적으로 더 높음
  - 휴대 인터넷의 VoIP보다는 이동전화와 결합한 음성 서비스 제공 예상

- 무선 인터넷 분야는 보완·경쟁 관계 형성 예상
  - 노트북형 : 신규 창출 시장으로 보완적/휴대폰형 : 일정 수준 경쟁 예상

(5) WiBro와 WCDMA

- 일정 수준의 경쟁이 예상되나, 특정 서비스 우위 여부는 예측 곤란
- WiBro : 전송용량, 장비가격우위/WCDMA : 휴대폰형 서비스 도입시기, Vendor 확보 우위
- 향후 세계 WCDMA 활성화 추세, WiBro 초기시스템/단말 안정성에 따라 변화 가능

[2] 애플리케이션 서비스 전망

- WiBro의 활용용도
  - 정보검색, 게임 및 메신저, 동영상 및 컨텐츠 순으로 나타남
- 주요 킬러 애플리케이션 서비스 전망
  - 초고속 인터넷 서비스를 통해 축적된 다양한 핵심 기술과 이동성, 저렴성 등 휴대인터넷의 차별화된 특성을 활용
  - MMS(Multimedia Messaging Service), LBS(Location Based Service), 게임 등 멀티미디어/컨버전스형 킬러 애플리케이션 모델 개발 추진

7 10.4 WiBro의 기대효과

[1] 기술개발 측면

- CDMA와 달리 우리가 주도하여 국제표준화를 추진하고, 우리기술로 핵심 칩을 개발할 수 있는 경쟁력을 보유함으로써 기술종속 탈피
- WiBro기술 상용화로 2, 3세대에 이어 4세대 이동통신에서도 우리나라가 세계 IT 발전의 선도적 지위를 확보할 수 있는 계기 마련

※ 국내외 통신전문가들은 WiBro가 4세대 이동통신의 핵심기술이 될 것으로 전망

[2] IT 산업발전 측면

- 2010년까지 8조원의 서비스 시장, 6조원의 장비시장을 창출하여 성장이 둔화된 국내 통신시장 및 관련 장비시장에 새로운 성장 동력 제공
- WiBro 서비스를 기반으로 하는 다양한 신규 응용서비스(텔레매틱스, 위치기반정보서비스 등) 활성화 예상

[3] 국민경제 파급효과 측면

- 2010년까지 생산유발효과 12.9조원, 부가가치 창출효과 9.8조원 예상

[4] 국민생활 측면

- WiBro 서비스의 이용을 통해 국민생활의 편리성과 효율성을 제고하여 삶의 질을 향상시킬 것으로 예상
- 언제 어디나 업무를 수행할 수 있는 환경(Mobile Office)이 조성되어 경제·사회 전반의 생산성을 획기적으로 증대

[5] 위험요인

- 서비스 초기 시장 불확실
  - 신규 유사서비스 출현
  - 통신비 지출제약, 단말기 동시 휴대 문제
  - 국내·외 초기시장 협소로 장비단가 상승 및 요금 경쟁력 저하 우려
- 기술개발 위험성으로 서비스중 지연·실패 우려
  - 새로운 기술의 이동 통신 최초 적용
  - 다수의 국내·외 Vendor 미확보
- 컨텐츠 부족으로 활성화 저해 가능성 존재
- 국내에서 성공하더라도 경쟁기술의 세계 시장 선점으로 세계 시장 확산에 한계 우려

[6] 기회요인

- 무선인터넷 시장 활성화 및 통신시장에 새로운 성장기회 제공

- 시스템·단말기, 부품 및 컨텐츠 산업 육성
- 세계 시장 개척 및 수출 활성화
  - 지적재산권의 다수기업 분산으로 로열티 분쟁 최소화 가능
- 4G 시장 주도의 계기 마련

연 / 습 / 문 / 제

1. 무선호출(paging)에 대해 설명하라.

2. 셀(cell)에 대하여 정의하고, 셀룰러 시스템에 대해 설명하라.

3. 셀룰러 시스템에서 핸드오프(handoff)에 대해 설명하라.

4. 셀룰러 시스템에서 자동위치등록(roaming)에 대해 설명하라.

5. 주파수공용 방식(TRS)에 대해 설명하라.

6. PCS에 대해 설명하라.

7. WLL 방식의 장단점에 대해 설명하라.

8. IMT-2000에 대해 설명하라.

9. FPLMTS와 UPT관계에 대해 설명하라.

10. 해상위성통신에 대해 설명하라.

11. 이리디움 프로젝트에 대해 설명하라.

12. 글로벌스타에 대해 설명하라.

13. 오브콤에 대해 설명하라.

14. 오딧세이에 대해 설명하라.

15. 텔레데식에 대해 설명하라.

16. 대역확산 방식에서 직접확산 방식에 대해 설명하라.

17. 대역확산 방식에서 주파수도약 방식에 대해 설명하라.

18. 대역확산 방식에서 시간도약 방식에 대해 설명하라.

19. 대역확산 방식에서 첩변조 방식에 대해 설명하라.

20. CDMA 방식의 기본 원리에 대해 설명하라.

21. 무선네트워크의 장점과 WLAN의 특징에 대해 설명하라.

22. Wibro에 대해 정의하고, Wibro 서비스 및 네트워크 특성에 대해 설명하라.

23. WPAN의 개념 및 특징에 대해 설명하라.

제 8 장

위성통신기기

8.1 개요

위성통신은 정지위성(적도 상공 약 35,800[km])을 이용하여 지상으로부터 전파를 증폭(Transponder)시켜서 지상으로 송신하는 통신형태로 프로그램의 다양화 및 고품질의 화면을 볼 수 있고, 난시청 지역을 해소하는데 그 목적이 있다. 위성통신은 지상의 복수 지점간의 통신을 실현하는 방법으로서 통신위성을 띄워 지구의 자전속도와 같이 지구주의를 회전하면서 지구국에서 발사된 신호를 수신, 이를 다시 증폭, 변환하여 상대 지구국에게 재 송신하는 일종의 극초단파 중계기를 이용한 다원 접속 통신 방식을 말한다.

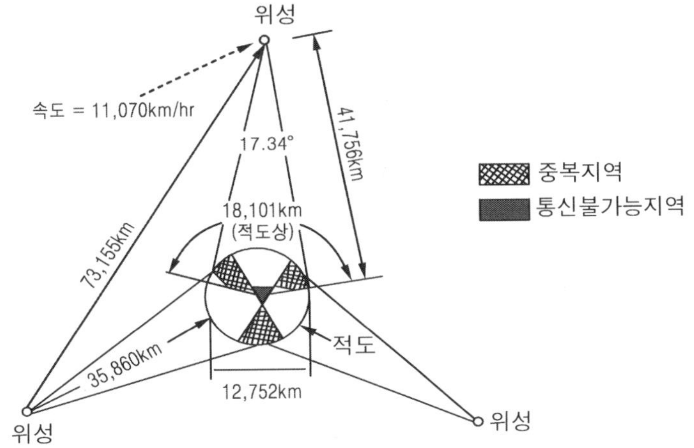

그림 8-1 정지위성의 배치도

이론상으로 한 개의 통신위성이 지구 표면의 약 42.4%를 포함할 수 있으므로 3개의 위성만 적절히 배치하면 지구의 극지역만 제외하고는 모든 지역이 통신이 가능하다. 국제 위성통신 기구(INTELSAT)는 태평양과 인도양, 그리고 대서양 상공에 정지위성을 띄워 올려 전 세계를 커버하는 국제 위성통신 서비스를 실시하고 있다. 위성의 접속형태는 지구국-위성-지구국-위성-지구국(Dou1ble Hop) 형태가 주 접속방법이다.

인공위성을 이용한 위성통신 방식으로는 임의(Random) 위성 방식, 위상 위성 방식, 정지 위성 방식 등 3종류가 있다. 이중 정지위성 방식이 가장 많이 사용된다.

8.2 위성통신의 개요

8 2.1 위성통신의 역사

세계 최초로 발사된 인공위성은 1957년 10월 소련의 "스푸트니크"이며, 이것을 통신용 위성이라고 할 수는 없으며, 최초의 통신용 위성은 1958년 12월 미국이 발사한 "슬로우프" 위성이라고 말할 수 있다. 위성통신분야에서의 응용실험은 1960년 미국항공우주국(NASA)이 전화 및 TV중계 실험을 목적으로 올린 풍선위성 "에코 1호"이다. 이 위성은 직경 30[cm]의 원통형 플라스틱의 풍선 표면에 알루미늄을 씌워 지구국에서 송신한 전파를 반사시켜 통신하였다. 이와 같이 적극적으로 전파를 중계하는 기능을 가지지 않은 위성을 수동위성(Positive Satellite)이라고 하고, 지구국에서 송신한 전파를 증폭하여 다시 지구국으로 되돌려 보내는 중계기(트랜스폰다)를 탑재한 위성을 능동위성(Active Satellite)이라고 한다. 최초의 능동위성은 1962년 7월 AT&T 벨 연구소에서 발사하여 미국과 유럽을 연결시켰던 "델스타 1호"와 미국 항공 우주국에서 태평양상공에 띄운 "릴레이 1호" 등을 시작으로 세계 각국의 위성통신에 대한 연구는 활발히 진행되었다.

위성통신이 실용적인 것으로 주목을 받기 시작한 것은 1964년 미국 항공 우주국이 "신콤 3호" 위성을 정지궤도에 띄워 올려 제19회 동경 올림픽을 중계함으로써 비로소 위성통신의 필요성이 인식되었다. 1965년 4월 대서양 상공에 "인텔세트 1호"(일명 Earlybird)라는 상업용 통신위성을 발사된 이후 위성통신이 국제통신망의 핵심을 이루어 본격적인 위성통신 시대가 열리게 되었다. 이 조직은 1973

년에 "국제 전기통신 위성기구(INTELSAT)"로서 영구 제도화되어 운용되고 있으며, 1993년 12월 현재, 태평양, 인도양, 대서양 상공에 14개 위성이 떠 있으며, 회원국수는 총 129개국 900여 지구국에서 이들 위성을 이용하고 있다.

국제해사위성기구(INMARSAT)을 비롯하여 전 세계의 상용 통신위성의 대부분은 궤도상의 정지위성으로 지구의 자전주기와 일치하기 때문에 지구상에서 보면 마치 한점에 정지하여 있는 것처럼 보이기 때문에 정지위성이라고 한다.

우리나라도 1992년 과학위성인 우리별 1호(KISTSAT-1)를 발사한 후 이듬해인 1993년 우리별 2호(KISTSAT-2)를 지상 820[km] 상공에 발사하였으며 본격적인 통신위성인 무궁화 1호(KOREASAT-1)를 1995년 8월 발사하였고 1996년 1월 무궁화 2호를 정지궤도에 진입시켜 고속·저속 데이터통신, 비디오 중계, 국간중계, 도서벽지/비상재해 통신, TV/CATV 프로그램 중계 등 본격적인 서비스를 제공하게 되었다.

8 2.2 위성통신의 특징

[1] 위성통신의 장단점

(1) 장점

① 동보성(broadcasting) : 다수의 수신자가 동시에 동일한 내용의 정보를 전송

② 광역성(wide area) : 하나의 위성으로 정보를 전송할 수 있는 지역이 넓다.

③ 정지위성의 경우 이론적으로 한 개로 지구의 1/3을 커버할 수 있다.

④ 이동성(mobility) : 이동형 지구국의 구현이 가능하여 어떤 장소에서도 통신회선을 선정할 수 있으며, 지국국의 설치, 추가나 소거 및 이동이 용이하다.

⑤ 안정한 대용량(large capacity)의 통신이 가능하다. 대부분 마이크로대의 전파를 이용함으로써 고품질의 광대역 통신이 가능하다.

⑥ 재해에 안전함 : 우주공간에 위치함으로 지구상의 자연재해와 관계가 없다.

⑦ 유연한 회선설정이 가능하다.

(2) 단점

① 장거리 통신 방식이므로 송신측 지상국에서 수신측 지상국까지 약 240~320[ms] 정도의 전파지연이 발생한다. 이는 36,000Km 상공의 위성과 데이터를 주고받음으로 시간적인 지연현상이 발생하면서 나타나는 현상이다.

② 위성에서 발사한 전파가 지구에 도착하면 신호가 약해지므로 안테나의 크기를 크게 해야 정보 전달이 원활해지므로 지구국의 크기가 커진다.

③ 정보의 보안성이 없다. 불특정 다수인이 수신 가능하므로 통신내용의 비밀유지를 위해 신호의 암호화가 필요하다.

[2] 위성통신의 분류

(1) 용도별 서비스

① 정지위성 서비스(FSS : Fixed Satellite Service)

② 이동위성 서비스(MSS : Mobile Satellite Service)

③ 방송위성 서비스(BSS : Broadcast Satellite Service)

(2) 영역별 서비스

① 국제위성 서비스(INTELSAT, INMARSAT)

② 지역위성 서비스(EUTELSAT, PANAMSAT)

③ 국내위성 서비스(KORESAT, BS)

(3) 응용 시스템별 서비스

① 광대역전송 : 국제전화 중계망, SNG, 원격 진료

② 방송 : DBS, DAB, ISDB

③ 이동통신 : 개인휴대통신, 지상 이동통신, 항공 이동통신, 해사통신

④ 원격감시 및 제어 : 홍수통제 및 예보, 하천 감시, 기상 관측 및 대기 환경측정

⑤ GPS : 측위, 자동항행

8.3 위성통신의 종류

[1] 통신위성

(1) 고정통신위성

고정된 지상구간의 통신 중계에 이용되는 위성으로, 이용지역 범위에 따라 국제 통신위성, 지역 통신위성, 국내 통신위성으로 분류된다.

(2) 방송위성

지상국으로부터 발사된 TV프로그램 신호를 수신하여 증폭한 후 지상의 각 가정에 설치된 파라볼라 안테나를 거쳐 직접 수신할 수 있도록 하는 위성방송에 이용되는 위성이다.

(3) 이동통신위성

선박, 항공기, 차량 등 이동체간에 사용되며 이동체와 각 가정에서 직접 송수신할 수 있도록 하는 이동통신위성이다.

[2] 관측위성

관측위성은 각종 지상변화의 관측에 이용되는 위성을 말한다. 우주로부터 기상을 관측하는 기상위성, 지구측량을 목적으로 사용되는 측지위성, 지구표면에 대한 정확한 정보를 얻기 위한 지구 관측위성도 관측위성의 종류이다.

[3] 해사위성(INMARSAT)

해상조난, 긴급사태 및 안정 통신을 위한 위성으로 미국의 MARISAT 위성에 의해 시작되었다. 국제적으로는 INMARSAT가 결성되어 선박들 간에 정보교환, 선박-육상간의 정보교환, 해상안전에 관한 신속한 정보로 해난사고 방지, 사고 발생시 신속한 구조의 효과를 얻을 수 있다.

[4] 군사위성

사진정찰 위성, 전자정찰 위성, 해상감시 위성, 조기경계 위성, 핵폭발 탐지위성, 요격위성 등이 있으며 이러한 군사목적 특유의 위성 외에도 민간의 통신, 기상해사, 측지위성이 군사적으로 이용되기도 한다.

[5] 과학위성

순수과학발전을 위해 발사된 위성으로 태양계를 관측하여 그 자료를 지구에 송신하는 등 과학용 위성은 우주의 관측을 목적으로 제작된 위성이다.

8.4 위성통신의 현황

8 4.1 위성의 궤도

[1] 궤도

태양의 주위를 돌고 있는 혹성(Planet)이나 지구 주위를 돌고 있는 지구의 위성(Satellite)인 달은 일정한 회전경로(ROUTE)를 가지고 있는데 이 경로를 궤도라 한다. 인공위성은 적도상공의 궤도를 갖는 정지위성 외에 궤도에 따라 원궤도(circular orbit), 타원궤도(elliptical orbit), 동기궤도(synchronous orbit), 태양 동기궤도(sun synchronous orbit), 극궤도(polar orbit), 정지궤도(geostationary orbit) 등으로 구분할 수 있다.

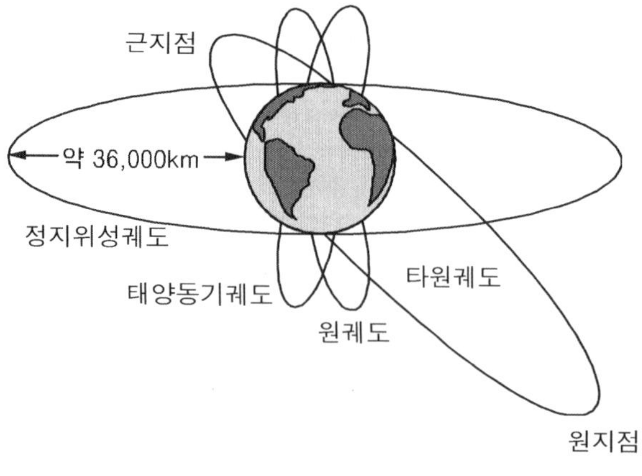

그림 8-2 인공위성의 궤도

위성통신은 여러 개의 지구국으로 구성되는데 송신 지구국으로부터 위성으로의 회선을 업링크(up link), 위성으로부터 수신 지구국으로의 회선을 다운링크(down link)라 한다.

정지궤도 위성

정지궤도 위성은 적도상의 원 궤도로 지구의 자전속도와 같이 돌기 때문에 지상에 있는 관측자에게는 하늘공간에 고정되어 있는 것처럼 보인다.

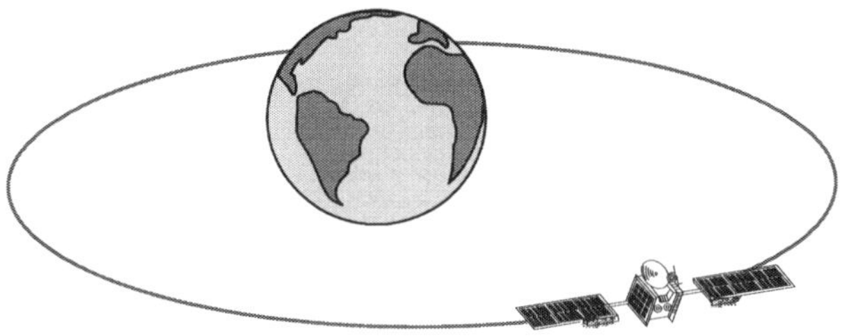

그림 8-3 정지궤도 위성

[2] 위성통신 주파수 대역

위성통신의 초기에는 1~10GHz 대역이 사용되었으나, 통신위성에 의한 서비스의 종류 및 수용의 급증으로 인해 주파수 자원이 부족하게 되어 40GHz까지 연장하여 사용되고 있다. 주파수는 서비스의 종류에 따라 대역과 밴드로 나뉘어져 관리된다.

표 8-1 위성통신 주파수 대역(1)

대 역	밴 드	사용 주파수	용 도
C		6/4GHz	전화, TV중계, 데이터통신 등
Ku		14/11~12GHz	화상전화, PC통신, 전자우편 등
	L	1~2GHz	이동위성통신(국제, 지역, 국내)
	S	2~4GHz	이동위성통신(국내, 지역)
	C	4~8GHz	고정위성통신(글로벌, 지역)
Ka	X	8~12GHz	군사통신
	Ku	12~18GHz	고정위성통신, 국내 서비스용
	K	18~27GHz	고정위성통신, 국내 서비스용

	Ka	27~40GHz	고정위성통신
	Millimeter	40~300GHz	실험용

표 8-2 위성통신 주파수 대역(2)

대 역	주파수대역	업링크 주파수	다운링크 주파수
C	6~4GHz	5.925~6.425	3.7~4.2
Ku	14~12GHz	14.0~14.5	11.7~12.2
Ka	30~20GHz	27.5~31.0	11.7~21.2

[3] 주기

혹성이 태양을 한 바퀴 도는데 걸리는 시간을 1주기라고 한다. 지구의 주위를 1회전하는 시간 즉, 위성의 공전주기(24시간)가 지구의 자전주기와는 일치한다. 여기서, 태양을 한 바퀴 도는 데 걸리는 1주기는 365일이 되고, 달이 지구를 한 바퀴 도는 데 걸리는 1주기는 1개월이 된다.

표 8-3 혹성별 태양에 대한 주기표

혹성명	자전속도	공전속도	직경(km)	태양으로부터의 거리 (million km)
수 성	59일	88일	4,878	58
금 성	243	225일	12,104	108
지 구	24시간	365일	12,756	150
화 성	24시간/12	687일	6,794	228
목 성	10시간	12년	142,800	778
토 성	10시간 1/4	29년 1/2	120,000	1,427
천왕성	15시간 1/2	84년	51,800	2,870
혜왕성	16시간	165년	48,000	4.497
명왕성	6일 9시간	248년	3,000	5,916

(1) 인공위성의 궤도

인공위성(artifical satellite)은 각각의 목적에 따라, 정해진 궤도를 따라 돌고 있으며, 지구를 돌고 있는 인공위성의 무게가 동일하다고 할 때 지구로부터 궤도의 고도가 높을수록 지구를 도는데 걸리는 1주기가 길어진다. 즉, 인공위성은 궤도의 고도가 높을수록 속도가 느리고, 고도가 낮을수록 속도가 빨라진다. 궤도는 크게 원형궤도와 타원궤도로 구분할 수 있다.

(2) 원형궤도

궤도의 형태가 원형으로서 지구로부터의 고도가 궤도의 어느 지점에서도 동일하다.

① 극궤도(Polar Orbit) : 인공위성이 처음 출발한 지점으로 되돌아오는 동안 하루에 지구의 여러 곳의 상태를 관찰할 수 있으므로 지구 관측용 궤도로서 이용된다.

② 적도면 궤도(Equatorial Orbit) : 고도가 낮은 대기궤도(Parking Orbit)와 고도가 높은 정기궤도(Geostationary Orbit)가 이에 해당된다.

표 8-4 원형궤도에 대한 고도별 주기표

고도(km)	1주기 시간	1주일 기수
150	1시간 27분	약 16번
200	1시간 28분	약 16번
500	1시간 34분	약 15번
800	1시간 41분	약 14번
1,500	1시간 56분	약 12번
4,000	2시간 55분	약 8번
10,000	5시간 47분	약 4번
20,000	11시간 50분	약 2번
36,000	24시간 07분	약 1번

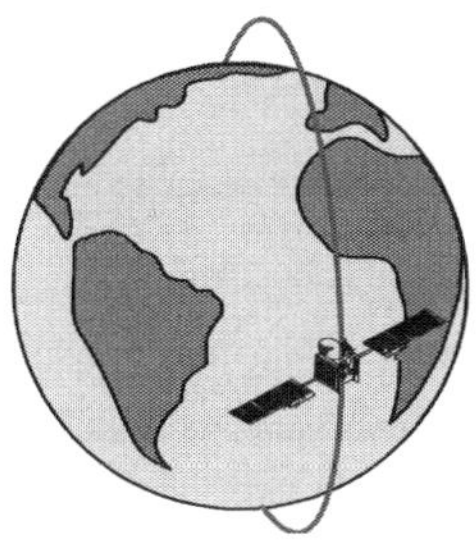

그림 8-4 극궤도 위성

극궤도 위성

극궤도는 저궤도위성의 특별한 형태이다. 유일한 차이점은 극궤도상의 위성이 일반적으로 동에서 서쪽방향으로 움직이는 것보다 더 많이 북에서 남쪽방향으로 치우쳐 움직인다는 것이다.

(3) 타원궤도(Elliptical Orbit)

① 트랜스퍼궤도(Transfer Orbit) : 정지궤도에 진입하는 위성은 위성이 트랜스퍼궤도의 원지점에 있을 때 정지궤도 진입용 로케트(Apogee Kick Motor : AKM)를 이용하여 정지궤도에 진입시킨다.

② 해상무선측위에서 사용하는 GPS(Global Positioning System) 위성 : 위성의 속도가 원지점에서보다 매우 빠르므로 위성이 대부분의 시간을 근지점 외에서 운용되는 점을 이용하여 타원궤도를 유용하게 이용한다.

③ 태양동기궤도(Sun Syncronous Orbit) : 지구의 자전방향과 반대방향으로 위성이 회전함으로써 위성이 태양을 향하고 있게 되어 지구면의 사진을 찍는데 이용되는 궤도이며, 미래의 태양에너지 전송용 위성에 대한 궤도가 된다.

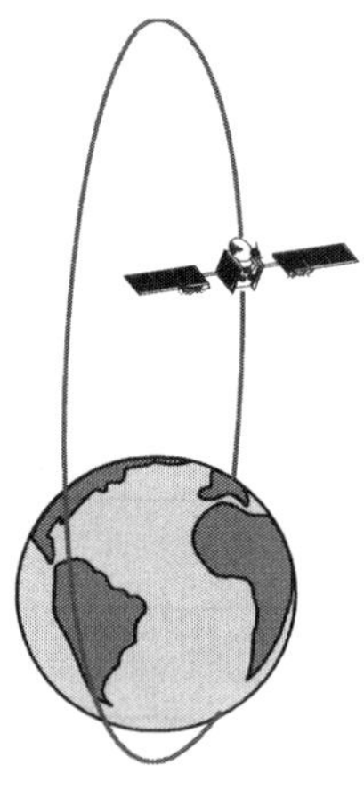

그림 8-5 타원궤도 위성

타원궤도 위성

- 길쭉한 계란모양의 진행경로를 움직임
- 궤도의 한쪽 끝은 지구중심에 가장 근접(근지점)

- 다른 한쪽 끝은 가장 멀리(원지점)
- 이 궤도상의 위성은 지구를 한 바퀴 도는데 약 12시간
- 극궤도 위성과 같이 북-남 방향으로 움직인다.
- 우리별 위성 : 인공위성센터
- 아리랑 위성 : 항공우주연구소

4.2 국제 위성통신

세계의 모든 나라가 위성을 통한 국제 통신을 이루러질 수 있도록 미국의 주도로 조직된 것이 INTELSAT이다. 인텔새트의 국제 위성통신 서비스도 1965년 앨리버드란 INTELSAT I호 위성이 북미와 유럽간 240전화회선 또는 1개 TV 채널을 전송함으로써 시작되었다. 통신위성 INTELSAT가 세대를 거치는 동안 통신 처리 능력은 INTELSAT 1호의 음성 채널 240회선에서 INTELSAT VI호의 40,000회선으로 150배 이상 증가했고, 인공위성의 수명도 1년 반에서 7년으로 늘어났다.

4.3 해사 위성통신

INMARSAT은 해사 위성통신망 제어국(NCS : Network Control Station), 해안지구국 및 선박지구국 등으로 구성된다. INMARSAT의 해사위성통신 서비스는 전화, 회선 및 데이터통신이며 FM/SCPC/FD MA 방식으로 제공되며 사용하는 주파수대를 보면 표 8-5와 같다.

표 8-5 INMARSAT 시스템에서 사용하는 주파수대

통신 LINK		주파수대
선박 지국국 ↔ 위성	up link	1.6GHz대
	down link	1.5GHz대
해안 지구국 ↔ 위성	up link	6GHz대
	down link	4GHz대

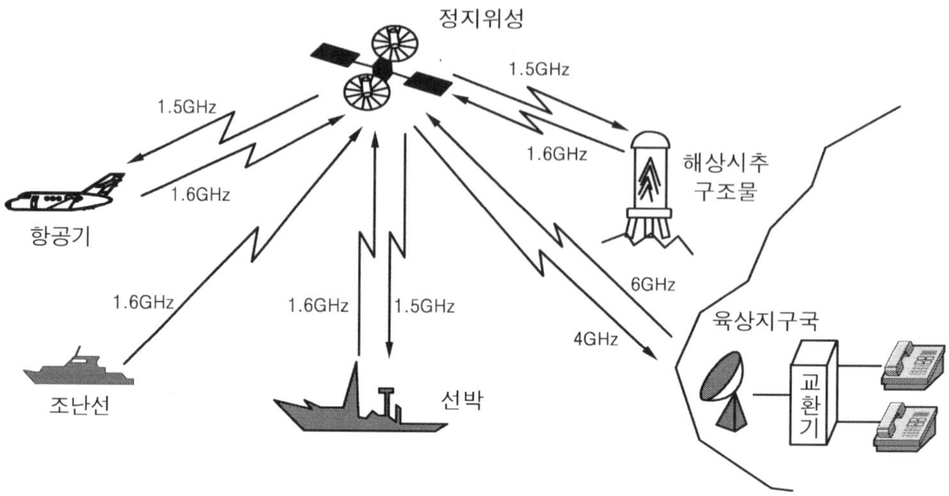

그림 8-6 INMARSAT 시스템 구성도

[1] 인말새트-A 지구국 현황

(1) 개요

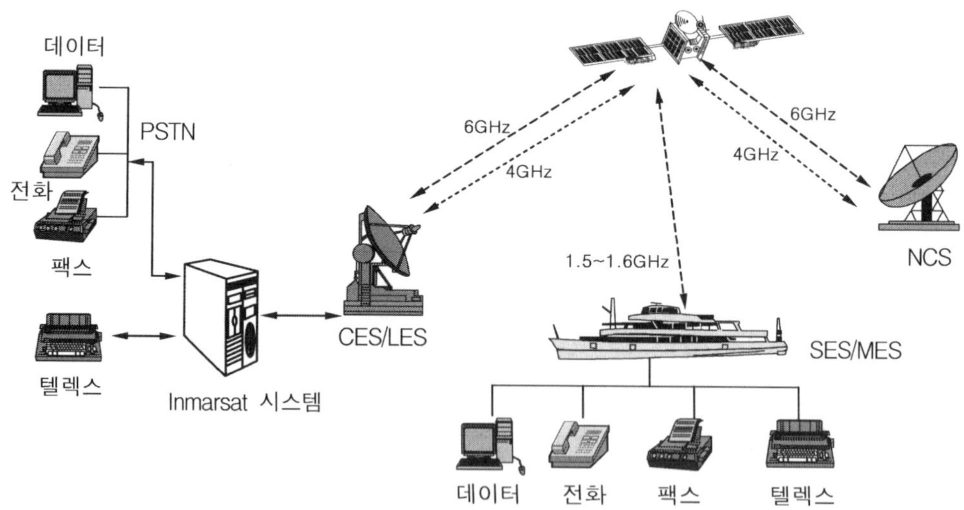

그림 8-7 인말새트-A 지구국 시스템

태평양과 인도양의 인말새트 위성을 이용한 아날로그 방식으로 전화, 텔렉스 및 조난통신을 실시간으로 자동 또는 수동 서비스를 제공한다.

(2) 시설현황

• 시설수 : 인말새트-A 시스템 1식

- 회선용량 : 50회선(전화 : 30, 텔렉스 : 20)

• 주요 서비스기능

- 아날로그 선박전화(팩스, 전자메일), 텔렉스, 조난통신

[2] 인말새트-C 지구국 현황

(1) 개요

태평양과 인도양의 인말새트 위성을 이용한 디지털 패킷 방식으로 텔렉스, FAX, 선박, 위치정보, 기상정보 및 조난통신을 축적전송하며 데이터 서비스를 제공에 유리하다.

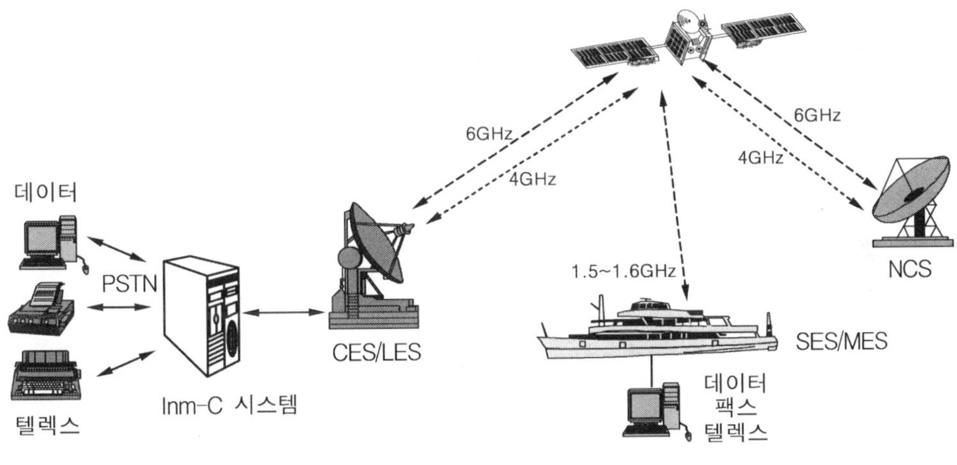

그림 8-8 인말새트-C 지구국 시스템

(2) 시설현황

• 시설수 : 인말새트-C 시스템 1식

- 회선용량 : 20회선(텔렉스 : 10, 데이터 : 5, PSTN : 5)

• 주요 서비스기능

- 선박발신 FAX, 텔렉스, 선박위치정보, 기상정보, 조난통신

- 데이터통신(X.25, X.75), EGC(동보통신)

[3] 인말새트-B/M 지구국 현황

(1) 개요

태평양과 인도양의 인말새트 위성을 이용한 디지털 방식으로 전화, 텔렉스 및 조난통신을 실시간으로 자동 또는 수동 서비스 제공에 유리하다.

(2) 시설현황

- 시설수 : 인말새트-B/M 시스템 1식
  - 회선용량 : 50회선(전화 : 28, 텔렉스 : 20, HSD : 2)
- 주요 서비스기능
  - 디지털 선박전화(FAX, 전자메일), 텔렉스, 조난통신, 고속 데이터

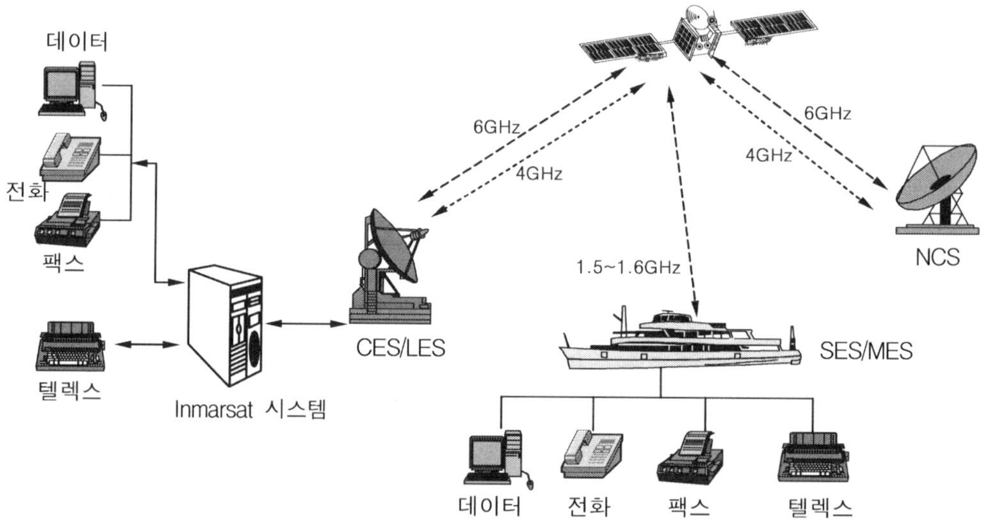

그림 8-9 인말새트-B/M 지구국 시스템

8 4.4 우리나라 위성통신

체신부가 1967년 인텔세트에 잠정 가입한 후 1970년 6월 2일 충남 금산에 지름이 28cm인 태평양 지구국(일명 금산 제1지구국)을 개국함으로써 우리나라 위성통신 역사의 시작과 함께 태평양 문화권을 열게 되었다. 1977년 9월 지름이 30m

인 인도양 지구국(금산 제2지구국)을 개국, 대서양권을 제외한 전 세계 어느 곳과도 통신이 가능하게 되었으며, 1980년엔 트레일러에 장치된 표준 C지국을 도입 제2지구국 이중편파 개보수 공사에 이용한 후 AFKN 수신전용 지구국으로 활용하고 있다. 기술적인 면에서도 1985년 인도양 위성을 이용하는 금산 제2지구국이 시분할 다중 방식(TDMA)을 채택함으로써 위성통신에 있어서도 디지털 시대를 맞이하였다.

표 8-6 위성지구국 현황

사업자명	지구국명	태평양 위성			인도양 위성			비 고
		174°	177°	183°	60°	63°	66°	
한국통신	금산위성지구국	KSN-1A		KSN-2A KSN-3A(주)				해사위 지구국 제2기 제외
	보은위성지구국	BUN-1A		BUN-2A BUN-2A				
(주)데이콤	아산위성지구국	ASN-1A		ASN-2A ASN-3A				

(주) KSN-3A는 비상복구용 안테나이며 (주)데이콤 본사 사옥 옥상에 설치하여 운용중인 ISB지구국(안테나 지름 6.1m STD- E-2)을 포함한 한국통신의 보유의 Ku밴드 지구국은 위 표에서 제외됨

우리나라에서 최초로 발사한 상업용 위성은 정지궤도를 선회하는 위성으로 현재 1호와 2호가 운용중이다. 방송채널의 경우 각각의 위성은 12개의 채널을 탑재하고 있으며, 1호는 위성발송용으로 2호는 고선명 TV와 위성방송 예비용으로 준비 중이다. 위성을 통한 방송을 시청하기 위해서는 지름 45cm 크기의 안테나와 수신기가 있어야 한다. 무궁화 위성의 주요기능을 살펴보면,

- 방송 채널의 탑재
- 기업 활동에 활용
- 원격교육, 그룹 CATV, 화상회의, POS 시스템 구축 등
- 홍수방지
- 군사용도이동통신 : GPS(위치확인 시스템), 쌍방향 데이터통신, 위성을 이용한 무선호출 시스템 등에 적용

표 8-7 위성지구국 현황

위성명	무궁화 1호	무궁화 2호	무궁화 3호	무궁화 5호
발사일	'95.8	'96.1	'99.9	2005년 예정
수명	'99.10(4년 4개월)	2006.1(10년)	2011.8(12년)	

질량		1,460(652)[kg]	2,800(1,305)[kg]	
위치	116°E	116°E	116°E	116°E
대역폭, 방송중계기	27[MHz]×3기	27[MHz]×3기	27[MHz]×6기 (예비용 3기)	
대역폭, 통신중계기	36[MHz]×12기	36[MHz]×12기	36[MHz×24기(예3기) 200[MHz]×3기(예2기)	
방송가능 채널수	24채널	24채널	27[MHz]-48채널 36[MHz]-120채널 총 168 채널	
서비스 지역	한반도	한반도	한반도 및 아시아 전역	

8.5 위성통신 방식

8 5.1 위성통신 방식(Satellite Communication System)

통신위성을 무선중계국으로 하여 지구국간의 통신을 행하는 전송 방식이며 위상위성 방식과 정지위성 방식이 있다.

[1] 랜덤위성 방식(Random Satellite System)

초기의 위성통신 방식으로 지구 상공 수백~수천[km]의 궤도상을 수 시간의 주기로 선회하는 위성을 이용하는 방식이다. 이 방식은 건설비가 비싸고, 운용 능률이 낮은 결점이 있으므로 각종 관측(기상, 해양 등) 위성에서만 사용되고 있다.

[2] 위상위성 방식(Phased Satellite System)

지구상공에 등 간격으로 여러 개의 통신위성을 배치하고, 지구국은 안테나를 사용하여 차례로 위성을 추적하여 항상 통신망을 확보하는 방식이다. 이 방식을 사용하면 정지위성 방식에서 통신 불능인 극지방과의 통신이 가능하게 되며, 정지위성의 경우보다 고도를 낮게 할 수 있기 때문에 전파지연시간이 짧은 이점이 있지만 지구국을 포함한 비용이 많이 드는 등의 결점이 있기 때문에 아직 실용화되지 않고 있는 방식이다.

[3] 정지위성 방식(Stationary Satellite System)

현재 주로 사용되고 있는 위성통신 방식으로, 지구 적도상의 상공 고도 약 36,000[km]에 지구의 회전에 동기되어 동쪽으로 회전하는 통신위성을 이용하는 방식이다. 지상에서 보면 상대적으로 정지위치를 유지하여, 고정적으로 배치한 지구국 안테나에 의해 통신할 수 있으므로 실용성이 높아 현재 가장 널리 사용되고 있다.

이론적으로 1개의 정지위성으로 지표의 대략 1/3이 커버되므로 120° 간격으로 3개의 정지위성만으로 전 세계를 감싸는 통신망을 구성할 수 있다. 이 위성의 공전주기는 지구의 자전주기와 동일하게 제어되어 지구상에서 위성을 바라보면 마치 정지해 있는 것처럼 보이기 때문에 정지위성이라고 한다.

8 5.2 다원접속 방식

통신정보를 전송하기 필요한 주파수, 시간 및 공간 등을 적당히 분할하여 각 지구국에 할당하여 통신을 행하는 방식이 사용되고 있으며, 이러한 복수개의 지구국이 공통의 통신위성을 통해 동시에 각각의 통신로를 설정하는 것을 다원접속(Multiple Access)이라고 한다.

다수의 지점 상호간을 하나의 위성을 모체로 하여 접속된 각각의 전송로를 상호간에 혼실을 주지 않고 전송하기 위해서는 기본 신호를 반송주파수로 변조하여 시간에 따라 송신하는 방법(시분할 다중화 방식, TDMA)과 주파수에 따라 변조하는 방법(주파수분할 다중화 방식, FDMA) 등이 있으며 그 외 코드 분할 다중화 방식(CDMA)과 공간분할 다중화 방식(SDMA) 등의 방식이 있다.

[1] 주파수분할 다원접속 방식(FDMA)

하나의 트랜스폰더를 여러 지구국이 공용할 수 있도록 트랜스폰더의 주파수 대역폭을 분할하여 지상국에 배당시켜 줌으로써 지구국들이 간섭 없이 서로 통신 할 수 있는 방식이다.

이 방식은 각 지구국이 모든 상대국에 대한 회선을 다중화하여 1개의 반송파에 실어 송신하고, 각 지구국은 이것을 일괄 수신하여 그 중에서 자국을 수신국으로 하는 회선만을 빼내는 방식이다. 이렇게 하면 하나의 지구국이 송신하는 반송파는 1파만으로도 되므로 지구국 전력증폭기에 있어서는 혼변조의 문제는 없어진다.

장 점

① 지구국의 장치(안테나, 고전력증폭기, 변복조장치)가 간단하고 저렴하다.
② 초기 투자비용이 적다(재래식 기술 적용).

단 점

① 비선형 증폭기에 의한 영향으로 분할 채널수의 제약을 받는다.
② 회선이용 효율이 낮고 간섭에 대해 약하다.
③ 주파수 스펙트럼 효율이 저하된다(가드밴드가 필요함).

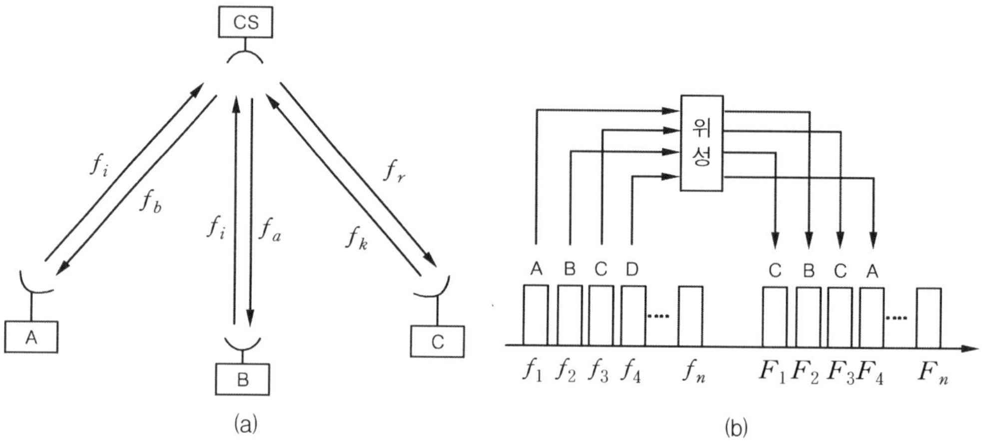

그림 8-10 주파수분할 다원접속(FDMA)

[2] 시분할 다원접속 방식(TDMA)

TDMA(Time Division Multiple Access) 방식은 다수의 지구국에서 송·수신하는 디지털화된 신호를 시간적으로 분할하여 각 지구국에 할당하는 방식이다. 이 방식은 다수의 사용자에게 일정한 시간간격을 제공함으로써 공동의 주파수 대역을 사용하는 방식으로, 한 개의 반송파가 일정기간 동안 모든 사용주파수 대역을 사용한다.

각 지구국은 TDMA 프레임(frame)이라고 불리우는 일정한 시간에 자국에 할당된 타임슬롯 내에서 동일한 반송주파수로 TDMA 버스트(bust)형태로 위성을 향해 송신된다. 각 지구국으로부터 송신된 버스트는 적당한 보호시간(guard time)을 두어 나란히 나열시키고, 그 선두에 기준버스트를 붙여 1프레임을 구성한다. 기준버스트는 기준국이라고 불리는 특정의 지구국으로부터 송신되는 동기 정보이다. 1프레임은 표본화주기 125[μs]의 수배 정도 선정된다.

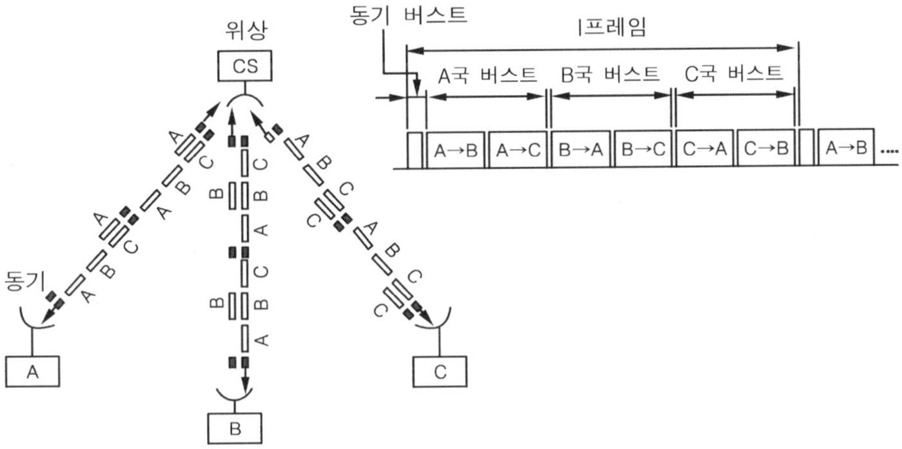

그림 8-11 시분할 다원접속(TDMA)

다원접속 방식은 회선 운용면에서 보면 두 가지 방식이 있다.

① 고정할당 방식(pre-assigned multiple access system)
각 지구국 사이에 필요한 회선수를 미리 고정적으로 할당해 두는 방식이다.

② 요구할당 방식(demand-assigned multiple access system)
각 지구국이 필요로 하는 시간만큼 회선할당을 받는 방식이다. 이 방식은 통신량이 적은 국 사이에 접속이나 시차에 의해 통신량이 변화하는 경우에 위성통신로의 효율적 이용 면에서 매우 유효하다.

장 점

① 요구할당 방식이 쉽게 실현된다.
② 상호변조에 의한 간섭이 없다(TDMA는 단일 반송파).
③ 회선의 유연성, 융통성이 우수하다.
④ 상향 회선의 전력조정(사용자의 최대 수)이 불필요하다.

단 점

① 구성이 복잡하고 가격이 비싸다.

② 정확한 망동기 기술이 요구된다.

[3] 코드분할 다원접속 방식(CDMA)

CDMA(Code Division Multiple Access) 방식은 스펙트럼 확산변조에 의한 것으로서 스펙트럼 확산 다원접속(SSMA : spread spectrum multiple access)이라고 한다. 이 방식은 대역확산 방식을 이용하여 필요로 하는 정보량의 대역폭보다 넓은 대역으로 신호를 확장시켜서 여러 신호를 동시에 송신하는 방식이다.

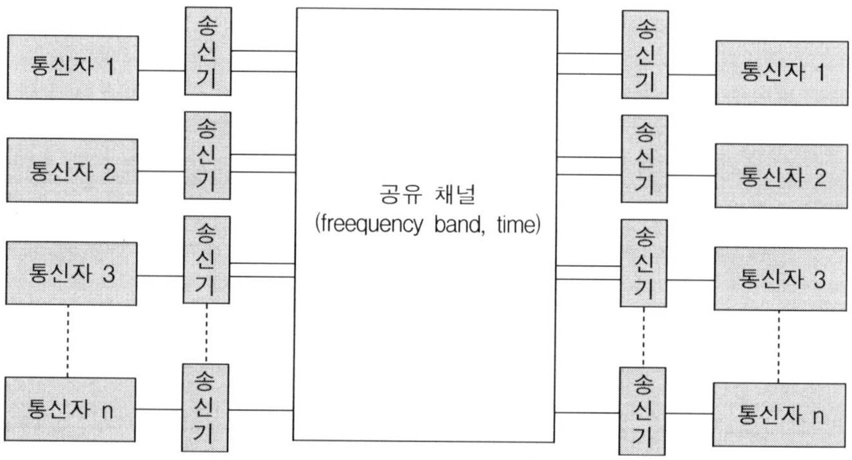

그림 8-12 부호분할 다원접속

CDMA 방식은 송신신호를 두 개의 신호처리과정을 거쳐 발생된다. 이 방식은 기저대역신호에 의해 디지털 변조된 후 확산용 신호에 의해 스펙트럼 확산되어 위성으로 보내진다. 수신기 부분은 내부에서 발생된 확산신호와 수신된 부호신호와 위상이 일치되면 상관처리 후 변조파가 복원된다.

장 점

① 통신보안을 유지할 수 있다.

② 페이딩의 영향을 감소시킬 수 있다.

③ 전송시간 변화에 의한 영향이 적어서 전송시간에 유연성이 있다.

단 점

① 광대역이 필요하다.
② 장비를 구현하기 위한 경제성이 요구된다.

[4] 공간분할다중 방식(SDMA)

지구국은 다른 빔패턴(다른 편파)을 사용하여 같은 주파수를 반복적으로 활용하는 것으로 각 지구국을 지역단위로 분할한 후 각 지역별로 빔 안테나를 할당하는 방식으로서 멀티빔 위성통신 방식이라 한다. 신호의 편파 종류로는 선형과 원형이 있다. 또한 같은 주파수를 지역적으로 다른 곳에서 동시에 사용하는 SDMA (Space Division Multiple Access) 방식도 있다.

SDMA 방식은 주파수 효율을 높여주기 위한 방안으로 FDMA, TDMA, CDMA와 함께 사용된다. 이중에서 가장 대표적인 것이 SS-TDMA(Satellite Switched TDMA) 방식이다.

SS-TDMA 방식은 위성내에서 시분할적인 절환이 가능한 스위치를 탑재하고 이것을 이용하여 위성에서 다수빔 상호간 또는 중계기 상호간의 접속을 시분할적으로 행하는 방식이다.

장 점

① 대용량 전송이 가능하다.
② 주파수 이용효율이 좋다.
③ 지구국의 안테나가 소형이어도 된다.

단 점

① 위성의 안테나가 대형으로 된다.
② 중계기나 안테나의 구조가 복잡하다.

8 5.3 인텔세트 위성통신

전 세계 각국에 위성통신 서비스를 제공하기 위해 단일 세계시스템을 목표로 인텔세트(INTELSAT : International Telecommunications Satellite Organization)가 미국의 주도로 조직된 후, 인텔세트의 국제위성통신 서비스도 1965년 앨리버드란 인텔세트 I호 위성이 북미와 유럽 간 240 전화회선 또는 1개 TV채널을 전송함으로써 시작되었다. 인텔세트 통신위성은 태평양, 대서양, 인도양의 3곳에 궤도상에 띄워 올려진 정지위성인데 이것에 의해 지구상의 대부분의 지역이 커버되고 있다.

표 8-8 인텔세트 위성현황

제 원		Ⅳ호계 위성	Ⅴ호계 위성	Ⅵ호계 위성	Ⅶ호계 위성
중 량		1,400[kg]	1,869[kg]	2,140[kg]	3,720[kg]
주파수	업링크	5,925~6,425[MHz]	5,925~6,425[MHz]	6[GHz]	14[GHz]
			14,000~14,500[MHz]	4[GHz]	11[GHz]
	다운 링크	3,700~4,200[MHz]	3,700~4,200[MHz]		
			10,950~11,200[MHz]		
			11,450~11,700[MHz]		
트랜스폰다수		12대	29대	48대	
트랜스폰다의 종류와 주파수 대역폭		36[MHz]대의 한 종류	36,41,72,77,241 MHz용의 5종류	C-BAND	2408[MHz] C-BAND KU-BAND
전송용량 <전화방향환산>		8,000회선 + 2TV회선	25,000회선 + 2TV회선	3,500회선 + 2TV회선	18,000회선 + 3TV회선
공 창 수 명		7년	7년	12년	
발 사 년 수		1971. 1 1975.9(Ⅳ-A)	1980.12 1986.3	12년	15년
			1980.12 1986. 3(Ⅴ-A)	1989	1992

표 8-8은 인텔세트 위성의 제원을 나타낸 것으로 Ⅳ호계 위성은 12대의 트랜스폰다(중계기)를 탑재하고 있으며, Ⅴ호계 위성은 대서양에 5개, 태평양과 인도양에 각각 1개씩 인도양에 각각 1개씩 배치되도록 되어 있다.

8 5.4 위성통신 시스템의 기본 구성과 기능

일반적으로 통신위성은 원래의 목적인 통신중계를 위한 통신 시스템과 이를 보조하는 공용버스 시스템으로 이루어져 있다. 통신 시스템은 중계기 역할을 하는 트랜스폰더(transponder)와 안테나계로 구성된다. 트랜스폰더는 수신기와 송신기, 이들을 연결해 주는 입·출력 스위치 및 멀티플렉서로 구성되어 있다.

[1] 구조

통신위성의 기본 구성은 고유 임무인 통신을 수행하기 위한 통신기기와 이를 지원하는 공통기기로 구성되어 있다.

표 8-9 통신위성체의 구성

시스템	구성부		기 능
통신기기	안테나계		신호의 송수신
	중계기계 (Transponder)		신호를 수신한 후 주파수 변환하여 재 송신함 수신부, 주파수변환부, 송신부로 구성
공통기기	전원계	전원발생부	태양전지 판넬로 전원 생성, 배터리 전원 연결
		전원공급부	발전된 전력을 각 전자 장치에 요구하는 전압으로 변환하여 공급
	텔레메트리 및 명령계		위성상태를 보고하는 텔레메트리 신호 송신 위성관제소로부터의 명령신호 수신
	자세제어계		위성의 궤도상 위치 및 자세 제어 안테나는 지구국으로, 태양전지판은 태양으로 향함
	추진계		위성 발사시 및 자세 변동시 궤도 위치 궤도위치 유지, 자세수정, 궤도변경을 전개함
	열제어계		위성 각 부품의 열적 안정을 위한 장치 각 서브 시스템의 온도범위를 적절히 유지
	구체계		각 기기들을 유지하는 기본 구조체 발사 및 궤도상 환경에서의 위성의 지지

(1) 통신기기

지구국으로부터 보내진 미약한 신호를 수신한 후 강한 신호로 변환시켜 지상으로 다시 송신하는 일련의 송, 수신기로서 안테나(Antenna)와 중계기(Transponder)로 구성되어있다.

(2) 공통기기

① 위성의 발사로부터 정상궤도에 진입하기까지 유도하는 장치와 정상 운용 상태를 유지하기 위해서 위성추적 및 계측지령에 사용되는 기기

② TT&C(Tracking Telemetry and command) 기기를 비롯 위성자체의 자체 제어기기와 안테나의 지향 방향과 각 부분의 온도를 제어하는 각종 위성제

어기기

③ 추진계통기기와 동력원인 태양전기 및 몸체로 구성되어 있다.

[2] 위성 안테나

(1) 등방형 안테나

송신전력을 고르게 사방으로 방사하는 안테나. 지향성이 없으므로 이득은 떨어지나 명령 및 텔레메트리(telemertry and command) 신호의 통신을 위하여 사용된다.

(2) 파라볼라 안테나

극초단파 또는 그 이상의 주파수에 사용되고 있으며, 좁은 지역에 대한 스폿빔(spot beam)을 만드는데 사용한다. 지향성이 예민하고 이득이 큰 장점이 있으나 대역폭이 좁고 임피던스 정합이 어렵다.

(3) 혼 안테나

넓은 지역을 커버하는 빔을 만드는데 사용한다. 혼 안테나는 비교적 소형, 저이득용으로 사용한다.

(4) 헬리켈 안테나

나선상의 도선을 감아서 만든 것으로 주파수가 높을수록 효율이 좋은 전파를 방사한다. VHF보다는 비교적 낮은 주파수대(UHF대)에서 많이 사용하고 있다.

[3] 트랜스폰더(Transponder)

위성의 중계기(repeater)는 한 개 이상의 트랜스폰더(Transponder)로 구성된다. 트랜스폰더 송·수신 장치로서 지구국으로부터 송신된 상위링크신호를 수신하여 저 잡음 증폭기(LNA : Low Noise Amplifier)에서 증폭한 다음에 하위링크 주파수로 변환시켜 고주파증폭기(RF amplifier)에서 고 전력 증폭한 다음, 송신 안테나로 지구국에 송신하는 것을 말한다.

(1) 단일 변환 형 트랜스폰더의 기본 동작의 원리

지구국에서 송신된 신호가 안테나에 수신되면 저잡음 증폭기에서 증폭되고 이 증폭된 주파수가 국부발진기(Local Oscillator)에서 출력되는 국부발진주파수와 혼합되어 하위링크 주파수(Down Link Frequency)로 변환된다. 이 변환 주파수가 증폭기에서 증폭되어 입력 멀티플렉서에 입력된다. 이와 같이 수신된 신호는 광대역 수신기로서 트랜스폰더 1개의 대역폭은 36[MHz]이다.

입력 멀티플렉서는 필터로 구성되는데, 이 필터에 의해 각 신호채널에 해당하는 송신 트랜스폰더로 변환주파수가 각각 입력된다. 송신 트랜스폰더에 입력된 신호는 증폭되어 필요한 이득을 얻은 다음, 송신기 종단증폭기에서 고전력증폭(진행파관 증폭, TWTA)되어, 출력필터로 구성된 출력 멀티플렉서에 의해 다중화되어 안테나에 송신된다.

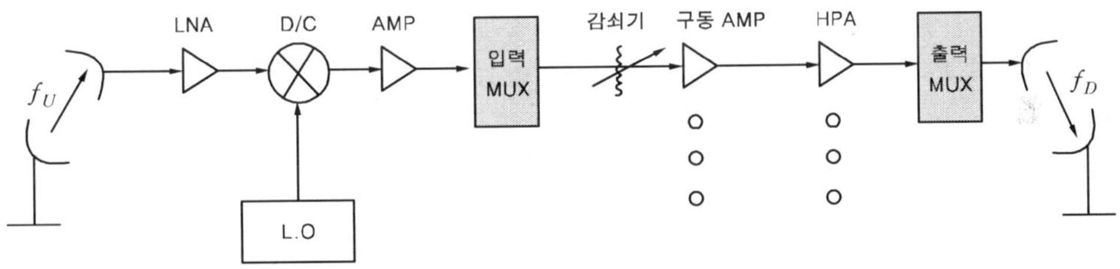

(a) 단일주파수 변환형 트랜스폰더

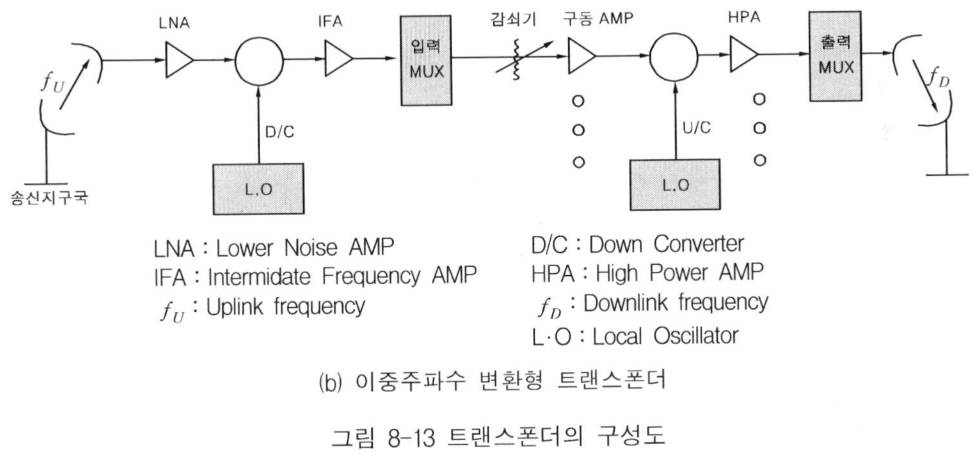

(b) 이중주파수 변환형 트랜스폰더

그림 8-13 트랜스폰더의 구성도

(2) 이중 변환형 트랜스폰더의 기본 동작 원리

트랜스폰더에 의해 수신된 신호는 중간주파수(IF : Intermidiate Frequency)로 변환된다. 중간주파수로 변환시키는 것은 하위링크 주파수를 증폭시켰을 때 충분한 증폭이득을 얻을 수 없으므로 하위링크 주파수보다 낮은 주파수에서 이득을 높여서 고 전력증폭을 하여 필요한 종단전력을 얻고자 하는데 목적이 있다.

위성에서 주파수의 효율적 이용을 위해서는 각 트랜스폰더의 송·수신단에 직교모드 변환기(orthogonal mode transduster)를 설치해서 하나의 주파수로 2개의 상이한 신호를 상호혼신을 주지 않고 송수신할 수 있다.

이것은 주파수의 편파성질을 이용한 것으로 지구국에서 수직편파나 수평편파(horizontal or vertical polirization)를 송신하면 위성의 트랜스폰더에서는 수신안테나 직후에 설치된 편파 분리기, 직교모드 변환기(OMT : Orthogonal Mode Transduster)에 의해 수평 편파신호는 수평편파 담당용 트랜스폰더에 접속되고, 수직편파는 수직편파 담당용 트랜스폰더에 접속되어 위에서 설명한 트랜스폰더의 동작원리에 의해 출력 멀티플렉서에서 다중화되는데, 직교모드 변환기를 사용할 때에는 송신 안테나의 직전에 직교모드 변환기(OMT)를 설치해서 다중화된 신호를 다시 수평편파나 수직편파로 만들어서 안테나를 거쳐 송신한다.

8.6 지구국의 기본 구성과 기능

지구국(Earth Station)은 지구의 표면이나 지구 대기권에 개설하여 우주무선통신을 행하는 것을 말한다.

8 6.1 개요

(1) 안테나계

지구국과 위성사이의 손실을 보상해 주고 증폭해 줄 수 있는 장치로 위성통신용 안테나가 있다. 안테나의 크기는 회선용량에 따라 직경 3[m] 내외의 소형 안테나에서 32[m]의 대형 안테나까지 그 종류가 다양하다. 안테나 시스템은 주 반사판, 부 반사판, 피드, 추적 장치 등으로 구성되어 있으며, 구조 형태에 따라 파라보릭, 카세그레인, 그레고리안, 오프셋 안테나로 불리어지고 있다. 안테나의 기능은 송수신을 겸하고 있으며 송신 시 도파관을 통해서 온 전자파를 방사하고, 수신시에는 인간의 귀와 같이 공간을 통해 전파되어온 전자파를 모아 도파관으로 보낸다.

(2) 추미계

안테나가 위성을 향하도록 하기 위한 것

(3) 저잡음 증폭기(LNA)계

매우 미약한 신호세력이므로 저 잡음 증폭기(LNA)라는 증폭기에 의해 일단 증폭되는데 신호를 낮은 온도에서 증폭시킴으로써 열잡음을 축소시켜 높은 S/N 비를 얻을 수 있다.

(4) 지상 인터페이스계

위성 링크와 국내 지상 시스템과의 접속

(5) 통신관제 서브 시스템

각 설비의 동작 상태나 회선의 감시, 예비 전환제어 등을 하는 장치

(6) 측정장치

지구국 및 지상 인터페이스의 일상 점검에 필요한 기기

(7) 무정전 전원장치

지구국 운용을 위한 상용전원, 자가 발전 설비, 배터리 또는 이들의 조합으로 구성

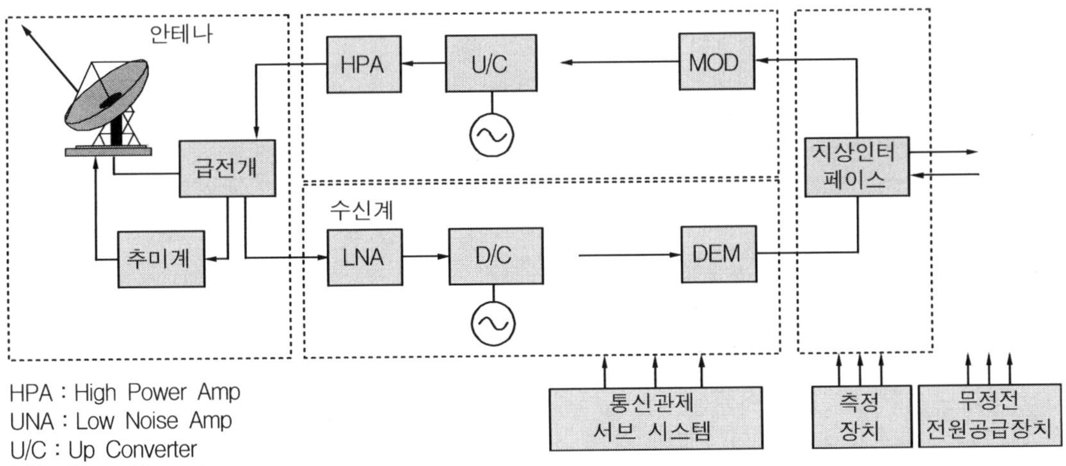

HPA : High Power Amp
UNA : Low Noise Amp
U/C : Up Converter
D/C : Down Converter

그림 8-14 지구국의 구조(8) 변복조계

광대역신호는 하향 주파수 변환기에 의해 특정한 주파수가 선택되어 고주파 신호는 중간주파 신호로 바뀌어져 베이스밴드 신호로 복조되어 넘어간다. 반대로 변조된 중간주파 신호는 상향 주파수 변환기에서 고주파 신호로 바뀌어져 고출력 증폭기에서 증폭되고 안테나를 통하여 위성으로 전파를 보낸다.

(9) 출력 증폭기(HPA)

대역폭이 500[MHz] 정도의 광대역 증폭기로서 하나의 증폭기로 여러 개의 반송파를 동시에 증폭시킬 수 있다.

8 6.2 송신부

송신장치는 대전력증폭기(HPA : high power amplifier)를 말하며, 지상의 다른 지역 통신장비로서 수신된 RF(Radio Frequency) 신호를 안테나를 통하여 위성으로 전송할 수 있을 정도로 충분히 증폭하는 역할을 수행한다. 변조장치는 시분할 다원접속(TDMA)의 디지털 방식이 주로 사용되며, 영상신호 전송은 FM 방식이 사용된다.

8 6.3 수신부

수신장치는 저잡음 증폭기(LNA : low noise amplifer)를 말하며, 안테나로부터 수신된 미세한 전파를 받아서 잡음이 극히 적도록 증폭을 하고 또한 이를 신호 대 잡음비(S/N)를 높일 수 있도록 잡음을 억제한다. 저잡음화, 광대역화, 저비용화를 도모함과 동시에 유지, 보수를 용이하게 할 수 있도록 사용하며, 향후 저잡음화 및 MMIC(Monolithic Microwave Integrated Circuit)화 등의 기술이 개발되고 있다.

8 6.4 안테나부

안테나 시스템은 주 반사판, 부 반사판, 피드, 추적 장치 등으로 구성되어 있으며, 국제 통신용은 표준 A지구국용 ϕ32[m]인 카세그린 안테나가 사용된다. 국내 위성용 및 표준 B지구국용 안테나의 지름은 10~13[m]이다.

안테나의 기능은 송수신을 겸하고 있으며, 송신시 전자파를 방사하고, 수신시에는 전자파를 모아 도파관으로 보낸다. 이것은 매우 미약한 신호로 저 잡음 증폭기(LNA)라는 증폭기에 의해 일단 증폭되는데 신호를 낮은 온도에서 증폭시킴으로써 열잡음을 축소시켜 높은 S/N비를 얻을 수 있다.

8.7 위성위치정보 시스템(GPS)

8 7.1 개요

인공위성을 이용하여 지구상 어디에서나 위치, 속도, 시간 측정을 가능하게 해주는 시스템으로 초기에는 미 국방성에서 자국의 군사목적을 위하여 개발하였으며, 현재는 여러 분야에서 민간 사용이 확대되고 있다. 해외는 GPS 측위 정밀도 향상 기술과 이를 응용한 연구가 진행 중이며, 국내는 고성능, 저가격의 하드웨어 설계를 위한 기초 연구, 수신기 하드웨어 설계를 위한 성능 분석 및 최근에는 GPS를 이용한 응용 연구 활동을 활발히 하고 있다.

8 7.2 GPS의 영역

[1] 공간(space) Segment

GPS CONSTELLATION

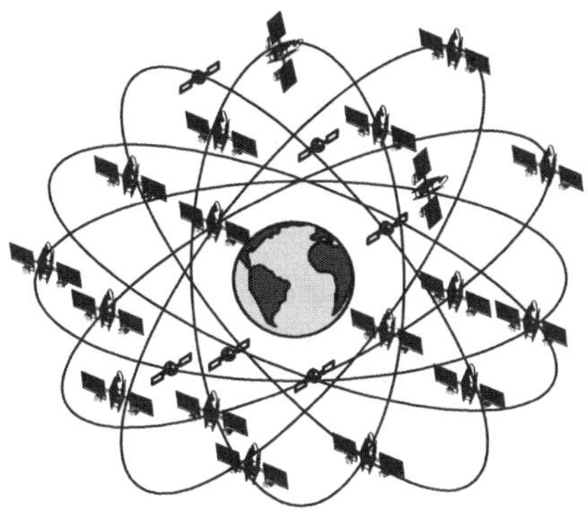

21 Satellites with 3 Operational Spares
6 Orbital Planes, 55 Degree Inclinations
20,200 Kilometer, 12 Hour Orbits

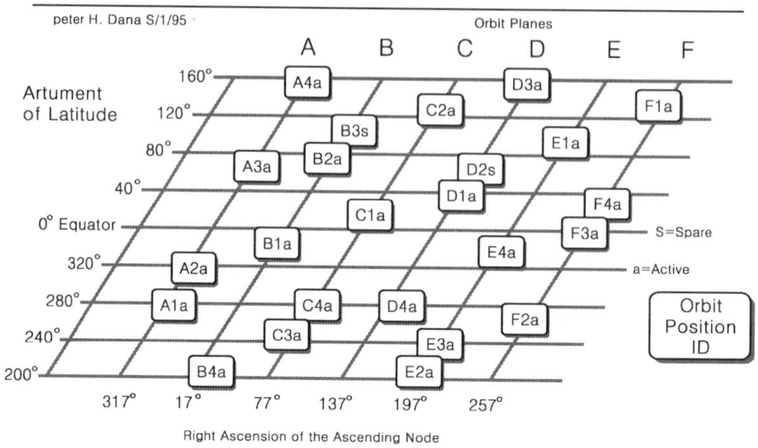

Simplified Representation of Nominal GPS Constellation

그림 8-15 공간 세그먼트의 구조

각기 다른 6개의 타원 궤도면상(주기 12시간)에 위성을 각 4대씩 등 간격으로 배치한다.

① 전체 24대 위성고도 : 20,200km

② 궤도 경사각 : 55

③ 궤도간 간격 : 60°

[2] 제어(Control) Segment

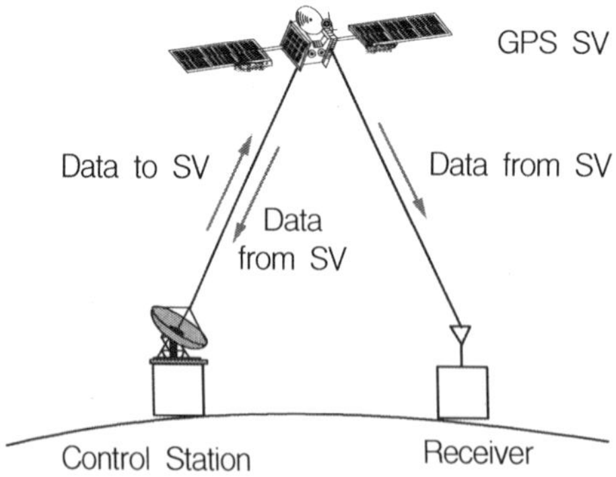

GPS Control

그림 8-16 제어 세그먼트의 구조

① 주 관제국 : 방송 궤도력(Broadcast Ephemerides)과 원자 시계오차(Clock-bias) 보정값을 위성에 송신(1개)

② 부 관제국 : 위성 신호를 추적, 저장한 후 주관제국에 전송(4개)

[3] 사용자(User) Segment

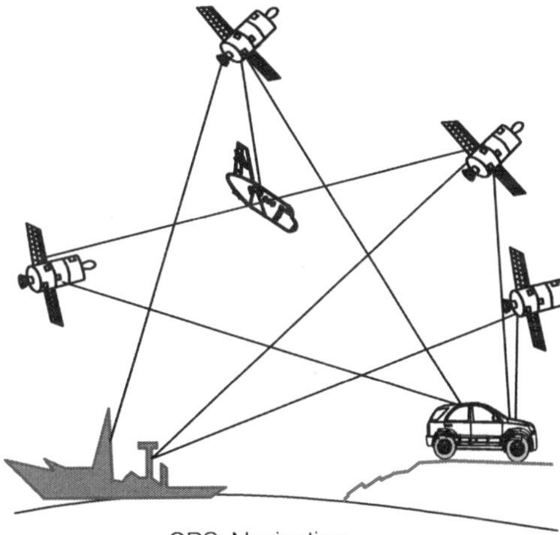

그림 8-17 사용자 세그먼트의 구조

① 기능 : 위성 신호를 수신하여 위치, 속도, 시간 계산

② 조건 : 4개 이상 위성의 동시 관측 필요

8 7.3 GPS 신호의 구조 및 특성

[1] GPS 신호의 특성

① 반송파는 각 위성의 독특한 PRN 부호와 항법 메시지와 함께 Spread Spectrum에 의해 변조

② 모든 위성은 동시에 2개의 반송파를 전송

③ CDMA에 의해 변조, 분리

[2] GPS 반송파

① L1 신호 : 1.57542[GHz]

② L2 신호 : 1.2276[GHz]

[3] PRN(Pseudo-Random Noise) 부호

① C/A 부호(Course Acquisition) : 1.023[MHz]

② P 부호(Precise Code) : 10.23[MHz]

[4] Navigation Data Stream : 50Hz

표 8-10 GPS의 정밀도

	SPS(Standard Positioning System)	PPS(Precise Positioning System)
수 평	100m	22m
수 직	156m	27.7m
시 간	167nano second	100nano second
용 도	민간 이용자들에게 무료 제공 (C/A code 사용)	허가된 사용자만 사용(P-code 사용)

8 7.4 GPS 신호의 원리

[1] GPS 신호의 위치 결정 원리

인공위성과 수신기의 거리 측정

거리(rp) = 빛의 속도(C) × 경과시간(Δt)

[2] Differential GPS의 동작원리

(1) 구 성

일반 GPS 체계 + 기준국(Base Station)

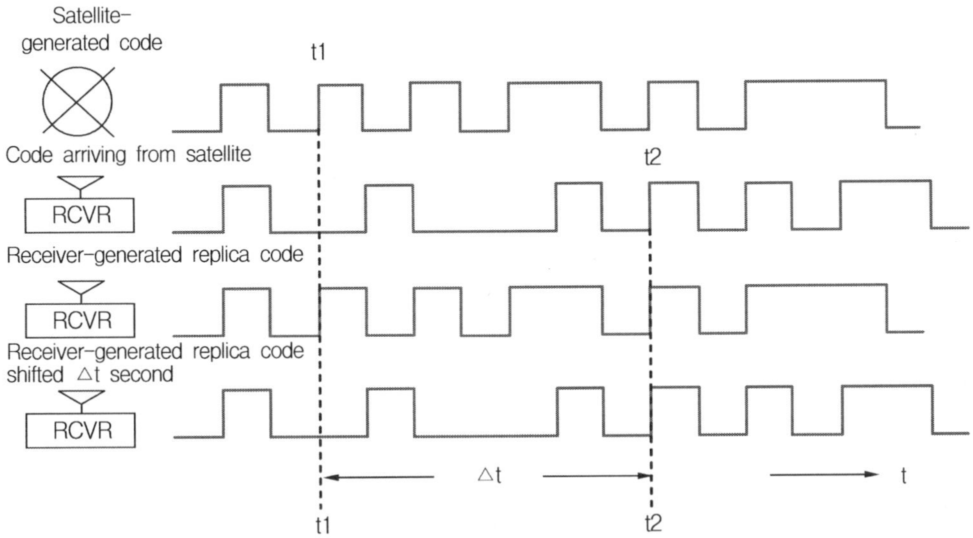

그림 8-18 GPS 신호의 위치 결정원리

(2) 기준국 역할

① 자신의 정확한 위치를 알고 있음

② GPS 위성신호를 받아 오차 계산(오차=정확한 위치 - 계산 위치)

③ 오차를 수신기에 송출

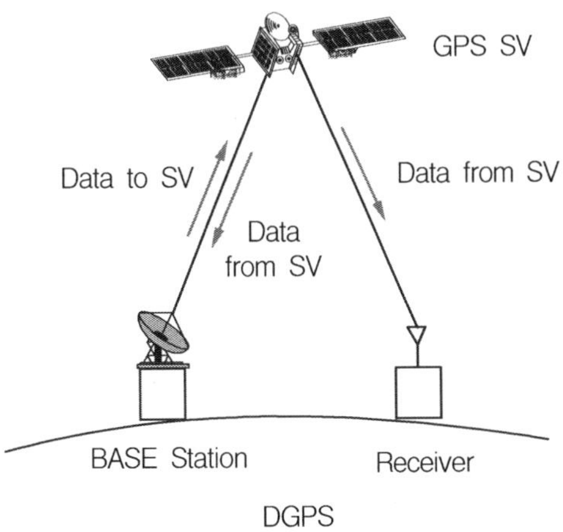

그림 8-19 DGPS 구성도

(3) 효 과

① 움직이는 물체 : 수 m 이내

② 정지한 대상 : 1m 이내

[3] GPS의 측위오차

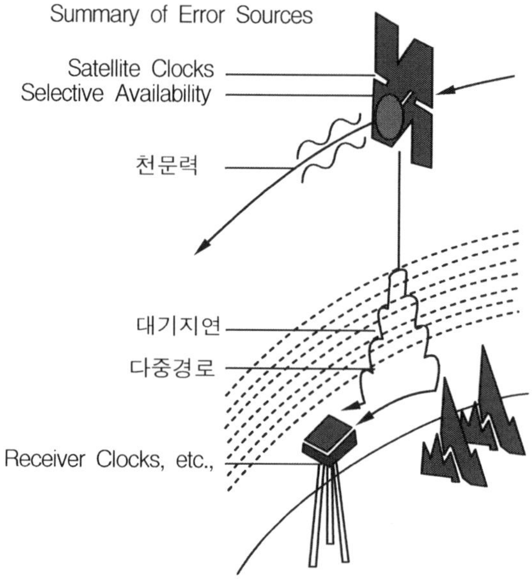

그림 8-20 GPS 측위오차

① 구조적인 요인에 의한 오차

- 위성 시계의 오차
- 위성 궤도의 오차
- 대기권의 전파 지연
- 수신기에서 발생하는 오차

② 선택적 이용성에 의한 오차(Selective Availability : SA)

- 미국방성이 의도적으로 오차를 증가시킴

8 7.5 GPS 신호의 특징

장 점

① 3차원의 위치, 고도, 시간의 정확한 측정
② 전 세계적으로 24시간 연속 서비스
③ 무제한 사용 가능
④ 기상 조건 및 간섭의 영향을 적게 받음

단 점

① 극초단파를 사용하므로 장애물에 가릴 때는 곤란
② 소프트웨어 호환성이 적고 장비가 고가

응용분야

① 지능형 교통 시스템(Intelligent Transportation System ; ITS) 상용화준비
② 우리나라의 GPS 응용기술은 매우 진취적이며 현재 응용분야가 해양선박의 위치결정 시스템, 지리정보 시스템, 위치정보 등 매우 다양
③ 항공 네비게이션(Navigation)
- 항공기 자신의 위치 파악, Air Traffic Control(ATC)

④ 해상 네비게이션(Marine Navigation)
- Vessel Traffic Services(VTSs)
- Local Area DGPS
- Wide Area DGPS

연 / 습 / 문 / 제

1. 위성통신에 대해 정의하라.

2. 위성통신의 장단점에 대해 설명하라.

3. 위성통신을 서비스영역별로 분류하여 설명하라.

4. 위성통신에서 통신위성에 대해 설명하라.

5. 위성통신에서 관측위성에 대해 설명하라.

6. 위성통신에서 해사위성 및 군사위성에 대해 설명하라.

7. 위성통신에서 궤도에 대해 정의하고, 주파수대역에 대해 설명하라.

8. 국제위성통신의 현황에 대해 설명하라.

9. 해사위성통신의 현황에 대해 설명하라.

10. 우리나라 위성통신의 현황에 대해 설명하라.

11. 위성통신 시스템에서 트랜스폰더에 대해 설명하라.

12. 주파수분할 다원접속 방식에 대해 정의하고, 장단점에 대해 설명하라.

13. 시분할 다원접속 방식에 대해 정의하고, 장단점에 대해 설명하라.

14. 코드분할 다원접속에 대해 정의하고, 장단점에 대해 설명하라.

15. 공간분할 다원접속에 대해 정의하고, 장단점에 대해 설명하라.

16. 인텔세트 위성통신에 대해 설명하라.

17. 위성통신에서 위성안테나의 종류 및 기능에 대해 설명하라.

18. 인말세트-A 지구국 개요 및 현황에 대해 설명하라.

19. 인말세트-C 지구국 개요 및 현황에 대해 설명하라.

20. 인말세트-B/M 지구국 개요 및 현황에 대해 설명하라.

21. GPS에 대해 정의하고 장단점에 대해 설명하라.

제 9 장

화상통신기기

9.1 개요

9 1.1 화상통신의 정의

화상이란 문자, 사진, 그림 등의 정지화상과 TV, 영화 등 동화상(Moving picture)을 포함하는 총칭이다. 화상정보의 전송은 동화상(방송), 팩시밀리 및 컴퓨터에 의한 화상처리가 급속하게 발전하면서 장래의 통신형태에서 중요한 위치를 차지하게 될 것이다. 화상통신이란 시각적인 정보를 전기적인 신호로 변환하여 전송하고, 이를 수신측에서 시각 정보의 형태로 재현하는 것을 목적으로 하는 통신형태이다.

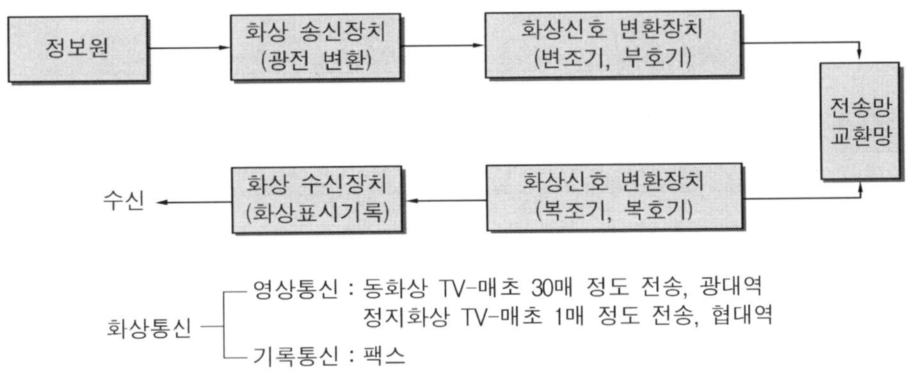

그림 9-1 화상통신 시스템

9 1.2 시스템 구성과 서비스의 종류

[1] 시스템 구성

단말장치, 전송로, 교환기 등으로 구성된다.

① E-E(End of End)형

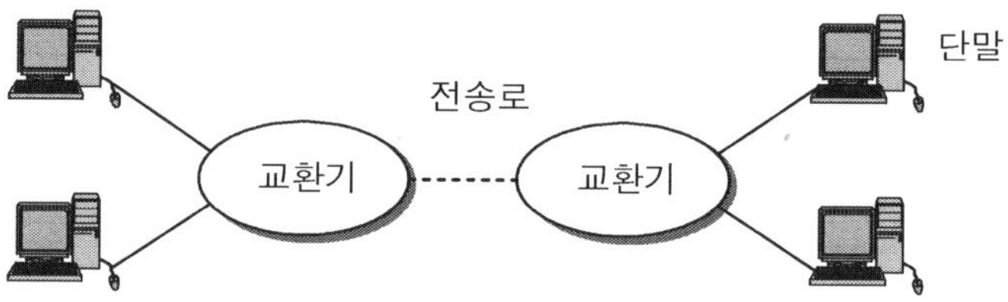

그림 9-2 E-E형 시스템의 구성

② C-E(Center to End)형

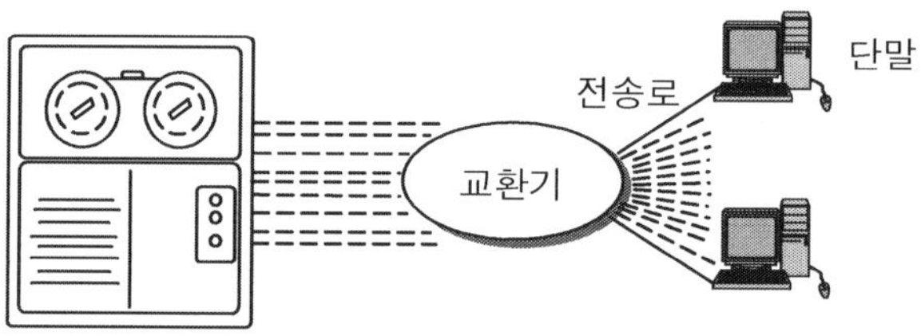

그림 9-3 E-E형 시스템의 구성

[2] 서비스의 종류

① 정지화상 통신의 예

E-E형 : 팩시밀리 통신, C-E형 : 비디오텍스 통신

② 동화상 통신의 예

E-E형 : 영상전송 서비스(TV, CATV, CCTV), TV회의

C-E형 : 화상응답 서비스(VRS), 쌍방향 CATV

9.2 화상통신 회의

TV회의 시스템은 멀리 떨어진 지점에 있는 회의실에 카메라, 모니터, 마이크, 스피커를 별도로 설치한 후 원격지점에 있는 회의실 상호간을 영상과 음성의 전달에 의해 TV화면을 보면서 모든 사람이 동일한 회의실에 있는 것과 같은 분위기로 회의를 진행하는 시스템이다. 비디오 화상회의 시스템은 지역적으로 원거리에 있는 그룹과 그룹을 상호 연결시켜줌으로써 지역적인 어려움을 해결해 주고 있다.

화상회의 개념은 1927년 미국의 벨연구소에서 최초로 오디오 비쥬얼 시스템을 전자적으로 상호 연결하는 기술을 소개하였고, 그 후 1964년 최초의 시범용 시스템인 AT&T 화상전화(Picturephone)를 선보였는데 이는 비디오를 추가한 전화장치였다.

장 점

① 시간과 경비의 절약, 신속하고 정확한 정보전달이 가능하다.
② 적임자의 회의참석이 용이하다.
③ 기업 활용의 극대화 및 효율화를 기대할 수 있다.
④ TV회의를 실현하려면 고속, 광대역 네트워크가 필요하다.

구 성

① 입·출력장치
② TV 회의 시스템 제어 장치
③ 고능률 전송장치 및 전송로

9 2.1 화상회의 시스템

TV회의는 회의 정경이나 자료 등의 영상을 통신회의에 이용하는 것이다. 기본적인 화상회의 시스템의 구성 요소로는 코덱, 카메라, 오디오 시스템 및 디스플레이 등이 있다.

디지털 화상회의 시스템에서 코덱은 신호 대역폭을 감소시키기 위해 사용되는 부호화 기술로서 기술적인 발전이 매우 빠르다. 그 외에 하드웨어를 개선하기 위한 표준화 활동이 진행되고 있으며, ITU H.261 비디오 압축 표준의 채택으로 선택의 폭이 상당히 넓어졌으며 사업자들의 대량 생산이 가능해짐으로써 장비의 비용이 인하되고 장비들 간의 호환을 이루게 되었다.

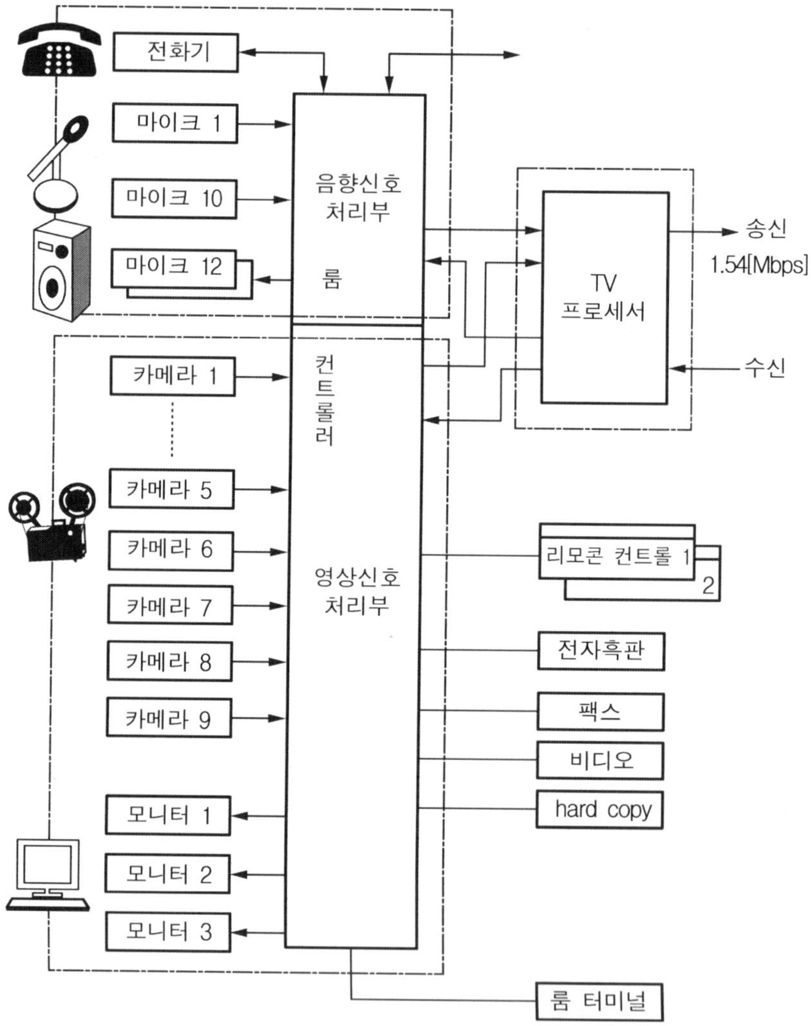

그림 9-4 화상통신 회의 구성도

9 2.2 시스템 기본 구성

TV회의 시스템은 회의용 각종 단말장치, 비디오코덱으로 구성되고, 정보는 멀티미디어 다중화장치로부터 고속 디지털회선이나 ISDN회선으로 송신된다. 이때 비디오코덱은 벡터양자화에 의해 영상을 64[Kbps]로 압축하며, 음성은 1,632[Kbps]로 압축한다.

[1] 기본 조건

① 회의실간 상호 접속성

② 시스템을 구성하고 있는 각종 기기는 이용자가 취급하기 쉽게 간편할 것

③ 음성 및 영상의 전송뿐만 아니라 서류, 도면 및 고해상도를 요하는 것의 전송과 향후 예측되는 서비스 등의 추가가 용이할 것

[2] 시스템 구성 조건

① 시스템은 참석자에게 친근감을 줄 것

② 현장감이 넘치는 영상 방식의 표현이 가능할 것

③ 자연스런 대화가 가능할 것

④ 회의실 설비, 즉 회의실의 위치, 환경, 조명이 조화를 이룰 것

[3] 기본 구성

이 시스템은 화상 통신 회의의 각종 신호를 1.544[Mbps]급의 통신회선을 통해 회의실에 전송하도록 설계되어 있다. 주요 구성부로는 다음과 같이 구성된다.

① 음성을 송·수신하는 음향부

② 영상을 송·수신하는 영상부

③ 회의진행을 진행하는 제어부

④ 회의진행시 기록연락을 행하는 회의 보조시설

9 2.3 시스템의 구성

[1] 카메라

카메라 시스템은 한 개 또는 여러 개로 구성될 수 있다. 단일 고정식 카메라는 저렴하고 간단하기는 하지만 신축적으로 대응할 수 없으며, 듀얼 카메라 시스템은 모든 회의 참여자를 지속적으로 보여줄 수 있다.

[2] 조작패드

카메라의 선택이나 줌 회전 또는 서화 카메라 등을 제어한다.

[3] 컬러 모니터 TV

상대방 회의실의 정경을 비추는 수신용 컬러모니터(동화상, 정지화 등), 송신화면의 상태를 확인하는 송신용 컬러 모니터, 또 필요에 따라 서화 수신용 모니터 등을 이용한다.

[4] 마이크와 스피커

회의 기본 개념인 대화의 소통에 가장 중요한 요소라고 할 수 있기 때문이다. 에코 현상은 착신이 참여자에 의해서 뿐만 아니라 회의실내의 마이크로폰에 의해서도 발생할 수 있고, 비디오 코덱의 처리 지연으로 인한 광통신망에서도 발생할 수 있다. 에코 제거장치는 메모리에 들어오는 다음 오디오 신호를 비교하여 동일한 신호를 제거함으로써 에코를 제거하게 된다.

[5] 디스플레이장치

모니터 디스플레이와 프로젝션 디스플레이의 두 가지 디스플레이장치가 사용되고 있다. 모니터 디스플레이는 텔레비전 스크린을 사용하는 것이고, 프로젝션 디스플레이는 더 큰 화상을 보여주며 품질면에서는 우수하다. 또한 컴퓨터를 이용하여 회의의 데이터 등을 미리 상대방의 회의실에 보내 놓고, 회의 진행에 맞추어 표시하거나 회의 중 데이터 전송에 사용한다.

[6] 제어 시스템

제어 시스템은 사용자가 카메라를 선택하고 그래픽을 송신하여 오디오를 제어

한다. 다양한 하드웨어 및 소프트웨어 제어 시스템은 사용자가 원격 제어처리 장치로 작동할 수 있다.

[7] 그래픽

대부분의 유형들은 그래픽 능력을 동화상 회의에 추가하여 사용할 수 있다. 동화상 코덱은 동화상 이미지와 동일한 채널에서 정지화상을 전송할 수 있다. 또 다른 방식으로는 팩시밀리를 경유한 문서를 전송하게 된다.

[8] 컴퓨터 인터페이스

컴퓨터 시스템은 그 자체가 갖고 있는 다양한 기능들로 인해 화상회의에 널리 사용되고 있다. 대부분의 코덱은 화상회의 동안 실시간에 전송될 수 있고, 컴퓨터 그래픽이나 텍스트 상에 저속 디지털 채널을 제공한다. 컴퓨터는 저장, 디스플레이 등의 많은 장점을 가지고 있다.

[9] 코덱(CODEC)

코덱(CODEC : coder and decoder)은 광대역 아날로그 신호를 디지털 형태로 변화하여 신호대역폭을 감소시키는 샘플링 기술을 사용한다. 디지털압축은 동화상에서 정보를 식별하고 부호화하며 디지털 이미지를 전송하기에 앞서 다른 종류의 정보를 제거하는 복잡한 부호화 알고리즘으로 이루어져 있다.

9 2.4 화상회의 시스템의 예

[1] Bellcore 화상회의 시스템

미국 Bellcore에서 개발한 시스템으로 여러 사람의 얼굴을 전송, 전자메일 및 문서 전송에 메모 기록 등의 기능도 포함되어 있다.

[2] 포항제철 화상회의 시스템

(가) 시스템의 구성요소

① 영상 시스템 : Video project, Camera, Monitor, 영상합성분리장치

② 음성 시스템 : MIC 시스템, Power Amplifier, 녹음장치, Speaker, Audio Mixer MIC Auto System.

(나) 전용회선 : 본사기준 전용회선은 아래와 같다.

① 본사 ↔ 서울 : 음성/영상 각 1회선

② 본사 ↔ 광양 : 음성/영상 각 1회선

③ 서울 ↔ 광양 : 음성/영상 각 1회선

각 회선 공히 T-1 방식의 1.544[Mbps] 회선을 사용함

[3] Colab의 전자 흑판

제록스에서 개발한 회의 지원용 전자 흑판 시스템으로 연구소 내에 전시실을 설치하고, 4대의 워크스테이션을 Ethernet으로 연결하여 사용하고 있다.

9.3 팩시밀리

[1] 개요

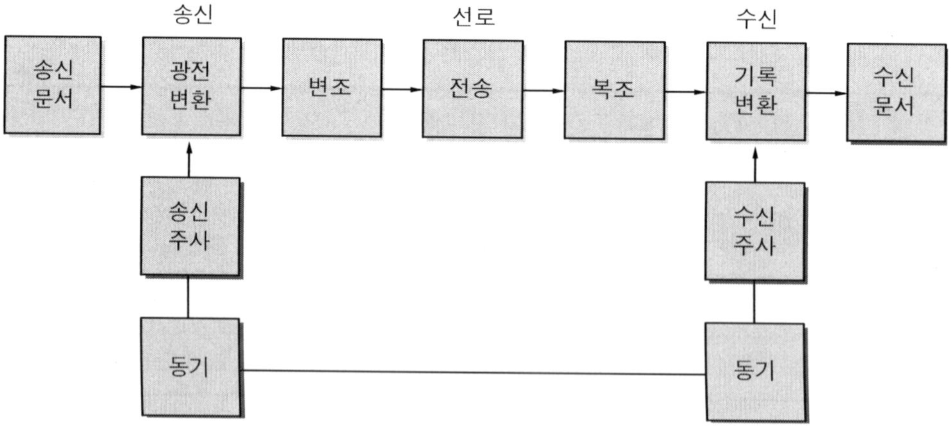

그림 9-5 팩시밀리 기본 동작

팩시밀리(Facsimile)는 광전변환, 전송, 기록변환 및 송수신 주사로 되어 있다. 공간적으로 2차원으로 분포한 원화정보를 1차원적인 시계열 신호로 변환하는 것을 송신주사라 하고, 1차원적인 시계열 신호를 2차원적인 넓이를 지닌 화면으로 되돌리는 것을 수신주사라 한다.

팩시밀리는 모사전신의 기본 원리와 서화를 아주 작은 화소(Picture element)로 분할하여 화소의 연속적 신호화를 하는 것이며, 화소의 연속적 동작을 주사에 의존하므로 주사선밀도와 주사시간을 규정한다.

팩시밀리는 ITU의 권고에 의해서 다음과 같은 그룹개념으로 분류된다. 전화망을 이용한 팩시밀리는 G1(6분기), G2(3분기), G3(1분기)의 3기종으로 분류된다. G4 팩시밀리는 텔레텍스의 송수신 기능에 따라서 클래스 1~3으로 나누어진다.

팩시밀리의 종류

① 그룹 1(G1) 저속 FAX(6분기) : 전송 시 대역 압축을 하지 않는 기종
② 그룹 2(G2) 중속 FAX(3분기) : 대역압축기술을 사용한 것
③ 그룹 3(G3) 고속 FAX(1분기) : 대역압축기술을 사용한 그림 정보를 디지털로 바꾸는 것
④ 그룹 4(G4) FAX(ISDN용 G4 FAX) : FAX기기와 통신이 가능하며, 공중 데이터 교환망 등을 이용한 것. 고속성과 에러 없는 고품질 화상 데이터 전송에 사용

[2] 팩시밀리의 종류와 기능

(1) 문서 팩시밀리

CCITT에서 전송 기술(전송속도, 신호 처리 방식 및 전송로의 구성)에 따라 분류한 G1(Group 1), G2(Group 2), G3(Group 3), G4(Group 4) 팩시밀리를 말한다.

(2) 사진 팩시밀리

언론사와 경찰업무 등에 주로 사용되며, 기록 시 일반 사진의 형태로 인화지에 출력된다. CCITT 권고안 T.1에 따라 사진의 전송이 진폭 변조나 주파수 변조에 의해 아날로그 방식으로 통신이 이루어진다.

(3) 컬러 팩시밀리

TV방송국의 정보 전송에 주로 사용된다.

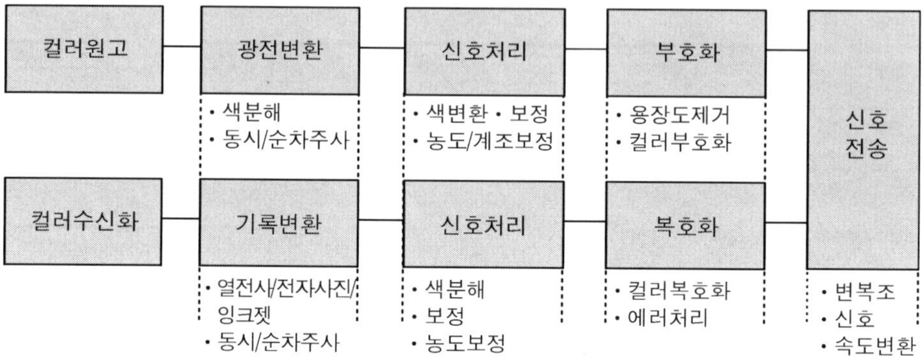

그림 9-6 컬러 팩시밀리의 원리

(4) 특수 팩시밀리

공중통신망의 이용과 공중 데이터망에 적응시키기 위해 팩시밀리의 새로운 그룹 분류가 되고 있는 것이다.

① G1, G2 : 특수 전신용 전용회선

② G3 : 공중 통신망용

③ G4 : 공중 데이터망, ISDN용

G1, G2의 경우 아날로그의 신호를 사용했고, G3는 MH, MR 부호화의 디지털 부호화로 진전하였으며, G4의 경우 고능률적인 MMR 부호화로 오류정정기능까지 구비하는 데이터 전송 개념으로 비약하고 있다.

표 9-1 문서 팩시밀리의 종류 및 특성

종 류	특 성	CCITT 관련 권고안	권고 시기
G1 (6분기)	· 신호대역을 압축하지 않고 주파수 변조를 사용하여 A4 원고를 약 4~6분에 전송가능 · 아날로그 전송 방식을 사용함 · FM 변조 방식을 사용	T.2	1968년 (1972년, 1976년 수정)
G2	· 아날로그 신호 방식을 진폭변조를 사용하여 A4 원	T.3	1976년

(3분기)	고를 약 2~3분에 전송가능 · 대역 압축기술을 이용하여 고속화시킴 · AM, FM 변조 방식을 사용		
G3 (1분기)	· 디지털 신호 방식으로 MH, MR 부호화 방식에 의해 데이터를 압축하여 전송하며, A4 원고를 1분 내에 전송가능 · 현재 사용되는 대부분의 팩시밀리가 이에 속함 · AM의 VSB, PSK, QAM 변조 방식을 사용	T.4 T.30	1980년
G4	· 디지털 신호 방식으로 디지털 전용망을 사용 · G3 팩시밀리에 비해 전송시의 에러 정정 · 텔리텍스와 Mixed 모드 터미널과 통신가능 · 높은 해상도에 의한 선명한 화상을 얻을 수 있음 · A4 원고를 3~5초 내에 전송이 가능 · 텔리텍스와의 통신 호환성 여부를 따라 클래스 1~3으로 분류됨	T.563 T.6	1988년 1984년

9 3.1 팩시밀리의 압축부호화 방식

G3, G4 팩시밀리는 부호화 기술에 있어서도 새로운 방식으로 데이터를 신호화하고 있다. 이러한 데이터부호화는 G3의 MH(Modified Huffman)부호화와 MR(Modified READ) 부호화가 있고, G4의 MMR(Modified Modified READ) 방식이 있다.

[1] MH 부호화

MH 부호화 방식은 주사선 방향의 연속적인 1차원 정보에 대해 화소 정보의 색(흑과 백)과 그 색의 연속되는 길이만을 부호화하는 방법으로 화소의 RL을 MH 부호로 압축한다. MH 부호화의 화소데이터는 라인종단부호 EOL(End of Line)과 한 주사선에 대한 최소전송시간을 채우는 FILE(0비트)을 이용한 일정형식의 프레임을 사용한다.

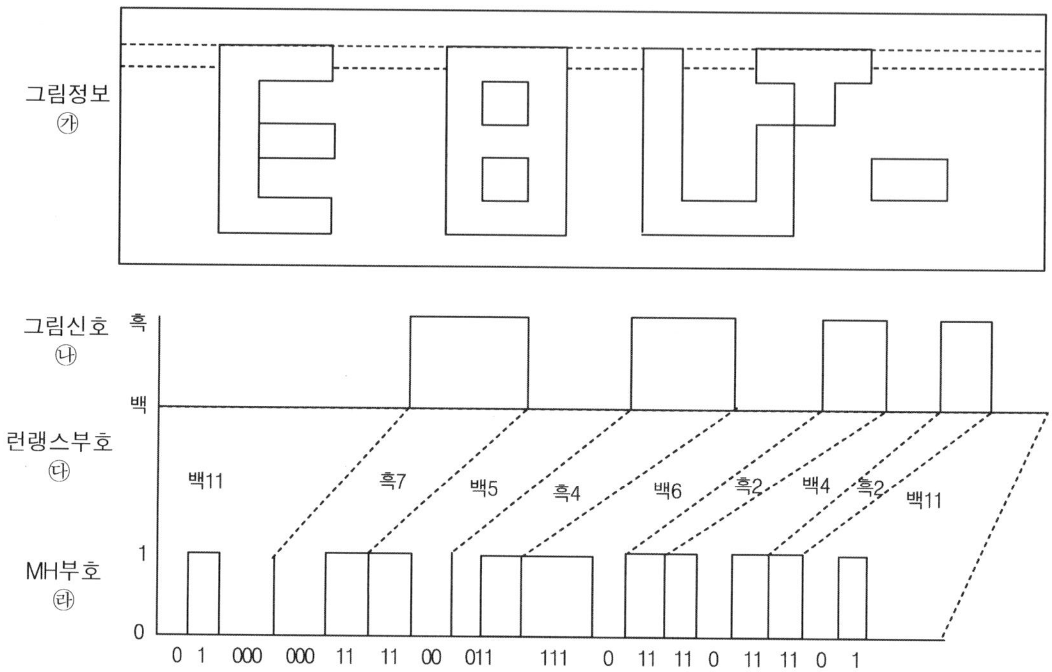

그림 9-7 MH 방식

[2] MR 부호화

MR 부호화 방식은 인접된 주사선상에 있는 화소 정보간의 상관관계를 이용하는 방식으로 일괄부호화와 축차부호화 방식이 있으나 여기 주로 사용되고 있는 Modified Read 방식이 있다. MH의 1차원 부호화 방식의 옵션으로 규정하고 있는 2차원 부호화 방식이며, 전송오차에 의한 화상의 오기범위를 제한하는 2차원 부호화를 하는 것이다.

2차원 부호화는 1차원 부호화를 한 다음 주사선을 2차원 부호화하는 것이며, 표준해상도와 고해상도를 구분한다. 2차원 부호화는 현재 부호화된 주사선상의 각 변화화소의 위치를 부호화 주사선이나 직전의 참조주파선상에 대응하는 참조화소의 위치를 참조해서 부호화하는 일종의 축차부호화 방식을 의미한다.

[3] MMR 부호화 방식

MMR 부호화는 화상 데이터부호화시 사용하는 방식으로, MR 부호화의 K를 무한대로 설정하는 것과 같은 것이며, 변화화소와 부호화모드의 정의가 MR 방식과 같은 원리에 있다. MMR 방식이 MR 방식에 비교해서 다른 것은 단지 MR 방식에서 사용하는 주사선 동기기호 EOL과 휠체어 복구신호 RTC를 사용하지 않는 것이다.

G4 팩시밀리의 부호화 방식으로 표준화되고 있는 MMR(Modified Modified READ)부호화 방식은 G3의 MR 부호화 방식을 HDLC의 데이터 전송 방식으로 적응한 것이므로 전송오류에 대한 부호화를 고려하지 않고 직접 2차원 부호화를 실행한다.

9 3.2 G3/G4 팩시밀리

G3 팩시밀리는 A4크기의 표준적인 원고를 용장도 억압 부호화기술을 이용해서 약 1분에 송수신하는 팩시밀리 장치이며, 보통 고속기라 불린다. G3 팩시밀리에서 주사 방식에는 전자적 주사, 전송기술에는 고속 데이터 모뎀이 이용된다. G4 팩시밀리는 공중 데이터 교환망 등을 이용하는 팩시밀리 장치에 대해 정의되고 표준화되었다.

[1] G3 팩시밀리

(1) 주사방향

주사방향은 좌측으로부터 우측으로 처리되며 이후의 주사가 이전의 주사에 인접할 때 처리한다.

(2) 수직방향의 해상도

수직방향의 표준해상도는 3.85[개/mm]이고, 고품질의 모드는 7.7[개/mm]를 권장하고 있다.

(3) 주사선당 화소수

1라인을 1,728비트 구성(A4판), 2048비트 구성(B4판)

(4) 주사선당 전송시간/전송속도

전송시간은 평균 60초/A4(ITU-T 표준), 실제 사용은 1040(9,600 bit/s)이고, 데이터 전송속도는 4,800/9,600[bps]까지 쓸 수 있다.

(5) 송수신전력

송신평균출력전력은 -15~0[dbm]이고 수신입력전력은 0~-43[dbm]이다.

(6) 전송제어 절차

G3 팩시밀리의 전송제어 절차는 권고 T.30「전화형 회선에 있어서의 문서전송용 팩시밀리의 전송수순」으로 규정되어 있다.

[2] G4 팩시밀리

G4 팩시밀리는「공중 데이터 교환망을 이용하고, 팩시밀리 신호의 용장도 억압 부호화기능과 기본적으로 에러 없는 기능을 갖는 팩시밀리장치이며, 적당한 모뎀을 이용하면 전화망으로도 사용 가능하다」라고 정의되어 있다.

① 클래스 1 : 부호화된 팩시밀리 정보를 포함한 문서를 송수신할 수 있다.

② 클래스 2 : 클래스 1의 기능에 텔레텍스와 혼합 모드 문서를 수신할 수 있다.

③ 클래스 3 : 클래스 2의 기능에 텔레텍스와 혼합 모드 문서를 송수신할 수 있다.

표 9-2 G4 팩시밀리의 특성

항 목	특 성				비 고
분류	• 1급 : 팩시밀리 정보의 송·수신이 가능 • 2급 : 1급의 기능에 텔레텍스와 혼합문서의 수신이 가능 • 3급 : 2급의 기능에 텔레텍스와 혼합문서의 송·수신이 가능				상위 기종은 하위 기종의 기능을 포함한다.
해상도	분류	1급	2급	3급	혼합형 터미널로
	표준	200	200, 300	200, 300	동작시 240의 수신
	선택	240, 300, 400	240, 400	240, 400	능력이 요구됨
종이크기	A4 및 북미크기(B4, A3, A5, A6는 선택)				
부호화	전송 에러가 하위 계층의 제어 절차에 의해 정정된다는 것을 가정한 라인 대 라인 부호화(MR 부호화)방법(G3의 EOL 비트 및 IME FILL 비트는 사용치 않음)				
프로토콜	T.62, T.70, T.73에 근거한 텔레메틱 프로토콜 (계층1, 2, 3은 망에 따라 다름)				
상호접속	텔레텍스와 혼합모드로 운용가능				
기억용량	압축정보용으로 128k 옥테트 이상				1급 : 용량불필요
망	PSDN, CSDN, PSTN, ISDN				
전송속도	2.4, 4.8, 9.6, 48[Kbps](ISDN에서 [Kbps])				

특 징

① 고능률 부호화 방식(MMR 부화화 방식)을 적용하는 공중 데이터망과 ISDN의 고속전송(64[Kbps] 회선의 이용가능)
② 오류정정기능에 의한 전송영향과 화질의 열화 방지(고품질성)
③ 고해상도(최대 400×400[화소/25.4mm])의 채용에 의한 고정세 문서통신 실현
④ 텔레텍스와의 상호통신 및 믹스트 모드 통신(등급 2/3기)

9.4 CATV

CATV란 무선으로 보내져 오는 TV전파를 공동 수신하는 유선 TV 방송시설에서 받아, 이것을 각 가정에 유선으로 분배하는 시스템이다. 난시청 지역의 대책으로서 고안된 CATV는 공동 수신 안테나에 의해 수신된 TV방송을 재 송신하는 의미의 공동 안테나 시스템(Community Antenna Television)으로도 사용되고 있다.

최근에는 공중선 전파에 의한 텔레비전 방송에 대응하여 케이블을 이용한 텔레비전 방송이라는 의미로서 케이블 텔레비전(Cable Television)의 약어로 사용되고 있다. CATV의 특징으로는 전송용량이 매우 크다는 것으로 동축 케이블을 이용하여 한 개의 주파수로 1채널의 텔레비전 방송만을 하는 기존의 방송에 비해서 CATV는 하나의 케이블을 사용하여 동시에 수십 채널의 텔레비전 방송을 할 수 있다.

특 징

① 동축 케이블보다 우수한 광파이버케이블을 사용하면 1,000채널 이상의 정보전달이 가능하게 되어, 각종 서비스를 TV를 통해서 받을 수 있다.
② Hivision과 각종 데이터의 전송 및 음악방송들의 추가정보를 주파수 할당하여 각 가입자에게 서비스 할 수 있다.
③ 기술 개발 측면의 파급효과와 관련 산업 분야의 잠재적인 수익성이 매우 높다.

9 4.1 CATV의 종류

[1] 공동수신 CATV

공영 TV방송을 보다 선명하게 시청하기 위함이다.

(1) 벽지 난시청대책용 CATV

산간벽지의 난시청을 해소하기 위해 양호한 방송 전파를 수신할 수 있는 근처의 산정에 공동 안테나를 설치하여 수신하는 시스템을 말한다.

(2) 도시 난시청대책용 CATV

고층건물 등에 의해 TV전파가 차단되는 지역의 수신 장애를 해소하기 위하여 근처 고층건물의 옥상에 공동 안테나를 설치해 수신하는 시스템을 말한다.

(3) 빌딩 공동수신용 CATV

공동안테나를 설치하여 연립주택, 아파트, 빌딩 등의 건물 내의 가입자들이 공동으로 수신하는 시스템을 말한다.

[2] 자체방송 CATV

VHF대역 내에 있는 TV방송으로 자체 방송 프로그램 제작, 방송 또는 VTR 테이프를 이용해 방송하는 시스템으로 자체적으로 제작한 프로그램을 제공하거나 멀리 떨어진 타 지역의 TV방송을 수신해 자기 지역에 재송신하는 시스템을 말한다.

[3] 쌍방향 CATV

시청자와 CATV사업자와의 간에 데이터 혹은 영상회선을 설정하여 이것을 사용하여 여러 종류의 서비스를 실행하는 것으로, 분배기능만을 가진 단방향 CATV에 수집기능을 첨가한 시스템으로 가입자와 방송 센터간에 의사전달이 가능한 시스템이다.

[4] CATV의 구성

CATV 시스템의 기본적인 구성은 전체 시스템을 통제하는 헤드엔드(유선국)

계, 서비스를 송・수신하는 전송로계, 정보를 제공받는 가입자 단말계의 3요소로 이루어진다.

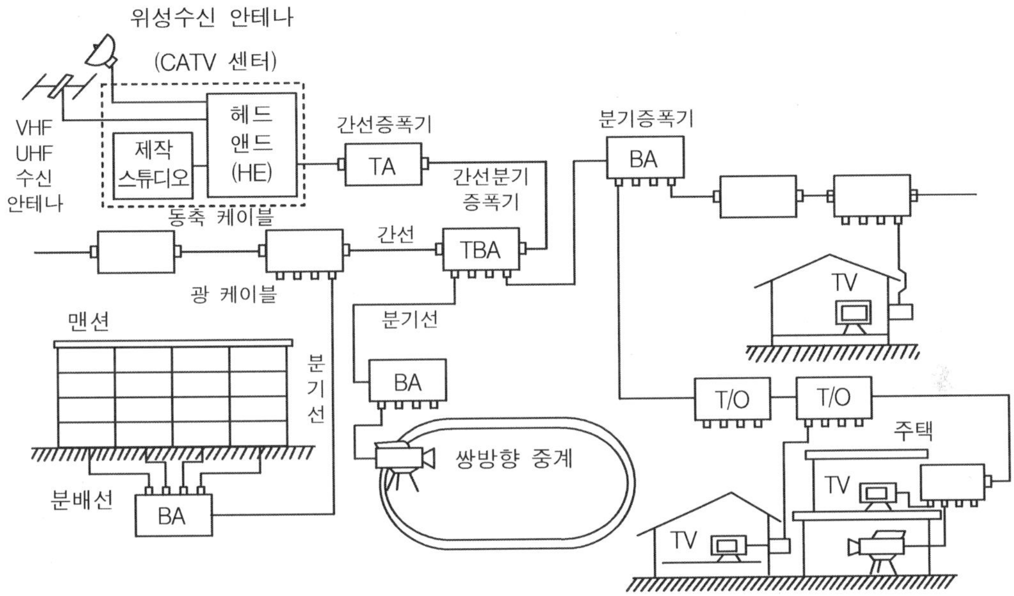

그림 9-8 CATV 시스템의 기본 구성

(1) 헤드엔드(Head End)계

Cable Head와 Antenna End의 합성어로 CATV의 중추적인 역할을 수행하는 정보의 공급원으로서 수신이 양호한 지점에 설치된 공용 안테나로부터 수신된 방송신호, 자체 제작된 서비스 신호를 서비스 분산 전송로에 송출하기 위한 제반 설치를 통칭한다.

(2) 전송로계

헤드엔드에서 송출된 신호를 각 가입자의 단말기까지 전송해 주기 위한 통로에 해당되는 것이다. 일반적인 전송로 구성은 간선(trunk line), 분배선(feeder line), 인입선(drop line)으로 구성되며, 이들 케이블 손실과 수동소자에서 발생되는 손실을 보상해 주는 증폭기 및 분배기로 구성된다.

(3) 가입자 단말계

수신 단말계를 구성하는 기기 외부에서 유입되는 surge 등으로부터 단말기를 보호하는 보안기 및 복수 단말기를 연결하기 위한 직렬 유니트(outlet), TV수신기나 FM라디오 등은 대표적인 단말기이며 CATV 전송로 형태로 연결된 장치를 말한다.

9 4.2 CATV 망 동기 및 동기장치

국내 동기식 전송망 구축시 광 CATV망이 TV 서비스 이외에 전화 및 2B+D 등의 통신 서비스를 수용하는 것과 같은 동기식 국내 전송망과의 접속을 용이하게 할 수 있도록 동기 망을 채택한다.

9 4.3 가입자 장치

디지털 광 CATV용 가입자 접속/단말장치는 가입자의 요구에 따라 TV 신호에 대한 스위칭 기능을 가진 분배 센터와 가입자 옥내에 대해서 각각 선로 종단 및 망 종단 기능을 수행하며 하향 채널로 2채널의 TV신호, 16채널의 오디오 신호와 2B+D 신호 채널 등과 같은 양방향 신호를 155.51[Mbps]로 다중 전송하고 상향 채널로는 스위칭 오버 레이에 의한 비디오 신호수용 및 하드웨어 구현을 용이하게 하기 위해 하향 채널의 신호 구성 방법을 그대로 이용하여 양방향 신호를 전송하는 장치이다.

표 9-3 가입자 장치의 설계시 고려 사항

고려 사항	기술의 내용
경제성	① 동기식 다중 ② 한단계 다중 ③ 단순 비트의 인터 리빙
망의 진화에 대한 용이성	① 2B+D 채널의 수용성 ② 155.52[Mbps] 속도의 채택 ③ 스위칭 오버레이에 의한 오디오 신호 기술의 수용
기타	① 분배망 : 스타망형 이용 ② 가입자의 가내망 : 스타형 이용

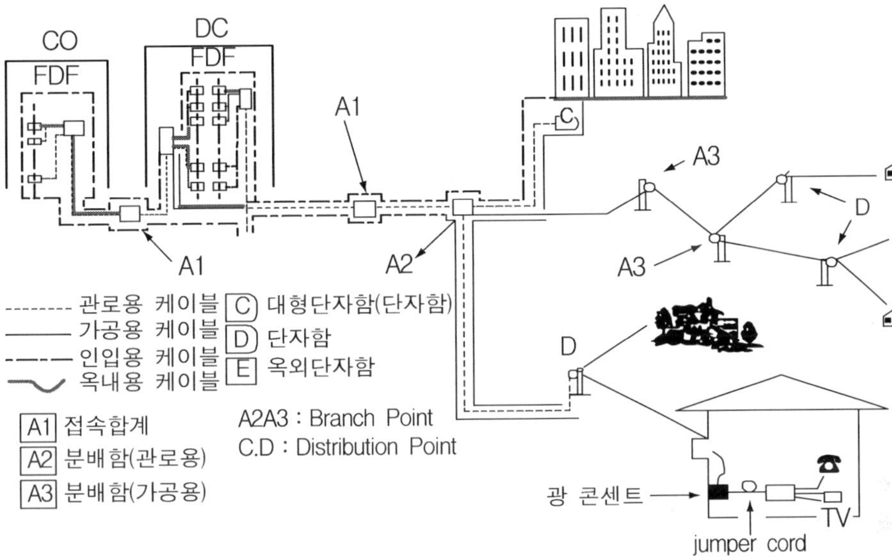

그림 9-9 광 CATV 전송망 구성도

9.5 CCTV

텔레비전 시스템은 폐회로 시스템과 개회로 시스템으로 분류된다. 폐회로 시스템은 화상 정보를 특정의 목적으로 특정의 수신자에게 전달하며, 주로 유선에 의한 영상 전송 방식을 사용하고 있다. CCTV(Close Circuit Television)에 의한 화상 정보 전송은 다른 데이터 전송이나 음성 정보 전송에 비해 취급 정보량이 많아서 현장의 분위기나 사람의 감정까지도 전송할 수 있는 장점이 있다.

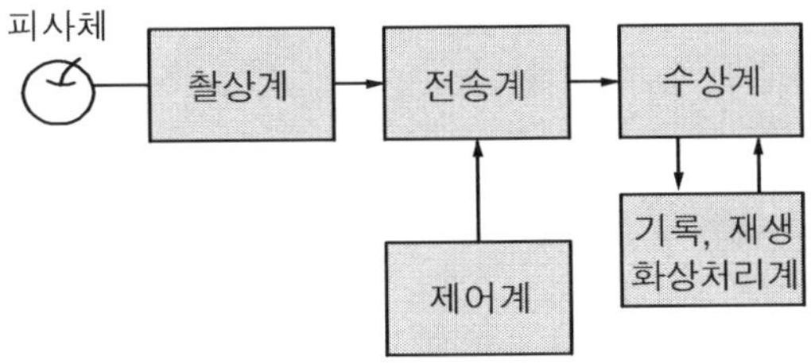

그림 9-10 CCTV 시스템의 기본 구성

특정 다수의 공동 목적을 위해 사용되는 시스템으로 호텔, 병원, 학교 등 특정 대상이나 공장, 댐, 은행, 백화점, 하역장 등 감시기능을 갖는 시스템을 이용하여 자동감시 및 자동검침 시스템으로 변환이 가능한 시스템을 말한다.

9 5.1 CCTV 시스템의 구성요소

[1] 촬상장치

촬상장치는 촬영용의 광학 렌즈 시스템, TV 카메라 시스템, 지지 보호 시스템으로 이루어져 있다. 목적에 따라 선택할 카메라의 종류, 렌즈의 종류, 필터의 종류 등이 결정되고 그 다음에 이 카메라를 고정하기 위한 브라켓, 카메라 하우징 등이 필요하게 된다.

[2] 전송장치

전송장치는 화상을 이용할 목적 지점까지 영상 신호를 전송하는 시스템으로 유선전송과 무선전송으로 구분된다. 일반적인 CCTV의 경우에는 한정된 목적을 위해 사용되기 때문에 유선전송 방법을 주로 사용하며, 무선전송의 경우에는 무선주파수 할당을 필요로 하기 때문에 어려움이 따르는 경우가 많다.

[3] 표시장치

전송되어 온 영상 신호를 수신하여 재생하는 시스템이다. 일반적으로 화상의 재생에만 그치는 것은 아니고 교통관제, 공정관리 등과 같은 시스템과 조합하기 때문에 화상의 가공, 기록, 재생, 하드카피화, 정보처리장치에 의한 화상처리 시스템 등이 이용된다.

9 5.2 CCTV의 특성

① 보안을 요하거나 감시를 해야 하는 지역의 영역 관찰

② 많은 사람들에 대하여 동시 관찰

③ 원거리에서의 상태를 일정하게 관찰

④ 공해, 폐수 등의 유해한 환경 등의 감시

9 5.3 CCTV의 응용분야

[1] 공업용 CCTV

각종의 공장 또는 은행, 교통관제 및 감시, 방범, 공해 등의 유해한 환경감시 등의 전반적으로 산업 분야에서 가장 많이 사용하는 CCTV 시스템이다.

[2] 의료용 CCTV

병원 등의 의료기관에서 사용하는 전반적인 CCTV 시스템을 말하는 것으로서 원격 진료, 환자 감시 수술 장면 소개, 원격 진단 등에서 광범위하게 이용되고 있다.

[3] 교육용 CCTV

학교 내에서 학과목 등의 교육 프로그램과, 각종 교육용의 응용 프로그램에 사용하는 CCTV 시스템이다.

[4] 회의용 CCTV

멀리 떨어져 있는 각 지점간의 회의를 동시에 TV화면을 통하여 회의를 할 수 있도록 설치되어진 CCTV를 말한다.

9.6 HDTV

차세대 TV라 불리는 고선명 TV(HDTV : High Definition TV)는 일명 고품위 TV라 하며, 현행 TV보다 2배 이상의 수직, 수평 해상도를 가지며, 크로스칼라(Cross Color) 등과 같은 현행 TV의 문제점을 개선하고, 현행 TV보다 9:16의 화면 종횡비(Aspect Ratio)를 가지며, CD음질 수준의 디지털 오디오 성능을 갖는다(ITS-RS).

뉴미디어의 탄생

방송과 전화와 컴퓨터의 융합(전기통신수단+R+TV)+(컴퓨터+On Line)
- 멀티미디어(Multimedia)
- 쌍방향 미디어(Interactive Media)
- 온라인 네트워크 미디어(On-Line Network Media)

디지털 방송은 HDTV가 중심이다. MPEG 2에 의한 방송 송수신 음향 및 영상 신호의 디지털화가 이루어짐

디지털 TV의 개념

방송국에서 영상, 음향 및 등 모든 텔레비전 입력 콘텐츠를 디지털 처리한 후 디지털 전송 방식에 따라 시청자의 텔레비전 수신기 입력단까지 전송시키면 수신기는 디지털 신호를 아날로그 처리하여 다시 원래의 영상과 음향 그리고 데이터 신호로 변환시켜 시청자에게 텔레비전 서비스를 하는 방송을 말한다.

현재 전 세계적으로 사용되고 있는 컬러 TV는 우리나라를 포함한 미국, 일본 등이 주사선 수가 525선인 NTSC(National Television System Committe) 방식을 이용하며, 유럽에서는 주사선 수가 625선인 PAL(Phase Alteration by Line)과 SECAM(Sequential Color Memories) 방식을 사용한다.

9 6.1 HDTV의 특징

특 징

① 음성신호는 아날로그 FM 방식에서 Dolby AC-3 방식(CD 음질 수준)
② 주사선의 수는 현행 525개에서 1,125개로 약 2배
③ 화면의 종횡비는 기존의 4:3에서 5.33:3(16:9)으로 확장
④ 현행 TV보다 2배 이상의 수직, 수평 해상도를 갖는다.
⑤ 압축기술을 사용하여 27[MHz]의 대역폭 유지
⑥ 크로스 컬러와 같은 현행 TV의 문제점을 개선

HDTV의 광대역의 전송로를 사용함으로써 방송사에서 사용가능한 채널의 수는 4~10으로 증가되어 540채널의 CATV와 150채널의 위성방송으로도 기술의 적용이 가능하다.

디지털 TV의 장점

① 다채널
- 기존 아날로그 채널보다 4~6배 채널 확보 가능하다.
- 적은 대역폭(5.38MHz)으로 아날로그에 비해 많은 정보를 서비스 할 수 있다(5.1CH AC-3+HDTV 1채널, SDTV 4-6채널, 데이터 서비스).

② 고화질/고음질
- 기존 채널로 1~2개의 디지털 HDTV 채널 가능하다.
- 영상, 음향신호의 압축이 쉽다.
- 상호 간섭이 적다(영상, 색, 음성 등의 반송파가 없다.).

③ 부가서비스(다기능화)
- EPG, Shopping, Banking, 게임, 데이터 방송

④ 고속 Internet 접속
- 위성/지상파 : 고속의 Down Stream Up 전화선
- 쌍방향 접속에서 CATV 유리

⑤ 디지털 방식의 음향 영상기기와 데이터 호환이 가능하다.
- DVD, CAM, VCR 등
- 정보의 검색, 가공, 편집이 쉽다.
- 녹화 재생시 화질, 음질의 열화가 없다(모두 디지털 처리).
- 오류정정 기술을 사용하여 전송, 복제, 저장에 따른 손실이 적다.

⑥ 아날로그 신호에 비해 잡음에 강하고 송신전력이 적게 든다.
- 변조 방식으로 OFDM(Orthogonal Frequency Division Multiplexing)을 채택하면 잔상(Ghost) 방해에 강하다.

⑦ 연속적으로 변하는 진폭으로 표현하는 대신에 8단계의 이산적인 진폭레벨을 사용함으로써 수신기에서 전송된 신호를 용이하게 식별하고 또한 정확한 복원이 가능하다.

디지털 TV의 단점

• 신호의 열화가 급격하다.
- 데이터 심볼을 정확하게 수신하지 못하면 전체 화면 정보를 상실하며, 수신

화면이 완전하든가 시청 불가능하든가 둘 중의 하나가 된다. 이러한 열화를 보호하기 위하여 Pilot, 동기정보(Segment, Field Sync)를 삽입하여 고 잡음 및 간섭 상태에서도 수신할 수 있다, 또한 Sampling Clock을 정확히 제어, Symbol Timing을 정확하게 하여 개개의 심볼이 상실되더라도 복원할 수 있다.

6.2 HDTV 규격

북미 TV방송 방식인 NTSC 방식은 주사선 수와 신호 대역폭 등의 규격상 제약에서 발생하는 문제점 등을 타개하기 위해서는 주사선 수를 1,000개 이상으로 하고, 신호 대역폭을 증가시킨 새로운 전송 규격이 필요하게 되었다. 이에 따라 개발된 것이 HDTV이며, 현재 뉴미디어 중 관심을 많이 모으는 분야 중의 하나이다.

디지털 동영상 압축부호화 방식인 MPEG-2의 국제표준화에 뒤이어, 이를 이용한 디지털 방송 방식의 표준화 및 실용화가 진행되고 있다. 일본의 아날로그 HDTV인 MUSE 시스템의 발표와 더불어 활발해진 각국의 HDTV 시스템 연구개발은, 미국 ATV(Advanced TV) 시스템의 완전 디지털화 발표로 인해 그 방향이 디지털 시스템으로 거의 전환된 상태이다.

표 9-4 DTV 신호 전송(DTV 방송 방식)

DTV방송 방식	변조 방식	Carrier	방송형태	사용 국가
ATSC	8 VSB	Single	HDTV/SDTV	미국(한국)
DVB-T	OFDM	Multi	SDTV	유럽
ISDB-T	BST-OFDM	Multi	HDTV/SDTV	일본

미국연방통신위원회(FCC)에서는 지상방송에 HDTV를 도입할 목적으로 1987년부터 차세대 텔레비전 방송인 ATV 방식의 규격화에 대하여 검토하여 왔다. 이 계획은 규격 책정 후 15년 이내에 현재의 아날로그 TV에서 ATV로 완전 이행하는 것이다. 1993년 2월, 제출된 여러 방식들 중 최종적으로 4가지 방식의 규격을 통일화한 Grand Alliance(GA) 규격 작성에 기본적으로 합의하였다.

표 9-5 미국의 Grand Alliance ATV 방식의 기본 규격

스튜디오 신호 포맷	Aspect ratio	16 : 9
	주사방식	순차주사
영상신호 압축방식	MPEG-2 Main Profile@High Level	
음성신호 압축방식	Dolby AC-3	
신호 다중방식	MPEG-2 System	
변조방식	지상방송용 : 8-VSB, 케이블 전송용 : 16-VSB	

GA 표준안은 표준안이 완성되었으며, FCC는 이 표준안을 바탕으로 1995년 후반부터 일반인의 청취과정을 통해 ATV의 표준규격을 확정하였다. GA 시스템은 지상파 방송을 전제로 기존의 NTSC 방식과의 동시방송(simulcast) 형태로 제공되는 것을 기본으로 한다.

9 6.3 각국의 개발 동향

[1] 유럽의 동향

유럽은 1995년 방송을 목표로 Philips사와 Thomson사를 주축으로 HD- MAC 방식의 개발에 전력을 기울였다. 하지만 HDTV보다는 SDTV 수준의 디지털 TV를 시험방송하고 있었다.

유럽에서는 디지털 TV 방송 규격안을 검토하여 유럽의 방송사업자, 가전업체 및 각국 정부들로 EP-DVB(European Project for Digital Video Broadcasting)가 1993년 12월에 설립되었으며, 이 기구를 중심으로 디지털방송 표준화 작업이 활발하게 진행되었다. 위성방송, CATV에 관한 규격안은 ETS에 제안되어 표준화 작업을 진행하였다.

이 규격안은 영상 및 음성의 압축방식으로 MPEG-2방식을 채용하고 있으며, 디지털변조방식에는 지상파 중계에 관한 단일 주파수 네트워크(SFN ; Single Frequency Network)의 실현과 이동체 서비스의 고품질화를 고려하여 여러 개의 반송파(carrier) 주파수를 사용하는 COFDM(Coded Orthogonal Frequency Division Multiplexing) 방식을 채용하기로 결정되었다.

[2] 일본의 동향

일본은 우정성 통신종합연구소, NHK, 민간방송사업자, 통신사업자들에 의해 요소기술 연구개발이 진행되었다.

또한, 방송기술개발협의회(BTA)에서는 신방송시스템 특별 소위원회를 설치하여 차세대 디지털방송에 관한 조사 및 연구를 하였으며, NHK는 유럽에서 개발 중인 COFDM방식을 이용한 전송을 채용하여 사용되고 있다.

그리고 2,000개 이상의 주사선을 가지며 기존 방식보다 한발 앞선 새로운 개념의 디지털방식 초고선명 TV인 UDTV(Ultra Definition)를 개발하였고 2013년 1월 NAB쇼에서 시제품을 전시하였고 2014년 방송을 위해 우정성에서 노력을 경주하고 있으며, 일본 가전회사는 디지털 HDTV 개발을 위해 미국, 유럽과 공동개발 및 현지 개발체제를 갖추고 있다.

표 9-6 각국의 디지털 방송 방식 채택 현황

개발국	한국, 미국	유 럽	일 본
방식 명칭	ATSC : 첨단텔레비전 방식 위원회(Advanced TV System Committee)	DVB-T : 디지털 영상 지상파 방송(Digital Video Territorial Broadcast)	ISDB-T : 통합서비스 디지털 방송(Integrated Service Digital Broadcasting)
전송 방식	8-VSB	OFDM	BST-OFDM
압축 방식	영상 : MPEG-2 음향 : Dolby AC-3	영상 : MPEG-2 음향 : MPEG-2	영상 : MPEG-2 음향 : MPEG-2
이동수신	불가능	가능	가능
고스트영향	약함	강함	강함
단일채널망	불가능	가능	가능
TV+R방송	불가능	불가능	가능
수상기구조	다소 간편	다소 복잡	다소 복잡
선택한 국가	미국, 캐나다, 대만, 한국	유럽연합	일본

[3] 우리나라의 동향

고선명의 영상과 고품질의 음향을 제공하면서 언제 어디서나 시청자가 원하는 프로그램을 자유롭게 선택하고 개인용 컴퓨터처럼 다양한 서비스를 체험할 수 있는 지능형 TV를 제작하기 위해 2005년 양방향 DMB 데이터서비스 기술, 2006년 정보 맞춤형 DTV 단말, 2007년 기가급 케이블 송수신 시스템개발을 하였다. 2012년에는 아날로그방송을 종료하였고, 2013년부터 본격적인 HDTV방송을 하고 있다.

9 6.4 HDTV의 화면 크기와 주파수 대역폭

한국에서 실시하고 있는 디지털 텔레비전방송은 HDTV방송을 목적으로 하고 있다. HDTV 화면의 가로와 세로의 비는 16 : 9이며 가로로 2,200개의 화소가 나열되어 있고, 세로로 2,200개의 화소로 된 수평열이 1,125개가 있다. 기존 텔레비전은 가로 세로로 700개 화소와 525개 수평선으로 된 것에 비교하면 약 3배의 해상도가 개량된 것이다.

HDTV 한 개의 화면은 2,220(dots)로 구성된 1,125(lines)으로 수평선이 1초 동안에 30장의 완전한 화면이 지나간다. 여기서 HDTV의 주파수는 37.125[MHz]나 되는 것을 알 수 있다(방송국 스튜디오에서 나오는 HDTV의 주파수임).

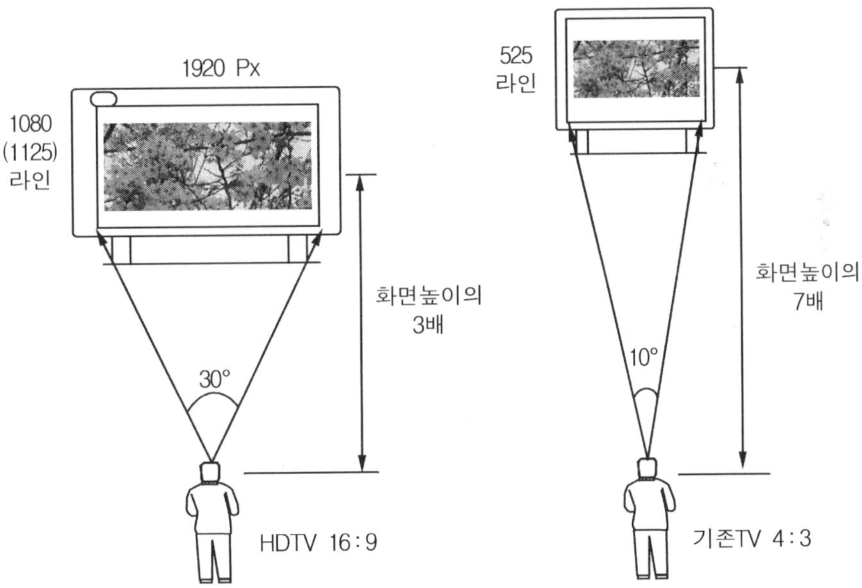

그림 9-11 HDTV와 기존 TV의 비교

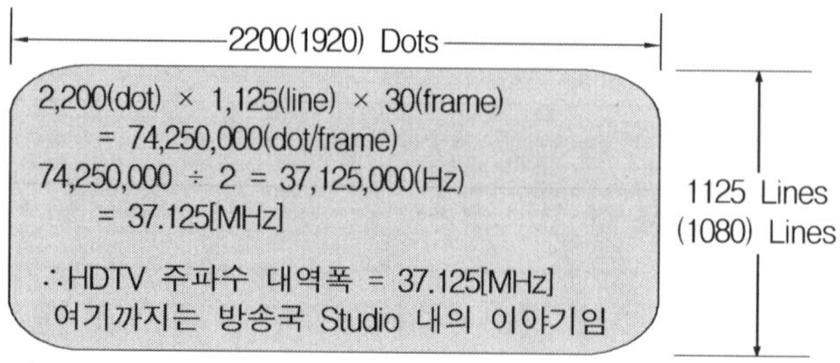

그림 9-12 HDTV 주파수 대역폭

9 6.5 HDTV 시스템

HDTV 제작 센터는 방송 프로그램을 제작하는 스튜디오을 의미하며 프로그램은 스튜디오 규격에 맞게 제작된다. 이 스튜디오 규격은 화면 종횡비, 유효 주사선당 화소수, 색 표준, 신호 형식, 동기 신호 등 총 27개 조항으로 구성되었다. HDTV 프로그램 제작용 방송 장비로는 CCD 카메라가 실용화 단계에 이르고 있으며 "3/4" 카세트를 사용하는 HDTV용 디지털 VTR이 개발되어 12[Gbps]에서 2시간 동안 스튜디오 디지털 HDTV 신호로 기록 재생이 가능하게 되었다.

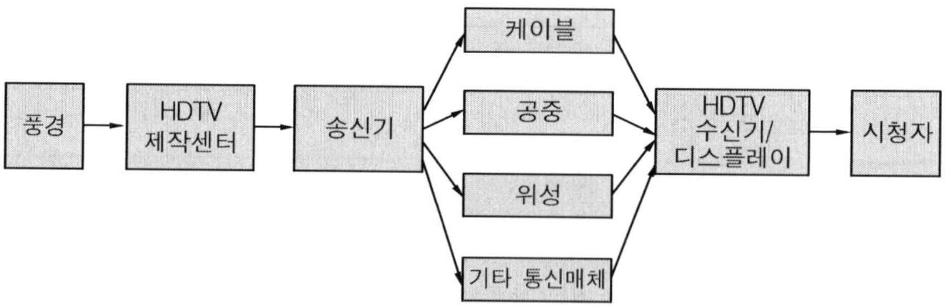

그림 9-13 HDTV 시스템 기본 구성도

HDTV 전송 시스템은 HDTV 신호를 시청자에게 전달하기 위해 사용되는 일련의 장치 및 자원을 유기적으로 통합한 전송 수단 및 방법을 의미한다. HDTV 송신부는 일반적으로 그림 9-14(a)와 같이 구성된다. 스튜디오에서 제작된 디지털 영상 신호와 음성 신호는 먼저 압축된 연후에 보조 데이터와 함께 다중화되어 채널 접속부로 입력된다. 채널 접속부는 전송 매체에 따라 달라지며 전송의 매체로는 위성, 공중 및 케이블 등이 이용될 수 있다. 전송 방식으로는 크게 아날로그 방식과 디지털 전송 방식으로 나누어진다. 따라서 변조 방식에도 아날로그 변조와 디지털 변조로 나누어지며 여러 가지 변조 방식이 적용될 수 있다.

HDTV 수신부는 다음의 그림 9-14(b)와 같이 구성되며 위성과 공중 전송인 경우 동조와 복호 후 역 다중화 되며 케이블의 경우는 망 접속부를 거쳐 곧바로 역 다중화 된 후에 압축된 영상 신호 및 음성 신호의 복원이 이루어진다. 또한 디지털 전송의 경우에서 송신부에서 오류 정정부호화가 이루어지므로 오류 정정 복호화가 역 다중화에 앞서 이루어지며 전송 오류를 수정할 수 있게 된다. 복원된 음성 신호는 디스플레이에 의해 표시된다.

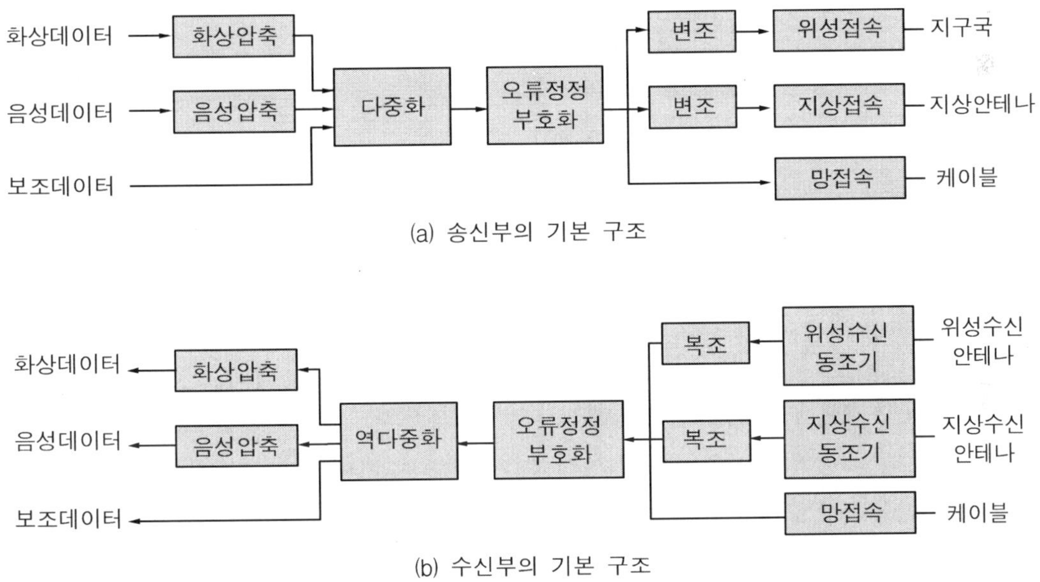

그림 9-14 HDTV 송신부 및 수신부의 기본 구조

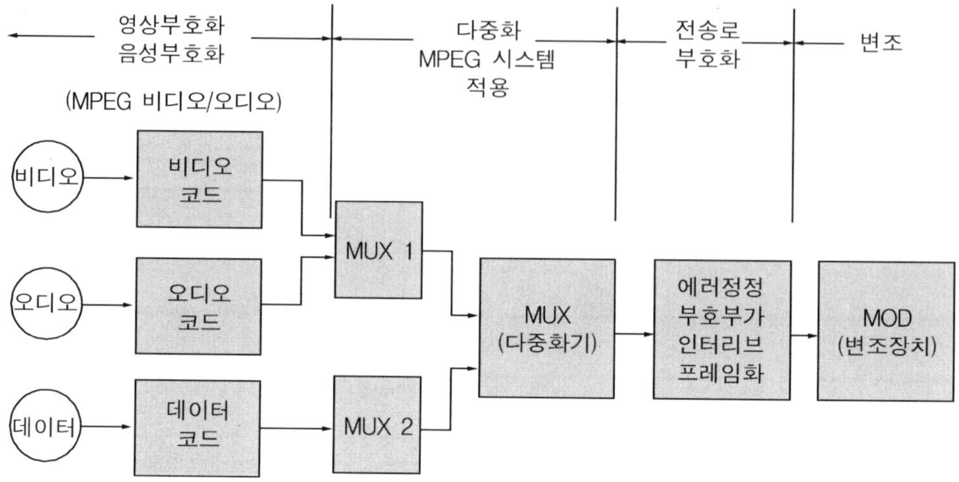

데이터 : 부가신호 데이터/컨트롤 데이터 포함

그림 9-15 ITU-R 디지털 지상파 TV 방송 모델

9 6.6 미디어의 디지털화

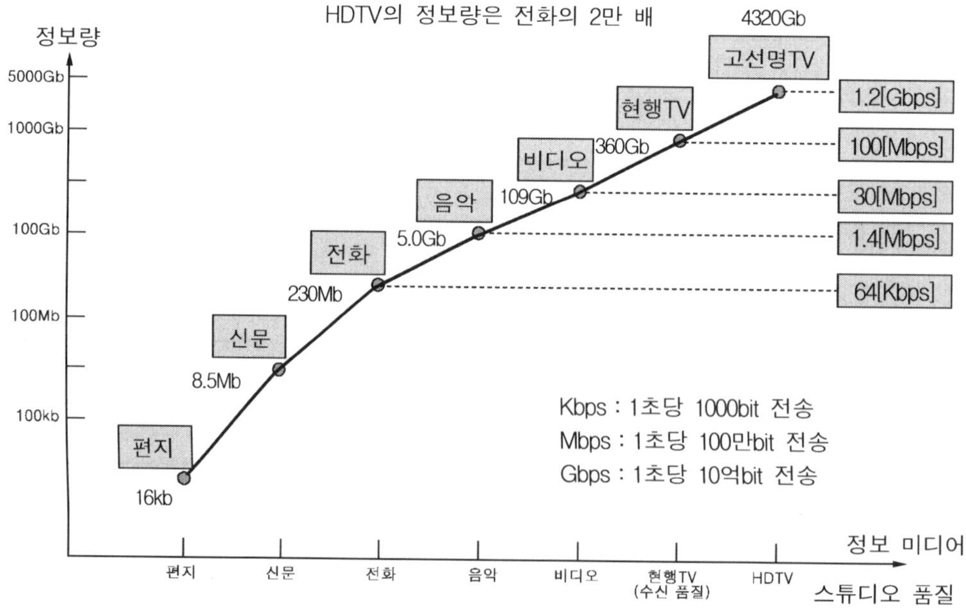

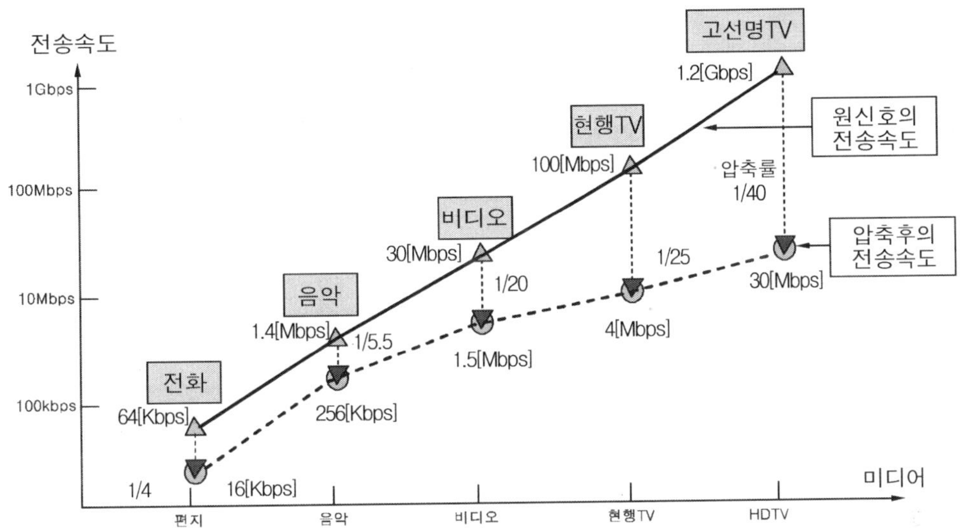

그림 9-17 전송 미디어의 전송속도와 압축 후의 전송속도

현재기술로 정보미디어의 도달 가능한 전송속도는 전화의 경우 원래 신호의 전송속도인 64[Kbps]를 4배 압축하여 압축 후 전송속도를 16[Kbps] 정도 가능하다. 텔레비전의 경우는 100[Mbps] 신호 전송속도를 25배 압축하여 4[Mbps]까지 압축 후 전송 할 수 있으며, HDTV의 경우 원 신호의 전송속도가 1.2[Gbps]를 40배 압축을 하면 30[Mbps]의 압축 후 전송속도를 낼 수 있다.

표현미디어

문자(가, 나, 다, 라 등), 숫자(1, 2, 3, 4 등), 기호(\, $ 등), 음성, 도형, 영상(정지영상, 동화상 등)

전달미디어

통신 네트워크(LAN, IDSN, 프레임릴레이, ATM), 방송 네트워크(지상방송, 위성, CATV 등), 저장 미디어(디스크, 테이프 등)

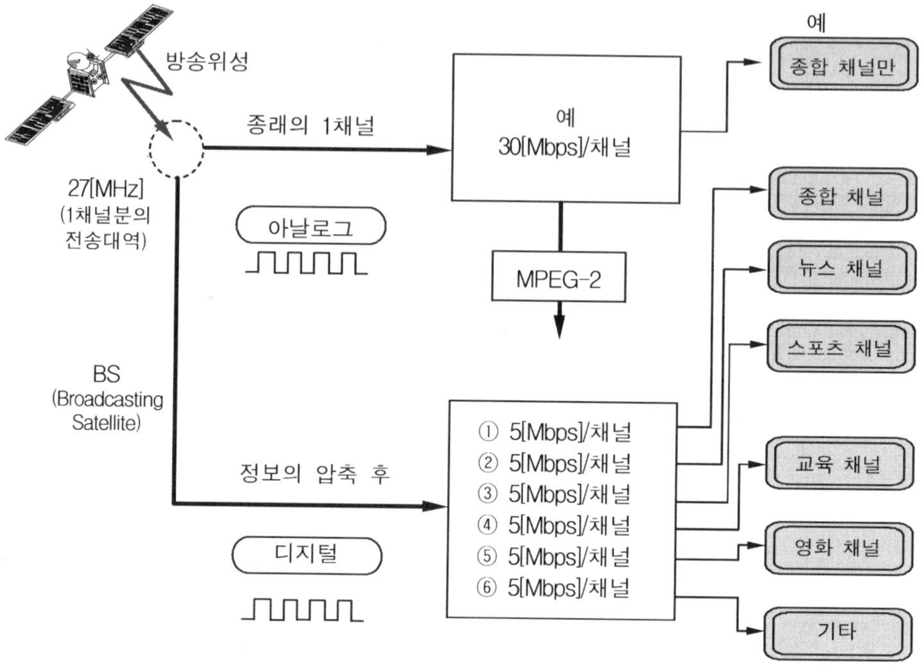

그림 9-18 압축기술(MPEG)을 이용한 다채널화 예

표 9-7 MPEG에 의한 음향과 영상의 국제 표준화 발전 방향

JPEG	H.26 1	MPEG 1	MPEG 2	MPEG 4	MPEG 7
- 통신미디어 - 컬러 팩시미리 - 전자스틸 카메라 - PC통신	- 통신미디어 - 영상회의 - 원격강의 - 원격근무 - 원격감시 - 간의 VOD	- 저장매체 - CD - DAT - VIDEO CD	- TV 방송 미디어 - TV방송 - 위성방송 - HDTV - DVD용 (MPEG 3통합)	- 멀티미디어 - 영상전화 - 무선전화 - IMT2000	- 멀티미디어 검색 압축기술이 아님

연 / 습 / 문 / 제

1. 화상에 대해 정의하고, 화상통신의 원리에 대해 설명하라.

2. TV회의 시스템(화상회의)에 대해 설명하라.

3. TV회의 시스템의 구성요소에 대해 설명하라.

4. TV회의 시스템의 구성요소 중 코덱(CODEC)에 대해 설명하라.

5. 화상회의 시스템의 구성조건에 대해 설명하라.

6. 팩시밀리의 기본 동작에 대해 설명하라.

7. 팩시밀리의 압축부호화 방식 중 MH 부호화의 특징에 대해 설명하라.

8. 팩시밀리의 압축부호화 방식 중 MR 부호화의 특징에 대해 설명하라.

9. 팩시밀리의 압축부호화 방식 중 MMR 부호화의 특징에 대해 설명하라.

10. G3 팩시밀리에 대해 설명하라.

11. G4 팩시밀리에 대해 설명하라.

12. CATV에 관해 정의하고, CATV 구성요소에 대해 설명하라.

13. CATV 구성요소에서 헤드앤드에 대해 설명하라.

14. HDTV에 관해 정의하라.

15. HDTV의 규격과 특징에 관해 설명하라.

16. CCTV 시스템의 구성요소에 대해 설명하라.

17. CCTV에 대해 정의하고, CCTV의 특성에 대해 설명하라.

18. 팩시밀리의 종류 4가지 형태를 나타내고, 그 특징을 설명하라.

19. 디지털 TV의 개념에 대해 설명하라.

20. 디지털 TV의 장점/단점에 대해 설명하라.

21. HDTV의 특징에 대해 설명하라.

제 10 장

뉴미디어기기

현재 진행되고 있는 정보화 사회에서는 기존의 미디어만 가지고는 처리할 수 있는 정보의 양, 정보의 질, 정보의 신속성, 편의성 등 모든 측면에서 부족한 면이 많다. 이에 대응하기 위해 새로운 미디어의 필요성이 요구되었으며, 이러한 요구의 수용과 아울러 정보와 통신 기술의 전반을 뉴미디어(new media) 기술이다. 뉴미디어는 모든 분야의 미래 산업이며, 정보를 전달하는 매체 혹은 수단으로서 현재 사용되고 있는 기존의 미디어에 새로운 기술의 이식을 통해 개발된 미디어를 말한다.

통신 뉴미디어는 이미 정보통신 뉴미디어내지는 멀티미디어(multimedia)라는 새로운 분류용어로서 사용하는가 하면 텍스트계의 전기통신으로서 "Telematic Service"라는 새로운 통신기술 분야를 나누고 있다(ITU용어).

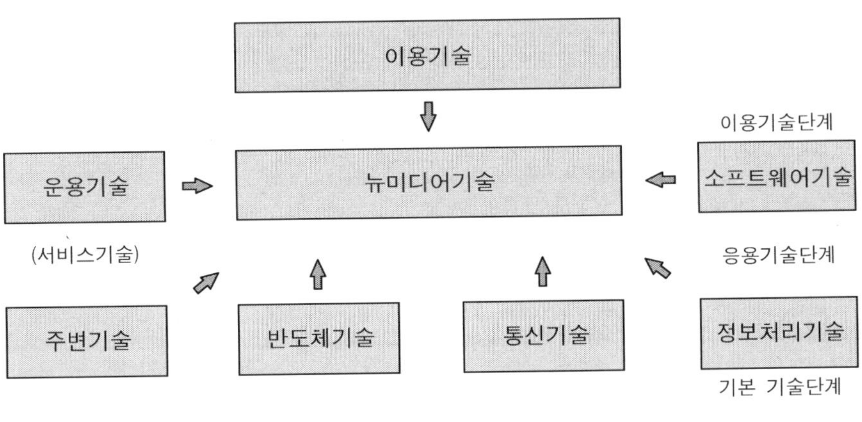

그림 10-1 뉴미디어기술과 관계기술

(1) 반도체기술

CCD(Charge Coupled Device)에 의한 센서를 이용하는 기술과 디지털 회로 기술을 포함한다.

(2) 통신기술

유선계 뉴미디어, 방송계 뉴미디어의 근간을 이루며, 전송기술과 교환기술을 토대로 한다. 전송기술 중에서도 광전송기술은 종합정보통신망 구축의 기본을 이룬다. 교환기술은 정보처리기술에 의해서 디지털 교환기 시스템을 형성하면서 종합정보망 시스템의 정보교환의 핵을 이룬다.

(3) 주변기술

뉴미디어를 실현하는 데 이용되는 사람-기계 인터페이스 기술을 나타내는 것으로, 예를 들면 CRT, LCD, 키보드, 프린터 등의 기술로 실제로 인간이 조작하여 정보를 입출력하는 장치이다.

(4) 소프트웨어기술

뉴미디어를 실제로 설립하는 시스템으로, 예를 들면 비디오텍스의 각 방식에 따라 데이터베이스가 구축되어 정보 제공의 역할을 수행한다.

(5) 이용기술

시스템 전체, 단말기에서의 사람-기계 인터페이스, 데이터베이스 구축방법, 데이터 작성방법, 표시방법 등의 전반적인 기술이 포함된다.

① 방송계 뉴미디어 : HDTV, DMB, CATV, 위성방송, 다중방송 등

② 통신계 뉴미디어 : 화상회의, 화상응답 시스템, 비디오텍스, 팩시밀리 등

③ 패키지계 뉴미디어 : 비디오디스크, VTR, CD-ROM, CD-I 등

표 10-1 뉴미디어의 분류와 방식

분 류	방 식	기본 기술	신 호	디바이스
	TV위성방송	신호처리기술	아날로그	고주파용 반도체
방송계				
	고선명TV	통신전송기술	디지털	로직IC
고도의 다양한	DMB	정보처리기술		반도체 메모리
정보의 서비스	IPTV	제어기술		A/D, D/A 변환기
	다중방송	기록기술		마이크로 컴퓨터
	CATV			CCD
	LAN			하이브리드
통신계	비디오텍스			다이오드
	공중전화망			광소자/LED
새로운 가치를	위성통신			센서
생산하는 정보	VAN			레이저
네트워크	VRS			Hall 소자
	VTR			영상센서
패키지계	비디오디스크			
	콤팩트디스크			
	DAT			
정보의 패키지화	erasable디스크			

10.1 방송계 뉴미디어

10 1.1 IPTV

IPTV(Internet Protocol TV)는 IP망을 통해 방송이나 동영상 컨텐츠, 정보 등을 TV로 제공하는 통신과 방송이 융합된 서비스를 의미하며, IP 망을 통해 방송이나 동영상 컨텐츠, 정보 등을 TV로 제공하는 통신·방송 융합 서비스이다.

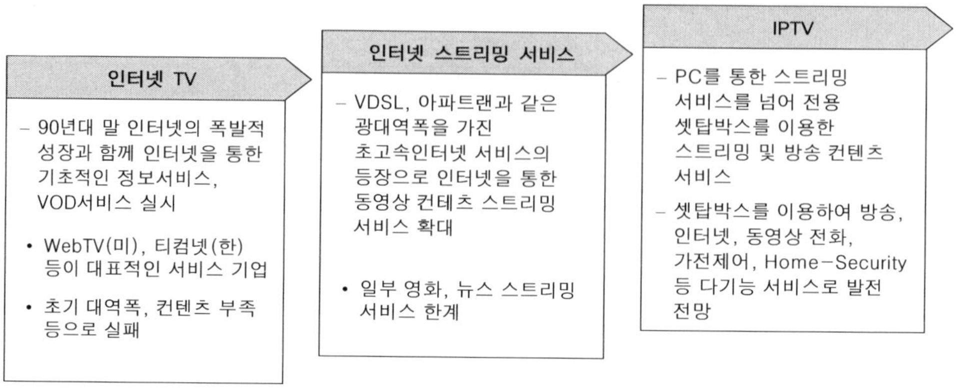

그림 10-2 IPTV 발전과정

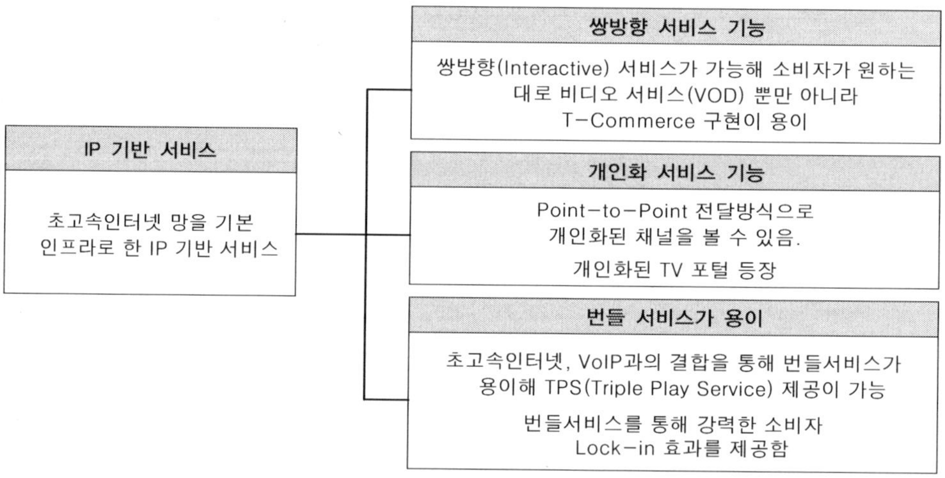

그림 10-3 IPTV 서비스의 특성

IP망을 기반으로 초고속인터넷, VoIP, IPTV가 종합된 TPS(Triple Play Service)로 발전될 가능성 높으며, 가정의 핵심 서비스가 되기 위해 치열한 경쟁이 예상되는 디지털 방송이다(케이블, 위성)

IPTV는 인터넷을 활용한 부가서비스에서 출발하여 인터넷 기반 인프라로 활용하는 메인 서비스로 발전할 가능성이 있다. IPTV는 IP망을 기반으로 하고 있어 양방향 서비스, 개인화, 번들 서비스가 용이하다는 장점을 가지고 있다.

1.2 DMB

DMB(Digital Multimedia Broadcasting)는 "가지고 다니는 TV" 개념의 고정 및 이동 방송 서비스로 디지털 방송 기술을 이용하여 이동 중(최대 200km/h)에 TV 동영상, 오디오 및 데이터 수신이 가능하다. 내용 면에서는 CD수준의 오디오, 동영상뿐만 아니라 데이터 방송도 포함하는 멀티미디어 방송 서비스이다. 전송수단에 따라 지상파DMB와 위성DMB로 구분된다.

전용단말기 또는 휴대폰 등에 DMB 수신기능을 채용한 복합단말기로 DMB 방송을 수신하며, 휴대폰, 자동차, PMP(Portable Multimedia Player) 등이 대표적 단말기로 휴대폰, 노트북 등에 수신기능을 채용한 제품이 이미 출시되었다.

DMB는 수신기 형태, 콘텐츠, 수익 기반 등에서 기존의 방송이나 무선 인터넷과 큰 차이가 있으며, DMB는 오디오 방송인 DAB(Digital Audio Broadcasting)에 동영상과 데이터를 추가하였다. 라디오와 DMB의 차이는 콘텐츠 종류의 차이이다. 위성TV와 DMB는 다채널이라는 점은 동일하지만, 수신기 형태가 각각 TV, 휴대단말기란 점에서 큰 차이가 있으며, 무선인터넷과 DMB는 휴대단말기를 통해 수신한다는 점은 동일하지만, 주요 콘텐츠가 각각 데이터, 동영상이란 점에서 큰 차이가 있다.

표 10-2 DMB와 타 매체 차이

	위성DMB	지상파DMB	위성TV	무선인터넷
수신기	휴대단말기	휴대단말기	TV	휴대단말기
주요 콘텐츠 종류	동영상, 오디오, 데이터	동영상, 오디오, 데이터	동영상, 오디오	데이터, 오디오
쌍방향성	보통	보통	약함	높음
수익기반	수신료, 광고	광고	수신료, 광고	수신료

[1] 위성DMB

위성DMB는 방송 또는 통신위성을 이용하여 고정 수신기뿐만 아니라 이동 중인 개인 휴대단말기나 차량용 단말기를 사용하여 다양한 멀티미디어 정보를 전송받는 서비스이다. 지상의 지구국에서 프로그램 공급자로부터 수신한 고품질의 다채널 멀티미디어 정보를 위성으로 보내고, 위성체 중계기를 통하여 지상으로 송신한다.

고속 이동 중에 전국을 대상으로 영상서비스(SD급), 음향(CD급) 및 다양한 멀티미디어 부가 서비스를 양방향으로 제공한다. 소비자 입장에서 위성DMB와 지상파DMB가 다른 점은 지상파DMB는 원칙적으로 무료로 제공, 위성DMB는 가입비와 월정수신료를 부담해야 한다.

[2] 지상파DMB

지상파DMB는 지상의 기지국에서 쏘는 방송 신호를 단말기에서 직접 또는 간접으로 수신하는 서비스이다. 지상파DMB는 고품질의 음성(CD급) 및 영상서비스(SD급)를 언제 어디서나 이동 환경에서 수신할 수 있는 이동 멀티미디어 방송서비스로 이동통신망과의 연동을 통해 다양한 부가정보서비스가 가능한 양방향 멀티미디어 통신·방송 서비스를 제공한다.

유럽 디지털 라디오방송(DAB)의 기술표준인 유레카-147을 기본 규격으로 사용하며 1개 채널을 쪼개면 3개 블록이 생겨나고 블록당 여러 개의 비디오 및 오디오 채널이 생성된다. 주파수는 200MHz대역을 사용하며 전파는 장거리에 알맞도록 회절(파동이 장애물을 돌아서 그 뒤쪽까지 전파되는 현상)되는 것이 특징이다.

표 10-3 위성DMB와 지상파DMB 비교

	위성DMB	지상파DMB
서비스 범위	전국방송	지역방송
수익모델	유료서비스(수신요, 유료채널, 광고)	무료서비스 표방(광고)

현재 지상파DMB에 할당된 주파수는 TV로 따지면 VHF 12번과 8번 채널이다. VHF 7-11번 채널과 13번 채널은 지상파TV의 디지털 전환에 따라 아날로그 TV 방송의 송출이 중단되는 시점에서 비워질 예정이어서 앞으로 지상파DMB로 활용할 수 있는 주파수는 늘어날 것으로 예상된다.

지상파DMB의 경우 주파수 여건상 전국 단일 주파수망(SFN : Single Frequence Network)에 의한 전국방송이 불가능하며 지역별 특성을 살리는 권역별 방송(MFN : Multi Frequence Network)만이 가능하다.

기존의 지상파 TV 재전송이 가능하고 수신료가 무료인 점을 비롯해, 서비스 제공지역이 넓고 국산 기술 기반이어서 로열티 부담이 적기 때문에 서비스 범위가 빠른 속도로 확대될 것으로 예상된다.

10.2 통신계 뉴미디어

2.1 비디오텍스(Videotex)

[1] 개요

컴퓨터를 사용하여 글자와 그림으로 구성된 화상정보와 축적되어 있는 데이터베이스로부터 공중 데이터 통신망 또는 전화회선을 이용, 사용자가 원하는 각종 정보검색은 물론 예약 업무, 홈쇼핑(home shopping), 홈뱅킹(home banking) 등 다양한 서비스를 대화 형식으로 제공하는 쌍방향 화상 정보 시스템이다.

[2] 기본 구성

(1) 운영상 구성요소

시스템 제공자, 정보 제공자, 서비스 제공자, 통신망 제공자, 이용자로 구성된다.

① 시스템 제공자 : 비디오텍스 서비스를 위해 필요한 컴퓨터 시스템 및 소프트웨어를 제공하여, 제3의 데이터베이스 소유자(백화점, 호텔, 은행 등의 외부 정보 서비스센터)에게 중계연결을 해 주는 관문(gateway)의 역할을 한다.

② 정보 제공자 : 데이터베이스 제작을 위한 정보 입력 시스템을 갖춰 사용자가 필요로 하는 정보를 수집·가공하고 사용자용 데이터베이스에 정보를 제공한다.

③ 서비스 제공자 : 서비스의 판매 및 권리, 고객 판촉, 홍보, 요금 징수 분배와 정보 제공의 체계화, 새로운 응용 서비스의 도입 등 정보 및 서비스를 제공하는 역할을 담당하는데 시스템 제공자 또는 정보 제공자가 겸하는 경우가 많다.

④ 통신망 제공자 : 이용자와 시스템 간, 정보 제공자와 시스템 사이의 통신망을 제공한다.

⑤ 이용자 : 서비스 제공자로부터 정보 및 서비스를 제공받는다.

(2) 하드웨어적 구성

기본적으로 중앙정보센터, 정보입력단말기, 전기 통신망, 사용자로 구분될 수 있다.

① 중앙정보센터 : 시스템 운영자가 소유하며 각종 정보가 저장되어 있는 데이터베이스와 호스트 컴퓨터(host computer)가 있어 정보를 처리, 정리, 가공, 축적, 분배하고 시스템을 제어한다.

② 정보 입력 단말기 : 정보입력 기기, 정보작성 및 편집기, 복사장치, 소규모 데이터베이스, 제어용의 마이크로 또는 미니컴퓨터로 구성되며, 정보 페이지의 작성, 수정, 삭제 기능 및 정보축적, 정보전송 기능을 한다.

③ 전기 통신망 : 공중 전화망(PSTN), 공중 데이터 통신망(PSDN), 전용회선 등을 사용하며, 정보자료를 전송해 주는 통신매체의 역할을 한다.

④ 수신 단말 : 비디오텍스 전용 단말, 가정용 TV에 디코더를 연결하는 어댑터형, 디코더가 TV에 저장되어 있는 내장형 및 퍼스널 컴퓨터 형태 등이 있으며, 키패드(keypad), 또는 키보드(keyboard)를 부착하여 숫자화 된 문자나 그림 정보를 검색하며 사용자와 시스템간의 인터페이스 역할을 한다.

(3) 원리

전화 또는 디코더 내의 자동 다이얼(autodial) 기능으로 중앙정보센터를 호출해 수신 단말을 호스트 컴퓨터와 연결한 후 키패드나 키보드로 컴퓨터내의 데이터베이스로부터 원하는 정보를 선택하는데, 키보드를 이용하는 경우 키보드에 의한 정보검색 및 정보서비스의 이용과 사용자 측에서 중앙정보센터, 외부정보센터 혹은 다른 사용자 단말 측에 메시지를 전송할 수 있다.

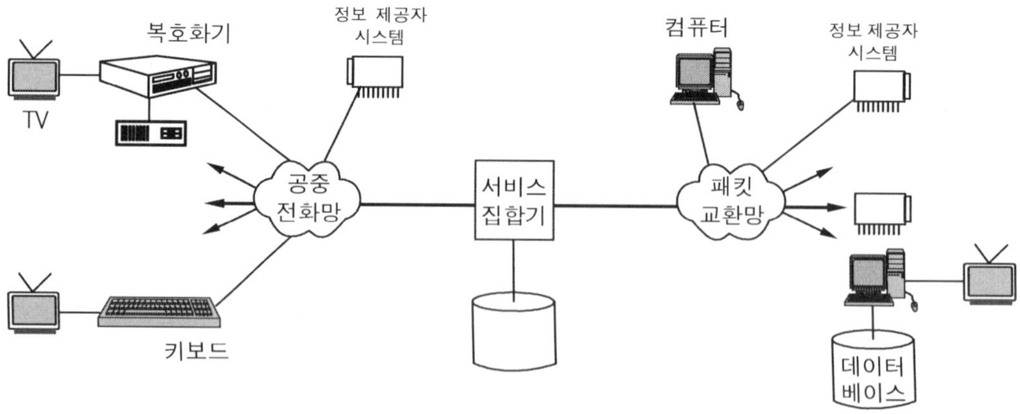

그림 10-4 비디오텍스의 원리

[3] 표준화 동향

(1) Data syntax Ⅰ(CAPTAIN) = 알파 포토그래픽 방식

일본의 캡틴에서 처음 채택한 방식으로 패턴(pattern) 방식이라고도 하며 팩시밀리와 같은 원리로 정보를 구성하는 각 화소를 디지털 코드화하여 한 화면을 구성하는 화소 정보 전체를 전송하는 방법을 채택하였다. 이 방식은 정보량이 많아서 전송 시간이 오래 걸리는 문제점이 있으므로 빠른 응답 효과를 얻기 위해서는 전송속도를 높여줄 필요가 있다.

전송속도가 높아지면 고속 모뎀의 사용이 필요하며, 이로 인해 단말기의 가격이 비싸지는 문제점이 발생되었다. 이 문제점을 해결하기 위하여 문자 정보는 코드로 전송하고 도형 정보는 팩시밀리와 유사한 방식을 도입하여 전송 정보의 양을 줄이기 위해 코드 압축 방법과 블럭 단위 착색 기법을 사용하여 전송 효율을 향상시켰다.

이 방식은 정보의 입력이 타 방식에 비하여 가장 유리하기 때문에 실제 서비스 시에 정보를 값싸게 생성할 수 있으므로 비디오텍스 서비스의 중요한 장점이 된다.

(2) Data syntax Ⅱ(CEPT) = 알파 모자이크 방식

영국 프레스텔에서 처음 채택한 방식으로 대부분의 유럽지역에서 사용되며 도형 정보를 모자이크 블록으로 조합하여 표현하고, 이들 모자이크 패턴을 코드화하여 전송한다는 것이 이 방식의 기본 개념이다. 한 화면을 구성하는 정보량이 매우 적어 낮은 전송속도에서도 고속의 화면 표현이 가능하며, 단말기의 가격도 매우 저렴해질 수 있다.

이 방식은 문자정보를 부호(code)화하여 전송하며, 단말장치에 있는 문자 발생기(character generator)에 의해 점의 형태로 변환하여 문자를 표현한다.

(3) Data syntax Ⅲ(NAPLPS) = 알파지오메트릭 방식

캐나다의 텔라돈에서 처음 채택하였으며 이 방식은 ISO에서 정한 코드 확장 기법을 사용하여 7비트 또는 8비트 코드로 문자나 도형, 제어 명령 등을 표현한다. 문자정보는 알파모자이크 방식과 동일하며, 그래픽정보는 모자이크 조합이 아니라 점, 선, 호, 원, 다각형과 같은 기하학적인 요소의 조합에 의해서 표현한다.

이 방식의 장점은 화면에 개방 영역(Unprotected field)을 선언하여 사용자로 하여금 키보드의 키를 사용하여 이 영역에 원하는 내용을 채워 넣도록 한 다음 이 정보를 센터의 데이터베이스로 전송할 수 있다.

국제표준에서는 표 10-5와 같이 3가지의 방식이 각기 권장되고 있다. 비디오텍스의 활용 분야는 그림 10-4와 같다.

표 10-4 국제적 3방식의 기능

항목 방식	CAPTAIN	NAPLPS(북미 방식)	CEPT(유럽 방식)
주도형 표시 방식	Photographic	geometric	모자이크
문자, 기호 표시기능	영문자, 숫자, 기호, 한자, 일본문자	영문자, 숫자, 기호	영문자, 숫자, 기호
도형 표시 기능 ① photographic	있음	없음	자연화표시만 있음 (64[Kbps] 전송을 전제)
② geometric	있음	있음	있음
③ 모자이크	CAPTAIN 독자 모자이크	CEPT 모자이크를 일부 이용	CEPT 독자 모자이크
④ DRCS	있음	있음	있음
부가기능(멜로디, 간단한 동작 화면	있음	없음	없음
착색 방식	block 및 dot단위 착색	dot 단위 착색	block 및 dot 단위 착색
표시 문자수	(표준) 15열×8행(한자) 31열×16행(영자, 숫자) (최대) 31열×16행 62열×32행	(표준) 40열×24행	(표준) 40열×24행

표 10-5 비디오텍스의 응용 분야

응용 분야	시스템 형태	내 용
정보 검색 (information retrival)	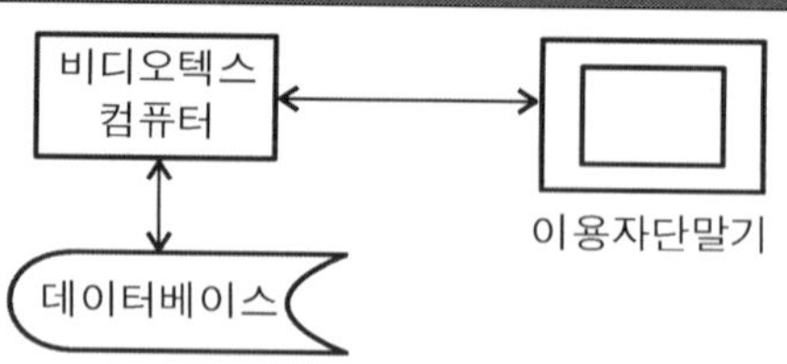	뉴스, 일기예보, 광고, 물가, 비행기, 시간표 등에 대한 최신 정보, 전화번호 검색
거래처리 서비스 (transaction service)	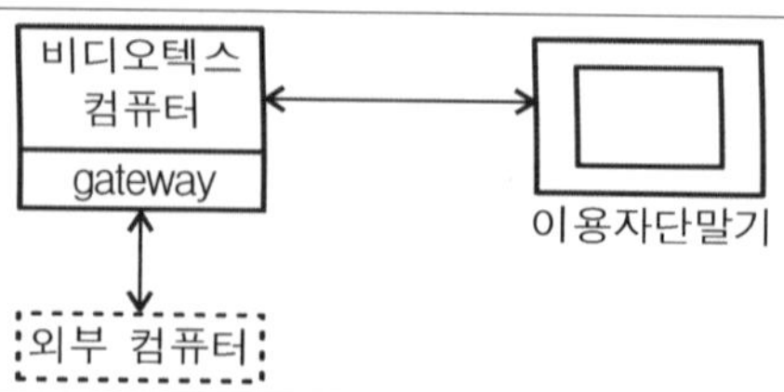	홈뱅킹, 홈쇼핑, 상품 소개 및 주문, 티켓 주문, 예약

메시지 전달 (messaging capabilities)	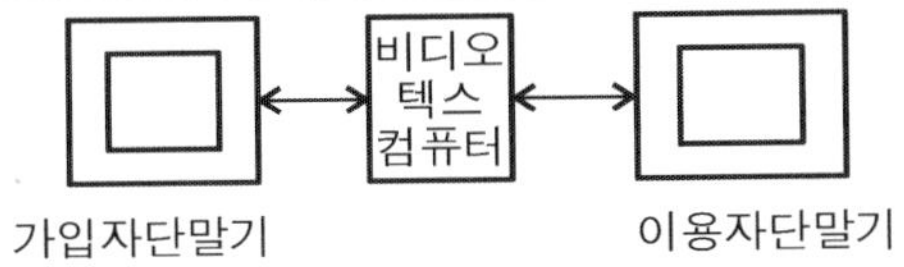	전자우편, 고시, 여론 조사, 긴급 사항 공보
전산처리 서비스 (computing applications)		회계, 전자게임, 수학 계산, 워드프로세싱, 소프트웨어 패키지 공급(tele-software)
원격감시 서비스 (telemonitoring)	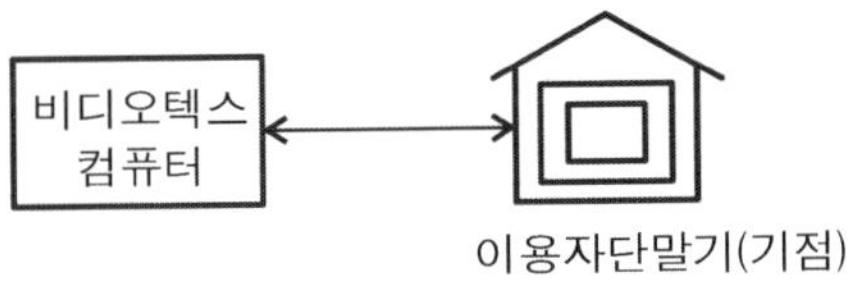	도난 및 화재 경보, 의료 경보 시스템, 에너지 관리 시스템

10 2.2 문자방송(Teletext)

[1] 개요

TV 전파의 사이를 이용해서 여러 가지 정보를 글자나 그림으로 만든 다음, 이를 부호화하여 디지털 데이터 형태로 삽입, 송출하는 첨단 매체이다. 즉, 문자나 도형의 정보를 보내고, 이용하는 측의 시청자는 단말, 어댑터(adapter) 등의 장치를 사용하여 TV 화면에 방영되는 것을 보는 미디어이다. 우리가 보는 TV 화면에서 525개의 주사선 중 사용되지 않는 주사선은 21개이고 그 중에 4개를 사용한 것이다. 영상은 매초 30장의 화면이 연속해서 비춰지는데 이 화면과 화면사이에는 약간의 시간 틈이 있다. 이 시간의 틈에 본래 화면에는 영향을 주지 않도록 점이 도형의 문자를 넣어 보내는 방법인데 화면과 화면사이에 원하는 내용을 중첩시켜 보내 시청자들이 화면에 재생시켜 볼 수 있도록 하는 방송 시스템을 문자방송이라 한다.

[2] 기본 구성

(1) 텔리텍스트 시스템의 기능

① 취재, 정보수집 기능

② 프로그램 제작 기능

③ 프로그램 송출 기능

④ 신호 전송 기능

(2) 프로그램 형태

① 독립 프로그램으로 TV의 주 프로그램과 별개의 방송이다.

② 보완 프로그램으로 TV의 주 프로그램과 관련 방송이다(청각장애인을 위한 방송 등이며, 주 프로그램과 동시에 진행하고 자막으로 나타내는 것이 대표적인 예이다.).

(3) 전송 방식

① 부호(code) 방식 : 수신기 측에 문자는 각각의 문자에 대응되는 부호로 기억시켜 놓고 송신측에서 문자를 지정하는 부호로 전송하여 화면에 표시되는 문자와 도형을 표현하면, 수신기에서 각 부호에 해당하는 문자를 문자 발생기를 이용하여 표시하는 방식이다.

② 패턴(pattern) 방식 : 문자나 도형 패턴 정보를 화소단위로 분해하여 디지털 신호 형태로 전송하며, 화면 표시상의 한 개 라인을 전송상의 한 개 라인(수평주사시간)에 대응하는 것으로 데이터 형식이 고정되어 있다.

③ 혼합 방식 : 부호 방식과 패턴 방식을 혼용하는 방식으로 문자는 부호 방식으로, 도형이나 복잡한 한자는 패턴 방식으로 전송하는 방식이다.

10 2.3 텔리텍스(Teletex)

[1] 개요

국제통신이 가능한 문서 통신용 단말기로 텔렉스의 단점인 통신 속도가 느리고, 사용되는 문자가 제한을 받으며, 전송에러 검출 방법이 미흡하다는 점을 해결할 수 있다. 반도체 기술의 발달로 통신속도를 높이면서도 전송에러에 대해 대처할 수 있는 프로토콜을 채택할 수 있으며, 다양한 문자를 사용할 수 있다.

[2] 특징 및 기능

텔리텍스는 기존의 텔렉스(TELEX)에 비해 정보의 전송속도가 빠르고, 편집기능을 갖춘 새로운 사무용 문서 통신 시스템으로, 문서 편집기능을 가진 단말기와 단말기 사이에 일반적인 타자기에 사용되는 문자를 부호화 하여 고속으로 통신하는 국제적으로 표준화된 서비스를 말한다.

(1) 단말기의 구성

① 입력부 : 문서를 입력하는데 타이프라이터 형식의 키보드가 널리 사용되며, 장래에는 음성 입력 등의 편리한 방법도 쓰일 것이다.

② 출력부 : 프린터나 디스플레이 등으로 이루어진다.

③ 기억부 : 입력된 문서를 축적하는 일과 외부 통신망으로부터 들어오는 문서를 축적하는 일을 동시에 수행하는 기능을 갖고 있어 외부로 발송할 문서를 입력하고 있는 중에도 상대방의 문서를 접수할 수가 있다.

④ 처리부 : 입출력 정보를 처리하고 외부 통신망과의 통신활동을 제어한다.

(2) 통신망

① 텔리텍스 단말은 공중전화망(PSTN), 회선교환 데이터망(CSDN), 공중 데이터 통신망(PSDN) 등의 통신망에 연결사용이 가능하며 변환 시설을 사용할 경우는 데이터망 및 텔렉스 망과의 상호 연결이 가능하다.

② 텔리텍스-텔렉스간의 상호 연결은 TTU(Teletex-Telex Converter Unit)라는 변환 장치를 사용하여 전송속도나 부호 변환처리, 메모리에 축적, 변환처리하는 방법을 사용하고 있다.

(3) 터미널의 기능

① 수신된 문서의 에러 검색이 가능하다.

② 문서의 편집, 수정, 복사, 저장, 수신, 송신이 가능하다.

③ 기존의 공중 전화망에 연결함으로서 어떠한 전화 가입자와도 텔리텍스 서비스가 가능하다.

④ 자택 교환기(in-house switching) 장치 또는 사설 교환기(PABX)에 연결함으로써 자택 서비스(홈뱅킹, 전자 우편 등)가 가능하다.

⑤ 사용자의 작업이나 부재중에도 문서 수신이 가능하다.

⑥ 데이터 뱅크에 연결하여 용량을 확장할 수 있고 다른 서비스 시스템(팩시밀리, 비디오 택스 등)과 상호 연결사용이 가능하다.

[3] 텔렉스와 텔리텍스의 비교

텔리텍스는 회사 사무실 등에 보급되어 사무용 문서 통신에 이용될 뿐만 아니라, 보다 많은 지역에 텔리텍스 단말기가 보급되면 전자우편에도 이용될 것이다. 현재 사용되는 문서 통신 수단은 텔리텍스, 텔렉스와 팩시밀리이다. 텔렉스는 전용 텔렉스망이 별도로 필요하며, 팩시밀리는 문서 편집이 불가능하고 문서 기억 및 검색 능력이 없다.

텔리텍스 단말기는 로컬부와 통신부로 나누어지는데, 로컬부는 문서의 제작, 편집 등의 워드프로세싱 기능을 수행하며, 통신부에서는 로컬부에서 만들어진 문서를 상대편 단말기로 송신하거나 상대방 단말기로부터 수신하는 기능을 가진다.

텔리텍스 단말기의 기능으로는 로컬부에서 문서제작, 편집 및 인쇄를 할 수 있는 텍스트 처리, 통신기능으로는 높은 서비스 품질을 얻기 위해서 2400[bps], 전2중 통신이 가능하다. 또한 문서의 보관, 로컬부와 통신부의 분리, 표시 기능 및 다른 통신 서비스와의 통신 확장성을 들 수 있다.

10.3 메시지처리 시스템

[1] 개요

메시지처리 시스템(MHS)은 컴퓨터 사용자간에 통신망을 통한 축적 전송 방식으로 음성, 수치, 그래픽 및 영상 데이터 등을 송·수신할 수 있는 서비스이다.

[2] 정의

컴퓨터나 팩시밀리 등을 통신망으로 연결, 메시지를 주고받는 공중망 형식의 전자 메일 서비스로 통신망에 배설되어 있는 컴퓨터의 처리기능과 축적기능을 이용해 메시지의 작성으로부터 전송·축적·처리에 이르는 각종 메시지 통신 서비스를 종합적으로 제공하는 것을 말한다.

[3] MHS 구성

MHS는 축적 전송 방식의 전자 우편 서비스를 제공해 주는 시스템으로 컴퓨터 네트워크와 같은 전자 매체를 이용하여 송신자가 수신자에게 메시지를 전달하는 방법이다.

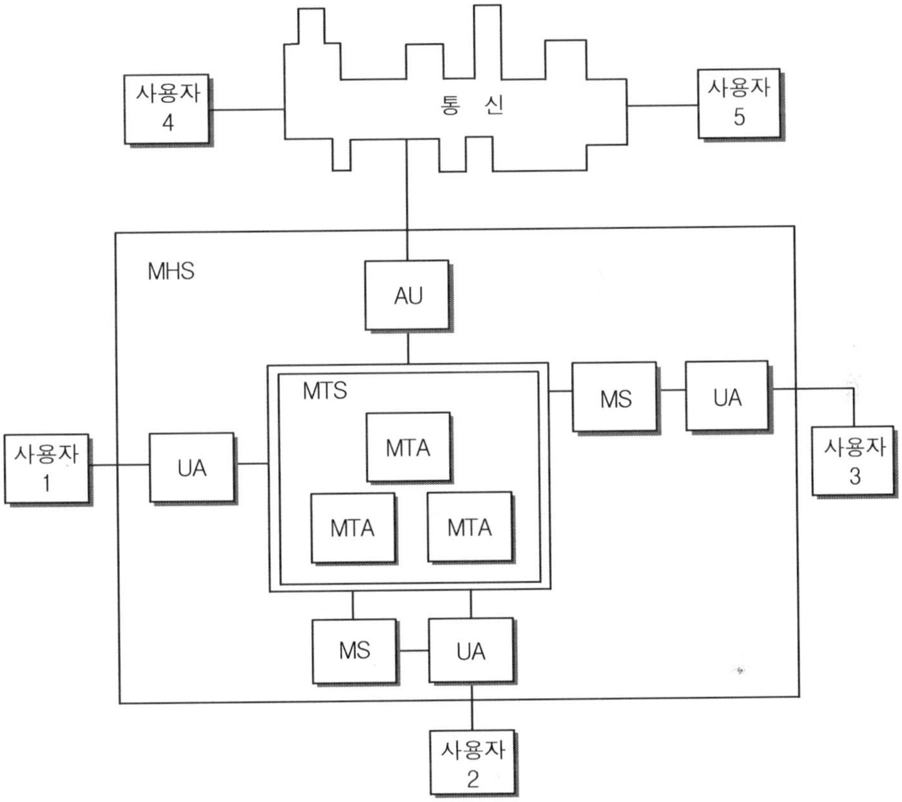

그림 10-5 MHS 모델

(1) MHS 구성요소

① 사용자(User) : 사용자는 인간 또는 응용 프로세서가 될 수 있으며 메시지를 보내는 입2열로 처리한다. MRA는 3종류의 메시지 봉투(envelope)－제출(submission), 중계(relaying), 배달(delivery)에 대한 제어정보를 처리하며 이를 이용해 메시지 전송을 수행한다.

③ UA : 직접 사용자, MTA와 MS 간의 메시지 교환을 제어하는 응용 프로그램이다. 메시지의 편집, 보관 및 MTA, MS와의 메시지 제출, 배달 및 검색 기능을 제공한다.

④ AU : 여러 다른 통신 시스템과 MHS를 연결시켜 MHS 서비스를 받지 못하는 통신 시스템에게 MHS를 사용할 수 있도록 하여준다.

⑤ MS : 사서함과 같은 기능을 가지는 MS는 메시지의 저장, 검색, 및 관리 기능을 제공한다. 즉, 한 사서함을 자기 우편함으로 예약하여 사서함으로 온 우편물을 받아볼 수 있듯이 MHS에서도 MS를 사서함으로 등록할 수 있다. 따라서 사용자는 UA를 통하여 MS로 배달된 메시지를 검색하면 된다.

(2) MHS 프로토콜

① Message Transfer Protocol(P1) : MTA 간의 메시지 전달에 필요한 상호작용을 정의한다. 이 프로토콜은 하위의 신뢰전송 서비스 요소(RTSE : Reliable Transfer Service Element)로 X.410 방식 또는 정상 방식을 사용한다.

② Interpersonal Message Protocol(P2) : UA 간에 전송되는 메시지 내용의 구문(Syntax)과 의미(Semantics)를 정의하는 프로토콜이다.

③ MTS Access Protocol(P3) : 원격(Remote) UA가 MS를 거치지 않고 직접 MTS의 서비스를 제공받을 수 있도록 원거리 UA와 MTS간의 상호작용을 정의하는 프로토콜이다.

④ MS Access Protocol(P7) : UA와 MS가 공존하지 않는 구성에서 원거리 UA가 MS의 서비스를 제공받을 수 있도록 UA와 MS간의 상호 작용을 정의한다.

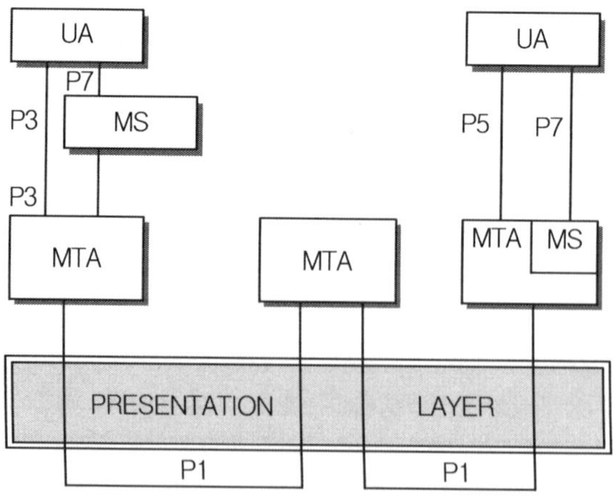

그림 10-6 MHS 프로토콜의 모형

10.4 패키지계 뉴미디어

[1] 개요

패키지(Package)란 짐, 포장 또는 필요 부분품을 미리 조립한 단위 완성품으로 언제든지 사용할 수 있도록 준비되어 있는 미디어를 의미하는 말이다. 패키지계 뉴미디어라 하면 사람에 따라 다르지만 대체로 비디오 디스크, 광 디스크, PCM 레코드 테이프, 전자우편, 팩시밀리 신문 등을 패키지계라 부른다.

영상 정보 패키지 뉴미디어의 특성은 다음과 같다.

① 정보를 패키지로 취급하여 판매가 가능하다.

② 사용자가 사용 도중에 중단이 가능하다.

③ 정보 내용의 선택 범위가 넓다.

패키지 상품의 개발은 VTR, 퍼스널 컴퓨터에 이어서 차기 유망 상품을 만든다는 매우 중요한 의미를 갖고 있지만 그 개발 실태는 매우 유동적이며 시장 도입에 있어서도 초기 탐색단계에 있다.

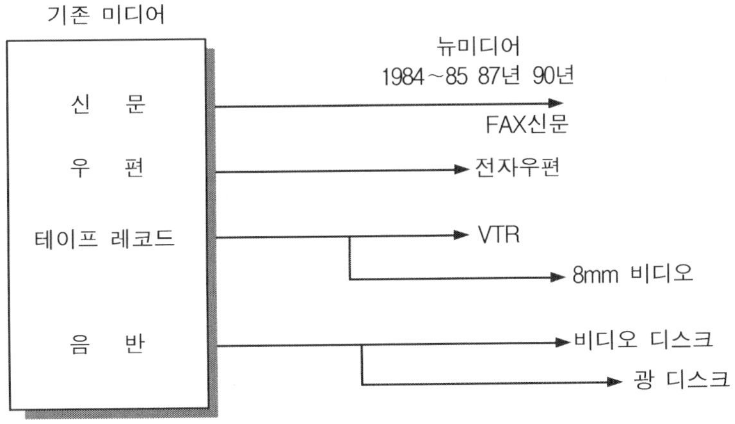

그림 10-7 패키지계 뉴미디어

[2] 기본 구성

(1) 비디오 디스크(Video Disk)

비디오디스크는 영상정보를 디스크 상에 기록하고, 그것을 재생기에서 TV신호로 변환하는 시스템을 말한다. 기록방식은 광방식과 정전용량방식이 있다.

(2) 광디스크(Optical fiber Disk)

컴퓨터의 메모리 또는 사무실에서 정보(데이터)를 대량으로 기억시키는 디스크를 광디스크라 한다. 광디스크에는 재생전용, 추기형(DRAW ; Direct Read After Write), 재생·소거 디스크의 3종류가 있다.

광디스크의 특징으로는 대량의 정보를 기록하고, 기록된 정보는 영구 보존이 가능하다. 또한 시스템 확장이 용이하고, 랜덤 액세스로 정보를 신속하게 읽을 수 있다.

(3) 패키지계의 디지털정보를 처리하는 화면

화면 장치로서는 CATV를 선두로 하여 장래의 PCM화에 대비한 디지털 TV가 개발되고 있지만, 패키지 미디어 전용의 표시 장치가 개발될 가능성도 있다. 그 중의 하나가 LCD(Liquid Crystal Display)에 의한 평면 화상을 들 수 있다. 액정 표시는 수광(受光)형이기 때문에 보기가 쉽고, 평면화를 목표로 하는 표시 장치의 대부분이 이 액정 표시 장치로 대체될 전망이다.

또한 패키지 미디어용 표시 장치는 그 주변 기술을 바탕으로 하여 고정세도화(高精細度化 : 현재의 LCD화소는 200㎛ 정도의 크기이며, 이것을 10㎛ 정도까지 작게 함)로의 실용화가 가능할 것으로 보인다.

(4) DVR(Digital Video Recoder)

DVR은 CCTV에서 입력되는 비디오 신호(아날로그 신호)를 고화질의 디지털 신호로 바꾸어 컴퓨터 하드웨어에 압축, 저장했다가 녹화된 디지털 영상을 사용자가 검색할 수 있도록 녹화 및 검색기능을 제공한다. 또한 여러 대의 카메라 영상을 1대의 모니터에서 분할하여 감시할 수 있도록 하는 모니터링 기능, 원격지에서도 전화선이나 LAN, 인터넷을 이용하여 녹화검색 및 실시간 화면을 감시할 수 있는 영상 전송기능을 제공한다. 기능에 비해 가격이 저렴하여 기존의 아날로그 CCTV를 대체할 수 있는 감시장비이다.

DVR은 디지털 이미지로 변환되어 녹화된 영상을 반영구적으로 하드디스크에 저장하는 기능과 사용자가 녹화된 데이터를 검색할 수 있는 기능, 여러 대의 카메라 영상을 1대의 모니터에서 감시할 수 있는 멀티플렉서 기능, 원격지에서도 모뎀이나 LAN, xDSL 등에서 녹화검색 및 실시간으로 화면을 감시할 수 있는 영상전송 기능이 내장된 디지털 녹화 감시장비이다.

10.5 유비쿼터스

10 5.1 유비쿼터스(Ubiquitous) 컴퓨팅의 개념

[1] 정의

유비쿼터스라는 용어를 IT분야에 처음으로 도입해서 사용한 사람은 미국제록스의 마크와이저(Mark Weiser)로 1991년 "어디에서나 컴퓨터에 접근이 가능한 환경"을 '유비쿼터스 컴퓨팅(ubiquitous computing)'이라는 개념으로 제시하였다.

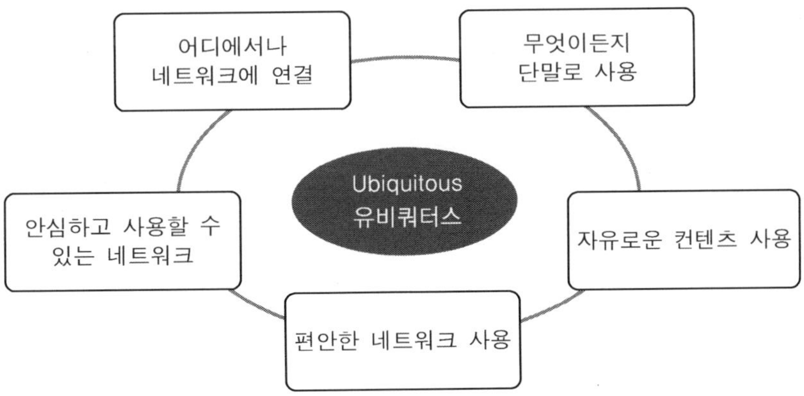

※자료 : http://www.ubiquitousdream.or.kr/htm_kor/ubi_1.htm

그림 10-8 유비쿼터스의 의미

원래 유비쿼터스라는 용어는 '도처에 널려있다', '언제 어디서나 동시에 존재한다'라는 의미를 지닌 라틴어에서 유래한 개념이다.

그러나 최근에 들어서의 의미는 언제, 어디서나, 누구라도 컴퓨터와 네트워크를 통해 손쉽고, 편리하고, 안전하게 이용할 수 있는 환경을 의미하는 용어로 대변되고 있다.

[2] 유비쿼터스 컴퓨팅(Ubiquitous Computing)

유비쿼터스 컴퓨팅은 반대로 모든 사물과 환경에 초소형 컴퓨터 칩을 내장(Embedding)하여 사물자체를 지능화시켜, 사물의 일부로서 주변공간의 문맥(Context)을 인식하고, 사람들도 지리적으로 떨어진 대상사물과 그 주변 환경의 변화를 자각하거나 추적할 수 있는 기술이다.

[3] 유비쿼터스 네트워크(Ubiquitous Network)

유비쿼터스 네트워크는 사물 대 사물, 사물 대 인간 간 연결을 강조하는 것으로 네트워크를 통한 연결에 초점을 두고 있다. 한 예로 휴대용기기나 정보가전 등 기존 전자기기에 초점을 두고 이들 기기에 컴퓨팅을 통한 네트워크 연결을 이루고 이를 통해 인간생활과 연계하는 개념이다.

[4] 유비쿼터스 IT(Ubiquitous IT)

사람과 사람을 언제 어디서나 광대역의 네트워크로 보다 잘 연결하고, 더 나아가 사물과 사물까지 모든 개체를 연결함으로써, 인간의 의식을 거치지 않고서도 사물 스스로 자율적인 판단과 처리가 가능한 IT환경을 말한다.

10 5.2 유비쿼터스 관련 기술

[1] RFID/USN(Radio Frequency IDentification/Ubiquitous Sensor Network)

사람과 사람을 RFID/USN(Radio Frequency IDentification/Ubiquitous Sensor Network)은 모든 사물에 부착된 RFID 태그 또는 센서를 초소형 무선장치에 접목하여 이들 간의 네트워킹과 통신으로 실시간 정보를 획득·처리·활용하는 네트워크 시스템이다.

기본적인 동작원리는 RFID의 안테나와 리더의 안테나가 전파를 이용, 통신을 하여 데이터를 주고받는 행위를 수행한다. RFID 태그 안에 내장된 안테나가 리더로부터 전파를 수신하며, RFID 태그 안에 내장된 IC칩이 기동하여 칩 안의 정보를 신호화하여 태그의 안테나로 신호를 발신한다.

리더는 발송된 신호를 안테나를 통하여 정보를 수신하고 수신된 정보는 유무선 네트워크를 통해 서버에 전달되고, 수신된 정보를 서버에 저장하거나 또는 서버에 저장된 사물의 정보를 다시 리더기로 전송하게 된다.

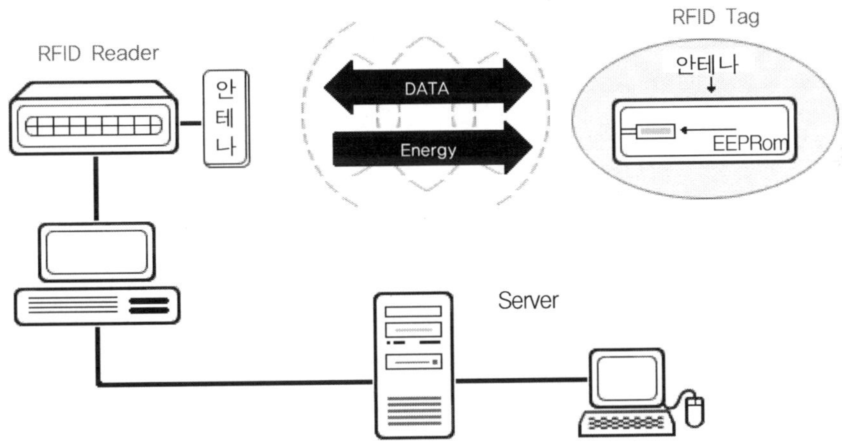

그림 10-9 RFID 시스템

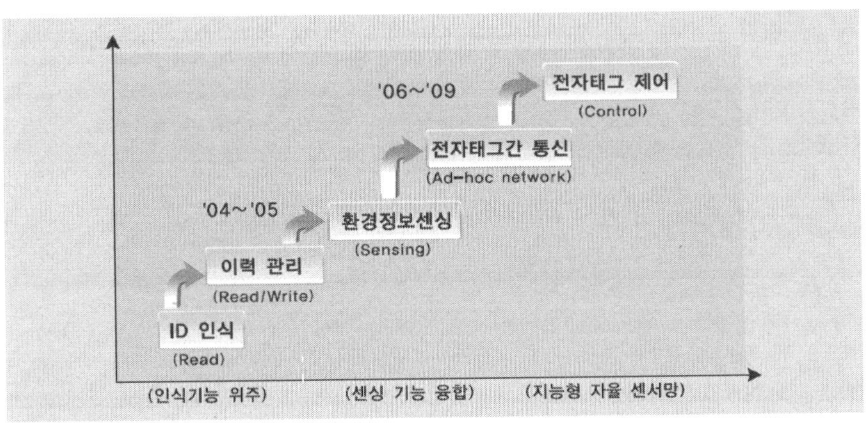

※자료 : 정보통신연구진흥원(2005), 「IT839 전략보고서」

그림 10-10 RFID/USN 발전전망

대표적인 센서/태그기술인 RFID는 초소형 마이크로칩과 안테나를 내장한 태그이며, 물품 등에 부착되어 전자방식으로 당해 물품 등에 관한 정보를 표시하여 감지기(reader, sensor기)를 이용하여 정보를 읽고 쓰고 지울 수 있는 무선감지장치이다.

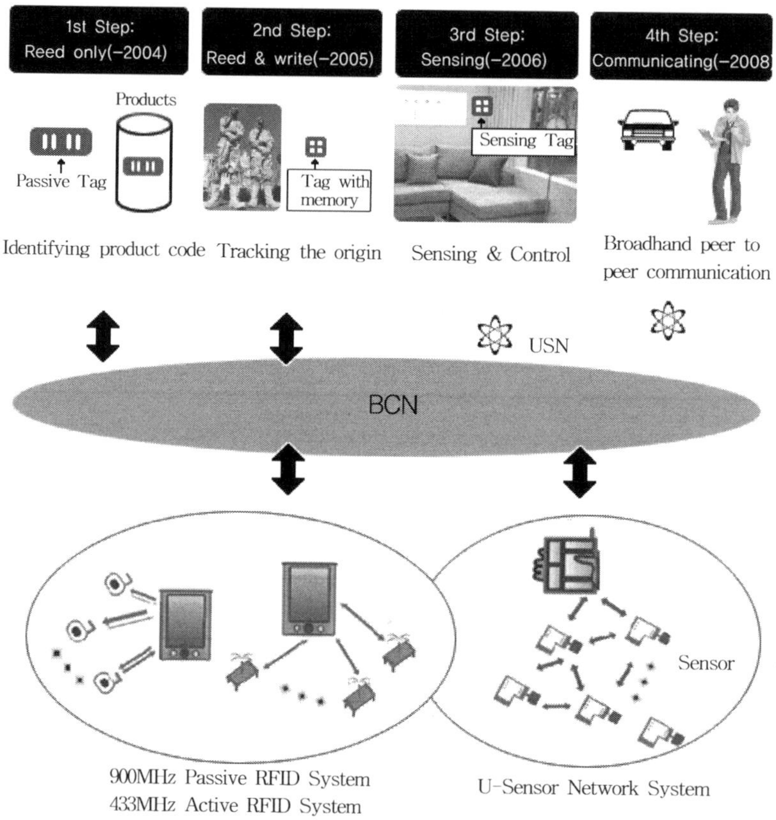

※자료 : 정보통신부(2005년), 「IT839 전략기술개발Master Plan」, p90

그림 10-11 RFID/USN 개념도

[2] 홈네트워크 서비스

홈네트워크 서비스란 가정 내 가전기기 및 시스템을 상호 또는 외부의 정보기기와 연결하여 원격접근 및 제어가 가능하고, 음악, 비디오 등 콘텐츠를 사용할 수 있도록 양방향 통신서비스를 말한다.

홈네트워크 서비스는 인터넷을 통하여 가정으로 멀티미디어 서비스를 제공하는 기능을 수행하며, 대표적인 서비스로 대화형 서비스와 스트리밍 서비스가 있다. 대화형 서비스는 영상전화와 같은 실시간 멀티미디어 서비스를 의미하며, 스트리밍 서비스는 인터넷 방송이나 VOD와 같은 멀티미디어 서비스를 말한다.

홈네트워크 서비스는 미래지향적 홈서비스 제공을 위해 통신·방송·게임이 융합된 엔터테인먼트 서비스와 홈오토메이션 및 인터넷 서비스를 제공할 수 있는 홈 플랫폼으로 발전할 것으로 예상된다.

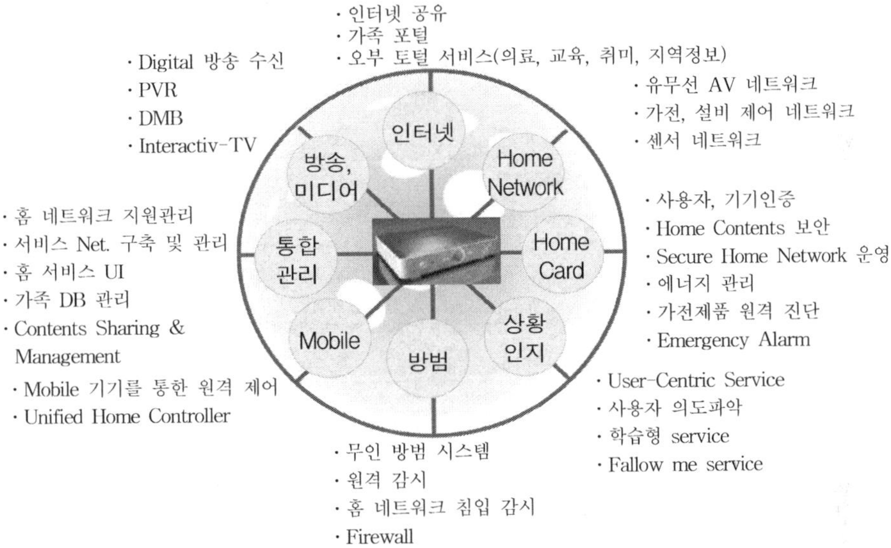

※자료 : 삼성종합기술원(2004), 「IT산업전망컨퍼런스2005」

그림 10-12 RFID/USN 발전전망

우리나라는 가전시장에서 국제경쟁력과 세계 최고수준의 초고속 통신 인프라를 바탕으로 구축 초기단계인 홈네트워크 분야를 잘 접목한 경쟁력을 가지고 있다.

[3] 텔레메틱스(Telematics) 서비스

텔레메틱스(Telematics)는 통신(Telecommunication)과 정보공학(Informatics)의 합성어로 위치정보와 무선통신망을 이용하여 차량운전자에게 교통안내, 긴급구난 정보, 원격차량진단 등을 제공하고, 동승자에게 인터넷, 영화, 게임 등 서비스를 제공하는 “차량용 멀티미디어서비스” 즉, Mobile Office 환경을 제공하는 서비스이다.

텔레매틱스는 유무선 통신 및 방송망을 통해 차량을 사무실과 가정에 이어 제3의 인터넷공간으로 재구성 하며, 가정과 사무실에서 이용하는 서비스를 차량에서도 이용하는 Seamless 서비스를 제공한다.

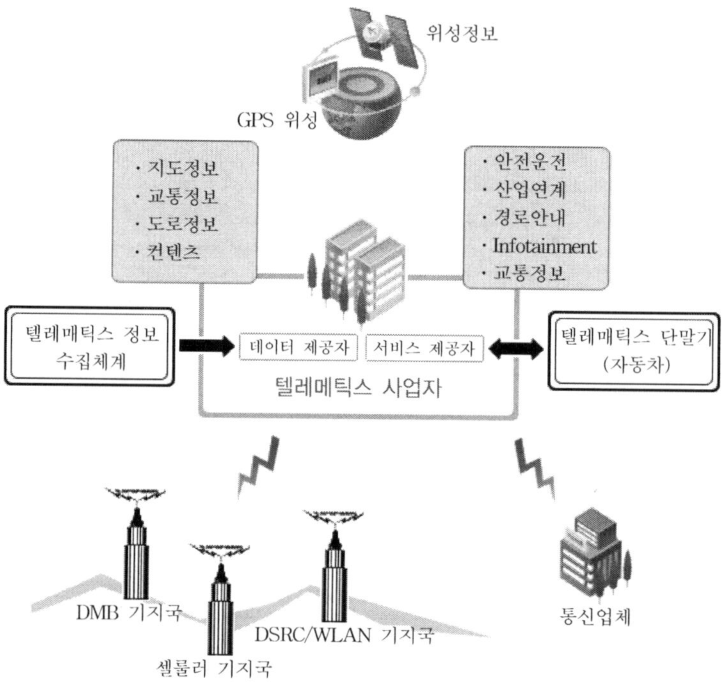

※자료 : 정보통신연구진흥원(2005), 「IT839 전략보고서」

그림 10-13 텔레매틱스 개념도

이러한 텔레매틱스 서비스는 차량과 정보통신 관련 산업을 중심으로 새로운 개념의 부가서비스를 창출할 수 있다. 즉, 텔레매틱스는 단말 플랫폼, GPS, 이동통신, 교통정보, GIS 등의 IT기술을 차량에 적합하게 가공하여 새로운 부가가치를 창출하고, 차량 내 멀티미디어 서비스 환경을 제공하는 것을 목적으로 한다.

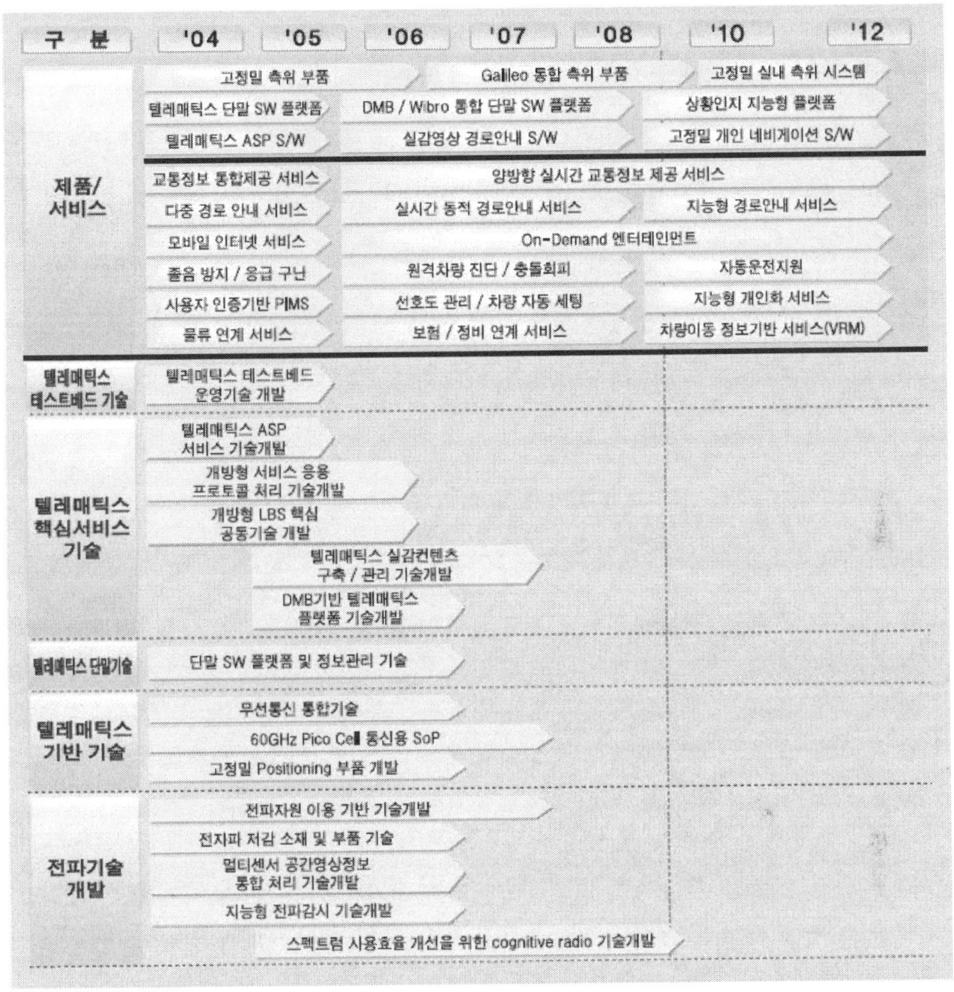

※자료 : 정보통신연구진흥원(2005), 「IT839 전략보고서」

그림 10-14 텔레메틱스 서비스 예상로드맵

[4] 차세대 이동통신

차세대 이동통신은 정지 및 이동 중 다양한 형태의 멀티미디어 정보를 이동통신망, 위성통신망 등을 이용하여 고속, 고품질로 송수신하는 기술을 말한다. 이것은 4세대이동통신, 휴대인터넷(Wibro), Enhanced IMT-2000 및 초고속 무선 LAN을 포함하는 개념으로 2012년 서비스가 제공될 것으로 예상된다.

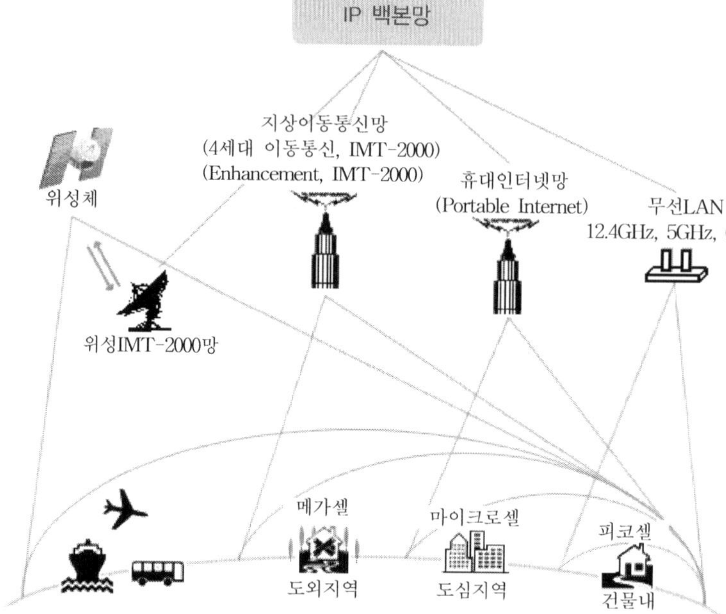

※자료 : 정보통신연구진흥원(2005), 「IT839 전략보고서」

그림 10-15 차세대 이동통신 개념도

차세대 이동통신 서비스의 경우, 2006년경에는 HDTV급 고속 휴대 인터넷서비스(Wibro)가, 2012년경에는 입체 TV급 양방향서비스(100Mbps)가 제공될 전망이다. 또한, 단말기의 고성능화로 컬러LCD, 화음 모듈칩, 디지털카메라, 디지털캠코더, PDA, 게임기 등이 복합된 다기능 멀티미디어의 단말기화 추세에 있다.

[5] 디지털 콘텐츠 및 SW 솔루션

소프트웨어 산업은 정보기기 시스템 및 단말 등에 탑재되는 각종 소프트웨어의 개발, 제작, 생산유통 등과 이와 관련된 서비스 및 정보시스템의 구축, 운영 등을 포함하는 산업이다.

디지털 콘텐츠산업은 문자, 음성, 음향, 영상 등의 콘텐츠를 디지털 포맷으로 가공처리하고 이를 정보통신망, 디지털방송망, 디지털저장매체, 휴대정보 단말기기 등을 통하여 활용 및 서비스하는 산업으로 정의된다.

S/W 및 디지털 콘텐츠는 유·무선 방송/통신망 및 정보 단말기를 풍부하게 채워주고, 이동통신, 차세대 PC, 텔레메틱스, 디지털TV 등 타 성장동력산업의 부가

가치를 증대시키는 지식산업이다.

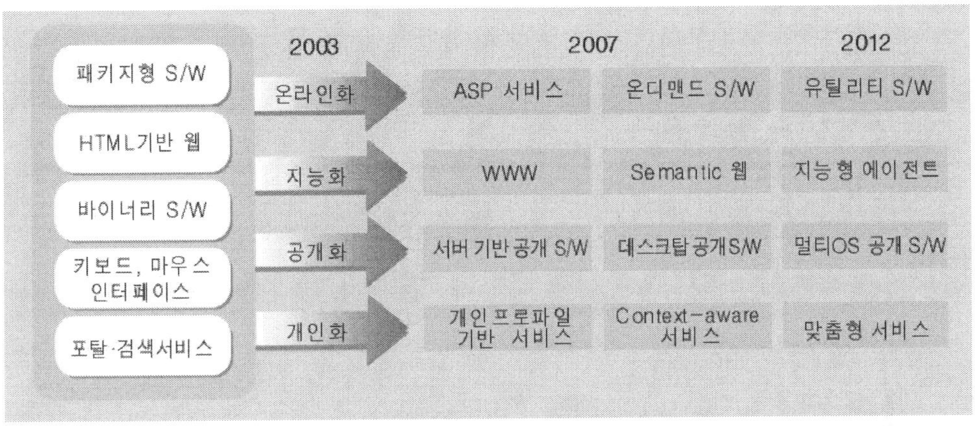

※자료 : 정보통신연구진흥원(2005), 「IT839 전략보고서」

그림 10-16 소프트웨어 기술 발전 전망

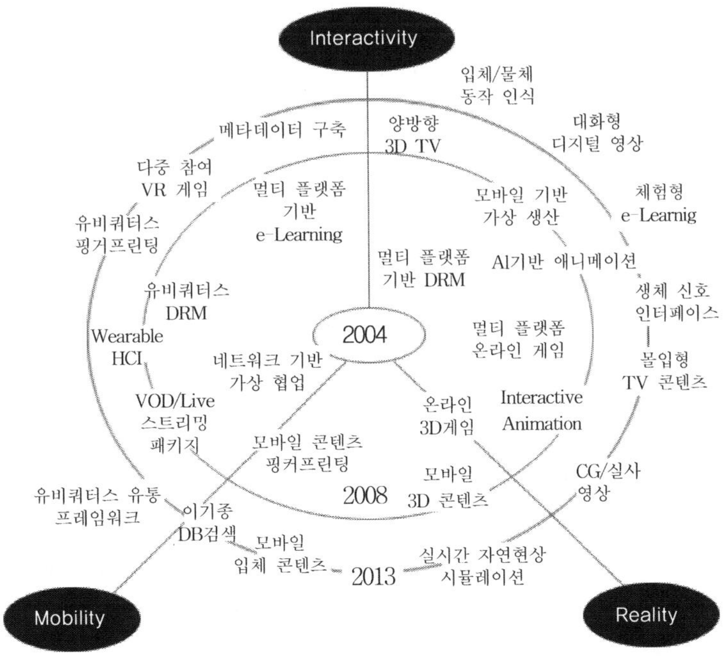

※자료 : 정보통신연구진흥원(2005), 「IT839 전략보고서」

그림 10-17 소프트웨어 기술 발전 전망

[6] 광대역통합망(BcN)

광대역통합망(BcN ; Broadband convergence Network)은 음성과 데이터, 유선과 무선, 통신과 방송의 융합형 멀티미디어 서비스를 언제 어디서나 편리하게 이용할 수 있는 차세대 통합 네트워크를 의미한다.

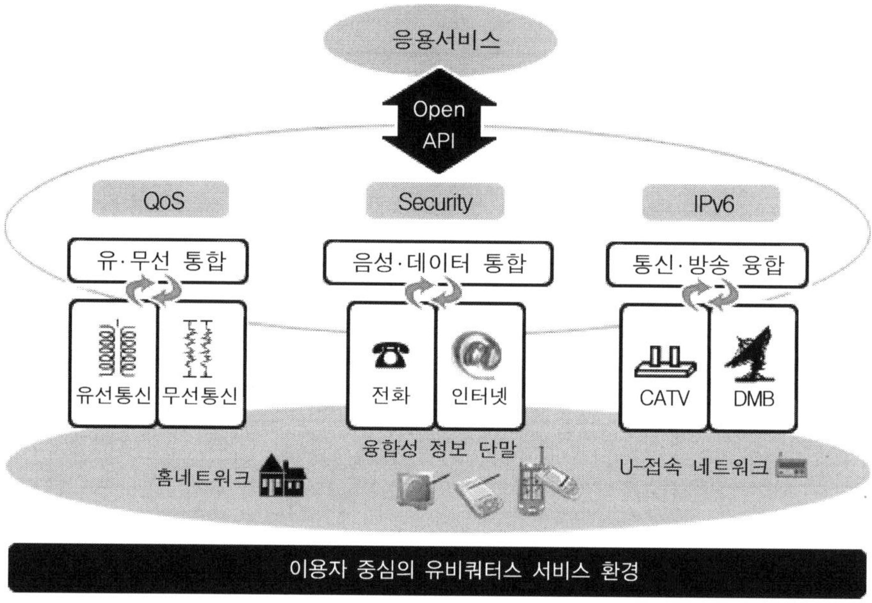

※자료 : 정보통신연구진흥원(2005), 「IT839 전략보고서」

그림 10-18 BcN 개념도

단말 환경에 구애받지 않고 다양한 정보 서비스를 끊김없이(seamless) 이용할 수 있는 유비쿼터스 서비스 환경을 지원하는 BcN이 구축되면 유무선 및 방송·통신이 융합되는 정보통신 환경에서 광대역 멀티미디어 서비스를 고품질로 서비스할 수 있게 된다. 즉, BcN은 통신, 방송, 인터넷 등을 통합하여 광대역 멀티미디어 서비스를 안전하게 제공할 수 있는 품질 보장형 통합 네트워크이다.

방송통신위원회는 초광대역 융합서비스(UBcN; Ultra Broadband convergence Network)는 초광대역, 방송망, 전화망 등에서 현재보다 더 향상된 품질과 속도의 서비스를 제공하기 위한 사업이다.

유선 초광대역망은 최대 1Gbps, 광대역망은 50~100Mbps, 그리고 무선 초광대역망은 평균 10Mbps, 광대역망은 1~2Mbps의 속도로 서비스를 제공한다.

UBcN 구축의 가장 큰 장점은 전국 어디서나 양방향 맞춤형 서비스를 쉽게 이용할 수 있고, 고화질의 HDTV보다 4~16배가량 선명한 초고선명TV인 UDTV의 서비스를 경험할 수 있다.

[7] WIPI

WIPI는 "Wireless Internet Platform for Interoperability" 이동전화 단말기 소프트웨어를 말한다. SK텔레콤, KTF, LG텔레콤 등 국내 이동통신 3개 사와 한국무선인터넷표준화포럼(KWISF)이 공동으로 개발한 것으로 2.0 버전까지 개발이 완료되어 2004년 2월에 공식 표준규격이 채택되었다. 2003년 6월 처음으로 WIPI를 적용한 휴대폰이 출시되어 국내에서 판매되는 휴대전화에 의무적으로 탑재되고 있다.

[8] 4세대이동통신

4세대 이동통신시스템 주요 기술로 부상되고 있는 것이 LTE(Long Term Evolution)로 3세대 이동통신을 "장기적으로 진화시킨 기술"이라는 뜻에서 붙여진 명칭이다. 4세대 이동통신의 기준은 이동하면서도 고화질 동영상이나 3D 입체 영상 등을 끊임없이 빠르게 이용할 수 있어야 한다.

4세대 이동통신은 3세대인 LTE 및 WiBro를 확장 개선한 기술로 모바일 기기에서 최소 600Mbps까지 무선전송이 가능하다.

무선망 시스템은 스마트폰 및 태블릿 PC 확산에 따른 대용량화, 이종망간 연동 및 다양한 응용서비스(교통, 의료, 위치기반, 증강현실 등)의 제공을 위한 수요가 증가하는 추세이다. 4세대 이동통신방식은 LTE-Adv. 기술과 국제표준을 주도하는 IEEE 802.16m(국내에서는 Wibro-Adv.로 알려짐) 기술이 대표적이다.

LTE 계열은 W-CDMA에서 발전된 3세대 이동통신인 LTE(100Mbps)와 LTE- Adv.(600Mbps) 방식이 있으며 에릭슨, 노키아 등이 주도적으로 참여하고 있다. Wibro계열은 고정형 WiMAX에 이동성을 보완하여 발전한 IEEE 802.16 (50Mbps)과 IEEE 802.16m(300Mbps 이상) 방식이 있으며 삼성, 인텔 등이 표준화를 주도하고 있다.

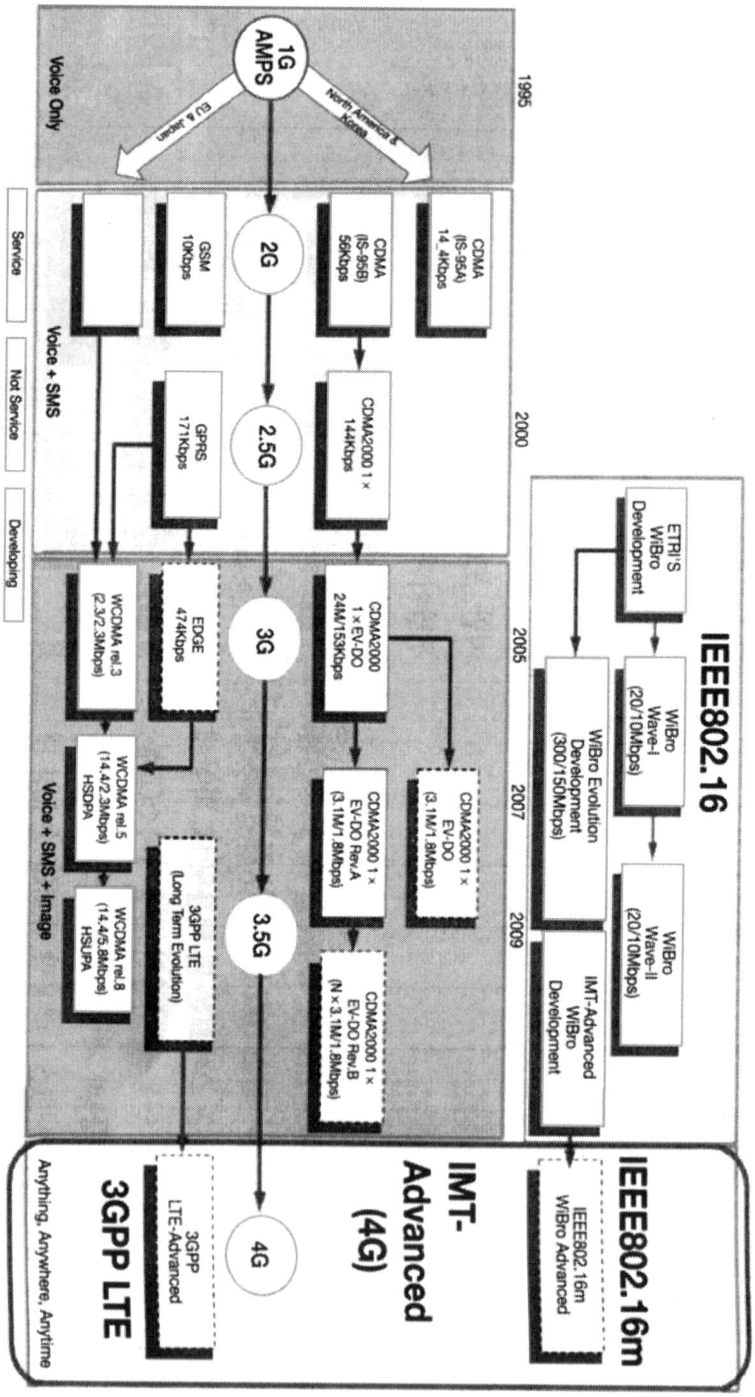

그림 10-19 차세대 모바일 주도권 확보전략 세미나 발표자료('10.12.22 ETRI)

연 / 습 / 문 / 제

1. 뉴미디어에 대해 정의하라.

2. 뉴미디어와 관련된 기술에 대해 설명하라.

3. 비디오텍스에 대해 정의하라.

4. 비디오텍스의 기본 구성에 대해 설명하라.

5. 메시지처리 시스템에 대해 설명하라.

6. 문자방송(Teletext)에 대해 설명하라.

7. 문자방송(Teletext)의 기본 구성에 대해 설명하라.

8. 문자방송(Teletext)의 전송 방식에 대해 설명하라.

9. 텔리텍스의 특징 및 기능에 대해 설명하라.

10. 텔리텍스에 대해 정의하라.

11. 텔렉스와 텔리텍스에 대해 비교하여 설명하라.

12. 패키지계 뉴미디어에 대해 설명하라.

13. 패키지계 뉴미디어의 기본 구성에 설명하라.

(ㅅ)

(ㅇ)

(ㅈ)

(ㅊ)

(ㅋ)

알기쉬운 정보통신기기

지 은 이	이호웅 · 방승철
펴 낸 이	김형근
펴 낸 곳	도서출판 기한재
주 소	경기도 파주시 회동길 56 (파주출판도시)
전 화	031)955-0900~2
팩 스	031)955-0100
등 록	1990년 3월 15일 제2-968호
발 행	2021년 3월 10일 1판 7쇄
정 가	19,000원

Published by Kihanjae Co.
ISBN 978-89-7018-689-4
http://www.kihanjae.com
E-mail : kihanjae@hanmail.net